환경관리

오태선 지음

산학관 Industry-University-Government Coupling Project

도서출판 동화기술

머리말

저자는 대학에서 환경관리 과목을 강의하면서 인류가 지키지 않으면 후손에게 물려줄 지구 환경에 치명적인 영향을 끼칠 수도 있다는 생각에 환경에 중요성을 인식하게 되었고, 환경보전 문제는 대학생뿐 아니라 일반인들도 상식적으로 알아야 할 환경관리의 기본적인 사항을 소개하고자 한다.

이 책은 전문대학에 환경관리 과목을 국가직무능력 표준(NCS)모듈을 활용하여 가르치면서 국가직무능력 표준(NCS)모듈에서 부족한 점을 보완하고 이를 환경관리 보조교육자료로 활용하고자 한다.

현대 산업사회에서는 인구의 증가와 집중, 산업의 발전, 소비 증대에 따라 에너지·수자원·토지·각종 자원 등의 수요가 급격히 증대하였다. 이에 따라 막대한 양의 매연·오폐수·폐기물·유독화합물·소음 및 진동·방사능물질 등이 배출되고 있고 삶의 질 향상과 더불어 경제가 발전함에 따라 더욱 심화되어 그 지역의 자연 생태를 파괴하고 생물의 생존을 위협하며, 자연 자원의 고갈, 악화를 더욱 촉진하여 인간의 생활환경을 위협하고 있다. 이에 본 교재는 대기오염, 수질오염, 폐기물관리, 소음 및 진동, 독성 및 유해물질, MSDS 등의 일반인들로 알아야 할 주요사항을 알기 쉽게 서술하였고 환경부의 도움을 얻어 환경관리 용어사전을 부록으로 실었다.

이 책은 환경오염에 대한 이해를 돕기 위해 비전문가를 대상으로 전문적인 단어를 최소화하고 쉽고 다양한 내용을 기술하고 환경오염 문제에 대한 일반적인 내용을 소개하다 보니 다소 미흡한 부분이 있다.

끝으로 이 책의 출산을 위해 노력해수신 여러분께 감사드리며 보완이 필요하거나 설명이 부족한 부분에 대해서는 아낌없는 조언을 부탁드립니다.

목 차

1 서 론 7

1. 환경오염의 정의 및 발생원인 8
2. 생태계 10
3. 미생물과 환경 11
4. 대기환경과 오염 사례 13
5. 수질환경과 오염 사례 15
6. Chemifobia 18
7. Virus 19

2 대기오염 21

1. 대기오염의 정의 및 발생원인 22
2. 대기오염물질 25
3. 대기환경기준 및 대기오염사례 29
4. 대기오염물질 배출시설과 방지시설 31
5. 미세먼지(PM_{10}, $PM_{2.5}$) 32

3 수질오염 35

1. 수질오염의 정의 36
2. 수질오염의 영향 37
3. 수질오염물질 39
4. 하·폐수처리 47
5. 먹는물 56

4 폐기물관리 61

1. 폐기물의 정의 및 종류 62
2. 사업장폐기물 관리의 기본원칙 64

5 소음 및 진동 71

1. 소음·진동관리법 72
2. 소음·진동 배출허용기준 및 방지시설 73

6 독성 및 유해물질 75

1. 독성 및 유해물질 76
2. MSDS와 유해물질의 관리 79

부 록 83

1. 먹는물 수질기준 84
2. 환경용어사전(출처 환경부 홈페이지) 87

찾아보기 285

Chapter 1

서 론

지구의 탄생은 태양계의 빅뱅으로 우주 공간에 수없이 많은 물질이 존재하였으며 이 수많은 물질에는 가스나 얼음 등으로 혼합되어 있었는데 이들은 차츰 무리를 형성하여 성운이라 일컫는 원반 같은 소용돌이 모양을 만들어 나갔다. 지구 탄생 초기에는 바다도 없고 생명체가 존재할 수 없는 상황이었으나 지구의 변화가 시작되면서 내부의 열이 폭발하여 발생된 가스나 수증기는 지구를 둘러싼 대기권이 되었고, 지각 외부로 분출된 수증기는 냉각되어 물을 생성하게 되었다. 또한 대기권의 수증기는 냉각되어 비를 내리게 하였으며 지구표면에 도달한 빗물은 낮은 곳에 모여 호소를 만들었다. 이렇게 생성된 물은 지구상에 생명을 탄생시켜 준 원인이 되었다. 이렇게 탄생하게 된 생명체가 존재하기 시작한 후로 지구의 환경은 조금씩 변화하게 되었으며 산업혁명 이후 공업의 발달과 더불어 인구가 급증하면서 지구 환경문제는 더욱 심각한 상황으로 빠르게 변화하였다. 생명의 유지를 위해 배출한 인간 활동과 산업 활동의 산물로 오염물질로 자연계가 가지고 있는 자정작용의 한계를 넘어서면서 환경오염은 시작되었다고 할 수 있다.

1 환경오염의 정의 및 발생원인

환경오염의 문제는 기원전 인류가 집단생활을 시작하면서 발생하였다. 히포크라테스는 '물과 공기, 토양의 상태와 질이 인간의 수명과 깊은 관계가 있다'고 하여 환경의 중요성을 경고하였다. 환경오염의 문제는 인간 활동의 결과로 자연 환경과 공중 보건에 연속적인 피해를 끼치는 행위라고 정의할 수 있다.

환경오염의 발생 원인은 첫째, **인구의 증가와 도시의 집중**으로 원년에는 2억 5천만 명의 인구가 1600년대 5억 명으로 증가되었고, 1800년대 10억 명으로 증가하는데 불과 200년, 20억 명으로 증가하는데 80년밖에 걸리지 않았고, 2030년에는 86억 명, 2100년에는 112억 명으로 증가 될 것으로 예상되고 있다. 이러한 인구 증가와 더불어 농경사회에서 산업사회의 전환에 따른 도시의 집중으로 이어져 환경오염물질 배출량의 증가로 이어졌으며 이와 더불어 농업기술의 발달, 의학의 발달로 인한 유아 사망률 감소와 평균수명의 연장 등으로 자연의 자정 능력(항상성)의 한계를 초과하면서 환경오염의 주요한 원인으로 작용하고 있다.

둘째, **공업의 발달**은 산업혁명 이후 급속도로 발달하게 되었고 공업의 발달은 난

분해성 합성유기물이 생산되는 경우와 공업단지의 증가와 교통량의 증가로 이어지게 되었고 이는 인구의 집중현상을 초래하였고 생활수준의 향상으로 삶의 질은 나아졌지만 오염배출량 집중화 및 증가로 인해 환경오염을 가속화하고 있다.

셋째, **에너지 소비의 증가**로 화석연료와 의 사용으로 인한 오염물질의 증가이다. 화석연료의 연소로 인한 환경오염물질의 증가로 이어졌고 새로운 대체에너지로 각광받던 원자력에너지는 발전으로 인한 핵폐기물의 처분 문제와 체르노빌과 후쿠시마 원전 폭발사고로 인한 방사능 누출 문제를 야기하고 있어 이를 계기로 원자력에너지 사용은 전 세계적으로 탈원전 정책으로 전환하고 있는 실정이다.

넷째, **생활 습관의 변화와 향상으로 인한 상수 소비량, 쓰레기 배출량이 증가** 하는 경우이다. 이처럼 삶의 질 향상에 따른 현대 문명의 발달과 함께 환경오염 문제는 더욱 복잡해지는 양상이다. 이에 대한 대책으로 4차 산업혁명 시대에는 IT, BT, NT와 더불어 신재생에너지의 개발과 보급이 더욱 시급하게 되었다. 신재생에너지는 과거 인류가 이용하던 자연에너지가 가지고 에너지를 보다 경제적이고 효율적으로 이용하는 에너지라고 할 수 있으며 신에너지와 재생에너지로 나눠지고 있다.

다섯째, **환경문제의 국제화**현상이다. 지구촌에서 지엽적으로 발생되어온 환경오염이 점차 지역과 국경을 벗어나 공간적으로 확대되면서 문제의 심각성을 국제적인 관심사로 공유하게 될 만큼 발전되었다. 즉, 어떤 국가의 산업활동 과정에서 발생한 환경오염물질이 국경을 넘어 인접국가의 자연환경에 직 간접적으로 영향을 미쳐 오염의 정도를 악화시키는 것이다. 많은 국가가 조밀하게 밀집되어 있는 유럽대륙에서의 수질오염이나 대기오염은 다분히 국제화되고 있으며, 동아시아에서 심하게 발생되는 황사현상 및 산성비 현상 등이 모두 국제하천이나 기류의 흐름으로 인해서 공간적으로 확대되는 환경오염문제의 국제화 현상일 것이다. 또한 빈곤국가일수록 환경파괴가 심각하다는 것이다. 개발도상국가를 포함한 빈곤한 국가의 최대목표는 하루빨리 가난으로부터 벗어나는 것이기 때문에 지역생태계나 지역 환경문제를 생각하지 않고 무조건적인 개발을 최우선으로 하게 된다.

마지막으로 **오염수출과 자원수탈**이다. 환경규제가 엄격해진 선진국들은 자국의 환경보전을 위해 아직 규제가 느슨한 개발도상국가에 환경오염배출산업을 자연스럽게 수출해왔다. 산업의 성격상 현지에서 대규모적인 환경파괴를 가져오는 경우가 대부분이며 유해화학물질 폐기물의 국경이동이 쉬워져서 환경파괴의 국제화 현상을 가속화시키게 된다. 또한 국제 분업을 통한 자원의 수탈현상이 심각해져서 후진국은 자연자원을 공유할 수 있는 기회를 박탈당하게 되기 때문에 빈곤을 벗어나기가 더욱 어려워지는 악순환을 반복하게 된다. 그러므로 범국가적으로 지구 환경문제가 논의되어야 하고 선진국보다 후진국에 대한 다양한 배려가 우선 되어야만 할 것이다.

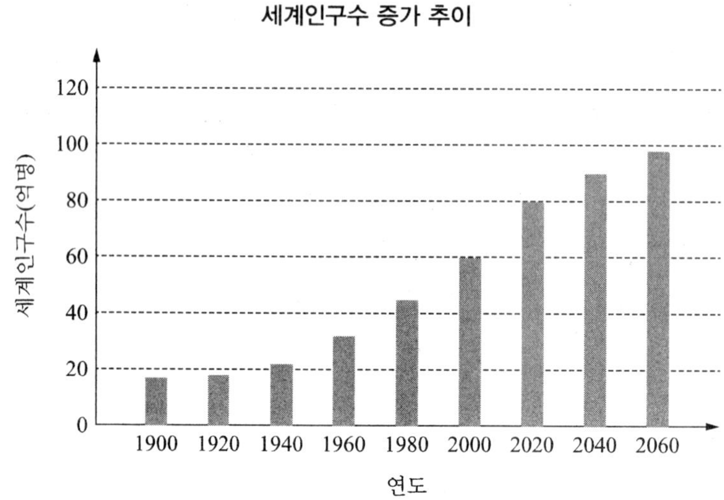

2 생태계

인간이 살고 있는 생태계는 생물과 무생물이 서로 유기적인 관계로 유지하고 있다. 모든 생물은 주위 환경과 깊은 관계를 맺으며 살고 있고 그 환경 속에서 사는 **생물**과 그 생물을 둘러싸고 있는 토양·공기·수분 등과 같은 비생물적 **무기 환경**을 통틀어 **생태계**라고 한다.

생물은 그 기능에 따라 **생산자·소비자·분해자**로 나뉜다. 생산자는 생물이 살아가는 데 필요한 양분을 생산하는 녹색 식물로 육지에서는 풀·나무, 물속에서는 식물성 플랑크톤·미역 등이 생산자이다. 소비자는 생산자가 만든 양분을 섭취하는 생물이다. 토끼·양·메뚜기 등과 같은 초식 동물을 1차 소비자라 하며, 1차 소비자를 먹는 늑대·독수리·호랑이 등과 같은 육식 동물을 2차 소비자라 한다. 그리고 동물의 시체나 배설물, 낙엽 등을 분해하는 지렁이·세균·미생물 등을 분해자라고 한다. 이러한 생태계는 생산자·소비자·분해자 사이에 먹고 먹히는 관계가 사슬처럼 연결되어 있고 물질이 생물과 환경 사이를 순환하는 현상을 **물질의 순환**(Metal Cycle)이라 한다.

이어한 물질의 순환에는 **에너지의 흐름**(Energy Flow)이 작용하게 되는데 생산자 - 소비자 - 분해자의 일방적인 흐름이 발생하게 된다. 생태계는 물질의 순환과 에너지흐름에 의하여 유지되는데, 이러한 순환이 깨지면 생태계가 파괴되며 이러한 현상을 환경오염이라 한다.

질량보존의 법칙에 의하면 지구상에 존재하는 물질의 총량은 항상 일정하고 이용가능한 물질의 총량이 얼마나 되느냐가 중요하다. 항상 많은 양을 쓰고 버리면 사용가능한 물질의 총량은 점차 감소하고 사용 불가능한 물질은 증가하여 언젠가는 자원은 고갈되고 만다. 또한 자연 속에서 소멸되는 속도보다 빠르게 폐기물이 증가하면 지구는 온통 폐기물 야적장이 되고 말 것이다.

물질의 순환(Metal Cycle)과 에너지의 흐름(Energy Flow)

▪ **무생물적 구성요소**

① 무기물 : C, N, CO_2, H_2O 등

② 유기물 : 단백질, 탄수화물, 지방 등

③ 대기, 물, 습도, 기후 등의 물리적 요소

▪ **생물적 구성요소**

① 생산자(Producer) : 생태계의 먹이사슬에서 일차생산자(Primary Producer)를 무기물(CO_2, H_2O)로부터 유기물을 만들어 내는 미생물 및 플랑크톤 등의 독립영양생물.

② 소비자(Consumer) : 고등동물 등의 다른 생물이나 유기물을 섭취하는 종속영양생물(Heterotrophs).

③ 분해자(Decomposer) : 다른 생물의 유기물을 분해하여 에너지를 얻는 세균, 곰팡이 등의 종속영양 미생물.

3 미생물과 환경

지구상에는 약 8만 종 이상의 미생물이 분포하는 것으로 추정되며 대표적인 환경미생물 군으로는 **박테리아**(Bacteria), **균류**(Fungi), **조류**(Algae), **원생동물**(Protozoa), **바이러스**(Virus) 등이 있다. 특히 이들 중 수계에서 발견되는 **병원성 미생물**(Pathogenic organisms : 박테리아, 원생동물, 바이러스 등)은 식수를 오염시켜 인간에게 치명적인 수인성 전염병을 일으키는 것으로 잘 알려져 있다.

생태계의 중요성은 이미 기원전부터 인식되어 왔으며 히포크라테스는 토양, 물 및 공기의 상태와 질이 인간의 수명과 질병에 깊은 관계가 있다는 것이 지적하였고, 원시 사회에서도 인간의 행위에 따라 자연의 재앙이 발생함을 인지하고 믿어왔다. 자연환경은 인류를 포함한 모든 생태계 구성요소들이 생존하기 위한 기반이며 자원이므로 지속적인 생존과 발전을 위해서는 자연 환경을 쾌적한 환경으로 영구히 보존하여야 하며, 어느 특정집단의 이익을 위한 독점과 무질서한 남용이 허용되어서도 안 되고 허용될 수도 없다. 비록 그러한 행위가 일시적 편익을 가져온다고 할지라도 환경보존대책이 따르지 않는 행위에 대해서는 엄정한 규제를 가하여 편익이상의 공적 환경피해를 최소화하도록 해야 한다. 국제 연합 인간환경회의는 인류발전과 복지증진에 미치는 환경의 중요성을 인식하여 1972년 6월 중순에 스톡홀름에서 인간환경선언을 채택하였다. 이제 21세기를 맞이한 세계는 과거의 어느 때보다도 환경의 중요성을 인식하여 환경문제에 관한 관심이 높아졌다고 할 수 있다. 이는 시간이 갈수록 환경문제가 어느 지역, 국가에 국한된 문제가 아닌 범세계적 이슈로 부각되어 인류의 생존과 지구의 존재마저도 위협하고 있기 때문이다. 환경변화는 나 혼자의 문제, 우리지역의 문제, 국가의 문제가 아닌 범세계적 문제로 비약되기 때문에 개인은 물론 각국의 정부도 환경의 중요성을 깊이 인식하여야만 하고 환경보전을 위한 노력을 끊임없이 추진해야 할 것이다.

생태계의 유지에 관한 법칙

- **Liebig 최소량 법칙**

생체량(생산량)은 생장에 필요한 영양물질 중 가장 최소량으로 존재하는 것에 의해 결정되며, 자연 생태계에서는 이러한 제한요인이 조절 기능을 갖게 된다는 이론

- **Shelford의 내성의 법칙**

개체의 증식이 영양물질 외에 pH, 온도 등과 같은 물리화학적 요인들이 개체가 견딜 수 있는 범위내로 유지될 경우에만 개체의 증식은 가능하며, 그 범위를 벗어날 경우에는 도태된다는 이론

- **Odum의 결합 법칙**

위의 두 법칙을 종합하여 특정 개체의 출현과 존속은 여러 환경 조건이 복합적으로 나타난 결과라고 제안

4 대기환경과 오염 사례

4.1 오존층 파괴

지구 대기권의 오존은 대부분 성층권에 존재하며 이 층을 오존층이라고 한다. 오존은 성층권에 15 ppm 정도의 농도로 극히 소량밖에 포함되어 있지 않으나 파장이 짧고 유해한 자외선을 잘 흡수하기 때문에 태양광선이 가지는 파장 중 자외선의 99%를 흡수 제거한다. 지구에 생물이 존재하게 된 것도 오존층이 형성되어 자외선을 차단하게 된 이후부터이므로, 오존은 지구 생태계가 생명을 유지하는데 절대로 필요한 물질이다. 현재 지표면에 도달하는 자외선의 강도는 지구 생태계가 생명을 보존하는데 매우 적절한 양이다. 만일 오존층이 너무 두꺼워져서 자외선 투과량이 약해지면 지구상의 병원균이 살균되지 않아 각종 질병이 만연할 것이며, 반대로 오존층이 너무 얇아지면 자외선 투과량이 강해져서 우리는 조금만 햇볕에 쬐어도 화상을 입게 되고 시력을 잃을 것이다. 또한 자외선이 강하게 지표면에 쬐면 DNA 분자의 이상변화로 돌연변이를 일으키거나 죽게 되는 등 예기치 않은 변화가 일어나게 된다. 요즘 문제가 되고 있는 것처럼 오존층 파괴에 따른 자외선강도 증가는 인간에게는 피부암 발생, 피부노화, 눈의 백내장에 따른 시력장애현상이, 식물에게는 생육장애를 일으킨다. 오존층을 파괴하는 물질은 프레온, 할론, 1,1,1-트리클로로에탄, 염화탄소 등이며 이들 모두 인간이 대기 중에 방출시킨 물질들이다. 공기 중에 방출된 프레온 가스는 안정된 물질이기 때문에 대류권에서는 거의 분해되지 않고 성층권까지 확산되는데, 성층권에서 강한 자외선을 받아 분해되면 염소원자가 생기고, 이 염소 원자가 오존층을 파괴하는 것이다. 실제로 남극의 오존층 파괴 추이를 측정한 결과 오존층에 구멍이 뚫린 오존 홀(Ozone hole)이 관측되었으며 과학적인 사실로 확인되었다. 이러한 오존층 파괴현상은 정도의 차이는 있겠지만 지구의 모든 지역에서 일어나고 있으며 북극에서도 오존 홀의 존재가 인정되고 있다. 오존층 파괴는 과학적으로 확인된 분명한 범지구적인 위기사태라고 말할 수 있다.

4.2 지구 온난화

지구의 온도는 태양에서 쪼이는 빛에너지와 지구자체가 우주를 향해서 방사하는 에너지에 의하여 정해진다. 즉, 대기층은 태양에서 오는 가시광선은 잘 통과시키지만 지구에서 방출하는 적외선은 차단시켜 지구의 온도를 어느 정도 일정하게 보온시켜준다. 지구의 공기는 마치 사람이 착용하는 의복처럼 밤에도 빨리 식지 않도록 조절해 주는 보온역할 또는 **온실효과**(Green House Effect, Umbrella Effect)를 나타낸다. 한 낮에 주차한 자동차 내부의 온도가 높아지는 것도 온실효과이다. 온실효과는 대기의 기체가 조금씩 가지고 있는 특성인데, 특히 대류권에 양적으로 꾸준히 증가되고 있는 **이산화탄소**(CO_2), **메탄**(CH_4), **이산화질소**(NO_2), **프레온가스**(CFC) 등이 온실효과를 일으키므로 이들을 **온실가스**라고 부른다.

온실가스는 지구 온난화현상을 유발시키고 지구 온난화현상은 세계 기온 관측 자료를 분석한 결과 이 기간 동안에 전 지구의 기온이 지난 10년 동안의 기온상승세가 특히 크다는 것을 발견하게 되었다. 지구 온난화현상으로 우려되는 가장 큰 영향은 해수면 상승과 엘니뇨현상 그리고 기후변화이다. 첫째, 지구 온난화현상으로 지구상의 모든 빙하가 녹는다면 해수면 상승으로 이어지고 육지의 면적은 점차 줄어들게 된다. 둘째, 지구 온난화는 큰 폭의 온도차 때문에 태풍이나 폭풍우의 파괴력은 더 강해지고 엘니뇨현상과 같은 기상이변을 초래할 것이기 때문에 여태껏 경험하지 못한 국지적인 폭우나 홍수를 경험하게 될 것이다. 셋째, 지구 온난화에 따른 기후변화는 육상식물 생태계를 변화시켜 지역마다 불균형하게 나타나며 식량부족 현상으로 이어지게 된다.

지구 온난화현상을 방지하기 위해서 인류가 할 수 있는 방안은 이산화탄소와 같은 온실가스배출을 동결 또는 감축하는 일이다. 이를 위하여 인류가 해야 할 일은 에너지 사용을 최소화 시키는 일이며 이와 더불어 이산화탄소 발생이 없는 무공해 에너지 개발에도 노력을 기울여야 하고 자연 친화적 생활을 습관화해야 한다. 지구 온난화현상의 심각성을 인식한 세계 각국의 저명 학자와 기업가, 유력 정치인 등 지도자들이 참여해 인류와 지구의 미래에 대해 연구를 시작하게 되었고 1972년 경제성장이 환경에 미치는 영향을 설명한 보고서 '성장의 한계(The Limits to Growth)'를 통해 현재의 인구 증가나 환경 악화 등의 경향이 이대로 계속되면 100년 이내에 지구상의 성장은 한계에 달할 것이라고 경종을 울렸다. 또한 지구의 파국을 막기 위해서는 적극적인 성장 억제 정책과 인구 안정화 정책을 취할 필요가 있으며, 조기에 인구와 자본의 안정화 정책을 실시해 세계를 균형상태로 유도해야 한다고 주장을 시작으로 이후 세계 기후회의와 UNEP에서 이산화탄소(CO_2)가 지구 온난화의 주범으로 인식하게 되었고 1997년 교토기후협약으로 이어졌다.

4.3 Smog

산업혁명으로 인한 공업의 발달은 인류의 삶의 질 향상으로 이어졌지만 지구 온난화현상과 오존층 파괴, 산성비 등의 인류를 위협하는 심각한 환경오염 문제를 일으키고 있으며 공업의 발달과 함께 나타난 또 다른 환경오염 문제는 스모그현상이다. 이산화황으로 12,000명의 목숨을 앗아간 1952년 12월 London Smog와 광화학 스모그인 LA Smog 현상은 공업의 발달과 날씨와 기후와 환경 보전에 대한 국제적 협력의 필요성이 크게 부각되었으며 우리나라뿐만 아니라 최근 전 세계적으로 발생하는 Smog현상은 London Smog와 소각로에서 나온 분진과 자동차에서 배출되는 질소산화물, 탄화수소 등이 반응하여 황갈색의 Smog현상인 LA Smog의 복합형으로 미세먼지와 함께 심각한 환경오염 문제로 부각되고 있다.

5 수질환경과 오염 사례

5.1 산성비

하늘에서 내리는 정상적인 빗물의 pH(수소이온농도)는 5.6 정도이다. 빗물이 약간 산성인 이유는 공기 중의 이산화탄소가 물에 녹아서 약한 산성물질인 탄산을 형성하기 때문이다. 산성비(Acid rain)는 pH가 5.6보다 낮은 빗물을 말한다. 화석연료를 연소시키면 연소가스로 이산화탄소 외에 아황산가스와 질소산화물을 다량 배출하게 된다. 아황산가스나 질소산화물이 물에 녹으면 황산이나 질산이 되어 빗물은 산성이 된다. 산성비는 공업화가 빠른 선진국에서부터 나타났지만 점차 지구전체로 확산되고 있다. 1980년대 초에는 산성비의 영향에 대한 관심이 호수와 강으로부터 삼림생태계 지역으로 확산되었고 이는 산성비 속의 황산화물이나 질소산화물 등이 제일 먼저 토양을 산성화시키게 되고, 토양이 산성화되면 토양 속의 중금속이 녹아서 쉽게 나무뿌리를 통해 흡수되기 때문에 나무가 고사하는 것이다. 산성비가 인류에게 주는 피해 중에서 가장 중대한 것은 식량 생산 감소일 것이다. 산성비로 인해 토양의 pH가 5 이하가 되면 모든 곡물 및 구근류와 채소 등의 수확량이 줄어들게 된다. 직접적인 피해는 산성비가 토양, 하천, 호소, 지하수로 흘러 들어가 모든 수자원을 산성화시키기 때문에 생활용수 및 산업용수로 사용했을 때 많은 부작용을 가져올 수 있다. 또한 산성비는 각종 문화 예술적 가치가 있는 역사유적을 부식시켜 빠르게 훼손시킨다. 산성비문제는 국제적으로도 매우 까다로운 외교상 쟁점으로 대두되고 있어서 유럽의 경우 노르웨이나 스웨덴 같은 북구 청정국가들에서 산성비 피해가 발생하는데 이것은 기타 유럽의 공업국가에서 발생한 대기오염 때문이며, 캐나다와 미국의 경우도 5대호 연안의 공업도시에서 발생한 대기오염에 의해 산성비의 피해가 속출하고 있다. 우리나라도 전혀 공업시설이 없는 서해안의 농어촌 지역에서 산성비가 관측되는데 이것은 중국의 동북부지역에 위치한 거대한 공업지대에서 발생한 대기오염물질이 편서풍을 타고 한반도로 넘어온 것으로 추정된다. 이렇듯 산성비는 지구촌 곳곳에서 인접국가에 영향을 미치기 때문에 외교문제로 비화할 조짐이 보인다.

확산, 분산 및 혼합

① 분자의 확산(Molecular diffusion) : 고요한 물에 물감을 한 방울 떨어뜨리면 시간의 흐름에 따라 점점 색깔을 띠게 되는 현상
② 분산(Dispersion) : 이 물을 조용히 흔들어주면 확산의 정도가 커지는 현상
③ 혼합(Mixing) : 여기에서 흔들어 주는 동작
④ 완전혼합(Ideal complete mixing) : 분산이 순간적으로 이루어 졌을 경우의 혼합상태

5.2 낙동강 페놀 오염 사건

페놀과 염소와 화학 반응을 일으켜 클로로페놀이 형성되며 불쾌한 냄새가 난다. 클로로페놀의 독성은 중추 신경에 영향을 미치고 암을 유발하키고 다량을 흡수하게 되면 소화기계의 점막 손상 외에도 구토, 경련 등의 급성 중독 증상을 일으킨다. 또한 페놀 증기를 마시면 목과 코에 타는 듯한 느낌과 함께 기침, 두통, 설사, 호흡 곤란 등을 일으키고 눈에 들어가면 시력 감퇴, 화상, 각막 혼탁 등의 증상을 보이게 된다.

1991년 구미 공단의 두산전자 구미공장에서 페놀 원액 30톤 가량이 파손된 파이프를 통해 낙동강으로 유입되어 발생하였고 정수장의 염소소독과정에서 염소와 페놀이 반응하여 클로로페놀을 생성시켜 심한 악취가 심하게 발생하였고 오염된 정수장 물이 대구 지역에 식수로 공급되어, 이 물을 식수로 마신 일부 주민들은 두통과

구토 증세를 보이기도 하였다. 임산부들이 자연 유산, 임신 중절 등으로 인한 정신적, 신체적 피해를 입었고, 대구 지역의 주민들은 환경오염의 공포에 시달려야 했다. 이런 일로 우리나라의 일부 기업들이 환경 정화 비용을 아끼려고 유독 물질을 하천으로 내보내는 일들이 있었음이 알려졌고, 이후 환경 문제에 대한 국민들의 경각심이 높아졌고, 음용수 검사 항목의 문제를 본격 제기하는 계기가 되었다.

5.3 중금속 오염

1956년 일본 규수에 있는 구마모토 현 미나마타에서 작은 어촌에서 조개 및 어류를 먹은 주민들에게서 집단적으로 수은 중독 현상이 발생하면서 사회적으로 큰 문제가 되었다. 이는 미나마타 만에 있는 염화비닐 공장에서 수은이 포함된 폐기물을 배출하였는데, 폐기물 속에 들어 있는 수은이 박테리아에 의해 훨씬 독성이 강한 메틸수은으로 변형되어 조개나 어류에 농축되었다가 이를 먹은 사람들에게 집단적으로 언어, 청력, 신경 장애와 같은 수은 중독 현상으로 발병한 것이다. 이를 미나마타병이라고 불렀고, 2001년까지 공식적으로 2265명의 환자가 확인되었다.

일본의 도야마현 금속광업 광산에서 아연을 제련할 때 광석에 포함되어 있던 카드뮴을 제거하지 않고 그대로 강에 버려 카드뮴이 뼈에 축적되어 이에 중독된 사람들이 신장장애와 골연화증을 유발시켰고 칼슘부족으로 뼈가 물러져 뼈가 부러지는 등의 질병이 발생하였는데, 이를 "아프다 아프다"라는 의미의 이타이이타이병이라고 한다. 우리나라에서도 2004년 경남 고성군 삼산면 병산마을에서 의심되는 환자가 집단 발병하였다.

5.4 블루베이비병(메타헤모글로비아)

1953년부터 1960년 사이에 체코에서 태어난 수백 명의 어린이가 푸른색을 띠는 사례가 많았고 다량의 질산이 함유되어 있는 식수용 지하수로 인해 발생한 질병으로 푸른 아기(Blue Baby)라는 이름이 붙여져 있다. 질산성질산가 함유된 식수를 끓이지 않고 섭취할 경우 체내 혈액에서 헤모글로빈과 결합하여 메타헤모글로비아를 형성하여 산소운반을 방해하며, 이 때문에 호흡으로 얻어진 산소가 신체 각 부분으로 전달되지 못하여 몸이 푸른색으로 변하게 된다. 블루베이비 증상이 나타나면 성장발육이 저해되고 빈혈 등으로 인해 심할 경우는 사망하게 된다. 체코에서는 1953

년에서 1960년에 걸쳐 일부는 사망으로 이어졌으며 세계 여러 나라에서도 보고된 식수오염 피해로서, 블루베이비 증상은 도시보다 지하수를 식수로 사용하는 농촌에서 자주 발생하고 있다. 우리나라에서도 식수용 지하수에 분유를 타서 먹임으로서 나타났다고 보고된바 있으며 "청색증"이라 불린다.

6 Chemifobia

Chemifobia는 화학을 뜻하는 Chemical과 혐오를 뜻하는 Fobia가 합해져 화학성분에 대한 공포를 이르는 신조어이다. 공장형 밀집사육으로 인한 살충제와 DDT가 검출된 계란 파동으로 화학약품에 대한 불신이 부상하고 있다. 식품에 첨가하는 화학약품은 600여 가지가 넘는 실정으로 먹거리에서부터 생활화학 제품까지 다양한 영역에 퍼져 있다. 2011년 가습기 살균제를 사용한 소비자들이 원인 모를 호흡기 질환 증세를 보였고, 심한 경우 사망에까지 이르렀다. 햄버거 병으로 시작된 먹거리에서 시작한 케미포비아는 이어 여성 생리대 안전성 논란으로 번졌다. 우리 생활에 밀접한 먹거리와 제품에 유해 화학성분이 검출되면서 사람들 사이에서는 공포를 넘어서 생활화학제품을 꺼리는 '**노(no)케미족**'까지 생겨나고 있는 실정이다.

6.1 햄버거병과 가공육

2015년 10월 세계보건기구(WHO) 산하 국제암연구소(IARC)는 담배와 석면, 비소, 매연 등과 더불어 가공육을 발암 가능성이 상대적으로 큰 1군 발암물질로 규정했다. IARC는 연구조사를 통해 공정을 거친 가공육이 직장암이나 대장암을 유발할 수 있다고 발표했다. IARC는 가공육이 담배나 석면과 같은 강도로 위험하다는 뜻은 아니라고 덧붙였다. 과학적으로 가공육과 암 발생의 연관성이 그 정도로 크다는 의미이며 가공육 섭취를 줄이면 직장암과 대장암에 걸릴 위험을 크게 줄일 수 있다는 것이다. IARC는 관련 연구에서 가공육을 매일 50 g 섭취할 경우 대장암 발병률이 18% 정도 증가한다고 발표했다. 가공육은 햄, 소시지, 베이컨 등을 가공하는 과정에서 고기의 식감과 보존기간을 늘리기 위해 첨가되는 아질산나트륨과 아민과 반응하여 아질산아민이라는 발암물질을 생성시키는 것으로 알려져 있다.

대장균(*Escherichia coli*), 이질균(*Shigella*), 살모넬라균(*Salmonella*) 등에 오염된 덜 익은 햄버거 패티가 든 햄버거를 먹은 후 집단으로 발병하여 '햄버거병'으로 불리는 용혈성 요독 증후군(Hemolytic Uremic Syndrome)으로 불리는 소화기계 감염성 질환으로 4세 이하 영유아나 고령의 환자에서 급성신부전을 일으키고 미세혈관병성 용혈성빈혈과 혈소판 감소증을 특징으로 하는 질환이다.

7 Virus

고대 라틴어로 Virus란 '독'이라는 뜻이었다. Virus라는 존재에 대한 개념은 1879년 Adolf E. Mayer(독일 화학자)는 담배 농사를 짓는 농민들로부터 담배에 생기는 이상한 질병을 조사한 결과 이 병이 담배 잎에 이상한 반점을 만들고, 결국 잎을 말라죽게 만든다고 하여 이를 '담배모자이크병(tobacco mosaic disease)'라 명명했고, 1892년 Dmitri I. Ivanovsky(러시아 식물학자)는 담배모자이크병에 걸린 담배를 연구하던 중 병든 담배에서 추출한 수액을 모든 세균들을 걸러낸 뒤에도 여전히 전염성을 가지고 있다는 사실을 발견하고, 이에 담배모자이크병의 원인은 세균이 아니라 액체 형태의 독성 물질일 것이라 추측하고 이에 바이러스(Virus)라는 이름을 붙여주었다. 1898년 Martinus W. Beijerinck(네덜란드 미생물학자, 1851~1931)도 담배모자이크병에 걸린 개체의 수액에서 세균보다 훨씬 더 작지만 더 강력한 감염성 물질의 존재를 확인했고 이 존재가 살아 있는 세포에서만 증식될 수 있다는 사실을 밝혔다. 그는 미지의 존재에 '살아 있는 독성 물질(contagious living fluid)'라는 이름을 붙였다.

7.1 구제역

구제역은 Picornaviridae Aphthovirus라는 작은 RNA Virus로 이 Virus의 생존기간은 온도, 습도, 산도 그리고 자외선에 영향을 받으며 소·돼지 등 거의 모든 우제류(偶蹄類)에 발생하는 전염병으로 통증이 심한 물집이 생기는 것이 특징으로 치사율은 50%에 이른다. 아직 효과적인 치료 방법은 없고 한국에서는 제1종 가축전염병으로 지정되어 있다.

7.2 조류독감(Avian Influenza)

조류(鳥類)의 호흡기 전염병인 조류독감(Avian Influenza)은 고병원성·약병원성·비병원성으로 구분되며, 고병원성은 우리나라에서 법정 제1종 가축전염병으로 분류된다. 닭은 감염되면 80% 이상이 호흡곤란으로 폐사한다. 조류독감 바이러스는 HA형과 NA형이 있다. 원칙적으로는 사람에게 감염을 일으키지 않으나, 일부 인플루엔자처럼 드물게 사람에게 감염을 일으키기도 해 인수공통 전염병에 대한 염려가 확산되고 있는 실정으로 우리나라에 경우 2003년 이래 거의 매년 발생하면서 규모가 확산되며 철새들에 의해 전염되는 것으로 전해진다.

7.3 아프리카 돼지열병

아프리카에서 1920년대부터 발생해 명명된 아프리카돼지열병(African Swine Fever, ASF)은 치사율이 거의 100%에 이르기 때문에 치명적인 Virus성 출혈성 돼지 전염병이다. 사람이나 다른 동물은 감염되지 않는 것으로 알려져 있으며 돼지과(Suidae)에 속하는 동물에만 감염되고 또한, 공기를 통해서는 감염되지 않고 주로 돼지의 침, 호흡기 분비물, 오줌과 분변 등이 감염 경로로 알려지고 있다. 아프리카돼지열병 Virus는 섭씨 80도 이상의 고온에서 30분 이상 가열해야 사멸하는 것으로 알려져 있다.

7.4 인수공통 감염병

'감염병의 예방 및 관리에 관한 법률'에 따라, 동물과 사람 간에 전파되는 병원체에 의하여 발생하는 감염병 중 보건 복지부 장관이 고시하는 감염병으로 우리나라에서 정하는 인수공통감염병은 결핵, 조류인플루엔자감염증, 장출혈성대장균감염증 등 총 10개가 지정되어 있다. 21세기 들어 동물과 사람간의 식생이 잡식성으로 변해가고 있고 구제역, SARS(중증급성 호흡기 증후군)와 MERS(중동호흡기증후군) 등 각종 동물들의 전염병이 늘어가는 추세에서 Virus 변종의 출현으로 인수공통감염병에 대한 염려가 점차 커져가고 있는 실정이다.

Chapter 2

대기오염

1 대기오염의 정의 및 발생원인

대기오염물질은 매연, 먼지, 가스 및 악취 등으로 사람의 건강상 또는 재산상에 해를 미치거나 동·식물의 생육환경 등 자연환경에 악영향을 미치는 물질을 말하는데, 이는 **가스상 물질**과 **입자상 물질**로 크게 나눌 수 있다.

가스상 물질은 연소·합성·분해 시 발생하거나 물리적 성질에 의해서 발생되는 기체상의 물질로서 황산화물, 질소산화물, 일산화탄소 및 오존 등을 말하며, 입자상 물질은 물질의 파쇄, 선별 등 기계적 처리 또는 연소·합성·분해 시에 발생하는 고체상 또는 액체상의 미세한 물질을 말한다.

대기오염물질의 종류는 산업화가 진전될수록 더욱 증가하게 되는데, 어떠한 물질을 정부의 관리대상으로 지정할 것인가는 정책적인 판단의 문제로 한 나라의 오염저감기술, 측정기술 수준 그리고 오염물질의 위해성평가 결과 등 다양한 요소에 의해 결정된다.

우리나라 대기환경보전법에서 대기오염물질을 "**대기오염의 원인이 되는 가스상 물질, 입자상 물질 또는 악취물질로서 환경부령이 정하는 것**"으로 규정하고 있으며, 일산화탄소 등의 물질로 규정하고 있다.

대기오염물질을 발생시키는 원천은 너무나 다양하여, 황사와 같이 바람에 의해 토양의 흙먼지가 날려 대기오염을 유발할 수도 있고, 산불이나 화산에 의해 먼지나 매연이 발생할 수도 있다. 이렇게 인간의 활동과 관계없이 대기오염물질을 발생시키는 배출원을 **자연적 발생원**(natural source)이라 한다. 그러나 오늘날 크게 문제가 되고 있는 것은 자연적 발생원으로 인한 대기오염보다는 대부분 인간의 활동에서 비롯되는 **인위적 발생원**(anthropogenic source)이라고 할 수 있다. 인위적 발생원은 다시 **점오염원**(point source), **면오염원**(area source), **선오염원**(line source)으로 구분된다.

지구 대기오염의 주요한 원인은 과거에 있어서나 현재에 있어서나 화석연료, 즉, 석탄 석유연료의 연소에서 발생한다. 먼저 발생원으로서는 화력발전소, 제철제강소, 선박, 난방 등이 대기오염원이 되고, 다음으로는 석유정제공장이 있다. 그 밖에 연소공정으로서 쓰레기소각장이 있다. 다음으로 큰 원인이 되는 것으로는 생산공정으로부터의 자재, 중간생산물 및 생산물의 배출이 있다. 석유정제공장이나 중화학공장이 그것이다.

도시에서는 자동차가 주된 오염원이 된다. 공장 등을 고정발생원이라면 자동차를 이동 발생원으로서 지목할 수 있다. 점오염원은 발전소나 대규모공장과 같이 하나의 시설이 대량의 오염물질을 배출하는 것을 말하며, 면오염원은 주택이나 빌딩과 같이 일정면적 내에 소규모 발생원이 다수가 모여 오염물질을 발생함으로써 해당지역 내에 오염문제를 발생시키는 것을 말하고, 선오염원은 자동차, 기차, 비행기, 선박 등과 같이 이동하면서 오염물질을 연속적으로 배출하는 것을 말한다. 또한 대기오염물질은 크게 1차 오염물질과 2차 오염물질로 분류하며 1차 오염물질은 발생원에서 직접 대기로 방출되는 SO_x, NO_x 등의 오염물질을 말하며, 2차 오염물질은 1차 오염물질들이 대기 중에서 물리·화학적인 변환에 의해 생성되는 광학스모그, 오존과 같은 위해한 물질을 말한다. 말하자면, 대기오염원은 인위적이거나 자연적인 것이나 오염물 발생 횟수와 공간적 분산, 그리고 가스 또는 입자상 물질 등의 배출물의 종류에 의하여 분류될 수 있다. 횟수와 공간 분산의 범주는 단일 또는 점오염원(point source), 면오염원(area source) 또는 비점오염원(non-point source), 그리고 선오염원(line source)을 포함한다.

- **점오염원(point source)**

  폐수처리장, 사업장 등의 오염물질의 발생경로가 명확한 오염원

- **비점오염원(non-point source)**

  임야, 논밭, 도로, 도시 등의 불특정 장소에 발생하는 오염원

- **면오염원(area source)**

  주택이나 대기오염물질 배출 업소처럼 일정 면적 내에 오염물질을 발생시키는 소규모의 발생원이 다수 모여 해당 지역 내에 오염 문제를 일으키는 오염원

- **선오염원(line source)**

  자동차, 기차, 비행기, 선박 따위처럼 이동하며 오염물질을 연속적으로 배출하는 환경오염원

1.1 대기의 구성과 대기오염물질

대기는 지구 위에 존재하는 전체 기상 부분을 뜻하며, 일반적으로 대기라 함은 지구를 둘러싸고 있는 공기를 말한다. 공기로 구성된 대기권의 대기전체 질량은 약

5.2×10^{15} ton이며, 이 양은 대기권을 구성하는 4가지 기본층인 **대류권, 성층권, 중간권, 열권**에 분포되어 있다.

대기권은 지구 표면으로부터 높이에 따라 열권, 중간권, 성층권 및 대류권과 오존층으로 이루어지며 권역별로 기온과 기압의 변화가 크다. 이 중 지상에서 비교적 가까운 대류권과 오존층의 성상 변화에 따라 대기오염이 발생한다고 할 수 있다. 대기오염은 지구표면과 가장 가까운 대류권에서 주로 발생되며 생물은 생존을 위하여 이 대류권에 관심이 집중되고 있다. 대기의 구성은 질소 78%, 산소 21%, 아르곤 0.93%, 이산화탄소 0.03% 기타 미량의 불활성가스로 구성되어 있다.

대기의 조성

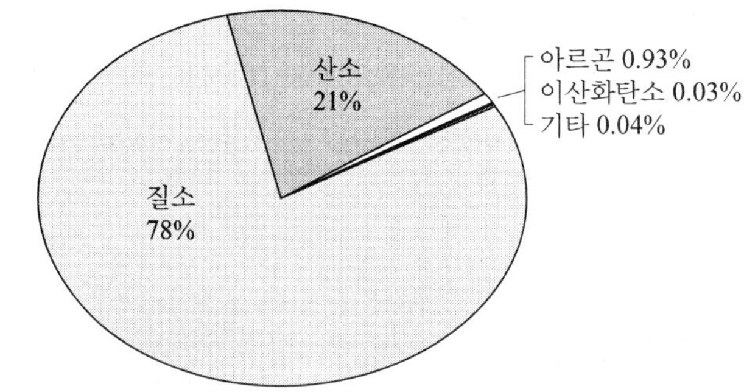

WHO에서는 "대기 중 인위적으로 배출된 오염물질이 한 가지 또는 그 이상 존재하여 오염물질의 양, 농도 및 지속 시간이 어떤 지역의 불특정 다수인에게 불쾌감을 일으키거나 해당 지역에 공중 보건상 위해를 끼치고, 인간이나 동·식물의 활동에 해를 주어 생활과 재산을 향유할 정당한 권리를 방해받는 상태"로 규정하고 있으며, 우리나라의 대기환경보전법에서는 "대기오염의 원인이 되는 가스상 물질, 입자상 물질 또는 악취물질로서 환경부령이 정하는 것"으로 일산화탄소 등 총 61개 물질을 정하고 있다.

대기오염물질 발생원은 **자연적 발생원**과 **인위적 발생원**으로 구분하며, 발생원으로부터 직접 배출된 것을 **1차 오염물질**이라 하고, 대기 중에서 두 종류 이상의 오염물질이 서로 태양에너지에 의해 광화학 반응을 일으켜서 형성된 오염물질을 **2차 오염물질**이라 한다.

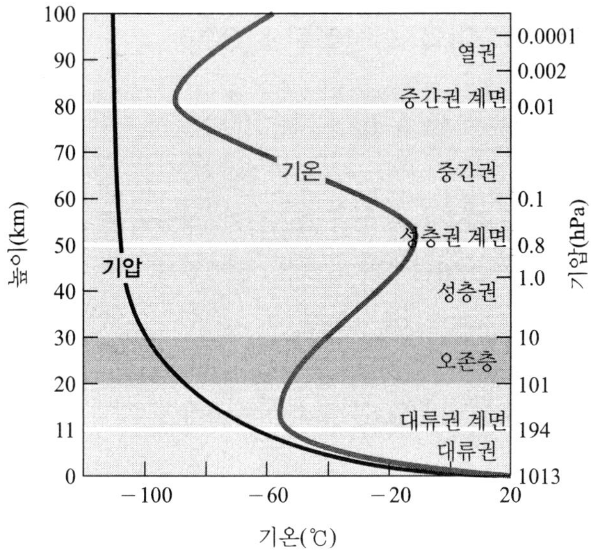

2 대기오염물질

대기오염물질은 입자상 오염물질(particulate pollutant)과 가스상 오염물질(gaseous pollutant)로 구별할 수 있으며 이들에 대한 농도 표시 방법은 각각 다르다. 일반적으로 입자상 오염물질은 단위 부피당의 질량(예: mg/m^3 또는 $\mu g/m^3$)으로 표시되며, 가스상 오염물질은 부피 기준으로 다음처럼 표시된다.

> ppm(part per million) : 백만분율, 10^{-6}
> pphm(part per hundred million) : 일억분율, 10^{-8}
> ppb(part per billion) : 십억분율, 10^{-9}
> ppt(part per trillion) : 일조분율, 10^{-12}

위의 표현은 모두 무차원의 부피비율이며 이 중 ppm을 가장 많이 쓴다. 예를 들어 어떤 기상 오염물질의 농도가 1 ppm이라는 것은 공기 1 m^3 중 1 mL(또는 1 L 중 1 μL)의 오염물질이 존재하는 것을 의미한다.

2.1 일산화탄소(CO)와 이산화탄소(CO_2)

일산화탄소는 무색, 무취의 유독성 가스로서 연료 속의 탄소성분이 불완전 연소되었을 때 발생한다.

배출원은 주로 수송 부문이 차지하며, 산업공정과 비수송 부문의 연료 연소 그리고 산불과 같은 자연발생원 및 주방, 담배연기, 지역난방과 같은 실내 발생원이 있다.

일산화탄소 인체에 미치는 영향을 살펴보면 혈액순환 중에서 산소 운반 역할을 하는 헤모글로빈을 카르복실 헤모글로빈(COHb)으로 변성시켜 산소의 운반기능을 저하시키며, 고농도의 일산화탄소는 유독성이 있어 건강한 사람에게도 치명적인 해를 입힌다.

이산화탄소의 생성반응 : $C + O_2 \rightarrow CO_2$ (완전연소)

일산화탄소의 생성반응 : $C + \frac{1}{2}O_2 \rightarrow CO$ (불완전연소)

이산화탄소(CO_2)는 대기 중의 정상성분으로서 동물의 호흡과정에서 배출되고 연료가 연소되면서 생성되는 최종물질이다. 색깔과 냄새가 없다. 한편 식물은 광합성(photo-synthesis)에서 탄산가스를 이용하기 때문에 대기 중의 CO_2 농도는 일정한 수준을 유지하여 왔다. 그러나 화석연료의 사용 양이 많아지면서 도시지역에서의 CO_2의 농도는 대기 중의 정상농도인 303～320 ppm을 초과하고 있는 곳이 허다하며, 이 농도는 낮 시간 및 계절적으로 변화가 심하고 사람이나 동식물의 호흡에 의하여 발생되기 때문에 도시대기의 환기상태를 측정하는 간접적인 자료가 되며, 일반적으로 실내 환기량 측정이나 실내오염의 지표로 측정된다. 또한 이산화탄소는 색깔과 냄새가 없으며 나무, 석탄 및 석유 등이 탈 때 생긴다. 대기 중에는 0.03%가 포함 되어 있다. 그 자체는 오염물질은 아니지만, 온실 효과를 일으키므로 지구 온도 변화에 심각한 영향을 끼칠 수 있다.

2.2 이산화질소(NO_2)

이산화질소는 적갈색의 반응성이 큰 기체로서, 대기 중에서 일산화질소의 산화에 의해서 발생하며, 대기 중에서 휘발성 유기화합물과 반응하여 오존을 생성하는 전구물질(precursor)의 역할을 한다.

주요 배출원은 자동차와 파워 프랜트와 같은 고온 연소공정과 화학물질 제조공정 등이 있으며, 토양 중의 세균에 의해 생성되는 자연적 현상 등도 있다.

질소산화물의 인체 영향을 살펴보면, 일산화질소(NO)보다는 이산화질소가 인체에 더욱 큰 피해를 주는 것으로 알려져 있다. 고농도에 노출되면 눈, 코 등의 점막에서 만성 기관지염, 폐렴, 폐출혈, 폐수종으로 까지 발전할 수 있는 것으로 보고되고 있으며, 식물에 대한 피해로는 식물세포를 파괴하여 꽃식물의 잎에 갈색이나 흑갈색의 반점이 생기게 하는 것을 들 수 있다.

2.3 오존(O_3)

오존은 대기 중에 배출된 대기 중의 질소산화물(NO_x)와 휘발성 유기화합물(VOCs) 등이 자외선과 광화학 반응을 일으켜 생성된 PAN, 알데하이드, 아크롤레인(acrolein) 등의 광화학 옥시단트의 일종으로 2차 오염물질에 속한다.

전구물질인 휘발성 유기화합물은 자동차, 화학공장, 정유공장과 같은 산업시설과 자연적 생성 등 다양한 배출원에서 발생한다. 오존에 반복 노출 시에는 폐에 피해를 줄 수 있는데, 가슴의 통증, 기침, 메스꺼움, 목 자극, 소화 등에 영향을 미치며, 기관지염, 심장질환, 폐기종 및 천식을 악화시키고 폐활량을 감소시킬 수 있다.

특히 기관지 천식환자나 호흡기 질환자, 어린이, 노약자 등에게는 많은 영향을 미치므로 주의해야 할 필요가 있다. 또한 농작물과 식물에 직접적으로 영향을 미쳐 수확량이 감소되기도 하며 잎이 말라 죽기도 한다.

2.4 황산화물(SO_x)

황을 함유하는 석탄, 석유 등의 화석 연료를 연소할 때 배출되며 황산화물의 95%는 이산화황(SO_2)이다. 물에 잘 녹아 황산이 되어 산성비의 주요 원인이 되기도 한다. 무색의 자극적인 냄새가 나는 불연성 가스이다. 천연으로는 화산, 온천 등에 존재하며 황화수소와 반응하여 황을 생성한다.

황을 함유하는 석탄, 석유 등의 화석연료가 연소될 때 인위적으로 배출되며, 주요 배출원은 발전소, 난방장치, 금속 제련 공장, 정유 공장 및 기타 산업 공정 등에서 발생한다. 고농도의 아황산가스는 옥외 활동이 많거나 천식에 걸린 어른과 어린이에게 일시적으로 호흡장애를 일으킬 수 있으며, 고농도에 폭로될 경우 호흡기계 질환을 일으키고 심장혈관 질환을 악화시키는 것으로 알려져 있다.

질소산화물과 함께 산성비의 주요원인 물질로 토양 등의 산성화에 영향을 미치고 바람에 의해 장거리로 수송되어 다른 지역에 영향을 주며 식물의 잎맥 손상 등을 일으키고 시정 장애를 일으키며 각종 구조물의 부식을 촉진시킨다.

아황산가스 생성반응 : S(황) + O_2(산소) → SO_2(아황산가스)

2.5 질소산화물(NO_x)

연료를 고온으로 연소할 때 대기 중의 질소가 산소와 반응하여 생성된다. 토양과 수중의 미생물이나 번개에 의해 생성되기도 한다. 대기 중에서 휘발성 유기화합물(VOCs)과 반응하여 오존을 만들고, 수증기에 녹아 산성비의 원인이 되기도 한며 눈과 호흡기를 자극한다.

질소산화물의 생성반응 : N_2(질소) + O_2(산소)
→ NO(일산화질소) + O_2 → NO_2

2.6 탄화수소

휘발유, 경유 등에서 증발되어 나오는 휘발성 물질이나 석유, 알코올 등을 태울 때 연소되지 않은 물질, 도색 및 제조 공정 등에서 발생하는 물질의 총칭이다. 광화학 반응을 통해 2차 오염물질을 생성한다. 메테인(CH_4), 벤젠(C_6H_6) 등은 지구 온난화를 일으키기도 한다.

2.7 휘발성 유기화합물(VOCs)

쉽게 증발하는 액체 및 기체상의 유기화합물로, 질소 산화물과 광화학 반응을 일으켜 광화학 스모그를 발생시킨다. 발암 물질이며, 지구 온난화의 원인 물질이기도 하다. 유기 용매를 사용하는 시설(페인트, 세탁소 등)이나 자동차가 주요 오염원이다.

실내 공기 오염

실내 생활시간이 길어지면서 실내 공기 오염에 대한 관심이 높아지고 있다. 에너지 절약을 위해 밀폐식으로 설계한 건축물에서 실내 오염이 발생하면 오염물질이 쉽게 정화되지 않는다. 먼지, 중금속, 석면, 담배 연기, 연소 가스, 라돈, 포름알데히드, 미생물, 휘발성 유기화합물, 악취, 오존 등으로 오염된다. 실내 공기 오염을 줄이는 방법으로는 다음과 같다.

① 발생 제어

오염물질의 발생 원인을 제어함으로써 오염물질이 실내 공기 중에 방출되는 것을 억제하는 개선 기술로 친환경 자재 시공, 베이크 아웃이 있다.

② 베이크 아웃(bake out)

실내 온도를 높여 건축 자재에 포함된 오염물질을 배출시킨 뒤 환기해 제거하는 방법

③ 환기

건축 자재 등에서 방출되거나 외부 공기로부터 유입되는 오염물질의 농도를 희석시키는 개선 기술로 자연 환기를 활용하는 방법과 기계 환기를 이용하는 방법이 있다.

④ 공기 정화

자재 또는 공기 중의 오염물질이 흡착성 물질에 의해 흡착되거나 광촉매 및 오존의 산화에 의해 분해됨으로써 실내의 오염물질을 제거시키는 개선 기술이 있다.

3 대기환경기준 및 대기오염사례

우리나라의 대기환경기준은 황산화물, 질소산화물, 이산화탄소, 미세먼지, 오존, 휘발성 유기화합물 등 <표 2-1>과 같으며 대기오염물질 배출사업장은 대기오염물질의 발생량 <표 2-2> 및 발생원 <표 2-3>에 따라 다음과 같이 구분한다.

〈표 2-1〉 대기환경기준

항 목	국가기준	
아황산가스(SO_2, ppm)	연간	0.02 ppm 이하
	24시간	0.05 ppm 이하
	1시간	0.15 ppm 이하
일산화탄소(CO, ppm)	8시간	9 ppm 이하
	1시간	25 ppm 이하
이산화질소(NO_2, ppm)	연간	0.03 ppm 이하
	24시간	0.06 ppm 이하
	1시간	0.10 ppm 이하
미세먼지(PM_{10}, $\mu g/m^3$)	연간	50 $\mu g/m^3$ 이하
	24시간	100 $\mu g/m^3$ 이하
오존(O_3, ppm)	8시간	0.06 ppm 이하
	1시간	0.1 ppm 이하
납(Pb, $\mu g/m^3$)	연간	0.5 $\mu g/m^3$ 이하
벤젠(Benzene, $\mu g/m^3$)	연간	5 $\mu g/m^3$ 이하

- 1시간 평균치는 999천분위수의 값이 그 기준을 초과하여서는 안 되고, 8시간 및 24시간 평균치는 99백분위수의 값이 그 기준을 초과하여서는 안 된다.
- 미세먼지는 입자의 크기가 10 μm 이하인 먼지를 말한다.

* 출처 : 환경부 대기오염도 실시간 공개 시스템

〈표 2-2〉 대기오염물질 발생량에 따른 사업장 분류 기준

종별	연간 오염물질 발생량
1종 사업장	80톤 이상인 사업장
2종 사업장	20톤 이상 80톤 미만인 사업장
3종 사업장	10톤 이상 20톤 미만인 사업장
4종 사업장	2톤 이상 10톤 미만인 사업장
5종 사업장	2톤 미만인 사업장

⇒ '대기오염물질 발생량'이란 방지시설을 통과하기 전의 먼지, 황산화물 및 질소산화물의 발생량을 「환경부령」으로 정하는 방법에 따라 산정한 양을 말한다.

* 출처 : 환경부 대기오염도 실시간 공개 시스템

〈표 2-3〉 발생원별 구분

구분	점오염원	비점오염원
배출원	- 공장, 가정하수, 분뇨처리장, 축산농가 등	- 대지, 도로, 논, 밭, 임야, 대기 중의 오염물질 등
특징	- 인위적 - 배출지점이 특정/명확 - 관거를 통해 한 지점(주로 처리장)으로 집중적 배출 - 자연적 요인에 영향을 적게 받아 연중 배출량의 차이가 일정함 - 모으기 용이하고 처리효율이 높음	- 인위적 및 자연적 - 배출지점이 불특정/불명확 - 희석, 확산되면서 넓은 지역으로 배출 - 강우 등 자연적 요인에 따른 배출량의 변화가 심하여 예측이 곤란함 - 모으기 어렵고, 처리효율이 일정치 않음

* 출처 : 환경부 환경영향평가 정보 지원 시스템

〈표 2-4〉 대기오염사례

연도	지역	오염 발생원	원인	피해 사례
1930	벨기에 Meuse Valley	화력발전소, 제련소, 황산공장	SO_2, 분진	호흡기 질환 유발
1934	미국 도라노시	황산 공장, 제련소	SO_2, 황산	17명 사망, 6,000여명 호흡기, 눈 등 피해
1950	멕시코 포자리카	천연가스 처리 공장	황화수소	300명 중독, 22명 사망
1952	영국 런던	가정 및 공장의 석탄 연소	SO_2와 매연	4000명 이상 호흡기 계통 질환 사망
1954	미국 LA	자동차, 공장	NO_2, 탄화수소	광화학 스모그
1976	이탈리아 세베소	화학 제조 공장	다이옥신	기형아 출산
1984	인도 보팔	농약 제조 공장	화학물질 누출	수천명 사망
1986	러시아 체르노빌	원자력 발전소	방사성물질	집계 안 됨

4 대기오염물질 배출시설과 방지시설

4.1 대기오염물질 배출시설

대기오염물질을 대기 중에 배출하는 시설물, 기계·기구류, 기타 물체로서 산업별로 매우 다양하며 환경부령으로 정한 시설을 말한다.

4.2 대기오염 방지시설

대기 배출시설에서 배출되는 대기오염물질을 감소시키거나 제거하기 위한 시설로서 「대기환경보전법」 제2조 및 「대기환경보전법 시행규칙」 제6조에 규정하고 있다. 중력 집진 시설, 관성력 집진 시설, 원심력 집진 시설, 세정 집진 시설, 여과 집진 시설, 전기 집진 시설, 음파 집진 시설, 흡수에 의한 시설, 흡착에 의한 시설, 직접 연소에 의한 시설, 촉매 반응을 이용하는 시설, 응축에 의한 시설, 토양 미생물을 이용한 처리 시설이 있으며, 이 시설과 동등하거나 그 이상의 방지 효율을 가진 시설로서 환경부장관이 인정하는 시설로 정한 것으로 <표 2-5>과 같이 구분된다.

〈표 2-5〉 대기오염 방지시설의 종류

구 분	기 능
여과 집진 시설 (백 필터)	여재를 통과시켜 가스에서 먼지를 포집하는 시설로, 입자가 여재에 부착되어 제거
세정 집진 시설 (스크러버)	습식 집진으로 불리며, 액적 또는 액막 및 기포로 가스를 세정하고, 먼지 입자를 부착 또는 응집 조대화를 이루어 가스로부터 먼지 입자 분리 포집.
활성탄 흡착	다공성의 활성탄 흡착 능력이 뛰어난 성질을 이용하여 가스상의 유해한 오염물질이나 악취를 흡착시켜 제거
용제 회수 설비	용제의 특성 차이를 이용하여 용제를 진공 상태에서 증발시킨 후 냉각시켜 회수

5 미세먼지(PM_{10}, $PM_{2.5}$)

먼지는 공기 중의 고체 상태의 입자와 액적 상태의 입자 혼합물을 말하며, 입자 크기가 50 μm 이하인 총먼지(TSP)와 미세먼지(PM)로 나뉜다. 미세먼지는 지름 10 μm 이하인 PM_{10}(Particles Matter)과 지름 2.5 μm 이하인 $PM_{2.5}$(Fine Particles)로 구분한다. 이러한 입자들은 자연 배출원뿐만 아니라 여러 종류의 고정 배출원이나 이동 배출원으로 부터 배출되므로 여러 형태의 모양과 크기를 가지고 있다.

미세먼지의 발생원인은 자연적 원인인 화산폭발, 산불, 흙먼지 같은 오염물질과 인위적 원인인 산업, 발전, 수송 분야와 가정 등 인간활동의 결과물로 배출원으로부터 직접 배출되거나 황산화물과 일산화탄소, 질소산화물, 탄화수소 및 중금속 등을 원인으로 들 수 있으며 아황산가스나 질소산화물과 같은 가스상 물질에 의해 2차적으로 생성된다.

미세먼지는 천식과 같은 호흡기계 질병을 악화시키고, 폐 기능의 저하를 초래한다. 또한 미세먼지는 시정을 악화시키고, 식물의 잎 표면에 침적되어 신진대사를 방해하며, 건축물에 퇴적되어 조각된 유적물이나 동상 등에 부식을 일으킨다.

화석 연료의 연소, 자동차의 배기가스, 화학물질의 제조 과정에서 배출되며, 1차 배출된 기체상의 오염물질이 대기에서 입자상으로 변환되어 생성되기도 한다. 기침과 천식, 만성 기관지염 같은 호흡기 질병을 유발하고, 폐의 기능을 떨어뜨린다. 또한 토양의 중금속 농도를 증가시키고, 식물의 광합성과 증산 작용을 막아 성장에 나쁜 영향을 주기도 한다.

우리나라의 경우 계절별 미세먼지 평균 농도는 봄철에 60 $\mu g/m^3$, 여름철은 32 $\mu g/m^3$, 가을철에는 34 $\mu g/m^3$, 겨울철은 49 $\mu g/m^3$으로 나타났다. 미세먼지 농도가 높은 계절은 봄과 겨울이며, 그 이유는 우리나라의 경유차의 증가와 화력발전의 영향이 있지만 대부분은 중국의 급속한 산업화와 도시화에 따라 엄청난 오염물질이 대기 상층의 편서풍을 타고 우리나라로 이동해 오기 때문인 것으로 분석된다.

1979년 32개 유럽국가와 미국, 캐나다는 협상을 통하여 '구속력 있는 미세먼지 협약'을 만들어 이동성 대기오염물질을 성공적으로 규제하고 있다. 장거리 이동 대기오염물질 감축을 위한 협약을 체결했다. 오염물질별 감축의무를 각국에 부과하는 8개의 의정서를 채택한 것이다. 이동성 대기오염물질의 환경과 경제에 대한 피해뿐 아니라 대응조치로 인한 혜택까지 포함하는 통합 평가모델을 사용한 연구도 공동연구 대상에 포함하여 협정체결 참가국들의 국제적 지지 확보에도 크게 기여했다고 한다.

미세먼지 등 대기오염에 대해서는 전 세계가 동일운명체라는 인식이 밑바탕이 되어, 미세먼지 이동경로에 속해있는 가능한 많은 국가를 협정에 참여시키고, 공동연구에 국제적으로 검증된 연구기관과 관련 국제기구도 폭넓게 참여하여야 한다.

Chapter 3

수질오염

1 수질오염의 정의

지구는 물이 풍부한 행성으로 물(H_2O)은 생물권에서 가장 많은 물질로 지구 표면의 3/4을 차지(용적 약 15 km^3)하고 있으나, 이 중 염수가 97%, 담수는 3%(담수의 3/4는 빙산)으로 구성되어 있어 인간의 생존에 필수적인 담수가 차지하는 비율은 매우 낮다. 이마저도 수질오염으로 인해 질병을 일으키지 않는 맑은 물의 양은 더욱 줄어들고 있어 심각한 문제로 대두되고 있다.

인체를 구성하는 물의 구성은 혈액의 90%, 뼈의 22%를 차지하고 있으며 어린이는 90%, 성인의 70%, 노인의 58%가 물로 이루어져 있다. 인체 내에서 1% 부족 시 갈증, 2% 부족 시 심한 갈증, 5% 부족 시 혼수상태, 10% 부족 시 사망의 위기에 처하게 되며 식용수로는 약알칼리성, 피부에는 약산성이 좋은 것으로 알려져 있다.

수질오염이란 물리적, 화학적, 생물학적으로 정상적인 값으로부터 변화하여 물이라는 원래의 용도로 사용할 수 없거나 생태적으로 나쁜 영향을 미치는 등 수질이 악화된 상태를 말한다. 우리가 사용할 수 있는 담수인 지표수와 지하수를 오염시키는 원인이 되는 물질들에는 산소를 필요로 하는 폐기물, 영양염류, 합성 유기화합물, 질병을 유발시키는 미생물, 중금속, 방사성 물질, 기름 등이 있다. 죽은 식물이나 동물의 사체 등의 유기물은 하천에서 시간이 지남에 따라 호기성 박테리아에 의해 분해되는데, 이때 산소가 소모된다. 호기성 박테리아에 의한 분해 작용에 사용되는 산소의 양을 생화학적 산소요구량(BOD)이라고 하며, 수질 관리에서 일반적으로 사용하는 지표로 숫자가 클수록 오염이 심한 물이다. 사람들의 활동으로 인한 세제, 하수처리 시설의 부산물, 비료 등에 포함되어 있는 영양염류는 물의 인위적 부영양화를 야기시켜 물속의 플랑크톤을 급격히 증가하게 만든다. 이런 플랑크톤의 급격한 증가는 하천의 녹조 현상이나 바다에 적조 현상을 발생시켜 물속의 산소량을 급격히 감소시키고 햇빛 투과를 방해하여 수중 생물을 죽게 만든다. 특히 인과 질소 비료, 동물의 분뇨는 부영양화에 가장 큰 영향을 미친다.

수질오염의 원인은 상수원에서부터 가정의 수도에 이르기까지 모든 부분에서 발생하며 호소의 녹조 및 바다의 적조 현상 등도 심각하게 증가되고 있으며 이는 가정하수, 산업폐수, 축산폐수 등에 의해 발생한다. 산업혁명 이후의 갑작스런 인구 증가 등에 의해 유발된 수질오염은 세포 구성이 60% 이상 물로 구성된 인간을 포함한 모든 생명체에게 매우 큰 영향을 미친다. 모든 생명체는 매일 마시는 물에 의해 생명력을 유지하게 되는데, 지구의 약 2/3의 면적을 차지하는 해수면을 포함한 지구상의 물은 그 총량이 일정하여 증발과 응결을 반복하여 순환한다. 지구상의 물은 지구의 기온을 조절하며, 물질순환을 가능하게 하고, 유기물의 합성에도 중요한 역할을 담당한다.

인구증가와 산업 활동의 증가로 인하여 배출된 오염물질은 자연계의 자정작용(self purification = 항상성)에 의해 그 대부분이 희석되거나 자연적으로 분해되어 생태계의 평형이 유지되게 되지만 그 양이 너무 많거나 분해되지 않는 물질이 많아지면 생태계는 그 균형을 잃고 파괴된다.

용액과 용해도

① **용액** : 기체 혹은 고체가 액체 속에 고르게 혼합되어 있는 상태
② **용질** : 용액 중 녹아있는 기체 혹은 고체
③ **용매** : 녹이는 액체
④ **용해도** : 용매에 대하여 용질을 녹일 수 있는 최대의 양

2 수질오염의 영향

2.1 인체에 미치는 영향

인류의 집단생활과 함께 발생한 수질오염이라 할 수 있는 것은 생활하수에 의한 수인성전염병의 발생이다. 이는 병원균이 음료수원을 오염시켜 콜레라·장티푸스·이질 등을 일으키는 것이다. 산업혁명 이후 삶의 질 향상과 더불어 산업의 발전으로 생긴 공장폐수 등에 의해 구리·수은·카드뮴·납·크롬·비소·플루오르·시안·폴리클로리네이트비페닐(폴리염화비페닐, PCB) 등 유독·유해 물질에 의한 급·만성 중독이 생겼다.

특히 중금속이나 특정 유기물질은 농도가 낮아도 먹이연쇄에 축적되어 최종 소비자인 인간에게는 고농축으로 유입되므로 중독증상이 발생한다.

2.2 생활환경에 미치는 영향

인간이 생활을 영위하는 데에는 쾌적한 환경이 상당히 중요하다. 그러므로 인체에 영향을 크게 미치지 않는다고 해도 오염물질에 수질이 오염될 경우에 상당한 불쾌감을 느끼게 되며, 유기오염 등에 의한 부영양화는 수영·낚시 등의 물에서 즐기는 여가생활에 나쁜 영향을 미친다.

2.3 수중생물에 미치는 영향

수질오염이 수중생물에 미치는 영향은 상당히 심각하다. 독성물질의 체내축적은 물론이고 유독물질에 의해 생명작용의 이상이 생겨 대량 폐사·어획량 감소가 일어나며, 기름이나 페놀류에 의한 해초·어패류에 악취 발생, 오염물질에 의한 어종의 변화와 돌연변이 발생 등이 일어난다. 물고기가 대량으로 죽는 주원인은 아가미에 현탁물질이 침착되거나 유독물질이 아가미조직을 파괴하여 호흡곤란을 일으키는 것, 수질의 부영양화에 의한 수중의 용존산소(DO) 부족 때문이다. 또한 부영양화에서 일어나는 녹조나 적조현상에 의해 치명적인 독성이 발생할 수 있다.

2.4 상·하수도에 미치는 영향

상수도는 인체에 직접 유입되는 물이므로 특히 유의해야 한다. 상수원에는 오염물질을 제거하는 정수처리장이 설치되어 있어 여러 가지 오염물질을 제거하는데, 특히 공장폐수나 수중의 미생물제거를 위한 처리가 필요하다. 상수원의 부영양화는 음료수의 맛과 냄새를 악화시키고 수중의 유기성분과 염소에 의해 생성되는 THM(trihalomethane)의 생성량을 증가시키므로 고도처리가 필요하게 되어 많은 비용이 들게 된다.

가정에서 배출되는 생활하수와 공장에서 배출되는 산업폐수를 합쳐서 처리하는 방식을 사용하므로 공장폐수의 중금속·유독물질·폐유 등이 생물학적 처리를 위한 미생물에 영향을 주지 않도록 공장폐수의 배출기준을 정하고 있다. 그러나 공장에서 배출기준을 어기고 폐수를 배출할 경우 수질오염의 주원인이 된다.

2.5 농업 및 지하수에 미치는 영향

농업은 농약이나 화학비료 사용의 증가로 인한 농업용수의 오염과 광·공업 폐수의 유입으로 인한 농작물의 급·만성 피해, 농촌의 하수시설이 도시화되면서 생긴 생활하수의 유입으로 인한 질소과다의 영향 등의 영향을 받아왔다.

지하수는 유입과 유출이 활발히 일어나지 않는 수원이므로 토양에 의한 정화작용의 범위를 넘어서는 오염이 일어날 경우에 회복이 무척 어렵다. 특히 오염된 물의 지하침투와 폐기물처리장에서 유입된 빗물이 지하수를 오염시킬 수 있다.

3 수질오염물질

인구 증가와 산업 활동으로 인하여 자연수계에 배출되는 수질오염물질 중 수중의 산소를 고갈시키는 물질은 수인성 전염병을 발생시키는 병원성 미생물, 부영양화의 원인이 되는 영양염류, 다양한 무기형태의 염, 잔류성이 많은 유해 중금속 및 농약을 포함한 휘발성 유기물 등으로 구분할 수 있다.

수중에는 용존산소(DO, dissolved oxygen)가 녹아 있는데 맑은 물에는 포화 농도에 가까운 용존산소가 존재한다. 대기 중의 산소가 물에 용해되는 양인 용존산소는 대기압 아래서는 온도와 수면적에 의존하게 된다. 용존산소(DO, dissolved oxygen)를 고갈시키는 물질의 대부분은 생분해성 유기물이 주류를 이룬다. 생분해성 유기물이 수중에 유입이 되면 주로 호기성(aerobic) 미생물에 의해서 유기물이 분해되는 과정에서 용존산소(DO, dissolved oxygen)를 소모하게 된다. 따라서 유입되는 오염물질의 양이 많으면 미생물에 의한 유기물의 분해가 활발하게 이루어져 수중의 산소를 고갈시키게 된다. 용존산소(DO, dissolved oxygen)가 고갈되면 호기성 생물과 어류의 서식이 불가능해 지고, 물에서는 불쾌한 맛과 냄새가 나며 부패가 시작되어 수자원으로서 기능을 상실하게 된다. 수중의 산소를 고갈시키는 오염물질은 생화학적 산소요구량(BOD, biochemical oxygen demand), 화학적 산소요구량(COD, chemical oxygen demand) 또는 총 유기탄소(TOC, total organic carbon) 등으로 표시된다.

3.1 수질오염지표

(1) pH(Potential Hydrogen)

용액의 산성, 알칼리성을 나타내는 척도이다. pH는 0에서 14까지 있으며, 용액이 산성이면 pH는 7보다 작고, 알칼리성이면 7보다 크다. 산성비는 pH 5.6 이하의 비를 말한다. 수용성 또는 어떤 용액의 산성도나 염기도를 나타내는 정량적인 척도로서 물의 산과 알칼리의 강도를 나타내는데 사용하는 단위로 pH 조절은 수처리에서 중화를 위한 기본적인 단위조작이다.

(2) DO(Dissolved Oxygen)

물의 오염상태를 나타내는 항목 중 하나로 물에 녹아 있는 산소의 농도를 나타낸다. 하천에 유기물이 증가하면 물속의 미생물이 용존산소를 소비하여 유기물을 분해한다. 그러므로 물속에 유기물질이 많으면 용존산소가 부족하게 되고 그 물은 자정능력과 생물서식지로서의 기능을 잃게 된다. 오염도가 높을수록 용존산소는 적다. 맑은 하천은 보통 7～10 ppm 정도의 용존산소를 포함한다. 수중에 녹아있는 산소량으로 물속의 용해량은 기압이나 온도에 의해 좌우되며 용해물질의 산화나 생물의 호흡으로 인해 소모된 물일 경우 DO는 감소하며 조류 등이 번식할 경우 광합성 작용으로 DO가 증가하여 과포화를 나타내며 수면적과 관계가 깊다

(3) 부유물질(SS : Suspended Solids)

현탁물질이라고도 하며, 입자의 크기가 0.1 μ 이상의 크기를 가진 용해되지 않은 고형물질로 수질오염의 원인이기도 하며 탁도를 유발시켜 빛의 투과를 방해하여 광합성에 장애를 준다.

(4) 생화학적 산소요구량(BOD : Biochemical Oxygen Demand)

수질오염 정도를 나타내는 주요지표로서, 측정원리는 호기성 미생물이 물속의 유기물을 분해할 때 소요되는 용존산소량(DO)의 양을 통해 물의 오염도를 간접적으로 파악하는 것이다. BOD가 높을수록 물의 오염도가 높다. 1 L의 물속에 1 mg(1,000분의 1 g)의 산소가 필요할 때를 1 ppm이라고 한다. 상수원수는 3 ppm 이하여야 하고, 5 ppm 이상이 되면 하천은 자기정화 능력을 잃으며, 10 ppm을 넘을 때는 시궁창 하

천이 된다. 생화학적 산소요구량이란 20℃에서 5일간 물속의 유기물질을 미생물에 의해 생화학적 산화현상에 의해 소비되는 산소 소비량으로 물이 어느 정도 오염되어 있는가를 나타내는 기준으로 일반적으로 BOD라고 하며 '5일 BOD' 또는 'BOD_5'를 나타내며 20일 BOD는 최종BOD 또는 BOD_μ라고 한다. 단위는 PPM으로 나타내고 이 숫자가 클수록 물의 오염이 심하다.

(5) 화학적 산소요구량(COD : Chemical Oxygen Demand)

화학적 산소요구량은 2시간 동안 물속의 오염물질을 화학약품인 산화제로 산화할 때 필요한 산소량으로 나타낸다. BOD와 함께 용존물질과 Colloid성 물질을 측정하여 DO와 함께 물의 오염정도를 나타내는 중요한 기준으로 사용된다. 하천오염상태를 나타내는 지표로 생화학적 산소요구량(BOD)과 함께 가장 많이 쓰인다. 유기물이나 아질산염, 황화물 등의 물질은 산화제를 넣어주면 산화반응이 일어나면서 분해되는데, 이 때 사용된 산화제의 양에 따른 산소량을 표시한다. 오염된 물일수록 유기물이 많기 때문에 산화에 필요한 산화제의 양이 늘어나고, 따라서 COD값도 커지게 된다. 산화제로는 과망간산칼리나 중크롬산칼리가 사용된다. 단시간에 검사가 가능하므로 오염의 개략치를 추정하는 데 주로 쓰인다.

▪ **입자(粒子)의 정의**

① 물속에서 미세한 입자의 형태로 존재하는 고체상 물질
② 물질을 구성하는 매우 작은 물체

▪ **입자(粒子, Particle)의 분류**

① SS(Suspended Solid) = 부유물질(浮遊物質) : 0.1 μm 이상의 크기를 가진 부유물질
② Colloid물질 : 0.1 ~ 0.001 μm의 크기를 가지며 물과 비중이 같거나 비슷하고 Brownian motion을 하며, Tyndall 현상이 나타난다.
③ DS(Dissolved Solid) = 용존물질(溶存物質) : 0.001 μm 이하의 크기를 가진 용존물질

▪ **Brownian motion**

액체나 기체에 떠서 움직이는 매우 작은 입자의 평형상태의 불규칙한 운동 현상

▪ **Tyndall 현상**

가시광선의 파장과 비슷한 미립자가 분산되어 있을 때 빛을 비추면 산란되어 빛의 통로가 생기는 현상

(6) 병원성 미생물(수인성 병원균)

수중에서 발견되는 병원성 미생물은 병원균에 감염된 사람에 의해 배출되기 때문에 발생원은 주로 사람의 배설물이다. 수중에서 발견되는 주된 병원성 미생물은 박테리아, 바이러스, 원생동물 등이다. 이들 중 박테리아성 병원미생물은 전염성이 높기 때문에 위생시설이 취약하고 병원성 세균의 서식에 충분한 조건을 갖춘 지역에서 발생하며 콜레라, 장티푸스, 파라티푸스, 세균성이질 등 주로 대장균에 의해 감염된다. 우리나라에서는 법정 감염병으로 분류하고 있다.

(7) 부영양화와 영양염류

영양염류는 질소, 인, 황, 칼슘, 칼륨, 철, 망간 등의 유기물들이며 모든 생명체의 세포 기본 구성에 필요한 물질이기도 하다. 특히 영양염류 중 질소와 인은 지표수의 부영양화(eutrophication)의 원인이 되어 적조, 녹조현상을 일으키기도 한다.

부영양화 현상은 호소나 바다에서 모든 수계에서 일어난다. 먹이사슬에서 기초생산자인 플랑크톤이 1차 소비자가 소비하지 못할 정도로 과대 번식으로 인하여 나타나는 현상이 적조, 녹조 현상이다. 플랑크톤은 단세포로 구성되어 있으며 단세포의 구성하는 기본요소는 유기물, 질소, 인(100 : 10 : 1)로 이루어져 있다. 수중으로 배출되는 유기물은 제어가 불가능하기 때문에 영양염류 중 질소와 인을 제어하므로서 부영양화를 방지할 수 있다.

호소는 성층현상으로 인해 표수층, 수온약층, 심수층으로 이루어지는데 심수층은 성층에 의해 산소가 풍부한 표수층과 차단되어 있다. 부영양 수계에서는 영양물질과 유기물이 심수층으로 내려가게 되고 이는 심수층의 산소소비량을 증가시켜 심수층의 DO는 더욱 부족하게 되고 부영양화를 촉진하여 녹조현상을 유발시키게 된다.

저수지의 성층현상

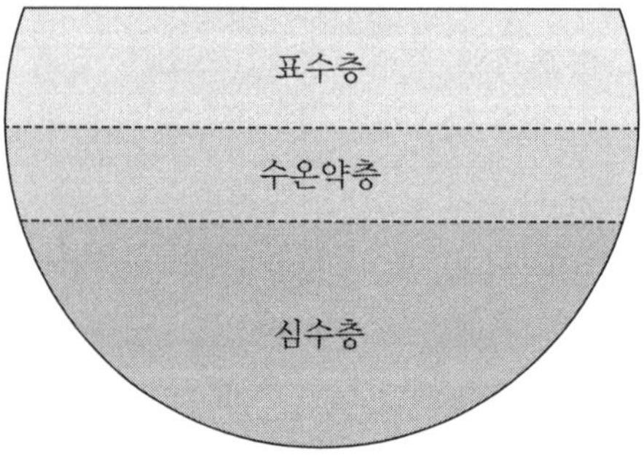

(8) 기타 오염물질

수중에서 검출되는 중금속 중 특정오염물질로 지정된 각종의 중금속을 말하며 이는 잔류성이 강하여 삶의 질을 떨어트리거나 사망에 이르게 하기도 한다.

기타 유기용매로부터 발생되는 휘발성 유기화합물, 생활의 변화와 함께 살충제 및 농약 그리고 여러 형태의 고형물질, 발전소 등에서 배출되는 온배수 등이 수중의 용존산소를 감소시키는 원인으로 지목되고 있다.

분자의 운동

① **확산(Molecular Diffusion)** : 물질이 밀도가 높은 곳에서 낮은 곳으로 퍼져나가는 것, 고요한 상태의 물에 물감을 한 방울 떨어뜨리면 시간의 흐름에 따라 점점 색깔을 띠는 현상
② **분산(Dispersion)** : 이 물을 흔들어 주면 확산의 정도가 커지는 현상
③ **혼합(Mixing)** : 흔들어 주는 동작
④ **완전혼합(Ideal complete mixing)** : 분산의 순간적으로 이루어졌을 경우의 혼합 상태

3.2 「물환경보전법」

수질오염은 「물환경보전법」에 의하여 관리된다. 이 법률의 제정 목적 및 용어의 정의는 다음과 같다.

제1조 (목적)

이 법은 수질오염으로 인한 국민건강 및 환경상의 위해(危害)를 예방하고 하천·호소(湖沼) 등 공공수역의 물환경을 적정하게 관리·보전함으로써 국민이 그 혜택을 널리 향유할 수 있도록 함과 동시에 미래의 세대에게 물려줄 수 있도록 함을 목적으로 한다.

제2조 (정의)

이 법에서 사용하는 용어의 뜻은 다음과 같다.

1. "물환경"이란 사람의 생활과 생물의 생육에 관계되는 물의 질(이하 "수질"이라 한다) 및 공공수역의 모든 생물과 이들을 둘러싸고 있는 비생물적인 것을

포함한 수생태계(水生態系, 이하 "수생태계"라 한다)를 총칭하여 말한다.

1의2. "점오염원"(點汚染源)이란 폐수배출시설, 하수발생시설, 축사 등으로서 관거(管渠)·수로 등을 통하여 일정한 지점으로 수질오염물질을 배출하는 배출원을 말한다.

2. "비점오염원"(非點汚染源)이란 도시, 도로, 농지, 산지, 공사장 등으로서 불특정 장소에서 불특정하게 수질오염물질을 배출하는 배출원을 말한다.

3. "기타수질오염원"이란 점오염원 및 비점오염원으로 관리되지 아니하는 수질오염물질을 배출하는 시설 또는 장소로서 환경부령으로 정하는 것을 말한다.

4. "폐수"란 물에 액체성 또는 고체성의 수질오염물질이 섞여 있어 그대로는 사용할 수 없는 물을 말한다.

4의2. "폐수관로"란 폐수를 사업장에서 제17호의 공공폐수처리시설로 유입시키기 위하여 제48조제1항에 따라 공공폐수처리시설을 설치·운영하는 자가 설치·관리하는 관로와 그 부속시설을 말한다.

5. "강우유출수"(降雨流出水)란 비점오염원의 수질오염물질이 섞여 유출되는 빗물 또는 눈 녹은 물 등을 말한다.

6. "불투수면"(不透水面)이란 빗물 또는 눈 녹은 물 등이 지하로 스며들 수 없게 하는 아스팔트·콘크리트 등으로 포장된 도로, 주차장, 보도 등을 말한다.

7. "수질오염물질"이란 수질오염의 요인이 되는 물질로서 환경부령으로 정하는 것을 말한다.

8. "특정수질유해물질"이란 사람의 건강, 재산이나 동식물의 생육(生育)에 직접 또는 간접으로 위해를 줄 우려가 있는 수질오염물질로서 환경부령으로 정하는 것을 말한다.

9. "공공수역"이란 하천, 호소, 항만, 연안해역, 그 밖에 공공용으로 사용되는 수역과 이에 접속하여 공공용으로 사용되는 환경부령으로 정하는 수로를 말한다.

10. "폐수배출시설"이란 수질오염물질을 배출하는 시설물, 기계, 기구, 그 밖의 물체로서 환경부령으로 정하는 것을 말한다. 다만, 「해양환경관리법」 제2조제16호 및 제17호에 따른 선박 및 해양시설은 제외한다.

11. "폐수무방류배출시설"이란 폐수배출시설에서 발생하는 폐수를 해당 사업장에서 수질오염방지시설을 이용하여 처리하거나 동일 폐수배출시설에 재이용하는 등 공공수역으로 배출하지 아니하는 폐수배출시설을 말한다.

12. "수질오염방지시설"이란 점오염원, 비점오염원 및 기타수질오염원으로부터

배출되는 수질오염물질을 제거하거나 감소하게 하는 시설로서 환경부령으로 정하는 것을 말한다.

13. "비점오염저감시설"이란 수질오염방지시설 중 비점오염원으로부터 배출되는 수질오염물질을 제거하거나 감소하게 하는 시설로서 환경부령으로 정하는 것을 말한다.
14. "호소"란 다음 각 목의 어느 하나에 해당하는 지역으로서 만수위(滿水位)[댐의 경우에는 계획홍수위(計劃洪水位)를 말한다] 구역 안의 물과 토지를 말한다.
    가. 댐·보(洑) 또는 둑(「사방사업법」에 따른 사방시설은 제외한다) 등을 쌓아 하천 또는 계곡에 흐르는 물을 가두어 놓은 곳
    나. 하천에 흐르는 물이 자연적으로 가두어진 곳
    다. 화산활동 등으로 인하여 함몰된 지역에 물이 가두어진 곳
15. "수면관리자"란 다른 법령에 따라 호소를 관리하는 자를 말한다. 이 경우 동일한 호소를 관리하는 자가 둘 이상인 경우에는 「하천법」에 따른 하천관리청 외의 자가 수면관리자가 된다.

15의2. "수생태계 건강성"이란 수생태계를 구성하고 있는 요소 중 환경부령으로 정하는 물리적·화학적·생물적 요소들이 훼손되지 아니하고 각각 온전한 기능을 발휘할 수 있는 상태를 말한다.

16. "상수원호소"란 「수도법」 제7조에 따라 지정된 상수원보호구역(이하 "상수원보호구역"이라 한다) 및 「환경정책기본법」 제38조에 따라 지정된 수질보전을 위한 특별대책지역(이하 "특별대책지역"이라 한다) 밖에 있는 호소 중 호소의 내부 또는 외부에 「수도법」 제3조제17호에 따른 취수시설(이하 "취수시설"이라 한다)을 설치하여 그 호소의 물을 먹는 물로 사용하는 호소로서 환경부장관이 정하여 고시한 것을 말한다.
17. "공공폐수처리시설"이란 공공폐수처리구역의 폐수를 처리하여 공공수역에 배출하기 위한 처리시설과 이를 보완하는 시설을 말한다.
18. "공공폐수처리구역"이란 폐수를 공공폐수처리시설에 유입하여 처리할 수 있는 지역으로서 제49조제3항에 따라 환경부장관이 지정한 구역을 말한다.
19. "물놀이형 수경(水景)시설"이란 수돗물, 지하수 등을 인위적으로 저장 및 순환하여 이용하는 분수, 연못, 폭포, 실개천 등의 인공시설물 중 일반인에게 개방되어 이용자의 신체와 직접 접촉하여 물놀이를 하도록 설치하는 시설을 말한다. 다만, 다음 각 목의 시설은 제외한다.

가. 「관광진흥법」 제5조제2항 또는 제4항에 따라 유원시설업의 허가를 받거나 신고를 한 자가 설치한 물놀이형 유기시설(遊技施設) 또는 유기기구(遊技機具)
나. 「체육시설의 설치·이용에 관한 법률」 제3조에 따른 체육시설 중 수영장
다. 환경부령으로 정하는 바에 따라 물놀이 시설이 아니라는 것을 알리는 표지판과 울타리를 설치하거나 물놀이를 할 수 없도록 관리인을 두는 경우

3.3 배출허용기준 및 수질오염방지시설

(1) 배출허용기준

폐수 중 유기물질 관리를 위한 지표가 '화학적 산소요구량'에서 '총유기탄소량'으로 바뀐다. 1971년부터 사용해 오던 폐수 배출허용 기준이 48년 만에 전환되는 것이다.

환경부는 폐수 중 유기물질 관리 지표를 전환하는 것을 주요 내용으로 하는 개정된 '물환경보전법'이 위임한 사항을 구체적으로 정하는 한편, 폐수 배출허용기준 정비 등 그간 제도 운영과정에서 나타난 부족한 점을 개선하고 보완했다.

우선 폐수 배출시설의 수질오염물질 배출허용기준과 공공폐수처리시설의 방류수 수질기준 항목을 기존 화학적 산소요구량(COD)에서 총유기탄소량(TOC)으로 전환했다.

화학적 산소요구량은 난분해성 물질 등 전체 유기물질을 측정하지 못하는 한계가 있고, 하천 생활환경기준은 이미 2013년부터 총유기탄소량을 도입했기 때문에 일원화할 필요가 있었다.

이같이 바뀐 배출허용·방류수질 기준을 2020년 1월 1일부터 시행할 계획이다.

현재 운영 중인 기존 폐수 배출시설은 2021년 12월 31일까지, 공공폐수처리시설은 2020년 12월 31일까지 기준 적용이 각각 유예된다.

개정안은 또한 물환경보전법 위반 행위에 대한 행정처분 수위를 높였다.

대표적으로 폐수배출시설과 측정기기 관리대행업자의 조작 행위에 대한 행정처분을 영업정지 1개월(2차 위반)에서 등록취소로 강화했다.

또 물놀이형 수경시설 관리대상에 공동주택(아파트)와 대규모점포를 추가하고, 시설 폐쇄 시 변경신고를 하도록 관리를 강화하기도 했다.

환경부는 "총유기탄소량 관리가 안정적으로 정착되도록 폐수 배출사업장을 지원

할 계획"이라며 "이달 중 4개 권역별로 설명회를 개최하고 내년에는 예산을 편성해 처리기술 지원사업을 실시하겠다"고 밝혔다.

(2) 폐수 배출시설 및 수질오염 방지시설

법 제2조 제10호에 따른 시행규칙 제6조에는 폐수를 배출하는 공정단위별 시설로 별표 4와 같으며 법 제2조 제12호에 따른 시행규칙 제7조에 따른 수질오염 방지시설로 별표 5와 같다.

폐수 중의 오염물질의 처리방법은 단위 조작과 단위공정을 묶어서 이른바 1차·2차·고도처리 공정을 거쳐 처리되는데, 1차처리란 스크린, 침전, 부상, 여과 등의 물리적 단위 조작을 뜻하며, 2차는 응집, 중화, 이온교환, 등의 화학적 방법과 미생물을 이용한 활성오니법, 접촉성 반응조, 혐기성 소화 등의 생물학적 단위 공정을 가리키며 3차(고도)처리의 경우는 부영양화의 원인 물질인 질소와 인의 제거를 주목적으로 한다.

4 하·폐수처리

4.1 하·폐수처리 개요

수처리는 물의 물리적인 특성을 이용하여 오염물질을 제거하는 **물리적 처리**(physical treatment)인 **단위 조작**(unit operation)과 **화학적 처리**(chemical treatment)와 생물학적 처리(biological treatment)에 의하여 오염물질을 제거하는 **단위 공정**(unit process)으로 나눠진다.

처리목적에 따라 상수처리와 폐수처리로 구분되고, 처리대상 물질에 따라 1차 혹은 2차 및 고도처리로 나눌 수 있다. 1차처리(primary treatment)는 주로 물리적 처리에 의하여 오염물질을 제거하는 것이고, 2차처리(secondary treatment)는 화학약품 또는 미생물을 이용하여 유기물질의 제거에 목적을 둔 것이며, 고도처리(advanced treatment)인 3차처리는 2차처리에서 제거되지 않은 물속의 영양염류 중 질소(Nitrogen)와 인(Phosphate)을 제거하는 것이다. 수처리 시설은 처리 목적에 따라 차이는 있지만 대부분 단위 조작과 공정이 다양하게 조합되어 있다.

4.2 물리적 처리

물리적 처리(physical treatment)는 1차처리라고도 하며 상수나 하·폐수처리에 널리 사용된다. 상수원이나 폐수 내의 불순물을 중력을 이용하여 물리적인 작용에 의하여 단위 조작 처리하는 방법으로 스크린, 중력침전, 부상, 여과, 원심분리 등이 있고, 생물처리나 약품 등에 의한 화학적 처리와 구별된다.

(1) 스크린(screen)

스크린은 수처리 장치에서 가장 앞에 설치되는 장치로 물속의 협잡물 등을 제거함으로서 후속 기계장치를 보호할 목적으로 설치하며, 간격에 따라 조목(coarse), 중목(medium) 및 세목(fine) 스크린으로 나눈다. 협잡물을 제거하는 방법에 따라 기계식과 수동식으로 분류한다.

(2) 중력 침전(Sedimentation)

침전이란 물보다 비중이 큰 입자를 중력에 의해서 물로부터 분리하는 단위 조작으로 최초 침전지에서 모래나 진흙 및 입자상 물질제거, 활성슬러지 공정인 2차침전지에서 플럭을 제거하여 깨끗한 상등액을 분리해 내는 것을 목적으로 주로 사용된다.

입자의 농도와 입자간의 작용에 따라 1차침전(독립입자침전), 2차침전(응집침전), 3차침전(계면 또는 간섭침전)과 4차침전(압축침전)으로 구분된다. 수처리에 이용하는 침전지의 형태는 일반적으로 장방(rectangular)형과 원형(circular)침전지로 구분된다.

(3) 부상(Flotation)

부상이란 액체보다도 밀도가 큰 입자가 뜨게 되는데 부유입자 중 비교적 비중이 액체보다 적은 입자가 많은 고액 혼합액에서 고형물을 제거하는데 주로 사용한다. 부상분리가 침전 공정에 비하여 장점은 단시간 내에 고형물을 제거할 수 있다는 것이나, 부유물 제거 과정에 동력이 든다는 점과 수 표면에 뜬 부유입자를 수시로 제거해 주어야 하는 단점이 있다.

(4) 여과(Filtration)

여과란 다공성 물질에 액체를 통과시켜 미세한 부유물질을 제거함으로서 고액 분리하는 과정을 말한다. 부유물질의 제거 원리는 물이 공극부를 통과할 때 일부 미세한 부유물은 모여서 응결되고, 응결된 부유물은 모래 표면과 충돌하여 모래 입자에 부착되게 된다. 두 종류 이상의 재료를 가지는 다중 재료 여과상은 개방형 중력여과이거나 가압여과 형태이다. 모래 여과상이 여과가 대부분 상부의 일정한 높이에서 일어나는 것과 달리 다중 재료 여과상은 깊은 여과부를 갖는다. 폐수처리에 사용하는 급속 모래 여과상이 대표적이다.

4.3 화학적 처리

(1) 화학적 침전

화학적 처리는 과거 폐수의 농도가 계절적으로 변화가 심할 때 혹은 침전 공정의 보조 수단 등으로 SS와 BOD의 제거율을 높이기 위해 활용되어 왔지만, 생물학적 처리 방법이 개발됨에 따라 화학적 처리는 감소하고 있는 실정이다.

최근 화학적 침전은 1차침전지의 효율을 높이거나, 하·폐수의 개별적 물리화학적 처리의 전단계로, 인의 제거 효율을 높이기 위하여 사용되고 있다. 명반(Alum), 석회, 황산철(Ⅱ)과 석회 등에 대표적인 처리약품으로 이들 화학약품을 미처리 폐수에 첨가하여 현탁 상태나 콜로이드 상태의 물질이 많이 제거되어 유출수의 청정도는 사용된 화학약품의 양과 얼마나 공정을 조절하는가에 따라 달라진다.

(2) 흡착(Adsorption)

흡착이란 일반적으로 용액에 있는 용질을 적당한 경계면 위에 모이도록 하는 공정으로 경계면은 액체와 기체사이, 액체와 고체사이, 액체와 또 다른 액체 사이에 생길 수 있다.

2차처리된 폐수의 유출수에 남아 있는 용존 유기질의 일부를 제거하고 더 좋게 만들고자 할 때 활성탄을 활용한 흡착에 이미 거친 물을 3차처리하는 것을 말하며 활성탄을 물과 접촉시키는 방법에 따라 물속에 존재하는 입자상 물질도 함께 제거되기도 한다. 많은 연구가 진행되어 실제 사용되고 있다.

(3) 살균(Disinfection)

살균이란 질병을 일으키는 미생물을 선택적으로 사멸시키는 것으로 모든 미생물을 다 죽이는 멸균(sterilization)과 다른 점이다. 폐수 처리의 분야에서 사람에게 질병을 유발시키는 미생물을 사멸시키는 것으로 화학약품을 사용하는 화학적 살균법, 열과 빛을 이용한 물리적 살균법, 오존 살균법, 자외선 살균법 등이 있다.

4.4 생물학적 처리

생물학적 처리는 하·폐수 내에 존재하는 부유성, 용존성, 콜로이드성 상태의 유기물 중 생물에 의해 분해가능한(Biodegradable) 유기물을 미생물(Bacteria, 원생동물, 조류 등)을 이용하여 용해성 혹은 콜로이드성 고형물(유기물)을 제거하는 방법으로 미생물처리라고도 있다. 하수의 2차처리, 슬러지처리, 유기물이 함유된 공장폐수 처리를 위해 채택된다.

하수의 경우 하수 내에 함유된 유기물 및 질소와 인 같은 영양염류를 다량 함유하고 있다. 이러한 유기물 및 영양염류는 수중에서 분해해야 하는 오염원으로서 BOD의 근원이 되며 사업장에서 발생되는 폐수의 경우에도 함유된 유·무기화합물을 제거하거나 농도를 감소시키는 데 목적이 있다.

BOD의 제거나 용해성 및 콜로이드성 고형물의 응집과 유기물의 안정화는 여러 가지 미생물 중 주로 박테리아에 의하여 이루어진다. 박테리아는 콜로이드성 물질이나 탄소성 유기물을 가스와 세포 조직으로 변환시킨다. 세포 조직의 비중은 물의 비중보다 약간 크기 때문에 처리된 물에서 중력 침전에 의하여 제거된다. 유기물에 의하여 생성된 세포를 처리수로부터 제거하지 않으면 완전한 처리가 이루어지지 않는데, 세포조직도 유기물이며 이 또한 처리수내의 BOD로 나타나기 때문이다. 처리수로부터 이러한 세포조직을 제거하지 않는다면, 이는 단지 최초 폐수내의 유기물의 일부를 미생물학적으로 여러 가지 고체상태의 최종 생성물로 변환시킨다.

생물학적 폐수처리공정의 설계에 있어서 처리장 내의 환경 및 미생물집단 제어가 필요하다. 환경 조건은 pH 및 온도조절, 영양소, 산소의 주입 또는 제거, 그리고 적절한 혼합 등으로 조절할 수 있으며 미생물 성장을 위한 적절한 생활환경을 제공하여야 한다. 미생물의 성장을 위하여 미생물은 공정 내에서 번식하기 충분한 기간이상 잔류하여야 하며, 이 기간은 미생물 성장률에는 폐수내의 유기물 섭취율과 대사율에 직접 관련이 있다. 환경조건이 적절히 조절된다고 가정하면, 미생물 성장률을 조절함으로써 효율적인 폐수의 안정화를 꾀할 수 있다.

미생물의 증식

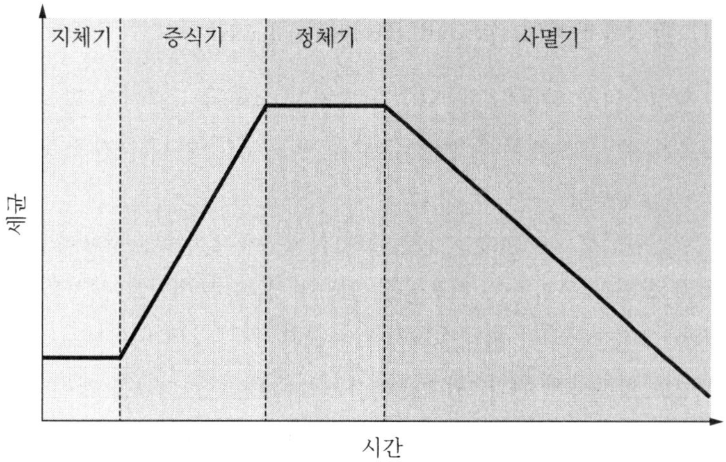

파스퇴르(Pasteur, 프랑스의 과학자) 저온살균법

질병의 원인이 되는 병원균의 수를 줄이는 것을 목적으로 하는 살균법으로 멸균법(병원균 및 미생물의 포자를 완전히 파괴하거나 내열성 미생물의 모든 세포들을 완전히 제거하는 살균법)과는 다르며 저온 살균법은 우유와 같은 식품들이 장기보존으로 인류의 생활을 바꿔 놓았다. 음식에 들어 있는 병원균을 없애는 방법으로 57℃ 정도에서 수분간 가열함으로써 포도주와 맥주의 비정상적인 발효 작용을 막을 수 있는 열처리법으로 우유의 병원균의 발효 또는 부패가 미생물의 작용에 의한 것임을 확인하고, 60~70℃에서 30~40분간 가열하는 저온살균법과 의학 발전에 공헌을 하였고 감염병에 대한 특이적 면역성의 일반법칙 등을 확립하였다.

생물학적 처리방법(산소의 유무에 따른 분류)

① **호기성(好氣性)** : 산소를 좋아하는 환경
② **혐기성(嫌氣性)** : 산소를 싫어하는 환경
③ **임의성(任意性)** : 호기성과 혐기성의 중간형태

4.4.1 생물학적 처리방법의 종류

(1) 활성슬러지(activated sludge process)

활성슬러지 공정은 하·폐수를 호기성 상태에서 호기성 활성미생물의 부유증식 공정으로 하·폐수처리에 가장 많이 쓰이는 공법이다. 폭기조, 침전조, 슬러지 반송설비로 구성된다.

일반적으로 하·폐수는 1차(중력)침전지에서 현탁고형물이 제거된 후 폭기조에서 용존 상태의 유기물이 미생물에 의하여 섭취 분해되고 성장한 미생물은 종말침전지에서 응결침전되어 활성슬러지로서 폭기조로 일부 반송되고 잉여된 슬러지는 폐슬러지로 처리하게 된다. 활성슬러지공정이 만족한 기능을 하기 위해서는 대사에 충분한 영양소(유기물 100 : 질소 10 : 인 1)와 pH, DO, 온도의 유지 그리고 공장폐수의 경우에는 함유되어 있는 화합물들이 미생물에 독성을 미칠 경우에는 독성에 대한 전처리가 필요하다.

활성슬러지공정에서 호기성 미생물과 유기물을 혼합부유물(MLSS, mixed liquor suspended solid)이라 하며, 활성슬러지공정을 운전하거나 설계에 필요한 인자들은 유기물부하량, 수리학적 체류시간(HRT, hydraulic retention time), 유입유기물의 양에 대한 반응조 내부의 미생물량의 비로 표시되는 F/M(Food/Microorganic, 유입유기물의 양/반응조 내부의 미생물량), 반응조 내에 미생물의 체류시간을 의미하는 고형물 체류시간(SRT, solid retention time) 및 산소소모량 등이 있다. 공정을 운전하면서 발생하는 문제점은 슬러지 팽화(sludge bulking), 슬러지 부상(sludge rising) 및 거품현상(foaming) 등이 있다.

활성슬러지의 유기물 제거 단계

① flog 형성
② 흡착(吸着)
③ 산화(酸化)

미생물의 증식과정

① **지체기(lag phase)** : 박테리아가 새로운 환경에 적응하며 증식하기위한 준비기간
② **대수증식기(logarithmic growth phase, log phase)** : 성장과 분열을 정상적으로 되풀이하며 일어난다. 또한 보통 증식할 때보다 2배 이상 증식
③ **감소증식기(stationary phase)** : 박테리아 수는 거의 일정
④ **사멸기(death phase)** : 박테리아의 사멸수가 증식되는 수보다 많게 되는 단계

미생물의 성장 및 F/M비

- **유기물 산화(oxidation)와 세포 합성(synthesis)**

① 대수성장단계(침강성 낮음) : 높은 대사율로 미생물 최대의 율로 번식하는 단계
② 감소성장단계(침강성 높음) : 미생물 수 증가로 번식률 감소하는 단계
③ 내생성장단계(침강성 최고) : 세포의 분해, 재합성으로 BOD제거율 높은 단계

- **F/M비와 물질대사율**

영양분의 공급과 미생물량의 평형을 유지하여 F/M비를 좋게 하면 신진대사율이 최대가 된다.

(2) 살수여상법

활성슬러지 공정은 부유성 미생물을 이용하지만 폐수의 특성에 따라 미생물을 여재에 부착 증식시키는 필요하게 된다. 살수여상은 여재를 채운 접촉여과상(contact filter)의 활용에서 시작되었으며 접촉여과상의 한계점은 비교적 막힘이 자주 일어나고 긴 휴지기간이 소요된다는 점이다. 현대식 살수여상은 미생물이 부착하는 투수성이 좋은 여재(filter media)로 이루어져 있으며 여재는 석재 또는 슬래그나 여러 가지 플라스틱 재질을 쓴다. 여상은 처리된 폐수와 적재에서 떨어져 나오는 생물학적 고형물을 모으기 위한 하부배수(underdrain)장치가 필요하며 집수설비 및 공기순환을 위한 다공성 구조로서 집수된 물은 처리된 폐수에서 고형물을 분리하는 침전지로 보내진다. 폐수내의 유기물은 여재에 부착된 미생물균에 의하여 분해되며 생물막 또는 점액질 층(slime layer)에 흡착된다. 미생물 점액질층의 바깥 부분에서 유기물은 호기성 미생물에 의하여 분해된다. 미생물이 증식함에 따라 생물막의 두께는 증가하고 산소가 생물막으로 깊이 침투하기 전에 소모된다. 생물막층의 두께가 증가함에 따라 흡착된 유기물은 여재 표면 근처에 있는 미생물과 접촉하기 전에 대사된다. 세포형

성을 위한 외부로부터의 유기물이 고갈되면 여재 표면 근처의 미생물은 내생성장 단계에 들어가며, 여재 표면에의 부착력을 잃고 생물막을 여재로부터 씻어내게 되며 새로운 생물막이 생성되게 된다. 생물막이 떨어지는 이러한 현상을 탈리(sloughing)라 하고 일차적으로 여상의 수리학적 부하와 유기물 부하의 함수이다. 수리학적 부하는 전단속도(shear velocity)와 유기물 부하는 생물막의 대사율과 관련이 있다. 살수여상에서 수리학적 부하율은 생물막의 일정한 두께를 유지할 수 있도록 조절된다.

호기성 처리법에는 활성슬러지법 이외에 살수여상법, 표준활성슬러지법, 계단식 폭기법, 장기폭기법, 접촉안정법, 고속폭기침전법, 산화구법, 호기성소화법 등이 있다.

(3) 혐기성 소화(Anaerobic digestion)

혐기성 소화는 분자상태의 산소가 존재하지 않는 상태에서 유기물 및 무기물의 분해가 이루어진다. 호기성에 비해 처리시간이 길고 유기물질 제거율도 다소 낮다. 하지만 분뇨 및 고농도의 유기물질을 함유한 폐수처리 그리고 생산된 슬러지의 안정화를 위해서는 효과적이다. 산소 공급이 불필요하고 반응부산물로 가연성 기체를 얻을 수 있는 장점이 있다. 혐기성 소화 공정에서는 침전된 슬러지와 생물학적 슬러지의 혼합액의 유기물이 혐기성 상태에서 생물학적으로 메탄(CH_4) 및 탄산가스(CO_2)를 포함하는 다양한 최종생성물로 변환된다. 본 공정에서는 작용하는 미생물은 여러 종류의 박테리아에 의하여 이루어지는데 크게 유기산균과 메탄균으로 나누어진다. 완전한 혐기성 조건하에서는 원생동물은 자라지 못한다. 혐기성 처리의 영향인자는 pH, 온도 및 반응조 내의 독성물질에 민감하다. 혐기성 처리방법에는 혐기성 소화 이외에 혐기성 접촉법, 혐기성 산화지, 혐기성 여과상, Imhoff Tank, 부패조 등이 있다.

혐기성 소화의 원리

■ **제1단계 소화**

발효반응 : 혐기성 유기산균의 유기물 분해 → 유기산(휘발성 산)과 알코올 생성(기타 CO_2, 아세톤, H_2, H_2S 소량 발생)

■ **제2단계 소화 = 가스화 과정 = 알칼리 소화과정**

메탄발효반응 : 유기산의 메탄균 분해 → 가스 생성(CH_4, CO_2, NH_3, H_2S 등)

4.5 고도처리(3차)

하·폐수는 1차(물리적)처리와 2차(화학적, 생물학적)처리를 제거하고자하는 오염물질 중 대부분이 제거되지만 무기성이온 및 중금속 등은 제거하지 못하게 된다. 중금속은 별도의 처리과정을 반드시 거쳐야 하며, 부영양화나 녹조, 적조를 유발시키는 각종 이온성분을 제거하기 위한 처리를 3차 또는 고도처리라고 한다.

녹조, 적조는 이를 유발시키는 원인균이 먹이사슬의 가장 중요한 기초생산자인 식물성 플랑크톤이며, 단세포인 식물성 플랑크톤은 적절한 환경조건만 맞으면 1차 소비자가 소비하지 못할 정도로 과대 번식으로 이어져 이들의 사체가 수면으로 떠오르게 되는 현상으로 태양광선의 차단 등으로 이어져 수 생태계에 엄청나 피해를 주며 어류 생산량 감소와 양식장의 피해로 이어지게 된다.

단세포는 유기물(100) : 질소(10) : 인(1)의 비율로 이루어져 있으며 생태계에서 수계로 유입되는 유기물을 제어하기에는 사실상 불가능하기 때문에 질소와 인과 같은 이온성분을 3차(고도)처리를 통해 제거하므로서 새로운 플랑크톤(단세포)의 생성을 억제하게 된다.

3차(고도)처리의 방법으로는 물리적 처리방법으로는 Air Stripping(NH_3 평형과 탈기 반응), 여과, 증류, 부상, 거품분리, 냉동법, 역삼투법, 흡수 등과 화학적 처리방법으로는 활성탄흡착, 응집, 이온교환, 전기투석, 산화와 환원이 있으며 생물학적 처리방법은 주로 질소를 제거하기 위해 방법으로 사용된다.

4.6 슬러지 처리

정수 폐수처리 과정에서 발생된 최종 고형물을 슬러지(오니(汚泥), Sludge)라고 한다. 슬러지에는 침전지의 바닥에 침전된 것과 부상된 Scum 등을 포함하며 폐수의 성분에 따라 중금속을 함유하기도 한다. 정수 폐수처리장에서 처음 발생된 슬러지는 수분 함량이 95% 이상으로 매우 높고, 유기성 함량이 높아 부패되기 쉽다. 이에 따라 슬러지는 1차적으로 용량을 줄이기 위한 수분제거가 선행되어야 하고 중금속처리와 재이용에 주의를 기울여야 한다.

5 먹는물

"먹는물"이란 먹는 데에 통상 사용하는 자연 상태의 물, 자연 상태의 물을 먹기에 적합하도록 처리된 수돗물, 먹는샘물, 먹는염지하수(鹽地下水), 먹는해양심층수(海洋深層水) 등을 말하며, 「먹는물관리법」에 명시된 제정 목적 및 용어의 정의는 다음과 같으며, 2019년 6월 시행된 먹는물 수질기준은 다음과 같다.

5.1 먹는물 수질기준(19년 6월 시행)

「먹는물관리법」에서 규정하는 먹는물 수질기준은 별표와 같으며 제정 목적 및 용어의 정의는 다음과 같다.

5.2 먹는물관리법(법률 제16079호)

제1조 (목적)

이 법은 먹는물의 수질과 위생을 합리적으로 관리하여 국민건강을 증진하는 데 이바지하는 것을 목적으로 한다.

제2조 (책무)

① 국가와 지방자치단체는 모든 국민이 질 좋은 먹는물을 공급받을 수 있도록 합리적인 시책을 마련하고, 먹는물 관련 영업자에 대하여 알맞은 지도와 관리를 하여야 한다.

② 먹는물 관련 영업자는 관계 법령으로 정하는 바에 따라 질 좋은 먹는물을 안전하고 알맞게 공급하도록 하여야 한다.

제3조 (정의)

이 법에서 사용하는 용어의 뜻은 다음과 같다.

1. "먹는물"이란 먹는 데에 통상 사용하는 자연 상태의 물, 자연 상태의 물을 먹기에 적합하도록 처리한 수돗물, 먹는샘물, 먹는염지하수(鹽地下水), 먹는해

양심층수(海洋深層水) 등을 말한다.

2. "샘물"이란 암반대수층(岩盤帶水層) 안의 지하수 또는 용천수 등 수질의 안전성을 계속 유지할 수 있는 자연 상태의 깨끗한 물을 먹는 용도로 사용할 원수(原水)를 말한다.

3. "먹는샘물"이란 샘물을 먹기에 적합하도록 물리적으로 처리하는 등의 방법으로 제조한 물을 말한다.

3의2. "염지하수"란 물속에 녹아있는 염분(鹽分) 등의 함량(含量)이 환경부령으로 정하는 기준 이상인 암반대수층 안의 지하수로서 수질의 안전성을 계속 유지할 수 있는 자연 상태의 물을 먹는 용도로 사용할 원수를 말한다.

3의3. "먹는염지하수"란 염지하수를 먹기에 적합하도록 물리적으로 처리하는 등의 방법으로 제조한 물을 말한다.

4. "먹는해양심층수"란 「해양심층수의 개발 및 관리에 관한 법률」 제2조제1호에 따른 해양심층수를 먹는 데 적합하도록 물리적으로 처리하는 등의 방법으로 제조한 물을 말한다.

5. "수처리제(水處理劑)"란 자연 상태의 물을 정수(淨水) 또는 소독하거나 먹는물 공급시설의 산화방지 등을 위하여 첨가하는 제제를 말한다.

6. "먹는물공동시설"이란 여러 사람에게 먹는물을 공급할 목적으로 개발했거나 저절로 형성된 약수터, 샘터, 우물 등을 말한다.

6의2. "냉·온수기"란 용기(容器)에 담긴 먹는샘물 또는 먹는염지하수를 냉수·온수로 변환시켜 취수(取水)꼭지를 통하여 공급하는 기능을 가진 것을 말한다.

6의3. "냉·온수기 설치·관리자"란 「실내공기질 관리법」 제3조제1항에 따른 다중이용시설에서 다수인에게 먹는샘물 또는 먹는염지하수를 공급하기 위하여 냉·온수기를 설치·관리하는 자를 말한다.

7. "정수기"란 물리적·화학적 또는 생물학적 과정을 거치거나 이들을 결합한 과정을 거쳐 먹는물을 제5조제3항에 따른 먹는물의 수질기준에 맞게 취수 꼭지를 통하여 공급하도록 제조된 기구[해당 기구에 냉수·온수 장치, 제빙(製氷) 장치 등 환경부장관이 정하여 고시하는 장치가 결합되어 냉수·온수, 얼음 등을 함께 공급할 수 있도록 제조된 기구를 포함한다]로서, 유입수(流入水) 중에 함유된 오염물질을 감소시키는 기능을 가진 것을 말한다.

7의2. "정수기 설치·관리자"란 「실내공기질 관리법」 제3조제1항에 따른 다중이용시설에서 다수인에게 먹는물을 공급하기 위하여 정수기를 설치 및 관리하는 자를 말한다.

8. “정수기품질검사”란 정수기에 대한 구조, 재질, 정수 성능 등을 종합적으로 검사하는 것을 말한다.
9. “먹는물 관련 영업”이란 먹는샘물·먹는염지하수의 제조업·수입판매업·유통전문판매업, 수처리제 제조업 및 정수기의 제조업·수입판매업을 말한다.

9의2. “유통전문판매업”이란 제품을 스스로 제조하지 아니하고 타인에게 제조를 의뢰하여 자신의 상표로 유통·판매하는 영업을 말한다.

제4조 (적용범위)

먹는물과 관련된 사항 중 수돗물에 관하여는 「수도법」을 적용하고, 먹는해양심층수에 관하여는 「해양심층수의 개발 및 관리에 관한 법률」을 적용한다. 다만, 제5조 제3항에 따른 먹는물의 수질기준에 관하여는 이 법을 적용한다.

제5조 (먹는물 등의 수질 관리)

① 환경부장관은 먹는물, 샘물 및 염지하수의 수질 기준을 정하여 보급하는 등 먹는물, 샘물 및 염지하수의 수질 관리를 위하여 필요한 시책을 마련하여야 한다.

② 환경부장관 또는 특별시장·광역시장·특별자치시장·도지사·특별자치도지사(이하 “시·도지사”라 한다)는 먹는물, 샘물 및 염지하수의 수질검사를 실시하여야 한다.

③ 먹는물, 샘물 및 염지하수의 수질 기준 및 검사 횟수는 환경부령으로 정한다.

④ 환경부장관은 제3항의 수질 기준 설정 등을 위하여 먹는물, 샘물 및 염지하수 중 위해 우려가 있는 물질 등 감시가 필요한 항목을 먹는물, 샘물 및 염지하수 수질감시항목으로 지정할 수 있다. 이 경우 먹는물, 샘물 및 염지하수 수질감시항목의 지정대상·지정절차, 감시항목별 감시기준 및 검사주기 등에 관한 세부사항은 환경부장관이 정하여 고시한다.

⑤ 특별시·광역시·특별자치시·도·특별자치도(이하 “시·도”라 한다)는 먹는물, 샘물 및 염지하수의 수질 개선을 위하여 필요하다고 인정하는 경우에는 조례로 제3항에 따른 수질 기준 및 검사 횟수를 강화하여 정할 수 있다.

⑥ 시·도지사는 제5항에 따라 수질 기준 및 검사 횟수가 설정·변경된 경우에는 지체 없이 환경부장관에게 보고하고, 환경부령으로 정하는 바에 따라 이해관계자가 알 수 있도록 필요한 조치를 하여야 한다.

제6조 (먹는물 수질에 대한 공정시험 방법)

환경부장관은 먹는물 검사를 정확하고 통일성 있게 하기 위하여 먹는물 수질공정시험(水質公定試驗) 방법을 정하여 고시하여야 한다.

5.3 먹는물과 지표미생물

먹는물 오염은 인류가 집단생활을 시작한 이후 가장 오래된 오염형태로서 인간에게 직접적 영향을 주며 먹는물의 오염방지를 위해 위생공학에서 환경공학으로 발전해 왔다고 할 수 있다. 먹는물 오염방지를 위해 미국 보건부(public health service)에서는 식수의 분원성 오염의 지표생물로 대장균 군(coliform group)을 일찍이 채택하였다. 분원성 대장균 군의 존재는 온혈동물(사람이나 동물)의 배설물의 존재를 가리킨다.

대장균은 *Escherichia*와 *Aerobacter*속으로서 대장균의 존재가 반드시 사람의 배설물에 의해 오염되었다는 의미는 아니다. 그러나 확실히 *Escherichia coli* (*E. coli*)는 그 근원이 전부 배설물에 의한 것이다. 왜냐하면 토양에 서식하는 대장균을 배제하고 *E. coli*만을 측정하기는 어려우므로 전체 대장균을 대소변의 유입여부를 판단하기 위한 지표(indicator of fecal pollution)로서 사용된다.

지표생물의 기준

① 온혈동물의 장내 균에 속해야 한다.
② 병원체가 존재할 때 같이 존재하고 오염되지 않은 시료에는 없어야 한다.
③ 병원체보다 많은 수로 존재해야 한다.
④ 환경변화와 상수 및 폐수처리장의 소독에 적어도 병원체와 동등하게 저항성을 가져야 한다.
⑤ 환경에서는 증식하지 않아야 한다.
⑥ 쉽고 빠르고 경제적인 방법에 의해 검출되어야 한다.
⑦ 비병원성이어야 한다.

Chapter 4

폐기물관리

1 폐기물의 정의 및 종류

"폐기물"이란 쓰레기, 연소재(燃燒滓), 오니(汚泥), 폐유(廢油), 폐산(廢酸), 폐알칼리 및 동물의 사체(死體) 등으로서 사람의 생활이나 사업 활동에 필요하지 아니하게 된 물질을 말하며 우리나라의 「폐기물관리법」에서는 폐기물을 생활폐기물과 사업장폐기물로 분류하고 있다. 세계적으로 '폐기물은 제2의 자원'이라는 인식과 함께 우리나라에서도 자원의 절약과 재활용촉진에 관한 법률을 제정하고 시행하고 있다. 폐기물 수집방법은 1995년부터 실시된 쓰레기종량제로 인해 규격 봉투에 넣어 정해져 있는 수거 지점에 배출하면 폐기물을 수집 차량에 수거하는 방식으로 이루어져 있으며 「폐기물관리법」 제2조에 용어를 정의하고 있다.

폐기물의 분류

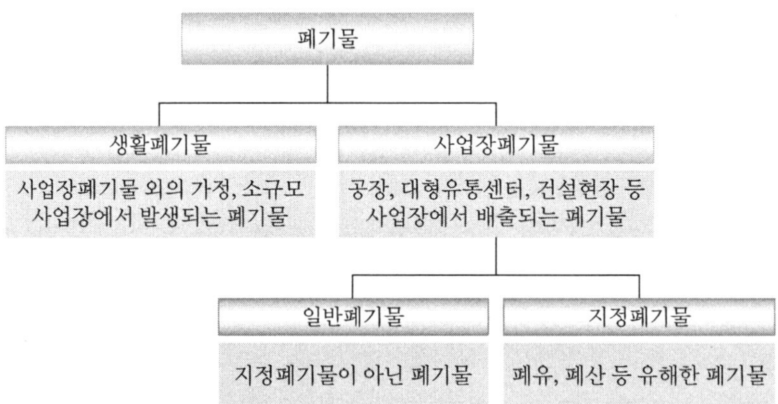

제1조 (목적)

이 법은 폐기물의 발생을 최대한 억제하고 발생한 폐기물을 친환경적으로 처리함으로써 환경보전과 국민생활의 질적 향상에 이바지하는 것을 목적으로 한다.

제2조 (정의)

이 법에서 사용하는 용어의 뜻은 다음과 같다.

1. "폐기물"이란 쓰레기, 연소재(燃燒滓), 오니(汚泥), 폐유(廢油), 폐산(廢酸), 폐알칼리 및 동물의 사체(死體) 등으로서 사람의 생활이나 사업활동에 필요하지

아니하게 된 물질을 말한다.

2. "생활폐기물"이란 사업장폐기물 외의 폐기물을 말한다.
3. "사업장폐기물"이란 「대기환경보전법」, 「물환경보전법」 또는 「소음·진동관리법」에 따라 배출시설을 설치·운영하는 사업장이나 그 밖에 대통령령으로 정하는 사업장에서 발생하는 폐기물을 말한다.
4. "지정폐기물"이란 사업장폐기물 중 폐유·폐산 등 주변 환경을 오염시킬 수 있거나 의료폐기물(醫療廢棄物) 등 인체에 위해(危害)를 줄 수 있는 해로운 물질로서 대통령령으로 정하는 폐기물을 말한다.
5. "의료폐기물"이란 보건·의료기관, 동물병원, 시험·검사기관 등에서 배출되는 폐기물 중 인체에 감염 등 위해를 줄 우려가 있는 폐기물과 인체 조직 등 적출물(摘出物), 실험 동물의 사체 등 보건·환경보호상 특별한 관리가 필요하다고 인정되는 폐기물로서 대통령령으로 정하는 폐기물을 말한다.

5의2. "의료폐기물 전용용기"란 의료폐기물로 인한 감염 등의 위해 방지를 위하여 의료폐기물을 넣어 수집·운반 또는 보관에 사용하는 용기를 말한다.

5의3. "처리"란 폐기물의 수집, 운반, 보관, 재활용, 처분을 말한다.

6. "처분"이란 폐기물의 소각(燒却)·중화(中和)·파쇄(破碎)·고형화(固形化) 등의 중간처분과 매립하거나 해역(海域)으로 배출하는 등의 최종처분을 말한다.
7. "재활용"이란 다음 각 목의 어느 하나에 해당하는 활동을 말한다.
   가. 폐기물을 재사용·재생이용하거나 재사용·재생 이용할 수 있는 상태로 만드는 활동
   나. 폐기물로부터 「에너지법」 제2조제1호에 따른 에너지를 회수하거나 회수할 수 있는 상태로 만들거나 폐기물을 연료로 사용하는 활동으로서 환경부령으로 정하는 활동
8. "폐기물처리시설"이란 폐기물의 중간처분시설, 최종처분시설 및 재활용시설로서 대통령령으로 정하는 시설을 말한다.
9. "폐기물감량화시설"이란 생산 공정에서 발생하는 폐기물의 양을 줄이고, 사업장 내 재활용을 통하여 폐기물 배출을 최소화하는 시설로서 대통령령으로 정하는 시설을 말한다.

폐기물의 주요 3성분
① **수분(水分)** : 폐기물이 가진 고유의 수분
② **가연분(可燃分)** : 탈수 있는 성분
③ **회분(灰分)** : 태워서 남은 성분

2 사업장폐기물 관리의 기본원칙

「폐기물관리법」 제3조의2에서는 폐기물 관리의 기본원칙은 다음과 같다.

① 사업자는 제품의 생산방식 등을 개선하여 폐기물의 발생을 최대한 억제하고, 발생한 폐기물을 스스로 재활용함으로써 폐기물의 배출을 최소화하여야 한다.
② 누구든지 폐기물을 배출하는 경우에는 주변 환경이나 주민의 건강에 위해를 끼치지 아니하도록 사전에 적절한 조치를 하여야 한다.
③ 폐기물은 그 처리과정에서 양과 유해성(有害性)을 줄이도록 하는 등 환경보전과 국민건강보호에 적합하게 처리되어야 한다.
④ 폐기물로 인하여 환경오염을 일으킨 자는 오염된 환경을 복원할 책임을 지며, 오염으로 인한 피해의 구제에 드는 비용을 부담하여야 한다.
⑤ 국내에서 발생한 폐기물은 가능하면 국내에서 처리되어야 하고, 폐기물의 수입은 되도록 억제되어야 한다.
⑥ 폐기물은 소각, 매립 등의 처분을 하기보다는 우선적으로 재활용함으로써 자원생산성의 향상에 이바지하도록 하여야 한다.

폐기물 처리의 3원칙
① **감량화(感量化, Reduce)** : 폐기물의 질(quality), 용량(quantity)을 감소시키는 것
② **안정화(安定化, Stabilization)** : 폐기물의 무기(無機)화
③ **안전화(安全化, Safety)** : 유해성 제거(세균)

2.1 처리 기준 및 방법

우리나라 「폐기물관리법」에서는 폐기물을 생활폐기물과 사업장폐기물로 분류하고 있으며 이에 대한 국가와 지방자치단체의 책무는 법 제4조와 같으며 생활폐기물은 지방자치단체의 장이 지고 있으며, 사업장폐기물의 처리 책무는 사업장폐기물 배출자가 처리의 의무를 지닌다라고 정의되어 있으며 구체적인 사항은 다음과 같다.

제4조 (국가와 지방자치단체의 책무)

① 특별자치시장, 특별자치도지사, 시장·군수·구청장(자치구의 구청장을 말한다. 이하 같다)은 관할 구역의 폐기물의 배출 및 처리상황을 파악하여 폐기물이 적정하게 처리될 수 있도록 폐기물처리시설을 설치·운영하여야 하며, 폐기물의 처리방법의 개선 및 관계인의 자질 향상으로 폐기물 처리사업을 능률적으로 수행하는 한편, 주민과 사업자의 청소 의식 함양과 폐기물 발생 억제를 위하여 노력하여야 한다.

② 특별시장·광역시장·도지사는 시장·군수·구청장이 제1항에 따른 책무를 충실하게 하도록 기술적·재정적 지원을 하고, 그 관할 구역의 폐기물 처리사업에 대한 조정을 하여야 한다.

③ 국가는 지정폐기물의 배출 및 처리 상황을 파악하고 지정폐기물이 적정하게 처리되도록 필요한 조치를 마련하여야 한다.

④ 국가는 폐기물 처리에 대한 기술을 연구·개발·지원하고, 특별시장·광역시장·특별자치시장·도지사·특별자치도지사(이하 "시·도지사"라 한다) 및 시장·군수·구청장이 제1항과 제2항에 따른 책무를 충실하게 하도록 필요한 기술적·재정적 지원을 하며, 특별시·광역시·특별자치시·도·특별자치도(이하 "시·도"라 한다) 간의 폐기물 처리사업에 대한 조정을 하여야 한다.

또한, 폐기물관리법 제17조에 사업장폐기물 배출자의 의무가 정해 있으며 폐기물관리법 제8조에는 당해 사업장에서 발생되는 폐기물의 처리방법을 다음과 같이 명시하고 있다.

제17조 (사업장폐기물배출자의 의무 등)

① 사업장폐기물을 배출하는 사업자(이하 "사업장폐기물배출자"라 한다)는 다음 각

호의 사항을 지켜야 한다.

1. 사업장에서 발생하는 폐기물 중 환경부령으로 정하는 유해물질의 함유량에 따라 지정폐기물로 분류될 수 있는 폐기물에 대해서는 환경부령으로 정하는 바에 따라 제17조의2제1항에 따른 폐기물분석전문기관에 의뢰하여 지정폐기물에 해당되는지를 미리 확인하여야 한다.

1의2. 사업장에서 발생하는 모든 폐기물을 제13조에 따른 폐기물의 처리 기준과 방법 및 제13조의2에 따른 폐기물의 재활용 원칙 및 준수사항에 적합하게 처리하여야 한다.

2. 생산 공정에서는 폐기물감량화시설의 설치, 기술개발 및 재활용 등의 방법으로 사업장폐기물의 발생을 최대한으로 억제하여야 한다.

3. 제18조제1항에 따라 폐기물의 처리를 위탁하려면 사업장폐기물배출자는 수탁자가 제13조에 따른 폐기물의 처리 기준과 방법 또는 제13조의2에 따른 폐기물의 재활용 원칙 및 준수사항에 맞게 폐기물을 처리할 능력이 있는지를 환경부령으로 정하는 바에 따라 확인한 후 위탁하여야 한다. 다만, 제4조나 제5조에 따른 폐기물처리시설을 설치·운영하는 자에게 위탁하는 경우에는 그러하지 아니하다.

② 환경부령으로 정하는 사업장폐기물배출자는 사업장폐기물의 종류와 발생량 등을 환경부령으로 정하는 바에 따라 특별자치시장, 특별자치도지사, 시장·군수·구청장에게 신고하여야 한다. 신고한 사항 중 환경부령으로 정하는 사항을 변경할 때에도 또한 같다.

③ 특별자치시장, 특별자치도지사, 시장·군수·구청장은 제2항에 따른 신고 또는 변경신고를 받은 날부터 20일 이내에 신고수리 여부를 신고인에게 통지하여야 한다.

④ 특별자치시장, 특별자치도지사, 시장·군수·구청장이 제3항에서 정한 기간 내에 신고수리 여부나 민원 처리 관련 법령에 따른 처리기간의 연장을 신고인에게 통지하지 아니하면 그 기간이 끝난 날의 다음 날에 신고를 수리한 것으로 본다.

⑤ 환경부령으로 정하는 지정폐기물을 배출하는 사업자는 그 지정폐기물을 제18조제1항에 따라 처리하기 전에 다음 각 호의 서류를 환경부장관에게 제출하여 확인을 받아야 한다. 다만, 「자동차관리법」 제2조제8호에 따른 자동차정비업을 하는 자 등 환경부령으로 정하는 자가 지정폐기물을 공동으로 수집·운반하는 경우에는 그 대표자가 환경부장관에게 제출하여 확인을 받아야 한다.

1. 다음 각 목의 사항을 적은 폐기물처리계획서

가. 상호, 사업장 소재지 및 업종

나. 폐기물의 종류, 배출량 및 배출주기

다. 폐기물의 운반 및 처리 계획

라. 폐기물의 공동 처리에 관한 계획(공동 처리하는 경우만 해당한다)

마. 그 밖에 환경부령으로 정하는 사항

2. 제17조의2제1항에 따른 폐기물분석전문기관이 작성한 폐기물분석결과서
3. 지정폐기물의 처리를 위탁하는 경우에는 수탁처리자의 수탁확인서

⑥ 제5항에 따른 확인을 받은 자는 다음 각 호의 어느 하나에 해당하는 경우에는 그와 관련된 서류를 환경부장관에게 제출하여 변경확인을 받아야 한다.

1. 상호를 변경하려는 경우
2. 사업장 소재지를 변경하려는 경우
3. 지정폐기물의 월평균 배출량(확인 또는 변경확인을 받은 후 1년간의 배출량을 기준으로 산정한다)이 100분의 10 이상으로서 환경부령으로 정하는 비율 이상 증가하는 경우
4. 새로 배출되거나 추가로 배출되는 지정폐기물의 양(추가로 배출되는 경우는 종전에 배출되던 양을 더하여 산정한다)이 제3항에 따른 지정폐기물 처리계획 확인을 받아야 하는 경우에 해당하는 경우
5. 지정폐기물의 종류별 처리방법이나 처리자를 변경하려는 경우
6. 공동 처리하는 사업장의 수 또는 공동 처리하는 폐기물의 종류를 변경하려는 경우(공동 처리하는 경우만 해당한다)

⑦ 대통령령으로 정하는 업종 및 규모 이상의 사업장폐기물배출자는 제1항제2호에 따른 사업장폐기물의 발생 억제를 위하여 환경부장관과 관계 중앙행정기관의 장이 환경부령으로 정하는 기본 방침과 절차에 따라 통합하여 고시하는 지침을 지켜야 한다.

⑧ 사업장폐기물배출자가 그 사업을 양도하거나 사망한 경우 또는 법인이 합병한 경우에는 그 양수인·상속인 또는 합병 후 존속하는 법인이나 합병에 의하여 설립되는 법인은 그 사업장폐기물과 관련한 권리와 의무를 승계한다.

⑨ 「민사집행법」에 따른 경매, 「채무자 회생 및 파산에 관한 법률」에 따른 환가(換價)나 「국세징수법」·「관세법」 또는 「지방세징수법」에 따른 압류재산의 매각, 그 밖에 이에 준하는 절차에 따라 사업장폐기물배출자의 사업장 전부 또는 일부를 인수한 자는 그 사업장폐기물과 관련한 권리와 의무를 승계한다.

2.2 사업장 폐기물 보관, 운반, 처리

「폐기물관리법」 제18조에는 당해 사업장에서 발생되는 폐기물의 처리방법을 다음과 같이 명시하고 있다. 또한, 「폐기물관리법」 제13조제1항 본문에 따른 폐기물의 처리기준 및 방법은 법 시행령 제7조의 폐기물의 처리기준에 따르며, 폐기물 처리 등의 구체적인 기준과 방법은 「폐기물관리법 시행령」 제7조제2항에 따른 폐기물의 처리에 관한 구체적인 기준과 방법은 별표 5와 같다.

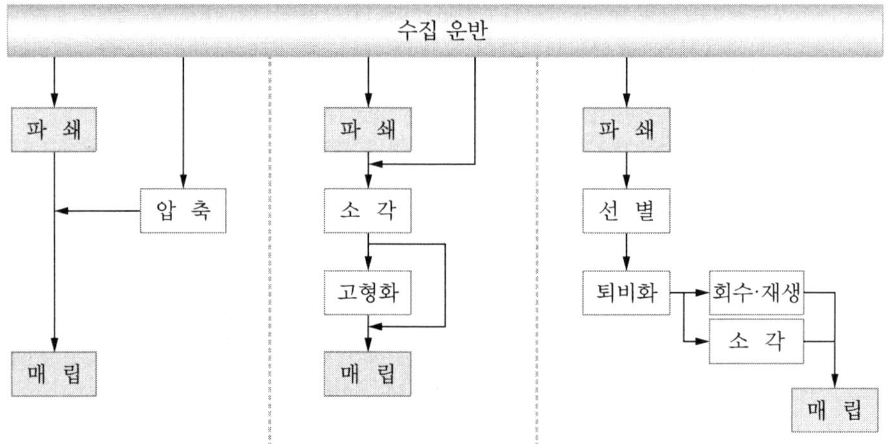

제18조 (사업장폐기물의 처리)

① 사업장폐기물배출자는 그의 사업장에서 발생하는 폐기물을 스스로 처리하거나 제25조제3항에 따른 폐기물처리업의 허가를 받은 자, 폐기물처리 신고자, 제4조나 제5조에 따른 폐기물처리시설을 설치·운영하는 자, 「건설폐기물의 재활용촉진에 관한 법률」 제21조에 따라 건설폐기물 처리업의 허가를 받은 자 또는 「해양환경관리법」 제70조제1항제1호에 따라 폐기물 해양 배출업의 등록을 한 자에게 위탁하여 처리하여야 한다.

② 삭제

③ 환경부령으로 정하는 사업장폐기물을 배출, 수집·운반, 재활용 또는 처분하는 자는 그 폐기물을 배출, 수집·운반, 재활용 또는 처분할 때마다 폐기물의 인계·인

수에 관한 내용을 환경부령으로 정하는 바에 따라 제45조제2항에 따른 전자정보처리프로그램에 입력하여야 한다. 다만, 의료폐기물은 환경부령으로 정하는 바에 따라 무선주파수인식방법을 이용하여 그 내용을 제45조제2항에 따른 전자정보처리프로그램에 입력하여야 한다.

④ 환경부장관은 제3항에 따라 입력된 폐기물 인계·인수 내용을 해당 폐기물을 배출하는 자, 수집·운반하는 자, 재활용하는 자 또는 처분하는 자가 확인·출력할 수 있도록 하여야 하며, 그 폐기물을 배출하는 자, 수집·운반하는 자, 재활용하는 자 또는 처분하는 자를 관할하는 시장·군수·구청장 또는 시·도지사가 그 폐기물의 배출, 수집·운반, 재활용 및 처분 과정을 검색·확인할 수 있도록 하여야 한다.

⑤ 환경부령으로 정하는 둘 이상의 사업장폐기물배출자는 각각의 사업장에서 발생하는 폐기물을 환경부령으로 정하는 바에 따라 공동으로 수집, 운반, 재활용 또는 처분할 수 있다. 이 경우 사업장폐기물배출자는 공동 운영기구를 설치하고 그 중 1명을 공동 운영기구의 대표자로 선정하여야 하며, 폐기물처리시설을 공동으로 설치·운영할 수 있다.

또한, 「폐기물관리법」 제19조에는 당해 사업장에서 발생되는 폐기물의 운반방법을 다음과 같이 명시하고 있다.

제19조 (사업장폐기물처리자의 의무)

① 제18조제3항에 따른 사업장폐기물을 운반하는 자는 그 폐기물을 운반하는 중에 제45조제2항에 따른 전자정보처리프로그램에 입력된 폐기물 인계·인수 내용을 확인할 수 있도록 인계번호를 숙지하여야 하며, 관계 행정기관이나 그 소속 공무원이 요구하는 때에는 이를 알려주어야 한다.

② 폐기물을 수탁하여 처리하는 자는 영업정지·휴업·폐업 또는 폐기물처리시설의 사용정지 등의 사유로 환경부령으로 정하는 사업장폐기물을 처리할 수 없는 경우에는 환경부령으로 정하는 바에 따라 지체 없이 그 사실을 사업장폐기물의 처리를 위탁한 배출자에게 통보하여야 한다.

Chapter 5

소음 및 진동

1 소음·진동관리법

「소음·진동관리법」은 공장·건설공사장·도로·철도 등으로부터 발생하는 소음·진동으로 인한 피해를 방지하고 소음·진동을 적정하게 관리하여 모든 국민이 조용하고 평온한 환경에서 생활할 수 있게 함을 목적으로 제정되었으며 「소음·진동관리법」 제2조에는 다음과 같이 정의하고 있다.

제2조 (정의)

이 법에서 사용하는 용어의 뜻은 다음과 같다.

1. "소음(騷音)"이란 기계·기구·시설, 그 밖의 물체의 사용 또는 공동주택(「주택법」 제2조제2호에 따른 공동주택을 말한다. 이하 같다) 등 환경부령으로 정하는 장소에서 사람의 활동으로 인하여 발생하는 강한 소리를 말한다.
2. "진동(振動)"이란 기계·기구·시설, 그 밖의 물체의 사용으로 인하여 발생하는 강한 흔들림을 말한다.
3. "소음·진동배출시설"이란 소음·진동을 발생시키는 공장의 기계·기구·시설, 그 밖의 물체로서 환경부령으로 정하는 것을 말한다.
4. "소음·진동방지시설"이란 소음·진동배출시설로부터 배출되는 소음·진동을 없애거나 줄이는 시설로서 환경부령으로 정하는 것을 말한다.
5. "방음시설(防音施設)"이란 소음·진동배출시설이 아닌 물체로부터 발생하는 소음을 없애거나 줄이는 시설로서 환경부령으로 정하는 것을 말한다.
6. "방진시설"이란 소음·진동배출시설이 아닌 물체로부터 발생하는 진동을 없애거나 줄이는 시설로서 환경부령으로 정하는 것을 말한다.
7. "공장"이란 「산업집적활성화 및 공장설립에 관한 법률」 제2조제1호의 공장을 말한다. 다만, 「도시계획법」 제12조제1항에 따라 결정된 공항시설 안의 항공기 정비공장은 제외한다.
8. "교통기관"이란 기차·자동차·전차·도로 및 철도 등을 말한다. 다만, 항공기와 선박은 제외한다.
9. "자동차"란 「자동차관리법」 제2조제1호에 따른 자동차와 「건설기계관리법」 제2조제1호에 따른 건설기계 중 환경부령으로 정하는 것을 말한다.
10. "소음발생건설기계"란 건설공사에 사용하는 기계 중 소음이 발생하는 기계

로서 환경부령으로 정하는 것을 말한다.

11. “휴대용음향기기”란 휴대가 쉬운 소형 음향재생기기(음악재생기능이 있는 이동전화를 포함한다)로서 환경부령으로 정하는 것을 말한다.

2 소음·진동 배출허용기준 및 방지시설

「소음·진동관리법」 제7조, 제8조, 제9조에서는 소음·진동 배출시설의 배출허용기준 및 이에 대한 방지시설을 명시하고 있으며 동법 시행규칙 제8조 별표 5에는 구체적인 사항을 명시하고 있으며 제9조~제11조에는 배출시설의 설치신고 및 설치면제 규정 등이 명시되어 있다.

Chapter 6

독성 및 유해물질

1 독성 및 유해물질

산업혁명 이후 분해 불가능한 합성물질과 화학물질의 개발로 인간과 생태계에 치명적인 독성을 일으키고 있다. 노벨상 수상으로 유명해진 살충제인 DDT의 경우 살충효과는 증명되었지만 생태계의 미치는 독성영향으로 전 세계적으로 사용이 전면 금지되어 있다.

RCRA(미국 자원보존 및 재활용에 관한법령, resource conservation and recovery act)의 유해물질에 대한 정의는 "반응성, 부식성, 인화성, 독성 중 어느 하나의 특성이라도 지닌 물질"로 정의하고 있다.

독성 및 유해물질로 인한 문제는 한 나라에만 국한되는 것이 아니라 전 인류에 영향을 미친다는 인식하에 유엔환경개발계획(UNCED, united nations conference on environment and development) 주관으로 1992년 브라질 리우회담에서 Agenda 21 (유해물질의 국가간 이동을 감시하고 범세계적으로 유해물질 관리체계를 구축하기 위한 각국의 유해물질 관리 강화 방안)을 채택하였다.

우리나라 경우 1990년대에 들어서 환경관련 제도의 정비를 통하여 환경매체 내로 유입되는 독성 및 유해물질에 대한 위해성을 정성적·정량적으로 평가한 다음 환경오염 예방이나 기존의 오염에 대한 대책을 수립하고 있다.

1.1 독성 판단 기준

(1) EP 독성(Extraction Procedure Toxity) 추출방법

폐기물 100 g을 16배 용해시켰을 때 pH 5 이상일 때 0.5 N 아세틱 산을 pH 5±0.2로 하여 용액내의 8개 중금속과 6개 살충제를 독성을 측정하여 EP(Extraction Procedure Toxity) 독성 여부를 판정 한다. 실험 대상 폐기물이 액체로서 0.5% 이하의 여과성 폐기물(고형물)을 포함하는 경우에는 필요 없음

■ **8개 중금속**

As, Ba, Cd, Cr, Pb, Hg, Se, Ag

■ **6개 살충제**

Endrin, Toxaphene, Methoxychlor, Lindane, 2·4D10.0, 2·4·5-T1.0

(2) 반응성

pH 2～12.5 사이에서 CN, H_2S, 독성가스 발생여부에 따라 반응성 독성 판정

- 일반적 상태에서 불안정
- 물과 결합 시 극렬한 반응 여부
- 폭발성가스 형성 여부

독성 및 유해물질(Toxic, Hazardous waste)

■ **WHO의 단기적 위해에 대한 정의**

① 먹거나 호흡, 피부, 눈에 접촉 시 급격한 독성현상을 일으키는 물질
② 부식현상을 일으키는 물질
③ 화재 유발물질
④ 폭발 가능한 물질

■ **WHO의 장기적 위해에 대한 정의**

① 장기적인 접촉으로 만성적인 독성 위해
② 발암물질
③ 생물 분해에 의한 독성물질 제거작용 저해물질
④ 지하수 및 지표수 오염 유발물질
⑤ 냄새 유발물질
⑥ 저독성 물질

독성 및 유해물질의 판단기준

- LC(Lethal Concentration)

① 특정농도에서 유해물질이 되는 경우

- LD 50(Lethal Dose) 실험용 쥐의 50% 치사량

① 입을 통해서 주입할 때 : 50 mg/L 이하
② 4시간 호흡 시 : 200 ppm 이하
③ 피부에 접촉 시 : 200 mg/kg 이하

LC(Lethal Concentration)

특정농도에서 유해물질이 되는 경우

- 실험용 쥐의 50% 치사량[LD 50(Lethal Dose)]

① 입을 통해서 주입할 때 : 50 mg/L 이하
② 4시간 호흡 시 : 200 ppm 이하
③ 피부에 접촉 시 : 200 mg/kg 이하

- 수생동물의 독성여부[LD 50(Lethal Dose)]

1000 mg/L 이하의 농도에서 96시간 접촉으로 평균 50 TLM 농도가 이하일 때

- 식물에 대한 독성[LD 50(Lethal Dose)]

1000 mg/L 이하의 농도에서 50 ILM 농도

- 유전인자에 영향을 주는 인자

① TLM(Mean Toxic Limit)
② ILM(Mean Inhibitory Limit)

2 MSDS와 유해물질의 관리

2.1 물질안전보건자료(MSDS, Material Safety Data Sheet)

물질안전보건자료(物質安全保健資料)는 미국 노동안전위생국 OSHA(Occupational Safety & Health Administration)이 약 600여 종의 화학물질이 작업장에서 일하는 근로자에게 유해하다고 여겨서 이들 물질의 유해 기준을 마련하고자 한 것으로부터 기인하게 되었고 우리나라는 「산업안전보건법」 제110조(물질안전보건자료의 작성 및 제출)에 근거하여 화학물질을 제조, 수입, 사용, 운반, 저장하고자 하는 사업주가 MSDS를 작성·비치하고, 화학물질이 담겨있는 용기 또는 포장에 경고 표지를 부착하여 유해성을 알리며, 근로자에게 안전 보건 교육을 실시하는 제도로써, 화학물질로부터 근로자의 안전과 건강을 보호하기 위하여 시행된 제도이다.

화학물질에 대한 안전상·보건상의 기초 자료인 CAS(Chemical Abstracts Service : 등록 번호, 유해한 물리·화학적 특성 그리고 알려진 급·만성 건강 자료가 포함)를 정리하여 이에 따른 항목을 세분하여 근로자에게 제시함과 동시에 이를 활용하여 취급 물질로 인한 재해가 발생하지 않도록 예방하는 데 목적을 두고 작성된 문서로 화학물질을 취급하는 근로자에게 유해·위험성을 알려줌으로써 근로자 스스로가 직업병 등으로부터 자신을 보호하도록 하고 불의의 화학 사고에 신속히 대응하도록 하기 위해 실시되는 제도이다.

2.2 유해물질 관리

과거 유해물질로 인한 피해는 계속되어져 왔지만 최근 구미 불화수소 유출 사고에 대한 국가와 국민의 안전을 위협하고 새로운 화학물질의 생산과 화학물질 유통의 증가로 대형 화학 사고 발생 가능성과 이에 대한 초기대응이 미숙할 경우 치명적인 환경재난으로 확대될 가능성이 커지고 있으며, 국제적으로는 유독성의 화학물질을 이용한 테러가 발생하고 있어 유해물질에 대한 관심이 점차 증대하고 있다.

2.3 화학물질관리법

이 법은 화학물질로 인한 국민건강 및 환경상의 위해(危害)를 예방하고 화학물질을 적절하게 관리하는 한편, 화학물질로 인하여 발생하는 사고에 신속히 대응함으로써 화학물질로부터 모든 국민의 생명과 재산 또는 환경을 보호하는 것을 목적으로 제정되었으며 「화학물질관리법」 제2조의 용어의 정의는 다음과 같다.

제2조 (정의)

이 법에서 사용하는 용어의 뜻은 다음과 같다.

1. "화학물질"이란 원소·화합물 및 그에 인위적인 반응을 일으켜 얻어진 물질과 자연 상태에서 존재하는 물질을 화학적으로 변형시키거나 추출 또는 정제한 것을 말한다.
2. "유독물질"이란 유해성(有害性)이 있는 화학물질로서 대통령령으로 정하는 기준에 따라 환경부장관이 정하여 고시한 것을 말한다.
3. "허가물질"이란 위해성(危害性)이 있다고 우려되는 화학물질로서 환경부장관의 허가를 받아 제조, 수입, 사용하도록 환경부장관이 관계 중앙행정기관의 장과의 협의와 「화학물질의 등록 및 평가 등에 관한 법률」 제7조에 따른 화학물질평가위원회의 심의를 거쳐 고시한 것을 말한다.
4. "제한물질"이란 특정 용도로 사용되는 경우 위해성이 크다고 인정되는 화학물질로서 그 용도로의 제조, 수입, 판매, 보관·저장, 운반 또는 사용을 금지하기 위하여 환경부장관이 관계 중앙행정기관의 장과의 협의와 「화학물질의 등록 및 평가 등에 관한 법률」 제7조에 따른 화학물질평가위원회의 심의를 거쳐 고시한 것을 말한다.
5. "금지물질"이란 위해성이 크다고 인정되는 화학물질로서 모든 용도로의 제조, 수입, 판매, 보관·저장, 운반 또는 사용을 금지하기 위하여 환경부장관이 관계 중앙행정기관의 장과의 협의와 「화학물질의 등록 및 평가 등에 관한 법률」 제7조에 따른 화학물질평가위원회의 심의를 거쳐 고시한 것을 말한다.
6. "사고대비물질"이란 화학물질 중에서 급성독성(急性毒性)·폭발성 등이 강하여 화학사고의 발생 가능성이 높거나 화학사고가 발생한 경우에 그 피해 규모가 클 것으로 우려되는 화학물질로서 화학사고 대비가 필요하다고 인정하여 제39조에 따라 환경부장관이 지정·고시한 화학물질을 말한다.

7. “유해화학물질”이란 유독물질, 허가물질, 제한물질 또는 금지물질, 사고대비물질, 그 밖에 유해성 또는 위해성이 있거나 그러할 우려가 있는 화학물질을 말한다.
8. “유해화학물질 영업”이란 유해화학물질 중 허가물질 및 금지물질을 제외한 나머지 물질에 대한 영업을 말한다.
9. “유해성”이란 화학물질의 독성 등 사람의 건강이나 환경에 좋지 아니한 영향을 미치는 화학물질 고유의 성질을 말한다.
10. “위해성”이란 유해성이 있는 화학물질이 노출되는 경우 사람의 건강이나 환경에 피해를 줄 수 있는 정도를 말한다.
11. “취급시설”이란 화학물질을 제조, 보관·저장, 운반(항공기·선박·철도를 이용한 운반은 제외한다) 또는 사용하는 시설이나 설비를 말한다.
12. “취급”이란 화학물질을 제조, 수입, 판매, 보관·저장, 운반 또는 사용하는 것을 말한다.
13. “화학사고”란 시설의 교체 등 작업 시 작업자의 과실, 시설 결함·노후화, 자연재해, 운송사고 등으로 인하여 화학물질이 사람이나 환경에 유출·누출되어 발생하는 일체의 상황을 말한다.

Appendix

부 록

1 먹는물 수질기준

구분	수질항목 (국문)	수질항목 (영문)	수돗물	샘물 (원수)	먹는 샘물 (제품수)	염 지하수 (원수)	먹는 염 지하수 (제품수)	먹는 해양 심층수 (제품수)	먹는 물 공동 시설	음용 지하수
미생물	국문	영문	61	48	52	48	55	54	48	48
	일반세균(1) 저온 일반세균	Total colony counts in 21℃	100CFU /mL	20CFU /mL	100CFU /mL	20CFU /mL	100CFU /mL	100CFU /mL	100CFU /mL	100CFU /mL
	일반세균(1) 중온 일반세균	Total colony counts in 35℃		5CFU /mL	20CFU /mL	5CFU /mL	20CFU /mL	20CFU /mL		
	총대장균군	Total coliforms	ND /100mL	ND /250mL	ND /250mL	ND /250mL	ND /250mL	ND /250mL	ND /100mL	ND /100mL
	대장균	Escherichia coli	ND /100mL	-	-	-	-	-	ND /100mL	ND /100mL
	분원성대장균군	Fecal coliforms	ND /100mL	-	-	-	-	-	ND /100mL	ND /100mL
	분원성연쇄상구균	Fecal streptococcus	-	ND /250mL	ND /250mL	ND /250mL	ND /250mL	ND /250mL	-	-
	녹농균	Pseudomonas aeruginosa	-	ND /250mL	ND /250mL	ND /250mL	ND /250mL	ND /250mL	-	-
	살모넬라	Salmonella	-	ND /250mL	ND /250mL	ND /250mL	ND /250mL	ND /250mL	-	-
	쉬겔라	Shigella	-	ND /250mL	ND /250mL	ND /250mL	ND /250mL	ND /250mL	-	-
	아황산환원혐기성 포자형성균	Clostridium perfringens	-	ND /50mL	ND /50mL	ND /50mL	ND /50mL	ND /50mL	-	-
	여시니아균	Yersinia enterocolitica	-	-	-	-	-	-	ND /2L	-
건강상 유해영향 무기물질	납	Lead	0.01mg /L	0.01mg /L	0.01mg /L	0.01mg /L	0.01mg /L	0.01mg /L	0.01mg /L	0.01mg /L
	불소	Fluoride	1.5mg/L	2.0mg/L	2.0mg/L	2.0mg/L	2.0mg/L	1.5mg/L	1.5mg/L	1.5mg/L
	비소	Arsenic	0.01mg /L	0.05mg /L	0.01mg /L	0.05mg /L	0.01mg /L	0.01mg /L	0.01mg /L	0.01mg /L
	셀레늄	Selenium	0.01mg /L	0.01mg /L	0.01mg /L	0.05mg /L	0.01mg /L	0.01mg /L	0.01mg /L	0.01mg /L
	수은	Mercury	0.001mg /L	0.001mg /L	0.001mg /L	0.001mg /L	0.001mg /L	0.001mg /L	0.001mg /L	0.001mg /L
	시안	Cyanide	0.01mg /L	0.01mg /L	0.01mg /L	0.01mg /L	0.01mg /L	0.01mg /L	0.01mg /L	0.01mg /L
	크롬	Chromium	0.05mg /L	0.05mg /L	0.05mg /L	0.05mg /L	0.05mg /L	0.05mg /L	0.05mg /L	0.05mg /L
	암모니아성 질소	Ammonium nitrogen	0.5mg/L	0.5mg/L	0.5mg/L	0.5mg/L	0.5mg/L	0.5mg/L	0.5mg/L	0.5mg/L
	질산성 질소	Nitrate nitrogen	10mg/L	10mg/L	10mg/L	10mg/L	10mg/L	10mg/L	10mg/L	10mg/L

구분	수질항목		수돗물	샘물 (원수)	먹는 샘물 (제품수)	염 지하수 (원수)	먹는 염 지하수 (제품수)	먹는 해양 심층수 (제품수)	먹는 물 공동 시설	음용 지하수
	카드뮴	Cadmium	0.005mg/L	0.005mg/L	0.005mg/L	0.005mg/L	0.005mg/L	0.005mg/L	0.005mg/L	0.005mg/L
	보론	Boron	1.0mg/L	1.0mg/L	1.0mg/L	-	1.0mg/L	1.0mg/L	1.0mg/L	1.0mg/L
	브롬산염	Bromate	0.01mg/L	-	0.01mg/L	0.01mg/L	0.01mg/L	0.01mg/L	-	0.01mg/L
	스트론튬	Strontium	-	-	-	-	4mg/L	4mg/L	-	-
	우라늄	Uranium	0.03mg/L	0.03mg/L	0.03mg/L	-	0.03mg/L	-	0.03mg/L	-
건강상 유해영향 유기물질	페놀	Phenols	0.005mg/L	0.005mg/L	0.005mg/L	0.005mg/L	0.005mg/L	0.005mg/L	0.005mg/L	0.005mg/L
	다이아지논	Diazinon	0.02mg/L	0.02mg/L	0.02mg/L	0.02mg/L	0.02mg/L	0.02mg/L	0.02mg/L	0.02mg/L
	파라티온	Parathion	0.06mg/L	0.06mg/L	0.06mg/L	0.06mg/L	0.06mg/L	0.06mg/L	0.06mg/L	0.06mg/L
	페니트로티온	Fenitrothion	0.04mg/L	0.04mg/L	0.04mg/L	0.04mg/L	0.04mg/L	0.04mg/L	0.04mg/L	0.04mg/L
	카바릴	Carbaryl	0.07mg/L	0.07mg/L	0.07mg/L	0.07mg/L	0.07mg/L	0.07mg/L	0.07mg/L	0.07mg/L
	1,1,1-트리클로로에탄	1,1,1-Trichloroethane	0.1mg/L	0.1mg/L	0.1mg/L	0.1mg/L	0.1mg/L	0.1mg/L	0.1mg/L	0.1mg/L
	테트라클로로에틸렌	Tetrachloroethylene	0.01mg/L	0.01mg/L	0.01mg/L	0.01mg/L	0.01mg/L	0.01mg/L	0.01mg/L	0.01mg/L
	트리클로로에틸렌	Trichloroethylene	0.03mg/L	0.03mg/L	0.03mg/L	0.03mg/L	0.03mg/L	0.03mg/L	0.03mg/L	0.03mg/L
	디클로로메탄	Dichloromethane	0.02mg/L	0.02mg/L	0.02mg/L	0.02mg/L	0.02mg/L	0.02mg/L	0.02mg/L	0.02mg/L
	벤젠	Benzene	0.01mg/L	0.01mg/L	0.01mg/L	0.01mg/L	0.01mg/L	0.01mg/L	0.01mg/L	0.01mg/L
	톨루엔	Toluene	0.7mg/L	0.7mg/L	0.7mg/L	0.7mg/L	0.7mg/L	0.7mg/L	0.7mg/L	0.7mg/L
	에틸벤젠	Ethylbenzene	0.3mg/L	0.3mg/L	0.3mg/L	0.3mg/L	0.3mg/L	0.3mg/L	0.3mg/L	0.3mg/L
	크실렌	Xylene	0.5mg/L	0.5mg/L	0.5mg/L	0.5mg/L	0.5mg/L	0.5mg/L	0.5mg/L	0.5mg/L
	1,1-디클로로에틸렌	1,1-Dichloroethylene	0.03mg/L	0.03mg/L	0.03mg/L	0.03mg/L	0.03mg/L	0.03mg/L	0.03mg/L	0.03mg/L
	사염화탄소	Tetrachlorocarbon	0.002mg/L	0.002mg/L	0.002mg/L	0.002mg/L	0.002mg/L	0.002mg/L	0.002mg/L	0.002mg/L
	1,2-디브로모-3-클로로프로판	1,2-Dibromo-3-chloropropane	0.003mg/L	0.003mg/L	0.003mg/L	0.003mg/L	0.003mg/L	0.003mg/L	0.003mg/L	0.003mg/L
	1,4-다이옥산	1,4-Dioxane	0.05mg/L	0.05mg/L	0.05mg/L	0.05mg/L	0.05mg/L	0.05mg/L	0.05mg/L	0.05mg/L
소독제 및	유리잔류염소	Residual chlorine	4.0mg/L	-	-	-	-	-	-	-
	총트리할로메탄	Total trihalomethane	0.1mg/L	-	-	-	-	-	-	-
	클로로포름	Chloroform	0.08mg/L	-	-	-	-	-	-	-

구분	수질항목		수돗물	샘물 (원수)	먹는 샘물 (제품수)	염 지하수 (원수)	먹는 염 지하수 (제품수)	먹는 해양 심층수 (제품수)	먹는 물 공동 시설	음용 지하수
소독부산물질	브로모디클로로메탄	Bromodichloro methane	0.03mg/L	-	-	-	-	-	-	-
	디브로모클로로메탄	Dibromochloro methane	0.1mg/L	-	-	-	-	-	-	-
	클로랄 하이드레이트	Chloral hydrate	0.03mg/L	-	-	-	-	-	-	-
	디브로모아세토니트릴	Dibromoaceto nitrile	0.1mg/L	-	-	-	-	-	-	-
	디클로로아세토니트릴	Dichloroaceto nitrile	0.09mg/L	-	-	-	-	-	-	-
	트리클로로아세토니트릴	Trichloroaceto nitrile	0.004mg/L	-	-	-	-	-	-	-
	할로아세틱에시드	Haloacetic acids	0.1mg/L	-	-	-	-	-	-	-
	포름알데히드	Formaldehyde	0.5mg/L	-	-	-	-	-	-	-
심미적 영향물질	경도	Hardness	300mg/L	-	1,000mg/L	-	1,200mg/L	1,200mg/L	1,000mg/L	1,000mg/L
	과망간산칼륨 소비량	Consumption of $KMnO_4$	10mg/L	10mg/L	10mg/L	10mg/L	10mg/L	10mg/L	10mg/L	10mg/L
	냄새 (소독 외의 냄새)	Odor	ND	ND	ND	ND	ND	ND	ND	ND
	맛(소독 외의 맛)	Taste	ND	-	-	-	ND	ND	-	ND
	동	Copper	1mg/L	1mg/L	1mg/L	1mg/L	1mg/L	1mg/L	1mg/L	1mg/L
	색도	Color	5도	5도	5도	5도	5도	5도	5도	5도
	음이온계면활성제	Surfactants	0.5mg/L	ND	ND	ND	ND	ND	0.5mg/L	0.5mg/L
	수소이온농도	pH	5.8~8.5	4.5~9.5	4.5~9.5	5.8~8.5	5.8~8.5	5.8~8.5	4.5~9.5	5.8~8.5
	아연	Zinc	3mg/L	3mg/L	3mg/L	3mg/L	3mg/L	3mg/L	3mg/L	3mg/L
	염소이온	chloride	250mg/L	250mg/L	250mg/L	-	250mg/L	250mg/L	250mg/L	250mg/L
	증발잔류물	Total solids	500mg/L	-	-	-	500mg/L	500mg/L	-	-
	철	Iron	0.3mg/L	-	0.3mg/L	-	0.3mg/L	0.3mg/L	0.3mg/L	0.3mg/L
	망간	Manganese	0.05mg/L	-	0.3mg/L	-	0.3mg/L	0.3mg/L	0.3mg/L	0.3mg/L
	탁도	Turbidity	0.5NTU	1NTU	1NTU	1NTU	1NTU	1NTU	1NTU	1NTU
	황산이온	Sulfate	200mg/L	250mg/L	250mg/L	-	200mg/L	200mg/L	250mg/L	200mg/L
	알루미늄	Aluminium	0.2mg/L	0.2mg/L	0.2mg/L	0.2mg/L	0.2mg/L	0.2mg/L	0.2mg/L	0.2mg/L
방사능	세슘(Cs-137)	Cesium 137	-	-	-	4.0mBq/L	-	-	-	-
	스트론튬(Sr-90)	Strontium 90	-	-	-	3.0mBq/L	-	-	-	-
	삼중수소	Tritium	-	-	-	6.0Bq/L	-	-	-	-

2 환경용어사전 (출처 환경부 홈페이지)

3R/4R

Reduce, Reuse, Recycle (:Recovery)

3R은 쓰레기를 줄이고(Reduce), 재사용하고(Reuse), 재활용하여(Recycle) 환경을 보전하고 자원순환 사회를 만들자는 운동이다. 4R은 여기에 분리배출, 유용자원 매립의 최소화, 폐자원의 에너지화를 통한 에너지 회수(Recovery)를 추가한 가치상향형 자원순환을 지향한다.

3차원 소음지도

3-Dimensional Noise Map

소음예측 모델링을 통하여 도로, 철도 등의 소음원이 복잡한 도심지 건물에 미치는 영향 및 건물의 층별 소음도를 3차원으로 한 눈에 가시화 한 것이다. 인구의 도시 집중화와 교통량 증가, 도로 확충 등에 따른 소음피해 민원이 증가하고 있다. 소음환경영향평가 시 소음피해에 대한 최적의 사전 저감대책 수립을 위해 활용이 가능하다.

4대강사업

4-River Restoration Project (4 rivers project)

이명박 정부가 한국형 녹색 뉴딜을 내세워 2008년 12월 낙동강지구 착공식을 시작으로 2012년 4월까지 22조원의 예산을 투입해 추진한 대하천 정비사업이다. 수질 개선, 가뭄·홍수 예방 등을 기치로 내걸고 4년에 걸쳐 4대강과 섬진강 및 지류에 보 16개와 댐 5개, 저수지 96개를 건설했으나 수질오염 등 많은 문제를 드러내고 있다.

6가크롬

Hexavalent Chrome

크롬의 화합물로서 원자가가 6인 화합물을 말한다. 발암성 물질로 크롬도금, 염료 및 안료 제조(페인트), 가죽의 태닝제, 목재 보존제, 촉매 등에 사용된다. 6가크롬에 노출되면 재채기, 발작이 일어나며, 체내에서 비점막의 궤양, 비중격천공, 폐암, 기도암, 위암 등을 일으킨다. 「산업안전보건법」에 규정된 허용기준대상물질로 지정되어 있다.

ABS(유전자원의 접근과 이익 공유)

Access to Genetic Resources and Benefit-Sharing

각국이 보유한 생물자원에 대한 주권적 권리를 인정한 국제 규범으로, 생물다양성협약에 대한 보충 협정인 나고야의정서의 핵심개념이다. 요지는 선진국이 개발도상국의 생물자원을 이용하고 얻은 이익을 해당국가와 공유해야 한다는 것이다. 유전자원을 이용하려면 유전자원 제공국으로부터 사전 동의를 구하고 이용 방법과 정당한 이익의 공유 조건에 대해 상호 간에 합의를 이룰 것을 규정한 것이다.

BAU(온실가스 배출 전망치)

Business As Usual

특별한 조치를 취하지 않을 경우 배출될 것으로 예상되는 미래 온실가스 배출전망치로, 감축목표 산정의 기준이 된다. 우리나라는 2015년 파리 기후변화회의를 앞두고 2015년 6월, 2030년 BAU (약 85천만 톤) 대비 37%의 온실가스를 줄이겠다는 자발적 감축 목표를 UN 기후변화협약 사무국에 제출했다.

BOD(생화학적 산소요구량)

Biochemical Oxygen Demand

수질오염 정도를 나타내는 주요지표로서, 측정원리는 호기성 미생물이 물속의 유기물을 분해할 때 소요되는 용존산소량(DO)의 양을 통해 물의 오염도를 간접적으로 파악하는 것이다. BOD가 높을수록 물의 오염도가 높다. 1 L의 물속에 1 mg(1,000분의 1 g)의 산소가 필요할 때를 1 ppm이라고 한다. 상수원수는 3 ppm 이하여야 하고, 5 ppm 이상이 되면 하천은 자기정화 능력을 잃으며, 10 ppm을 넘을 때는 시궁창 하천이 된다.

C40 세계도시 기후정상회의

C40 World City Climate Summit

기후변화 대응방안을 논의하기 위해 2005년에 만들어진 세계도시 간 협의체이다. 전 세계 온실가스 배출량 중 80% 내외를 차지하는 대도시들이 전 세계 기후 변화에 공동 대응하며, 온실가스 감축의 구체적인 방안 마련을 목적으로 한다. 2005년 런던에서 18개 대도시 모임으로 시작됐으며 회의는 2년마다 개최된다. C는 도시(city)와 기후(climate)를 의미한다. 도시의 환경보호 의지를 세계에 알릴 수 있는 '환경올림픽'으로도 불린다.

CITES(멸종위기에 처한 야생동식물의 국제거래에 관한 협약)

Convention on International Trade in Endangered Species of Wild Fauna and Flora

야생 동식물의 불법거래나 과도한 국제거래로 인하여 많은 야생 동식물이 멸종위기에 처함에 따라 국제적인 환경보호 노력의 일환으로 1973년 미국 워싱턴에서 세계 81개국의 참여 하에 체결되고 1975년에 발효된 조약이다. 조약의 머리글자를 따 CITES(사이티스)라 불린다. 목적은 야생동식물의 국제적 거래를 수출국과 수입국이 협력하여 규제함으로써 멸종위기에 처해 있는 야생동식물을 보호하자는 것이다. 규제대상이 되는 야생동식물은 멸종위험이 높은 순서로 부속서 1, 2, 3에 등록되어 있다. 우리나라는 1993년 7월 협약에 가입하였다.

CMIT(메칠클로로이소치아졸리논)/MIT(메칠이소티아졸리논)

Methylchloroisothiazolinone(CMIT)/Methylisothia-zolonone(MIT)

메칠클로로이소치아졸리논(CMIT)과 메칠이소티아졸리논(MIT)의 혼합물이다. 가습기살균제, 치약, 구강청결제, 화장품, 샴푸 등 각종 생활화학제품에 사용된다. 물에 쉽게 녹고 휘발성이 높으며 자극성과 부식성이 커 일정 농도 이상 노출 시 피부, 호흡기, 눈에 강한 자극을 준다. 우리나라에서는 가습기살균제 사건 발생 후인 2012년 환경부가 유독물질로 지정하였다.

COD(화학적 산소요구량)

Chemical Oxygen Demand

하천오염상태를 나타내는 지표로 생화학적 산소요구량(BOD)과 함께 가장 많이 쓰인다. 유기물이나 아질산염, 황화물 등의 물질은 산화제를 넣어주면 산화반응이 일어나면서 분해되는데, 이 때 사용된 산화제의 양에 따른 산소량을 표시한다. 오염된 물일수록 유기물이 많기 때문에 산화에 필요한 산화제의 양이 늘어나고, 따라서 COD값도 커지게 된다. 산화제로는 과망간산칼리나 중크롬산칼리가 사용된다. 단시간에 검사가 가능하므로 오염의 개략치를 추정하는 데 주로 쓰인다.

DDAC(염화디데실디메틸암모늄)

Didecyldimethylammonium chloride

수용성의 물질로 세균과 곰팡이에 사용되는 방부·살균제이다. 탈취제 등에 함유되어 있어 노출되면 호흡 빈도 증가, 면역세포 분열능 증가, 혈액 관련 지표 변화 등 폐와 인체기관에 영향을 준다. 『화평법』에 의해 유독물질로 지정되어 있으며, 2017년부터는 섬유탈취제 내 0.18% 이하로 함량이 제한되었다.

DDT(디클로로디페닐트리클로로에탄)

Dichloro-Diphenyl-Trichloroethane

상온에서 무색 고체인 유기염소 계열의 살충제이다. 곤충에 대하여 접촉독 또는 식독으로 작용하여 사멸시킨다. 미국에서는 1963년 『침묵의 봄』이라는 책에 DDT에 의한 환경적 영향과 생태계와 사람의 건강에 끼치는 영향에 대해 소개된 이후에 환경운동이 일어났으며, 이후 사용을 중단하였다.

DNA 바코드

DNA Barcode

생물종에 대한 일종의 주민등록증(ID) 역할을 하는 정보이다. DNA 바코드는 가까운 종이라도 생물체마다 다르게 가지고 있는 유전정보인 DNA 염기서열의 차이를 이용해서 생물종을 구분하는 식별코드로, 생물에게 있어서 하나의 신분증과 같은 역할을 할 수 있다. 전통적으로 생물을 구분지을 때 사용되던 형태학적 종 분류보다 훨씬 정확하게 종을 판별할 수 있어 오늘날 그 활용도가 매우 높다.

DO(용존산소)

Dissolved Oxygen

물의 오염상태를 나타내는 항목 중 하나로 물에 녹아 있는 산소의 농도를 나타낸다. 하천에 유기물이 증가하면 물속의 미생물이 용존산소를 소비하여 유기물을 분해한다. 그러므로 물속에 유기물질이 많으면 용존산소가 부족하게 되고 그 물은 자정능력과 생물서식지로서의 기능을 잃게 된다. 오염도가 높을수록 용존산소는 적다. 맑은 하천은 보통 7~10 ppm 정도의 용존산소를 포함한다.

EPA(미국환경보호청)

Environmental Protection Agency

미국 내의 환경오염과 공해 방지에 관한 대책을 추진하기 위하여 1970년에 설치한 정부기관이다. 대기, 물, 소음, 폐기물, 유해물질, 방사성물질의 6개 분야에 관하여 공해 방지의 임무를 가지며, 「대기청정법」, 「유해물질규제법」 등의 법률에 의해 다양한 권한이 주어져 있다.

ESCO(에너지절약기업)

Energy Saving Companies

'에너지절약 전문기업'으로 정의되며 제3자의 에너지 사용시설에 투자한 후 이에 따른 에너지 절감액으로 투자비를 회수하는 기업을 말한다. ESCO를 이용할 경우 에너지사용자는 경제적·기술적 위험 부담 없이 에너지를 절약할 수 있다. 1992년 4개 업체로 시작해서 계속 증가해 2017년 말 기준 327개 업체가 등록되어 있다. 주요 사업은 고효율 조명기기 대체, 폐열 회수, 공정 개선 등이다.

EU 신화학물질 관리제도(REACH)

Registration, Evaluation and Authorization of Chemicals

연간 1 t 이상 EU(유럽연합) 내에서 제조되거나 EU로 수입되는 화학물질에 대해 제조자 및 수입자 등록과 유해성 평가 및 허가를 받게 하는 유럽연합(EU)의 화학물질 관리제도로 2007년 6월 1일부터 시행되었다. 등록대상 제품인데도 사전등록이나 본 등록을 하지 않을 경우 EU 지역으로의 수출이 불가능하게 된다.

EURO 기준

European Emission Standards

유럽연합(EU)이 도입한 경유차 배기가스 규제 단계의 명칭이다. 1992년 유로1에서 2013년 유로6까지 지속적으로 강화되어 왔다. EURO 6 기준에 의하면 대형경유차의 경우 질소산화물(NO_x)을 EURO 5(2.0 kWh)의 1/5 수준인 0.4 kWh까지만 허용한다. 이 기준은 2015년부터 국내 디젤 신차, 버스와 덤프트럭 등 대형 상용차, 포터 같은 중소형 상용차와 승용차에 도입되었다.

EV 선도도시

Leading EV Cities

친환경 전기차의 보급 효과를 연계도시 및 광역권으로 확산해, 교통부문 탄소배출 제로를 견인하는 도시이다. 지자체와 민간 부문의 적극적인 협력을 유도하여 상생 활력을 창출하는 친환경 녹색도시로 전국에 10개 도시가 선정되어 있다.

Eco-Star 프로젝트

Eco-Star Project

환경부의 차세대핵심환경기술개발사업으로 사업기간은 2007~2014년이다. 사업 내용은 세 가지로

1. 가연성폐기물의 고형연료화, 2. 매립가스발전사업, 유기성폐기물 가스화 등 폐기물 에너지화 효율성 개선, 3. Non-CO_2 감축 기술 개발, 폐기물 자원화 기술과 연계하여 CDM(청정개발체제) 사업에 적용할 수 있는 non-CO_2 감축 기술 개발이다.

GDI 엔진

Gasoline Direct Injection Engine

직접분사식 가솔린엔진이다. 직접분사방식이란 원래 디젤기관에서 쓰이는 기술로 연료를 흡기포트가 아닌 실린더 내로 직접 분사해 연소시키는 엔진형식이다. 디젤과 가솔린 엔진의 장점만을 모은 것으로 가솔린을 연료로 사용하면서 이를 직접 연소실에 분사해 연비와 출력을 동시에 향상시킨 것이다.

HACCP(위해요소 중점관리기준)

Hazard Analysis Critical Control Point

식품의 원재료부터 제조·가공·조리, 유통단계를 거쳐 최종 소비자가 섭취하기 전까지의 각 과정에서 발생 가능한 위해요소를 확인·평가하여 중점적으로 관리하는 사전예방 식품안전관리시스템이다. 우리나라는 국제식품규격위원회(CODEX)의 권고를 받아들여 '95년부터 위해발생 가능성이 높은 식품과 국민 다소비식품 등을 대상으로 HACCP 의무적용 제도를 시행하고 있다. 2018년 기준 가공식품제조업체 등 약 6,000개 업소가 HACCP 인증을 받아 운영하고 있다.

HB 인증 마크

Health Building Mark

「산업표준화법」에 따라 한국공기청정협회에서 제정한 친환경 건축자재 단체표준인증 규정에 의한 건축자재 제품 인증등급이다. 국내외에서 생산되는 건축자재에 대한 유기화합물(TVOC, HCHO) 방출 강도 시험결과에 따라 HB 인증 마크를 부여한다.

IPCC(기후변화에 관한 정부 간 협의체)

Intergovernmental Panel on Climate Change

기후 변화와 관련된 전 지구적 위험을 평가하고 국제적 대책을 마련하기 위해 세계기상기구(WMO)와 유엔환경계획(UNEP)이 1988년에 공동으로 설립한 유엔 산하 정부 간 협의체이다. 본부는 스위스 제네바에 있으며 세계 각국의 기상학자, 해양학자, 빙하 전문가, 경제학자 등 3천여 명의 전문가가 활동하고 있다. IPCC의 주된 활동 중 하나는 유엔기후변화협약(UNFCCC) 및 교토의정서의 이행과 관련해 특별보고서를 작성하는 일이다. 1990년 이후 4차례에 걸쳐 발표된 특별보고서는 인간의 활동에 의한 공해 물질이 기후변화에 어떤 영향을 끼치는지 과학적, 기술적, 사회 경제학적으로 분석하고 있다. 기후변화 문제의 해결을 위한 노력이 인정되어 2007년 노벨 평화상을 수상하였다.

ISO 14000 시리즈

ISO 14000 Series

ISO(국제표준화기구)가 기업 활동의 전과정에 걸쳐 지속적 환경성과를 개선하는 일련의 경영활동을 위해 제정한 환경경영체제(EMS)에 관한 규격이다. 14000 시리즈에는 환경경영체제(ISO 14001), 환경심사(ISO 14010 Series), 환경라벨링(ISO 14020 Series), 환경성과평가(ISO 14030 Series), 전과정평가(ISO 14040 Series) 등이 있으며, 조직을 평가하는 영역과 제품 및 공정을 평가·분석하는 영역으로 나눠진다.

ISO(국제표준화기구)

International Standardization Organization

전 세계 모든 나라의 공업규격을 국제적으로 통용되도록 표준화·규격화하기 위해 설립된 국제기구로 1947년 정식 출범했다. 환경문제가 심각하게 등장하자 ISO는 환경경영 개념을 조직체 내의 모든 인적, 물적, 기술적 자원의 체계적인 환경활동과 능력을 총체적으로 관리하고 평가하는 개념으로 전환하기 위해 환경경영 국제규격인 ISO 14001을 제정하였다.

IUCN 국제 보호지역 통합관리체계

IUCN Integrated Management System for International Protected Area

복합지정된 국제보호지역의 조화로운 관리를 목적으로 한 것으로 하와이에서 열린 '2016 세계자연보전총회'에서 발표되었다. 세계에서 유일하게 4개 국제보호지역(람사르습지, 세계유산, 생물권보전지역, 유네스코세계지질공원)을 소유한 제주도가 만들어 채택시켰다.

IUCN 녹색목록

IUCN Green List

세계적으로 우수하게 관리되고 있는 보호지역을 밝히고 이를 인증해 보호지역 관리수준을 높이기 위한 제도다. 2012년 세계자연보전총회(WCC) 결의문 채택으로 추진됐다. 녹색목록으로 선정되려면 자원보호, 탐방서비스, 사회·경제적 기여도 등 보호지역관리 전반에 관한 80여 개 지표에서 우수한 평가를 받아야 한다. IUCN에서 위기종에 대한 IUCN 적색목록(Red List)과 더불어 함께 주도한다.

KRF

Korean Reach File

GIS 기반의 효율적인 유역 및 수질관리를 위하여 하천 흐름특성, 연결 관계, 위상 관계 등의 정보를 포함하는 하천 네트워크 공간자료이다. 4대강(117개 중권역)에 해당하는 국가 및 지방하천을 대상으로 특정한 임의 기준에 따라 하천구간(Stream Reach)을 정의하였다. 하천구간 시종점 및 분할지점에 관한 점형자료(point data), 하천 흐름을 나타내는 하천구간에 관한 선형자료(line data), 각 하천구간의 집수범위를 나타내는 집수구역에 관한 면형자료(polygon data)로 구성되어 있다.

LCI(전과정목록분석) DB

Life Cycle Inventory Database

제품 1단위(기능단위)의 생산에 필요한 원자재의 채취 및 소재/부품 가공, 수송, 제품 사용, 폐기까지 제품의 전과정에 투입되는 자원(환경에서 채취한 자원, 에너지, 광물 포함)의 양과 제품시스템에서 환경으로 버려지는 배출물(대기, 수계)과 폐기물의 발생량을 목록화한 데이터이다. LCI DB는 제품에 대한 전과정평가를 수행하는 기초데이터로 활용된다. LCI DB는 환경으로부터 채취하는 에너지 자원 및 광물 자원 등의 목록과 환경으로 나가는 대기배출물, 수계배출물, 폐기물 등의 목록으로 구성된다. 국가 LCI DB 정보망에서는 환경부와 산업통상자원부에서 개발한 LCI DB를 제공하고 있다.

LED(자기발광다이오드)

Light Emitting Diode

전류가 흐르면 빛을 방출하는 다이오드(광반도체)의 한 종류이다. 응답속도가 빠르고 태양광에 가장 가까우며 소비전력이 가로등의 절반 정도이고 다른 광원에 비해 수명이 최대 100배나 길 정도로 반영구적이어서 휴대폰, LCD, 신호등, 외부경관 조명 등에서 널리 사용된다.

LPI 시스템(LPI 엔진)

Liquid Propane Injection System

LPG 차량에 사용되는 엔진 시스템으로, LPG 연료를 고압액상으로 유지하면서 엔진의 흡입구에 있는 인젝터를 이용하여 각 실린더에 연료를 분사해주는 장치이다. 기존의 LPG 엔진에서 한 단계 진화한 것으로, LPG 엔진 대비 동력성능 및 연비가 우수하며 유해배출 가스 농도를 절감하는 친환경 엔진시스템이다.

LULUCF(토지이용, 토지이용변화 및 임업)

Land Use, Land-use Change and Forestry

토지이용과 토지이용 변화에 따른 온실가스 배출량을 산정하는 분야로 국가 온실가스 인벤토리 중 유일하게 흡수원을 산정하는 분야이다. LULUCF는 이산화탄소의 대기 농도에 영향을 미침으로써 지구 기후변화에 기여한다. IPCC(기후변화에 관한 정부 간 협의체)는 숲을 농경지로 전환하는 등의 토지이용 변화가 대기에 연간 1.6±0.8 Gt의 탄소를 기여한다고 추정한다. 이 양은 화석연료 연소 및 시멘트 생산으로 인한 탄소 배출량의 4분의 1 수준이다.

NEASPEC(동북아 환경협력 계획)
Northeast Asian Subregional Programme for Environmental Cooperation
동북아시아의 환경문제를 다루는 포괄적인 정부간 협력 틀로서, 1993년에 중국, 북한, 일본, 몽골, 대한민국, 러시아의 6개 회원국에 의해 설립되었다. 리우 '유엔 환경 개발회의(UNCED, 1992년)'의 후속 조치로 만들어졌으며, 최근 급속한 경제 성장과 이로 인한 환경문제를 겪고 있는 동북아시아 지역의 지속가능한 발전을 위한 환경협력을 목표로 한다.

NOWPAP(북서태평양 보전 실천계획)
Northwest Pacific Action Plan
UNEP(유엔 환경 계획)의 전 세계 18개 지역의 프로그램 중 하나로 한국, 중국, 일본, 러시아 4개국이 북서태평양 해양 환경의 보전을 위해 1994년 채택한 합의문이다. 현재 특별모니터링 및 연안 환경평가, 데이터 및 정보 네트워크 구축, 해양오염 방제, 오염 모니터링 등 과학활동과 더불어 해양쓰레기 사업을 의욕적으로 추진하고 있다.

OECD 환경정책위원회(EPOC)
OECD Environmental Policy Committee
OECD 내 환경 논의를 주도하는 회의체로 산하에 '환경성과 평가작업반', '기후·투자·개발작업반' 등 7개 작업반을 두고 있으며, '무역과 환경 공동작업반' 등 다른 위원회와의 공동작업반 2개를 두고 있다. 주요 업무는 장기 환경전망 및 환경전략 수립, 환경과 경제 정책 통합, 자연자원의 지속가능한 관리, 세계화와 환경, 환경성과 평가, 화학물질 관리, 비회원국 협력사업 등이다. 특히 OECD의 원칙과 권고사항 등이 각국의 환경정책에 구현되도록 매년 5~6개 회원국에 대해 환경성과 평가를 실시한다.

OPRC-HNS 협약
Protocol on Preparedness, Response and Co-operation to pollution incidents by HNS
최근 위험·유해물질의 종류와 양이 급속도로 증가하여 해상에서 유출사고의 발생가능성이 높아짐에 따라, 국제적으로 국제해사기구(IMO)를 중심으로 사고 대비대응을 위한 국가/지역간 협력을 위해 체결된 협약이다. 우리나라는 2008년 가입, 2015년부터 위험·유해물질 사고에 대한 국가 대비 및 대응체계 구축을 위한 본격적인 기술개발을 진행 중이다.

p-디클로로벤젠
p-Dichlorobenzene
무색이나 흰색의 자극성, 휘발성이 있는 독특한 냄새의 고체이다. 옷장의 훈증살충제, 살균제, 의료용 방충제, 탈취제로 사용된다. 증기에 노출 시 현기증, 두통, 비염 등이 나타나며, 과장 노출 시 독성 간염, 황달, 호흡곤란 등 증상이 나타난다.

PHMG(폴리헥사메틸렌구아디닌)
Polyhexamethylene Guanidine
살균제나 부패방지제 등으로 흔히 사용되는 구아디닌(guanidine) 계열의 고분자화학물질이다. 다른 살균제에 비해 피부·경구에 대한 독성이 5~10분의 1 정도로 적은데다 살균력이 뛰어나고 물에 잘 녹아 물티슈, 부직포 등 여러 가지 용도로 사용되지만, 흡입을 통해 폐로 유입 시 물질이 축적되기 때문에 저농도 노출에서도 폐가 딱딱해지는 폐섬유화 등 문제를 일으키는 것으로 밝혀졌다. 가습기살균제의 성분으로 최근 200여명의 사망자를 포함해 1500명이 넘는 피해자를 배출한 일명 '옥시 사태'의 원인물질이다.

REDD+(산림파괴와 산림황폐화로 인한 온실가스 배출 줄이기)
Reducing Emissions from Deforestation and Forest Degradation plus Conservation
UN이 중심이 되어 펼치고 있는 제도로, 선진국이

개도국의 산림파괴와 산림전용 등을 막고 숲을 조성함으로써 온실가스의 배출을 감축하는 대신에 그에 맞는 투자 혹은 지원을 해준다는 방법이다. REDD는 산림벌채와 황폐로 인해 발생하는 탄소 배출량을 줄이기 위한 기후변화 전략으로 채택되었는데 2009년 코펜하겐 총회에서 기존의 REDD에 산림보존과 탄소보존 강화, 지속가능한 산림경영(SFM)을 포함하여 REDD+체제를 가동하기로 한 것이다. REDD는 REDD+, REDD++의 단계로 개념이 발전해 가고 있다. 이는 REDD가 적용되는 범위의 확장을 의미한다.

RFID 기반 음식물쓰레기 관리시스템

RFID-based Food Waste Management System

음식물쓰레기를 개별 계량하는 종량제 방식으로 2012년에 도입되었다. 공동주택 내 설치된 장비나 차량에 RFID(전자태그)를 인식시킨 후 음식물쓰레기를 배출하면 배출자, 배출량(무게), 시간 정보가 중앙시스템으로 전송되고, 지자체에서는 이에 따라 수수료를 부과하고 발생량과 감량 등 통계 데이터를 관리한다.

SRES시나리오

Special Report on Emission Scenarios

IPCC의 '배출시나리오에 관한 특별보고서(2000)'에서 기후변화 전망을 위해 설명된 시나리오로, 예상되는 이산화탄소 배출량에 따라 크게 4개 시나리오(A1, A2, B1, B2)로 나뉜다. SRES 시나리오는 현재의 기후정책 외의 추가 기후정책을 포함하지 않는다. 미래 기후변화에 대한 평가에는 배출량 전망이 폭넓게 사용되고, 사회 경제적, 인구통계적, 기술적 변화에 관한 기본 가정들이 최근의 기후변화 취약성과 영향 평가에 입력 자료로서 사용된다.

SULEV(초저공해자동차)

Super Ultra-low Emission Vehicle

극히 적은 배출가스를 배출하는 자동차로, 초저공해 자동차 또는 ULEV(Ultra Low Emission Vehicle)라고도 한다.

TOC(총 유기탄소)

Total Organic Carbon

물속 유기오염물질이 가진 탄소의 총량으로 수질 오염 정도를 나타내는 주요 지표다. COD(화학적 산소요구량)나 BOD(생화학적 산소요구량) 값과 상관관계가 있어 처리장의 효율적 계측 운영이 가능하다. BOD나 COD보다 빠르고 확실한 유기물 측정 방법으로, 입자성 유기탄소, 용존유기탄소, 휘발성 유기탄소를 모두 포함한다.

TOE(석유환산톤)

Tonnage of Oil Equivalent

kL, t, m^3, kW 등 여러 단위로 표시되는 각종 에너지원들을 원유 1톤이 발열하는 칼로리를 기준으로 표준화한 단위이다. 원유 1톤(7.41배럴)의 발열량 1,000만 kcal가 기준이 된다.

Tier-4 엔진

Tier-4 Engine

Tier-4는 미국 환경보호국(EPA)에서 지정하는 배출기준의 4번째 단계로서 2013년부터 개시되었다. 기존의 3단계에 비해 상당한 규제강화가 이루어졌으며, "우리가 숨 쉬는 공기보다 더 깨끗한" 배기가스 배출을 요하는 것으로 언급되었다. 배기가스 배출량을 Tier-4 기준에 맞춘 디젤엔진이 개발되어 자동차, 건설장비, 발전기, 군용차량, 농기계 등에 상용화되고 있다.

UN 아·태 경제사회이사회(ESCAP)

UN Economic and Social Commission for Asia and the Pacific

UN 경제사회이사회(ECOSOC) 직속 5개 지역 경제위원회 중 하나로서 62개 회원국이 참여하여 아태지역의 경제·사회 협력 및 개발을 위한 중심적 역할을 수행하고 있다. 1947년 ECOSOC의 결의에 의거 ECAFE으로 창립되었다가, 1974년 8월 ESCAP으로 명칭이 변경되었다. 우리나라는 1954

년 4월 정회원으로 가입했으며 2010년 동북아 지역사무소를 인천에 유치했다.

WTO 무역환경위원회(CTE)

WTO Committee on Trade and Environment

WTO(세계무역기구)의 5개 상설위원회 중 하나로 국제무역과 환경정책의 다각적인 조화방안을 논의하기 위해 구성된 위원회이다. 1992년 리우 환경개발회의(UNCED)를 통해 설치되면서 '무역과 환경'에 대한 논의가 본격화되는 계기가 되었다. 오존층 파괴, 생물다양성 감소, 기후변화 등 환경문제를 규정한 환경협약과 자유무역의 충돌 문제를 다룬다.

WTO(세계무역기구)

World Trade Organization

1947년 창설된 『관세 및 무역에 관한 일반협정(GATT)』과 동 협정 사무국을 승계한 국제기구다. 자유·공정 무역의 기능을 더욱 강화하고 WTO 협정의 이행을 감독하여 상품, 서비스, 지식재산권 등 모든 교역 분야에서 자유무역 질서를 확대하기 위해 1995년 1월 1일 출범하였다. 국가 간 분쟁을 조정하거나 판결을 내리기도 한다. 2016년 기준 164개국이 가입되어 있으며 본부는 스위스 제네바에 있다.

pH(수소이온농도)

Potential Hydrogen

용액의 산성, 알칼리성을 나타내는 척도이다. pH는 0에서 14까지 있으며, 용액이 산성이면 pH는 7보다 작고, 알칼리성이면 7보다 크다. 산성비는 pH 5.6 이하의 비를 말한다.

ppb(십억분율)

Parts Per Billion

10억분의 1을 나타내는 농도 단위이다. ppm보다 1000배 큰 분율로, 초미량 성분 함량을 나타낼 때 사용된다. 예를 들면 3 ppb는 10억분의 3의 함유율을 나타낸다. 방사성 물질이나 고순도 금속 재료의 극미량 불순분 등의 함유율 표시에 ppm과 함께 이용된다.

ppm(100만분율)

Parts Per Million

100만분의 1을 나타내는 농도 단위이다. 물오염의 경우 1 L의 물속에 오염물질이 1 mg이 존재할 경우 농도가 1 ppm이 된다. 또한 대기오염에서는 1,000 L의 대기 중 오염물질이 1 cc 존재할 때 오염농도가 1 ppm이 된다.

tC(탄소톤)/tCO_2(이산화탄소톤)

Carbon Ton/Carbon Dioxide Ton

탄소톤(tC)은 발생(또는 감축)된 탄소의 총량을 톤(t)으로 환산한 것이고, 이산화탄소톤(tCO_2)은 발생(또는 감축)된 이산화탄소의 총량을 톤(t)으로 환산한 것이다.

가락지 부착조사

Bird banding

야생조류 다리에 식별번호가 있는 금속 가락지를 부착하여 국가 간 이동경로, 수명 등의 다양한 정보를 확인할 수 있는 연구 방법이다. 국립공원관리공단 내 조류연구센터에서는 정기적인 가락지부착조사를 진행하고 있다.

가스상 오염물

Gaseous Pollutants

대기 중에 포함된 기체상의 오염물질로 물질의 연소, 분해에 의해 발생하거나, 증기 형태로 발생되는 기체물질이다. 질소산화물, 일산화탄소, 황산화물 등이 주로 많이 발생되며, 아황산가스, 산화질소, 황화수소, 염소, 오존 등이 있다.

가습기살균제

Humidifier Sterilizer

가습기 내의 물에 첨가하여 미생물 번식과 물 때 발생 예방을 목적으로 제조된 재제이다. 1994년 출시된 이래 약 20여 종의 제품으로 만들어져 연간 60여만 개가 판매되었다. 당초 카펫 항균제 등의 용도로 출시된 화학물질(PGH, PHMG 등)이 가습기살균제 원료물질로 사용되었으며, 2009년부터 소비가 증가하면서 다수의 인명피해가 발생하였다. 주요 원료인 PGH, PHMG는 고분자물질, CMIT/MIT는 혼합물질 형태로 가습기살균제 외에도 포장재, 화장품 등에서 항균 및 방부기능을 위해 사용되고 있다.

가시피해

Visibility Damage

안개, 연무, 스모그, 모래먼지, 황사 등으로 가시거리가 짧아지는 대기 현상이다. 이때 가시거리란 지평선의 하늘을 배경으로 시각 5도 이하의 검은 목표를 형태나 윤곽까지 육안으로 식별할 수 있는 거리를 말한다.

가연성쓰레기

Combustible Wastes

불에 잘 타는 쓰레기로, 종이류, 나무류, 동물성잔재물, 오니류 등을 말한다. 일반적으로 유기물로 되어 있는 쓰레기를 말하지만, 소각로의 구조나 분별수집방법에 따라서 가연 쓰레기의 범위는 다르다. 이와 반대로 불에 타지 않는 쓰레기는 불연성쓰레기라고 부른다.

가와사키병

Kawasaki Disease

젖먹이 아이가 닷새 정도 고열을 일으킨 후 눈이 충혈되고 입술, 혀, 손발 등에 발진이 나는 증상을 나타내는 질환이다. 1967년 일본의 의사 가와사키의 임상 보고로 국제적으로 알려졌다. 심하면 심장병으로 돌연사하는 경우도 있다. 이 병의 원인은 아직 확실하게 밝혀지지 않았으나 현대에만 나타나는 공해병으로 보는 견해가 많다.

가이아

Gaia

그리스신화에 나오는 가이아(지구의 여신)에서 유래한 것으로, 지구는 그 자체가 하나의 거대한 생명체로서 그 위에 살고 있는 생물들의 생존에 최적조건을 유지해 주기 위하여 자기가 적극적으로 환경을 조정하고 스스로 변화하는 것이라는 제임스 러브록의 학설이다. 가이아 이론은 생태·환경운동의 세계관에 커다란 영향을 주었다.

가축분뇨

Animal Manure

소·돼지·닭 등 가축이 배설하는 똥과 오줌으로 축산분뇨라고도 한다. 경제성장으로 축산물 수요가 늘면서 가축분뇨의 양도 크게 늘고 있다. 각종 유기화합물과 질소·인산·칼륨 등의 비료성분이 들어 있어 거름으로 이용되기도 하지만 양이 지나치게 많아 폐기되는 비율이 높아지면서 악취, 해충 등 농촌 생활환경을 악화시키고 빗물 등과 섞여 방류될 경우 축산폐수가 되기도 한다.

간이상수도

Small-scale Water Supply System

급수인구 100명 이상 5,000명 이내에게 정수를 공급하는 일반 정수로서 1일 공급량이 1000 m^3 미만인 수도를 말한다. 상수도시설이 갖추어져 있지 않거나 수압이 낮아 급수가 원활하지 못한 지역에서 소규모로 운용하는 급수시설로 지방자치단체가 지역주민의 음용 등에 제공하기 위하여 사용한다.

간이처리

Simple Sewage Treatment

간단한 침전이나 여과 등의 물리적 방법으로 물속의 오염물질을 제거하는 방법이다. 소규모 수처리에 사용되며, 수처리공정 중 표준처리 전에 실시하는 1차처리에 해당된다. 수원이 깨끗한 지역의 소규모 상수처리에서는 이것만으로 충분하기도 하지만, 하수처리의 경우는 소규모 시설이라도 간이처리만으로는 정화가 어렵기 때문에 표준처리까지 가야 한다.

감각공해

Sensory Pollution

대기·수질 공해 등과 다르게 인간의 감각을 통해 직접 감지되는 공해로 소음공해, 진동공해, 악취공해, 빛공해 등이 있다. 일상생활에서 정신적, 육체적 스트레스를 유발하는 생활공해이며, 특히 도시생활에서 인간의 활동량 증가로 에너지 방출이 커짐에 따라 더 크게 부각되는 도시형 공해이기도 하다.

감마선

Gamma Ray

방사능이나 핵과정에서 생성되는 강력한 전자기 복사다. 파장이 짧고 투과성이 있으며, 의료기기 살균, 핵의학에서 진단목적, 육류나 채소의 살균, 공업 등에 사용된다.

강변여과수

Riverside Filtered Water

인공적으로 하천 옆에 취수정을 설치해 하천 바닥의 모래층을 뚫고 강물이 자연스럽게 여과되도록 한 다음 상수원으로 사용하는 물을 말한다. 각종 환경오염으로 인해 하천에 흐르는 자연수를 그대로 사용할 수 없게 됨에 따라 그 대안으로 개발된 취수 방법이다. 강물이 장기간에 걸쳐 강바닥 또는 옆으로 뚫고 들어가 토양의 자정 능력에 의해 오염물질이 여과되거나 제거된 물이다.

강원선언문

Gangwon Declaration

정식명칭은 '지속가능발전과 생물다양성에 관한 강원선언문'이다. 2014년 10월 UN Post-2015 개발목표 설정 관련 협상에 대비해 강원도 평창에서 열린 고위급회의의 핵심결과물이다. 우리나라가 제안하여 생물다양성협약 당사국총회 의장단회의의 협의를 통해 채택되었다.

강하먼지

Falling Dust

대기의 입자상 물질 중에 지름이 10 μm 이상으로 무거워 곧장 지상으로 강하하거나 비의 작용으로 지표면에 강하하는 것을 말한다. 또한 입자의 지름이 0.1 ~ 0.15 μm으로 공기 중에 부유하는 것을 '부유먼지', 10 μm 이하의 입자상 물질을 '부유입자상 물질'이라 한다. 석탄이 주연료였던 1970년대 초반까지 주요 공업도시의 강하먼지량은 상당히 많았지만, 석유와 청정연료의 사용이 증가하면서 급속히 줄어들었다.

개도국 녹색경제 이행지원사업(PAGE)

Partnership for Action on Green Economy

글로벌 녹색경제 지원을 위한 사업이다. UN 산하 4개 기구[국제연합환경계획(UNEP), 국제노동기구(ILO), 국제연합산업개발기구(UNIDO), 국제연합훈련조사연구소(UNITAR)]가 참여한 이 파트너십은, Rio + 20 정상회담(2012년) 결과에 대한 즉각적인 이행으로서, 향후 7년간 세계 30개국의 녹색경제 전략 수립을 지원하는 것을 내용으로 한다.

개도국 차별화

Differentiation

교토의정서 하의 비부속서 I 국가(온실가스 감축의무에서 제외된 국가들)를 세분화하여 한국, 멕시코 등 OECD 회원국의 지위를 획득할 만큼 경제규모가 크고 발전정도가 앞선 개도국은 선진개도국으로 별도 분류하여 부속서 I 국가와 같은 감축의무를 부담해야 한다는 논리이다.

개발제한구역

Greenbelt

'그린벨트'라고도 불리며 도시주변 또는 일부를 녹지로 지정하여 이용을 제한하는 「도시계획법」상 구역제의 하나이다. 이 녹지지대는 벨트 형태로 도시의 외곽지대를 둘러쌈으로써 도시의 무질서한 교외확산을 미리 막으며 녹지공간을 확보하는 데 목적이 있다. 이 지역에는 건축, 교통로 건설 등을 비롯한 각종 토지의 형질 변경 활동이 제한되거나 금지된다.

개체군

Population

특정 공간을 점유하는 같은 종의 생물들이 만들어 내는 집합체로, 관용적으로는 집단이라는 용어를 사용하기도 한다. 생태학에서는 어떤 시점에 일정 공간에 존재하는 생물개체의 전부를 가리킨다. 동종(같은 종류)의 개체군과 이종(다른 종류)의 개체군이 있다.

갯벌정보시스템

Tideland Information System

연안습지관리 및 정책에 대한 적극적 홍보를 위해 개발한 웹시스템이다. 2013년에는 연안습지기초조사, 해양생태계 기본조사, 해양보호구역 조사 및 관찰 결과 D/B를 통합한 바다생태정보나라 통합 시스템을 구축하고 Web기반 GIS를 연계하여 조사결과 및 정보 활용성을 강화하고 있다.

건강나누리캠프

National Park Health Camp "Nanuri"

아토피피부염, 천식, 알레르기비염 등 어린이 환경성질환의 예방 및 치유를 목적으로 하는 체험형 프로그램이다. 환경부가 주관하며 환경보건센터 등 전문의료기관의 협조로 자연체험 프로그램과 연계하여 진행된다. 2009년 시작된 이래 전국 12개 국립공원에서 매년 4월부터 10월까지 실시된다. 참가자들은 국립공원의 우수한 자연환경 속에서 동·식물 관찰 숲길 걷기와 같은 친환경 체험과 함께 전문 의료인으로부터 질환에 대한 진단과 상담을 받을 수 있다.

건강영향평기제도(HIA)

Health Impact Assessment

4P(정책(policy), 계획(plan), 프로그램(program), 프로젝트(project))가 인체 건강에 미치는 영향을 사전에 평가하는 것이다. 우리나라에서는 환경영향평가의 일부로서 개발사업의 시행에 앞서 환경유해인자가 건강에 미치는 영향을 사전에 검토 및 평가하여 사업자로 하여금 적극적인 오염물질 저감대책과 모니터링 계획을 수립하게 하기 위해 실시한다. 환경영향평가를 통해 파악된 환경적 변화요인이 건강영향에 미치는 영향을 심도있게 평가하는 것이다.

건설폐기물

Construction Wastes

건설현장에서 발생하는 5톤 이상의 폐기물(공사 시작부터 완료 시까지 발생하는 것만 해당)로서 대통령령으로 정하는 것을 말한다. 고층 빌딩 건설에 의한 도시 재개발과 고속도로·교량공사 등으로 잔토는 물론 건설 폐재, 폐플라스틱, 금속 쓰레기가 대량 배출되는데 최근 매립 장소 부족으로 불법 투기가 크게 늘어 하천을 오염시키고 악취·가스 등 각종 공해를 발생시키고 있어 문제가 되고 있다.

건성침적

Dry Deposition

대기 중의 어떤 물질이 확산, 흡착, 충돌, 중력낙하 등에 의해 지면에 도달하는 과정을 말한다. 대기 중에 부유하는 기체나 입자상물질이 눈이나 비로 지면에 도달하는 과정은 습성침적이라고 한다. 이 둘을 합쳐 총대기침적이라 부르며 생태계나 건강에 미치는 영향을 평가하는 데 중요하게 활용된다.

건식 탈황법

Dry-type Desulfurization Method

소화조 가스 속에 포함되어 있는 황화수소를 제거하는 방법으로, 수산화철을 주성분으로 하는 탈황제를 답에 충전하고 소화가스를 유입시켜 탈황하는 방법이다. 설비구조가 간단하여 습식에 비해 경제적이지만, 제거율은 80~90%로 탈황효과는 다소 떨어진다.

건조단열감률

Dry Adiabatic Lapse Rate

공기덩이가 팽창하여 대기로 단열적으로 상승할

때 강하하는 온도의 비율을 말한다. 건조공기에 대해서는 100 m 상승하면 0.976℃ 하강하고, 습윤 공기는 이 값보다 적게 된다. 단열이라는 조건에 대한 이론적인 기온감률로, 이것을 기준으로 해서 실제의 기온감률과 비교하여 대기안정도를 알 수가 있다.

건축물 에너지소비총량제

Buildings Total Energy Consumption Control

1년간 건축물에서 소비하는 총 에너지사용량을 건축물의 연면적으로 나누어 단위 면적당 에너지소비량이 일정기준 이하가 되도록 관리하는 제도이다. 서울시 에너지소비량의 60% 차지하는 건물부문의 에너지 수요 감축 및 「저탄소 녹색성장 기본법」에 따른 녹색건축물 활성화를 위해 에너지저소비형 건축물 설계기반을 구축하기 위해 2011년 처음 도입되었다.

건축물 에너지효율 등급 인증제도

건축물의 에너지효율 등급을 인증해주는 제도로, 건축물의 설계 및 시공 단계에서부터 에너지를 저소비하는 에너지절약형 건축물 보급함으로써 건축물 온실가스 배출량을 감소하고 녹색건축물을 확대하는 것을 목적으로 도입되었다. 대상은 단독주택, 공동주택, 기숙사, 업무시설, 냉·난방 면적 500 m^2 이상으로, 인증 취득 시 녹색건축인증과 동시에 등급에 따라 건축기준완화(4～12%) 및 취득세 감면혜택(5～15%)이 주어진다.

건축물석면관리제도

Buildings Asbestos Management System

다중이용시설, 공공건물 등의 건축물에 대한 석면조사를 실시하여 석면 건축자재의 사용실태를 파악하고 안전하게 관리하여 석면으로 인한 피해를 사전에 예방하기 위한 제도이다. 공공기관, 지자체, 어린이집, 의료시설, 노인 및 어린이 시설과 같은 다중이용시설 등 석면조사 의무대상은 정해진 기간 내에 전문석면조사 기관에 의뢰하여 석면조사를 실시하고 그 결과를 관할 지자체에 보고하여야 한다.

건축물석면지도

Asbestos Map

해당 건축물에 쓰인 석면건축자재의 분포 현황을 지도화 한 것이다. 석면이 함유되어 있는지 여부, 석면 건축자재의 위치 및 물량, 석면의 종류 및 함유량 등에 대해 표시하여 관리한다. 『석면안전관리법』에 따라 위해성평가를 실시한 후 평가결과에 따라 조치를 취하여 체계적으로 유지관리한다.

검댕

Soot

연소로와 연돌로부터 연기에 섞여서 발생하는 입자지름 1에서 20 μ의 검은 가루로, 성분의 50%는 탄소다. 생성되는 과정은 연료의 종류, 화염 생성에 따라 다르고, 발생률은 일반 연료 가운데 LPG가 가장 적고 타르가 가장 많다. 외부로 발산되어 가까운 인가, 농작물에 피해를 미치며, 때로는 화재의 원인이 되기도 한다.

게놈

Genome

유전자(Gene)와 세포핵에 들어있는 염색체(Chromo-some)의 합성어로, 염색체에 담긴 유전자를 총칭하는 말로 우리말 번역은 '유전체'이다. 게놈은 생물체를 형성하는 유전자의 최소 단위가 된다. 한 개체 내의 모든 세포는 같은 수의 염색체와 유전정보를 가지고 있으므로 하나의 세포만 분석해도 게놈정보 전체를 알 수 있다.

겨울철 조류 동시 센서스

Winter Waterbird Census of Korea

환경부 산하 국립환경과학원에서 매년 겨울 전국적으로 실시하는 조류 동시 조사이다. 국내에 도래하는 겨울철새의 전체 종 수 및 개체수를 파악하고, 철새도래지로서 중요한 의미를 갖는 지역의 보호대책 수립을 위한 기초 자료 축적을 목적으로 실시한다.

경도

Water Hardness

물의 세기를 나타내는 정보로, 물속에 포함된 칼슘이온과 마그네슘이온의 농도로 나타낸다. EDTA 표준용액으로 적정하여 간단히 측정할 수 있다. 경도의 정도에 따라 연수(0~75), 적당한 경수(75~150), 경수(150~300), 강한 경수(300 이상)로 분류한다.

경수

Hard Water

칼슘과 마그네슘염류를 비교적 다량으로 함유한 물로 센물이라고도 한다. 칼슘이온과 마그네슘이온은 중탄산염($Ca(HCO_3)_2$, $Mg(HCO_3)_2$), 염화물($CaCl_2$, $MgCl_2$), 유산염($CaSO_4$, $MgSO_4$) 등의 형태로 들어있다. 탄산수소염으로서 존재하는 것은 끓여서 탄산염으로 하여 침전시켜 연수로 만들 수 있으므로 일시경수라 하고, 황산염으로서 존재하는 것은 끓여도 연화하기 힘들기 때문에 영구경수라고 한다.

경유차 매연저감장치

Diesel Vehicle Emission Control Devices

대기로 방출되는 배출가스를 후처리 방법을 통해 여과시키는 장치를 말하며, 매연여과장치(DPF), 산화촉매장치(DOC) 등이 있다. 환경부에서는 수도권 대기환경 개선을 위하여 매연 발생이 많은 경유차량의 관리 대책으로 배출가스저감장치를 부착하는 사업을 실시하여 지원하고 있다. 의무장착 대상인 2.5 t 이상 노후경유차 중 배기가스 저감장치가 장착되지 않은 노후경유차는 2017년 서울을 시작으로 2018년 인천, 2020년 경기 전역으로 진입금지 조치가 확대된다.

경유차 실도로배출가스관리제도

Diesel Vehicle Real Driving Emission Management

기존의 실내 실험실에서 배출가스를 측정하는 것과 달리 차량에 이동식 배출가스 측정장치를 탑재하고 실외 도로를 달리면서 오염물질을 측정하여 적합여부를 판정하는 제도다. 실내 인증을 통과한 경유차가 실제 도로 주행 시 배출하는 질소산화물은 현행 실내인증기준(0.08 g/km)의 평균 7배 이상인 것으로 나타났다. 2017년 9월 세계 최초로 우리나라와 유럽연합(EU)에서 시행되었다.

경유차 후처리기술

Diesel Vehicle Aftertreatment Technology

대기오염의 주범 중 하나인 경유차의 매연저감기술로 디젤산화촉매(DOC), 매연여과장치(DPF), 질소산화물저감촉매(NO_x촉매) 등이 사용되거나 개발되고 있다. 특히 매연여과장치는 PM(먼지)을 80% 이상 저감하고 매연은 90% 이상 저감시켜 가시매연을 거의 발생시키지 않는 장치이며 인체에 폐암 등의 원인으로 작용하는 미세입자 저감에도 효율적이다.

경유차배출가스시험법(WLTP)

Worldwide harmonized Light vehicles Test Procedure

UN 국제표준화포럼에서 승인한 새로운 실내시험 방법이다. 주행패턴을 보다 현실적으로 개선(등가속도 → 급가속·감속)하고, 시험주행 시간 연장(20분 → 30분), 초고속주행 신설 등 검사영역을 확대하였다. 기존의 실내인증시험방법(NEDC)은 주행패턴이 단순하여 배출가스 측정값이 실주행과 차이가 있고, 폭스바겐 사건 등 시험모드 인식을 통한 임의설정이 용이하다는 취약점 존재한다.

계면활성제

Surfactant

물에 녹기 쉬운 친수성 부분과 기름에 녹기 쉬운 친유성 부분을 둘 다 가지고 있는 탄화수소계 화합물로 두 물질의 경계(계면)를 완화시키는 역할을 한다. 이런 특성 때문에 가정용 세제뿐 아니라 식품과 화장품의 유화제, 보습제 등으로 널리 사용되고 있다. 수질오염과 관련하여 문제가 되는 것은 가정 하수 중에 많이 함유된 중성세제, 특히 ABS(알킬벤젠술포네이트)이다. ABS가 하천에 0.5 ppm 이상 함유되면 해로우며 수도법에 의하여 음료수로는 사용할 수 없다.

고기후학

Paleoclimatology

지질시대를 포함하여 장기간에 걸쳐 나타나는 기후를 연구하는 분야이다. 고대 지구의 다양한 환경 및 대기 상황에 대한 연구는 보전되어 온 돌, 퇴적물, 빙하, 나이테, 산호, 조개 혹은 미세한 화석을 통해 추측을 통해 이루어진다. 과거의 기후에 대한 연구는 현재의 기후 모델이나 가설 검증, 장래 기후를 연구하는 데 중요하다.

고도처리

Advanced Water Treatment

수처리 시 여과와 소독으로 구성되는 표준 2차처리 공정만으로 처리되지 않는 맛냄새물질, 트리할로메탄 전구물질, 색도, 암모니아성 질소, 음이온 계면활성제 등의 처리를 목적으로 기존 공정에 추가로 도입되는 공정이다. 대표적인 고도정수처리 기술로는 오존처리, 활성탄처리, 고도산화, 막분리 등이 있다. 상수보다 하수의 처리에 많이 사용된다.

고독성물질

Highly Toxic Substances

흡입, 섭취 또는 피부를 통하여 흡수될 때 매우 적은 양으로 사망케 하거나 건강에 급성 또는 만성 장해를 일으키는 물질이다. 유독물의 분류 상 취급자에 직접 노출되지 않도록 보호구를 착용하여야 하는 '건강장해물질'에 속한다. 발암성, 변이원성, 생식독성 물질로 대표되는 고독성물질은 법률로 관리가 필요하다. 정부는 「화학물질관리법」 개정(2017년 11월) 등을 통해 기업의 고독성물질의 사용 저감과 정보공개 의무화 등 관리를 강화하고 있다.

고밀도 폴리에틸렌

High Density Polyethylene

에틸렌을 주원료로 하는 합성수지로서, 각종 용기, 쇼핑 비닐백, 절연재료, 전선, 호스, 수도 및 가스관, 파이프, 로프 등의 원료로 사용된다. 경도, 기계적 강도, 내열성이 우수하나 가공성은 약하다.

고분자응집제

Polymer Coagulant

수중에 현탁되어 있는 미세입자를 흡착, 가교화하여 응집, 침전시키는 고기능성 수용성 고분자(Polymer)로 폐수처리 및 다양한 산업분야에서의 농축, 여과, 탈수등과 같은 고액분리공정에 사용된다. 물속의 콜로이드 입자와 고분자물질의 분자간 힘에 의한 가교작용으로 응집효과를 나타낸다. 이것은 고분자물질을 매개로 입자가 달라붙는 것이다.

고산대

Alpine Zone

식물의 수직분포대 중 교목한계선에서 항설대(항시 눈이 있는 지대)에 이르는 지역이고, 수평적인 기후대로서는 한대지역에 해당된다. 원래는 식물경관을 기준으로 한 구분으로서 기온의 저하로 고목이 자라기 어려운 영역을 말한다. 1년 중 가장 따뜻한 2개월의 평균기온이 0~10℃ 사이로, 관목이나 초본, 지의류만이 자란다.

고온열분해

Pyrolysis

소각처리가 어려운 난용해성 물질이나 소각 시 다량의 대기오염물질을 방출하는 폐기물을 저산소 상태에서 고온으로 가열하여 처리하는 방법이다. 쓰레기처리 시 생성되는 고형탄화물, 회수가스를 연료로 사용하거나 폐열로 이용할 수 있는 자원순환형 쓰레기처리 방법이다.

고유종

Endemic Species

어느 특정 지역에만 분포하는 생물의 종으로 토착종, 혹은 특산종이라고도 한다. 일반적으로 분포가 대륙을 넘지 않는 경우에 한하여 쓰인다. 국가 고유종은 생물주권 차원에서 보존이 필요하다. 국립생물자원관에 따르면 2016년 기준 우리나라의 고유종은 총 2,316종으로 관속식물(455종), 해조류(35종), 균류(4종), 척추동물(77종), 곤충(1,156종), 무척추동물(589종) 순이다.

고준위방사성폐기물

High-Level Radioactive Waste

방사선의 방출 강도가 높은 방사능 폐기물로, 우라늄으로 채굴되어 여러 과정을 거치고 마지막에 남은 초우라늄 원소를 많이 포함한 폐기물을 말한다. 이것을 하나의 유리 고형체에 담는데 여기서부터 방출되는 방사선은 1 m 떨어진 곳에서도 1초에 1~10뢴트겐으로 단 한 개만으로도 근접 지역의 사람들은 수십 초 내에 치사선량을 쐬게 된다.

고체연료 사용금지 제도

Ban on the Use of Solid Fuels

연료 사용으로 인한 대기오염이 환경기준을 초과할 우려가 있는 지역 내에서 석탄류, 코크스, 땔나무 등 고체연료의 사용을 규제하는 제도이다. 이들 고체연료는 황산화물 등 오염물질을 많이 배출하여, 1985년부터 환경기준을 초과하거나 초과할 우려가 있는 지역에 대해 사용을 제한하고 있다. 2016년 기준 서울 및 6대 광역시, 경기도 13개 시 등 총 20개 지역이 고체연료 사용제한지역으로 지정되어 있다.

고층습원

High Moor

산지사면 또는 배수가 나쁜 평단면에서 빌달하는 물이끼가 많은 습원의 한 형태이다. 영양분이 빈약하고, 산성화된 토양에서 물이끼가 자라면서 이탄의 퇴적에 따라 점차 습원 전체가 볼록한 모양으로 높아진다. 고위습원이라고도 한다.

고효율에너지기자재인증제도

에너지사용기자재 중 에너지효율 및 품질시험 검사 결과가 정부가 고시한 일정기준 이상 만족하는 제품을 인증하는 자발적 제도이다. 이 제도는 고효율제품의 보급 활성화와 초기시장 형성을 위한 것이며, 제조업자 또는 수입업자의 자발적 신청에 따라 한국에너지공단에서 고효율에너지기자재 인증서를 발급한다.

공공재

Public Goods

일단 생산되면 구성원 모두가 소비혜택을 누릴 수 있는 재화 또는 서비스를 말한다. 깨끗한 공기나 물 등 환경재는 공공재의 성격을 갖는다. 공공재는 사유재와 달리 사용자가 는다고 해서 추가비용이 생기거나 아낀다고 직접적인 이익이 돌아오지 않기 때문에 시장의 원리가 작동하지 않는다. 환경문제의 발생원인을 설명하는 개념이다.

공공재활용기반시설

Public Infrastructure for Recycling

가정 등에서 분리수거한 재활용 가능 자원의 효율적이고 원활한 재활용을 지원하기 위해 지방자치단체가 설치한 공공시설이다. 반입·투입설비, 선별설비, 감용설비, 파쇄(분쇄)설비, 압축설비, 저류·반출설비, 보관설비, 환경오염 방지설비, 건축물 및 부대설비 등으로 구성되며, 구성 설비에 따라 수동선별시설, 기계선별시설, 자동선별시설로 구분한다.

공공폐수처리시설

Public Wastewater Treatment Facilities

수질오염이 악화되어 환경기준의 유지가 곤란하거나 물환경보전에 필요하다고 인정되는 지역 안의 각 사업장에서 배출되는 수질오염물질을 공동으로 처리하여 공공수역에 배출하게 하기 위하여 설치하는 시설을 말한다. 공공폐수처리시설은 「국토의 계획 및 이용에 관한 법률」에 의한 기반시설 중 환경기초시설의 하나이며, 반드시 도시·군관리계획으로 결정하여 설치하여야 하는 시설로서 도시·군계획시설로는 수질오염방지시설에 해당한다.

공공하수도

Public Sewerage System

생활이나 기업에 의해 발생하는 오수 또는 우수를 배제 또는 처리하기 위하여 설치되는 도관과 기타 공작물 및 시설을 총칭한다. 일반적으로 하수도라고 하면 공공하수도를 가리키며 하수도관·종말처리장·유수지 배수펌프장을 포함한다.

공동이행체제(JI)

Joint Implementation

교토의정서에서 온실가스 감축의무가 있는 국가(부속서 I 국가)가 다른 나라에 투자해 온실가스를 감축하면 그 감축량의 일부를 자국의 배출 저감 실적으로 인정해주는 제도이다. 부속서 I 국가들 사이에서 온실가스 감축 사업을 공동으로 수행하도록 유연성을 부여함으로써 의무이행의 부담을 줄여주는 제도로 배출권거래제(ETS), 청정개발체제(CDM)와 더불어 교토메커니즘의 한 축을 이룬다.

공생

Symbiosis

서로 다른 종의 생물이 짝을 이루어 생활을 공유하는 것을 말한다. 소라게와 말미잘, 콩과 식물과 근립균의 관계가 이에 해당한다. 한쪽은 이익이 되지만 다른 쪽은 이익도 해도 없는 경우를 편리공생이라 한다. 편리공생의 예로는 조개류에 붙는 굴딱지가 있다.

공업폐수

Industrial Wastewater

공업(산업)활동으로 발생하는 모든 폐수를 가리키며 생활하수에 비해 매우 다양한 오염물질을 배출한다. 색, 냄새, 맛, 부유물질, 난분해성 유기물질, 용해 물질, 방사성 물질 등이 포함되는데, 특히 중요시되는 것은 광산폐수 등의 pH(산성폐수), 도금폐수 등의 용해 물질, 원자력공업의 방사성 물질과 같이 눈에 보이지 않는 물질이다.

공유수면

Public Waters

바다·바닷가와 하천·호소·수로, 기타 공공용으로 사용되는 국가 소유의 수면 또는 수류를 말한다. 구체적으로 해안선으로부터 배타적 경제수역 외측 한계까지의 바다, 해안선으로부터 지적공부에 등록된 지역까지의 바닷가, 이외의 하천·호소·구거, 기타 공공용으로 사용되는 국가 소유의 수면 또는 수류를 말한다. (「공유수면 관리 및 매립에 관한 법률 제2조」)

공유지의 비극

The Tragedy of Public Land

공유자원의 이용을 개인의 자율에 맡길 경우 서로의 이익을 극대화함에 따라 자원이 남용되거나 고갈되는 현상을 설명하는 개념으로 미국의 생물학자 하딘(Garrett Hardin)이 환경문제의 심각성을 강조하기 위해 1968년 그의 논문에서 사용했다.

공적개발원조(ODA)

Official Development Assistance

선진국의 정부 또는 공공기관이 개도국의 경제·사회 발전과 복지증진을 주목적으로 하여 개도국(또는 국제기구)에 제공하는 원조로 정부개발원조라고도 한다. 원조는 증여나 차관, 기술원조 등의 형태로 제공되며 높은 금리가 적용되는 민간원조보다 조건이 좋기 때문에 원조를 받는 쪽에서 유리하다.

공정무역

Fair Trade

선진국과 개발도상국 사이의 불공정한 무역 때문에 일어나는 개발도상국의 빈곤문제를 해결하기 위한 세계적인 시민운동이자 사업이다. 대화와 존중에 기초하여 보다 공평하고 정의로운 관계를 추구하는 거래방식을 말한다. 공정무역의 목적은 물건을 만드는 사람들에게 물건을 만드는 데 드는 비용과 노동에 대해 정당한 대가를 지불하는 것이다. 비슷한 의미로 무역정의, 대안무역, 희망무역, 윤리적 소비 등이 있다.

공통의 차별화된 책임

"Common But Differentiated Responsibility"

국제 기후변화 협상에서 당사국의 의무를 정하는 핵심적 개념으로, 기후변화로 인한 부정적 영향을 해결하는 데 있어 모든 국가들이 공통의 책임을 지되, 선진국이 보다 큰 역사적 책임이 있으므로 더 높은 수준의 책임을 분담해야 한다는 원칙이다.

공해차량 운행제한지역제도(LEZS)

Low Emission Zone System

대기오염물질을 많이 배출하는 차량의 통행을 제한하는 자동차 배출가스 관리 정책이다. 1996년 스웨덴 스톡홀름에서 처음 도입하여 도쿄, 런던 등 선진국 주요도시에서 시행하고 있으며, 우리나라에서는 2017년 서울시 전역을 대상으로 '노후경유차 운행제한제도'가 시작되었고 수도권 전역으로 점차 확대 시행될 예정이다.

공회전제한장치(ISG)

Idle Stop GO

신호대기 등 일정시간 정차 시, 엔진을 자동으로 정지시켜 주는 것으로, 차량의 점화 회로에 개입하여 엔진의 정지와 시동을 제어하는 것이 가능한 장치를 말한다. 공회전은 자동차를 시동만 걸어두고 운행하지 않는 상태로 엔진을 놔두는 것으로 장시간의 공회전은 배기가스 배출로 인한 대기오염 및 연료 낭비를 야기하므로 대부분의 대도시는 이를 제한하고 있다.

과거 활동자료량 기반 할당(BM)

Benchmark

온실가스 배출권 할당 방식중 하나로, 세품생산량 등 과거활동자료를 근거로 설비 효율성을 고려하여 배출권을 할당한다. 시멘트, 정유, 항공 업종에 적용된다.

과거배출량 기반 할당(GF)

Grandfathering

온실가스 배출권 할당 방식중 하나로, 온실가스 과거 배출실적을 근거로 그 수준에 상응하거나 그 이하로 배출권을 할당한다. 기준년도 동안의 배출량, 투입 열량, 생산 제품 등의 연평균 또는 최고치 2~3개년의 평균을 기준으로 하며 대부분의 업종에 적용된다.

과망간산칼륨

Potassium Permanganate

과망간산칼륨 수용액을 염소 또는 전해에 의해 산화하거나, 이산화탄소를 통해서 불균일화시켜서 만든 결정이다. 살균소독, 표백제, 산화제 등의 원료로 사용되며, 화학적 산소요구량(COD)의 측정 시에도 사용된다.

과망간산칼륨 소비량

Potassium Permanganate Consumption

수중에 존재하는 유기물 등에 의해 소비된 과망간산칼륨의 양을 의미한다. 수질오염의 주요지표인 COD 측정 시 산화제로 과망간산칼륨을 사용하는데, 과망간산칼륨 소비량으로부터 산소요구량을 산출하는 것이다. 트리할로메탄의 전구물질의 양을 과망간산칼륨의 소비량에 비례한다. COD 1 mg/L는 과망간산칼륨소비량 약 4 mg/L에 해당한다.

과불화탄소(PFCs)

Perfluoro Carbons

교토의정서에서 감축 대상으로 규정된 6개의 온실가스(이산화탄소, 메탄, 아산화질소, 수소불화탄소, 과불화탄소, 육불화황) 중 하나이다. 탄소와 불소의 화합물로 전자제품, 도금산업 등에서 세정용으로 사용되며, 우리나라의 경우 전량 반도체 제조 공정에 사용된다.

과불화화합물(PFCs)

Perfluoro Chemicals

탄소와 불소로만 이루어져 있는 인공 화합물로 주로 수소불화탄소(HFCs)와 함께 오존의 대체 물질로 쓰인다. 산업공정의 부산물로 생기거나 대량생산과정에서 사용되며, 우리나라의 경우는 반도체

공정에서 주로 사용된다.

과산화수소

Hydrogen Peroxide

저온에서는 결정이지만 상온에서는 급격히 분해되는 무색의 불안정한 액체이다. 면이나 직물, 목재 펄프, 식품 등의 표백제로도 사용되며, 로켓 추진 연료, 화장품, 의약품을 만들 때도 쓰인다. 물에 잘 녹으며 3% 수용액인 '옥시톨(옥시풀)'은 소독제로 쓰인다. 식품에 잔류하여 섭취할 경우 발암성을 띠는 것으로 확인되었다.

과잉염소처리

Excessive Chlorine Treatment

염소소독을 할 경우 염소를 특히 다량 주입하는 처리법을 말하며, 악취제거와 소독효과를 확실하게 할 때 행한다.

관개용수

Irrigation Water

관개 또는 기타 농작업에 사용되는 물을 말한다. 관개용수의 수질은 작물뿐만 아니라 토양에도 큰 영향을 미친다. 관개용수의 중금속 오염, 질소 과다에 의한 농업피해가 많이 발생하고 있어 수질 관리기준의 재설정이 요구되고 있다. 문제가 되는 수질 항목들로는 pH, 염농도를 나타내는 전기전도도, 나트륨의 상대적 함량을 나타내는 나트륨 흡착비 등이 있다

관거

Pipes

상(하)수도에 사용하는 수도관을 말하며, 콘크리트관, 철근 콘크리트관, 경질염화비닐관 등이 있다. 단면형은 원형을 취하는 것이 널리 쓰이고 있고, 그 밖에 계란형, 타원형, 반원형이나 말굽형, 장방형 등이 있다.

광독성

Phototoxicity

자외선이 화학물질과 반응하여 피부에 면역학적 이상반응을 나타내는 것을 말한다. 태양광 중 자외선(300～400 nm)이 여러 종류의 약물 또는 화학물질과 반응하면 피부에 자극성을 나타내거나, 약물이 체내 대사체에 의해 피부에 영향을 준 상태에서 자외선에 노출되었을 때 홍반이나 부종 등 비 면역학적 피부 이상반응을 나타낸다.

광물찌꺼기

Tailing

광석 등에서 필요한 광물을 분리하고 남은 가치없는 부분으로 '광미'라고도 한다. 함유율이 높은 정광에 대응된다. 상당량의 유용광물이 섞여 있어서 재처리를 해야 하는 것과 구별할 때는 최종광미 또는 폐석이라고 한다.

광산란법

Light Scattering Method

펌프를 통해 유입된 공기에 빛을 투과시킨 후 빛의 산란정도를 통해 미세먼지 농도를 실시간으로 측정하는 방법이다. 습도에 따른 변화폭이 크며, 무게가 아닌 입자수를 통해 미세먼지 농도를 간접적으로 산출하는 방식으로 정확도는 비교적 낮다.

광산폐기물

Mining Waste

광물찌꺼기, 부유물질, 축전지 등과 같이 광산활동 중 발생하는 모든 폐기물들을 지칭한다. 여름철 집중강우로 유실되어 토지를 매몰시키거나, 산성 광산배수를 발생시켜 주변 하천수와 지하수 및 토양을 오염시키는 등 많은 환경문제를 발생시키고 있다.

광산폐수

Mining Wastewater

광산이나 제련소로부터 배출되는 갱내수 및 선탄, 선광, 제련 등의 폐수를 말한다. 광산폐수에는 중금속, 질산염, 시인화물 등이 포함되어 있으며 황화물(황철석 등)이 산화작용을 받으면 강산성을

나타낸다. 광산폐수는 폐갱도에서 유출되어 하천, 토양오염을 유발한다.

광산화물질(옥시던트)

Oxidant

대기 중에서 질소산화물과 탄화수소가 자외선에 의해 반응하여 생기는 2차 오염물질로 강산성을 띤다. 옥시던트는 광화학스모그와 황산미스트의 원인이 되며 산성비를 일으킨다. 오존, 팬(PAN) 등 옥시던트는 식물의 잎을 마르게 하고 사람의 눈·목구멍 등을 자극하는 등 건강에 유해하다. 옥시던트의 발생을 줄이기 위해서는 질소산화물과 아황산가스를 함유하는 자동차 배기가스를 줄여야 한다.

광역상수도

Multi-regional Water Supply

자체 수원 확보가 어려운 2개 이상의 지방자치단체에 원수 또는 정수를 공급해주는 것으로, 다수의 지역에 대량으로 용수공급이 가능하고 지역간 용수수급불균형 해소와 양질의 물의 안정적 공급이 가능하다. 경제발전 및 생활수준의 향상과 함께 1970년대 이후 용수수요가 급증하고, 기존의 인접 취수원은 점차 수질이 악화되어감에 따라 다목적댐 등 안정적인 취수원을 수원으로 하는 광역상수도가 점차 확대되어오고 있다.

광열간섭

Light and Heat Interference

물질이 빛 에너지를 흡수하여 주위 공기를 가열하는 광열현상을 이용한 측정기술이다. 광열 현상으로 주위 공기가 가열되면 굴절률이 변하는데, 여름철 아스팔트 위에 피어나는 아지랑이와 같은 현상이 있다. 이렇게 광열현상에 의해 발생된 굴절률 변화를 간섭계를 이용하여 측정한다.

광침입

Light Trespass

옥외조명(가로등, 보안등)의 불빛이 조명영역(길 또는 공원)을 벗어나 주변 주택을 비추어 원치 않는 빛이 실내로 들어오는 현상이다. 눈부심, 불쾌감 등을 유발하는 광침입을 방지하기 위해서는 빛이 공중이나 옆으로 새지 않도록 제작된 차단형 또는 준차단형 가로등을 설치하고, 커튼과 블라인드 등을 실내에 설치한다.

광화학스모그

Photochemical Smog

질소산화물과 탄화수소가 대기 중에 농축되어 있다가 자외선과 화학반응을 일으키면서 2차 오염물질인 광산화물을 만들어 대기가 안개 낀 것처럼 뿌옇게 변하는 현상이다. 주로 자동차 배기가스가 원인이며, 로스앤젤레스 스모그로 잘 알려져 있다. 광화학 스모그는 눈병과 호흡기질환 등을 유발하고, 식물의 잎이 마르거나 열매가 열리지 않게 하며, 산림을 황폐시키고, 자동차타이어 등 고무제품을 부식시키는 등 피해를 가져온다.

교목

High Tree

높이가 2 m 이상인 나무를 가리키는 말로 관목(2 m 이하 나무)과 대응된다. 교목과 관목은 수종의 특성에 의해 정해지지만 용도에 따라 교목을 관목으로 키울 수도 있다. 보통 1개의 굵은 줄기(수간)가 뚜렷한 외줄기를 이루며 수간과 가지의 구별이 뚜렷하고, 가지 밑부분까지의 수간 길이가 길다. 느티나무, 삼나무 등은 교목의 전형적인 예다. C. Raunkiaer의 분류에서는 8 m 이상을 교목이라 하고 있다.

교토메커니즘

Kyoto Mechanism

교토의정서에서는 온실가스를 효과적이고 경제적으로 줄이기 위하여 공동이행제도(JI), 청정개발체제(CDM), 배출권거래제(ETS)와 같은 유연성체제를 도입하였는데, 이들을 교토메커니즘이라고 한다. 공동이행제도는 부속서 I 국가(의무감축국가)들 간 온실가스 감축량 이전을 허용하는 제도이고,

배출권거래제는 할당받은 배출권의 거래를 허용하는 제도이고, 청정개발체제는 감축의무가 있는 부속서 I 국가가 저감의무가 없는 개도국에서 감축한 온실가스의 양을 감축량으로 인정해 주는 제도이다.

교토의정서

Kyoto Protocol

온실가스 배출을 줄이기 위한 구체적인 계획과 의무들을 명기한 기후변화협약(UNFCCC)의 의정서로 1997년 일본 교토에서 열린 기후변화협약 제3차 당사국총회(COP3)에서 채택되었고 2005년 발효되었다. 특별히 산업화된 국가들의 의무감축목표를 설정하고 있으며, 이행의 부담을 덜어주기 위해 시장기반의 배출권거래, 공동이행, 청정개발체제 등 유연성체제를 허용하고 있다. 감축 대상 온실가스는 이산화탄소, 메탄, 아산화질소, 불화탄소, 수소화불화탄소, 불화유황의 여섯 가지이다. 파리협정이 출범하는 2020년까지 효력이 지속된다.

교통환경에너지세

Transpotation Environment Energy Tax

도로·도시철도 등 교통시설의 확충 및 대중교통 육성을 위한 사업, 에너지 및 자원 관련 사업, 환경의 보전과 개선을 위한 사업에 필요한 재원을 확보하기 위하여 1993년 12월 31일에 도입된 세금이다. 목적세로 운영되어 재정 운영의 경직성을 초래하고 유류에 대한 과세체계를 복잡하게 하는 등의 문제점이 있어 2012년 12월말에 폐지하고 개별소비세에 통합하였다.

구제역

Foot-and-Mouth Disease

구제역 바이러스에 의한 전염병으로 소, 양, 돼지 등 거의 모든 우제류(발굽이 있는 포유류)에 발생한다. 공기를 통해 호흡기로 감염되기 때문에 급속하게 전염되며, 특별한 치료법이 없고 백신을 이용하여 예방하고 있다.

국가 CDM 사업 승인기구

교토의정서 하에서 CDM(청정개발체제) 사업을 유치하는 개도국의 기관으로, 자국 내에서 이루어지는 CDM 사업을 승인하고, 제안된 CDM 사업이 자국의 지속가능한 개발에 기여하는 정도를 평가하여 승인서를 발급하는 역할을 한다. CDM 사업 투자국의 승인기구는 CDM 사업을 승인하는 기능이 있다.

국가 기후변화 생물지표(CBIS)

Climate-sensitive Biological Indicator Species

기후변화로 인해 계절활동, 분포역 및 개체군 크기 변화가 뚜렷하거나 뚜렷할 것으로 예상되므로 정부에서 지표화를 통해 지속적인 조사·관리가 필요한 생물종을 말한다. 2017년 국립생물자원관은 최근의 기후변화가 한반도 생물종 분포에 미치는 영향 및 취약성에 대한 효율적인 감시 및 예측 방법을 마련하고자 우리나라 자생생물 33,253종 중 객관성과 대표성을 가지는 국가 기후변화 생물지표 100종을 선정하여 발표하였다.

국가 기후변화 적응 센터

Korea Adaptation Center for Climate Change

2008년 발표된 '국가 기후변화 적응 종합계획'에 의거해 2009년 7월 한국환경정책평가연구원(KEI) 내에 설립된 기관이다. 기후변화 적응을 통한 안전사회 구축 및 녹색성장 지원이라는 비전 하에 기후변화 적응역량을 강화하고 적응 프로그램을 효율적으로 실현하는 것을 목적으로 한다. 국가·공공기관·지자체의 기후변화 적응정책 수립 및 이행, 기후변화 영향 및 취약성 평가, 산업계 적응 프로그램 개발 및 보급 등 사회 전 분야의 적응역량 향상을 위한 정책 지원서비스를 제공하며, 완화와 저감에 치우친 국가기후변화 대책을 보완하는 의미가 있다.

국가 기후변화 적응대책

National Climate Change Adaptation Plan

저탄소녹색성장기본법 및 동법 시행령에 따라 5년

마다 수립되는 법정 국가 적응대책이자 정부 및 지자체 세부시행계획 수립을 위한 기본계획(master plan)이다. 기후변화 영향을 최소화하고 국민의 안전과 재산을 보호하기 위해 관련 20개 부처가 참여해 만들었으며, 2011년부터 2015년까지 시행된 1차 적응대책에 이어 제2차 국가 기후변화적응대책(2016~2020)이 시행되고 있다.

국가 생물자원 인벤토리

Inventory of National Biological Resources

각 지역에 소장하고 있는 자연자원에 대해 목록을 상세히 밝히는 것으로, 종명은 무엇이고, 거기에 대한 실체는 무엇이며, 얼마만큼 있는지 등을 명세화하는 작업이다. 국가 생물자원 종합인벤토리 사업은 1) 국가생물종목록 구축과 2) 확증표본 시스템 구축, 두 가지 사업으로 이루어져 있다.

국가결정 기여(NDC)

National Intended Contribution

기후변화에 대응하기 위해 분야별로 당사국이 취할 노력을 스스로 결정하여 제출한 목표를 말한다. NDC는 감축, 적응. 재원, 기술, 역량배양, 투명성의 6개 분야를 포괄한다. 파리협정 채택 이전에 제출한 것은 INDC(Intended(의도된) NDC)라고 하고 채택 후 제출한 것은 NDC라고 한다. 개발도상국에게도 감축의무를 부과할지를 둘러싸고 의견이 대립하여 공약(commitments)보다 중립적인 의미의 기여(contribution)라는 용어를 사용하였다.

국가대기오염 정보관리 시스템(NAMIS)

National Ambient Air Quality Monitoring Information System

국가 및 지자체에서 운영하는 전국의 대기오염 측정소에서 매 시간별 측정되는 아황산가스, 일산화탄소, 이산화탄소, 오존, 미세먼지 등 대기오염도 자료를 수집 관리하는 시스템이다. NAMIS에 수집된 자료는 에어코리아 웹사이트(www.airkorea.or.kr)를 통해 실시간으로 국민에게 제공된다.

국가대기질통합관리센터

National Integrated Air Quality Management Center

대기오염도를 과학적으로 예측하고 국가 대기질을 통합적으로 관리하기 위해 대기오염예보와 함께 관련 자료의 수집, 관리 등을 담당하고 있다. 「대기환경보전법 시행령」 개정(2016)으로 지정기준이 마련되어 운영되고 있으며, 환경부 장관이 국공립 연구기관, 정부출연연구기관 등 대기환경 분야 전문기관을 '국가 대기질관리센터'로 지정하여 운영할 수 있다.

국가 물 산업클러스터

National Water Industry Cluster

대구 국가산업단지 내에 지어진 물산업종합단지이다. 물산업을 대한민국의 신성장 동력으로 육성하기 위해 정부합동으로 발표한 '스마트 물산업 육성전략(2016.11.14)'을 시행할 핵심 인프라 사업으로 '물산업진흥시설'과 '실증화시설(Test Bed)' 등 물산업 육성을 위한 다양한 연구개발 및 지원시설 등이 도입되며 이곳에서 물 기업을 대상으로 '기술개발 - 성능확인 - 사업화 - 해외진출' 등의 전 과정을 체계적으로 지원하게 된다.

국가보호종

Nationally Protected Species

우리나라에 살고 있는 생물종 중 환경부, 해양수산부, 문화재청, 산림청등이 관련 법률에 따라 지정해 보전 및 보호하는 생물들을 말한다. 멸종위기 야생생물, 보호대상 해양생물, 천연기념물, 희귀식물, 특산식물 등이 있다.

국가생물다양성전략 및 이행계획(NBSAP)

National Biodiversity Strategy and Action Plan

4년 단위로 구축되는 국가생물다양성전략에 대해 관계부처(12개 부 및 청)의 장들이 각기 작성한 시행계획을 국가생물성다양성위원회에 보고해 확정하는 연도별 실행계획이다. 현재 제3차 국가생물다양성전략('14~'18)에 따른 연도별 이행계획이 수립 및 이행되고 있다. '생물다양성을 풍부하게 보전하여 지속가능하게 이용할 수 있는 대한민국 구현'이라는 장기비전 하에 중기목표와 이를 실천하기 위한 6가지 전략 및 18개의 실천목표로 구성되어 있다. 지역에서는 '지방생물다양성전략 및 이행계획'을 수립해 시행하고 있다.

국가생물종 목록

National List of Species of Korea

기존의 자생생물과 새로이 연구·발굴된 생물종을 재검토하여 국립생물자원관에서 매년 발표하는 목록이다. 국가 생물종다양성의 보전 및 관리, 생물자원의 지속가능한 이용 실현, 생물주권 보호, 우리나라 생물자원에 대한 접근 및 이익공유 기록의 통일성 제고를 목적으로 작성된다.

국가소음정보시스템(NOISE Info)

National Noise Information System

「환경정책기본법」, 「소음·진동관리법」에 의거하여 환경부와 한국환경공단이 관리하는 소음정보제공시스템이다. 전국 환경소음, 항공기소음, 철도소음, 도로진동·측정망의 운영현황 및 측정데이터, 통계 정보를 제공하고 소음저감계획에 활용을 목적으로 한다.

국가안전대진단

National Safety Diagnosis

중앙부처와 지자체, 공공기관, 국민 모두가 참여하여 사회 전반의 안전관리 실태를 점검하고 개선하는 예방활동으로 매년 2~4월에 걸쳐 진행된다. 정부는 화재취약지구, 유해물질 취급시설, 전통시장, 건설현장 등 안전사고 취약 대상과 생활 속 안전 위험요소 등을 중점 점검하며, 국민들은 주변 생활 속에서 발견되는 위험요소를 안전신문고를 통해 온라인으로 신고할 수 있다.

국가야생식물종자은행

National Wild Plant Seed Bank

한반도 야생식물자원의 보존과 연구를 목적으로 2014년 국립생물자원관 내에 설치된 시설이다. 2017년 기준 종자은행 수장고에는 2300여 종의 종자 1만 5000여 점의 자생식물 종자가 보관되어 있으며, 종자 확보, 발아 연구, 형태 연구 및 대량 증식 등 다양한 연구사업을 추진하고 있다. 2020년까지 종자 2만 점 확보를 목표로 국내 야생식물 종자의 권역별 다양성 확보, 종합적 연구 및 증식까지 다양한 사업을 추진하고 있다.

국가자원순환지표

National Resource Circulation Index

폐기물 순환이용 활성화에 따른 국가 자원이용 효율성 평가를 위해 구축한 지표이다. 총괄지표로 자원순환율과 최종매립자원량을, 분야별 지표로 폐기물 감량, 재활용, 폐자원 에너지화율, 주요 품목 재활용률을 우선 관리한다. 또한 산업별, 제품별 자원순환성을 평가할 수 있는 세부 모니터링 지표를 개발해 관리한다.

국가지속가능발전기본계획

National Sustainable Development Master Plan

경제·사회·환경 분야 통합관리 전략 및 실천계획으로 2006년 제1차 국가지속가능발전전략 및 이행계획(2006~2010)의 이름으로 최초 수립되었으며, 제2차 지속가능발전 기본계획(2011~2015)에 이어 현재 제3차 지속가능발전 기본계획(2016~2035)이 시행 중이다. 환경·사회·경제의 조화로운 발전이라는 비전 하에 환경, 사회, 경제, 국제 분야 4대 목표, 부문별 14개 전략, 50개 이행과제로 구성되어 있다.

국가지정관리종

Nationally Designated and Managed Species

국가에서 관리할 필요가 있다고 지정한 생물종들로, 멸종위기 야생생물, 유해야생생물, 생태계교란 야생생물, 국제적멸종위기종(CITES해당종), 위해우려종, 수출·수입등 허가대상 야생생물, 포획·채취 등의 금지 야생생물 등 13종이 있다.

국가지질공원

National Geological Park

지구과학적으로 중요하고 경관이 뛰어난 지역으로 자연공원법에 따라 환경부 장관이 인증한 공원을 말한다. 2012년 최초 지정된 제주도와 울릉도·독도에 2017년 9월 2개 공원이 추가되어 2017년 기준 10개에 이르며, 면적은 11,146 km^2로서 전 국토의 11.1%에 해당한다.

국가해양환경교육 센터

National Maritime Environment Education Center

학생 및 일반인 등에 대한 해양환경 교육프로그램, 인력양성, 시민단체의 해양환경교육 활동 등을 지원할 수 있는 전문교육기관으로 '해양환경관리공단(해양환경교육원)'이 최초 지정되었다.

국가환경정보센터(KONETIC)

Korea National Environmental Technology Information Center

환경부 산하의 준정부기관인 한국환경산업기술원(KEITI)이 운영하는 환경산업기술정보 포털사이트로 영문 명칭의 머리글자를 따서 코네틱(KONETIC)이라고도 한다. 환경기술을 향상시키고 환경산업을 육성하기 위하여 국내외의 환경기술과 산업정보를 체계적으로 수집하고 가공하여 보급하는 업무를 수행한다.

국가환경종합계획

Comprehensive Plan for National Environment

환경분야 최상위 <법정종합계획>이자, 분야별 환경정책과 지자체 환경계획의 수립방향을 제시하는 장기 전략계획이다. 2005년 10월 수립이 확정되고, 2006~2015년까지 국가지속가능발전을 위한 비전과 전략을 제시하는 국가 환경관리의 기본 틀을 마련하였다. 기존의 <환경보전장기종합계획>(1996~2005)인 <환경비전21>의 후신이다.

국가환경지도

National Environmental Map

국가, 환경(자연환경), 지도의 개념을 종합하여 "일정한 영토의 자연자원 상태를 평가하여 체계화한 것"으로, 국가 차원의 일관되고 고도화된 공간 환경정보 및 자연자산가치 평가 체계로서 자연환경의 현황과 자산가치를 평가하여 국토계획, 환경계획, 환경영향평가 등에 활용될 수 있도록 정보를 제공하는 목적으로 구축되었다.

국립공원

National Parks

우리나라의 자연생태계나 자연 및 문화경관을 대표할 만한 지역으로서 법으로 지정, 관리되는 곳을 말한다. 1967년 최초 지정된 지리산을 시작으로 2018년 기준 22개에 이른다. 국립공원은 국내 보호지역 중 가장 큰 비중을 차지하며, 국립공원 전담기관으로 국립공원관리공단이 있다.

국립공원 명품마을 사업

국립공원 내에 남겨진 마을들에게 자연공원법에 의한 규제로 받는 피해를 보전해주기 위한 사업이다. 주민들이 국립공원의 우수한 자연생태를 온전히 활용해서 경제소득을 높일 수 있도록 하는 지속가능한 공원관리사업이라고 할 수 있다.

국립공원 특별보호구역

국립공원 내 자연생태계와 자연경관의 자연적·인위적인 영향으로부터 중요 생물 서식지를 보호, 안정화하기 위하여 일정기간 사람 또는 차량의 출입을 통제하거나, 탐방객 수를 제한하여 공원자원을 보전·관리하는 제도이다. 2017년 기준 201개소(316.1 km^2)가 지정되어 있다.

국립낙동강생물자원관(NNIBR)

Nakdonggang National Institute of Biological Resources

담수생태계에 특화된 연구와 자생생물에 대한 교육·전시·체험 등을 수행하는 국립연구기관이다.

국가 생물주권의 조기 확보와 생물다양성 보전 및 생물자원의 지속가능한 이용에 기여를 목적으로 2015년 7월 경북 상주에 건립되었다.

국립멸종위기종복원센터

National Endangered Species Restoration Center

국가 생물종 복원사업의 총괄 기관이자 한반도 고유 생물자원의 증식복원 및 연구의 거점인프라이다. 2017년 7월 경북 영양에 건립되었으며, 지자체와 민간 등에서 추진 중인 멸종위기종 증식·복원사업을 총괄·조정하는 역할을 수행한다.

국립생물자원관(NIBR)

National Institute of Biological Resources

생물산업 원천소재의 공급원이며 미래세대의 소중한 자산이 될 생물다양성을 보전·관리하고 생물주권을 확보하기 위해 2007년 설립된 환경부 소속기관이다. 주요기능은 1. 국가생물자원 확보·소장·관리를 통한 생물자원 주권 확립, 2. 생물산업지원 기반 구축 및 유용성 연구, 3. 국가생물자원 정보시스템 구축 및 정책지원, 4. 전시·교육을 통한 생물자원 인식 제고 및 인력 양성 등이다.

국립생태원(NIE)

National Institute of Ecology

2014년 개관한 환경부 산하 종합생태연구기관으로 충남 서천군에 위치한다. 우리나라뿐만 아니라 세계 열대지역과 사막지대, 온대지역, 극지방의 다양한 동식물을 관찰하고 체험할 수 있는 곳으로 자연생태의 연구와 전시, 교육을 목적으로 설립되었다. 생태연구와 교육사업을 추진하며 특히 일반인 관람을 위한 대규모 온실(에코리움)을 보유하고 있다. 에코리움 온실에는 1,900여 종의 식물과 230여 종의 동물이 21,000평방미터의 공간에 열대관, 사막관, 지중해관, 온대관, 극지관 등 기후대별로 전시되고 있다.

국립습지센터(NWC)

National Wetlands Center

습지와 습지자원의 체계적인 발굴·보전·복원 및 이용 등에 관한 정책지원·조사·연구를 분장하는 국립환경과학원의 소속기관이다. 2012년 1월 31일 발족하였으며, 경남 창녕군에 위치한다.

국립환경과학원(NIER)

National Institute of Environmental Research

환경부 산하 연구기관이다. 환경정책 수립 지원을 위한 조사연구 및 기술개발, 환경에 관한 각종 기준(안) 마련을 위한 연구, 환경연구에 관한 국내·외 자료관리 및 국제공동연구, 환경관련 교육훈련, 환경기술 연구개발사업 총괄관리 등 환경보전에 관한 연구와 훈련업무를 관장한다. 모태는 1978년 7월 보건사회부 산하에 설치된 '국립환경연구소'이며 2005년 '국립환경과학원'으로 개칭되었다.

국립환경인력개발원(NIEHRD)

National Institute of Environmental Human Resources Development

환경 분야 업무에 종사하는 공무원과 민간인 등의 교육·훈련에 관한 사무를 관장하는 환경부의 소속기관이다. 2006년 2월 1일 발족하였으며, 인천광역시에 위치하고 있다.

국민 환경보건 기초조사

National Environmental Health Survey

국민의 인체 내 유해오염물질 노출수준의 시공간적 분포 및 변화와 그 영향요인을 체계적, 지속적으로 조사하는 것이다. 인구, 사회경제학적 특성, 실내외 환경, 생활습관 등을 설문조사, 혈액검사 5종, 일반화학검사 5종, 혈장단백검사 1종, 지질검사 4종, 내분비검사 4종을 통해 조사분석하며 환경보건정책의 기초자료로 활용된다.

국민신탁운동

National Trust

보존가치가 있는 자연이나 역사 건축물과 그 환경

을 기부금, 기증, 유언 등으로 취득하여 보전, 유지, 관리, 공개함으로써 차세대에게 물려주는 것을 목적으로 하는 시민운동이다. 1895년 영국에서 시작되었으며 국내에서는 1999년부터 내셔널 트러스트 운동이 싹트기 시작했고, 정부가 그린벨트 해제 전면화를 추진하자 그린벨트 문제 해결을 위한 대안으로 2000년 1월 사단법인 한국내셔널트러스트운동이 결성되면서 본격화되었다. 2007년 '자연환경국민신탁'과 '문화유산국민신탁'이 설립되어 활동하고 있다.

국민환경지표
National Environmental Index

BOD, ppm, mg/L 등 전문용어 대신에 모든 국민이 환경상태를 피부로 느낄 수 있도록 개발 중인 실용적인 대기환경지표 표시 방법이다. 0~20은 양호, 20~40은 보통, 40~60은 나쁨, 60~80은 매우 나쁨, 80~100은 위험으로 되어 있다.

국외반출승인대상종
Out-of-the-country Transportation Permit Required Species

생물다양성의 보전을 위하여 보호할 가치가 높아 국외로 반출할 경우 환경부령이 정하는 바에 따라 환경부장관의 승인을 얻어야 하는 생물자원을 말한다. 2016년 기준 총 3,079종이 지정되어 있다.

국제 연안정화의 날
International Coastal Cleanup Day

대표적인 시민참여 해양쓰레기 캠페인으로 매년 9월 셋째 주 토요일 전 세계의 자원봉사자들이 바닷가, 공원 등에서 쓰레기를 줍고, 자신이 주운 쓰레기가 어떤 종류인지 기록하여 쓰레기의 발생 원인을 조사한다. 우리나라에서도 매년 전국의 지방해양수산청, 지자체, 민간단체, 학교 등이 참가하는 실천행사를 개최하고 있다.

국제에너지기구(IEA)
International Energy Agency

세계 최고 권위의 에너지기구로, 석유공급 위기에 대응하기 위해 각종 에너지 자원정보를 분석 및 연구하는 경제협력개발기구(OECD) 산하 단체이다. 신재생에너지 개발, 합리적인 에너지 정책, 국가 간 에너지 기술협력 등을 촉구하기 위해 세계 에너지 사용추세, 미래 에너지 대책 등과 관련된 사회문제를 분석하고 이를 각종 보고서 형태로 발간한다. 2017년 기준 회원국은 28개국이며 우리나라는 2001년 가입했다.

국제유해화학물질등록제도(IRPTC)
International Register of Potentially Toxic Chemicals

유해화학물질에 관한 자료를 수집 및 등록하는 제도이다. 1972년에 열린 유엔인간환경회의의 권고로 국제연합환경계획(UNEP) 하에 창설된 제도이다. 인간 환경에 미치는 화학물질의 영향 등 화학물질에 관한 정보의 수집과 자료 축적을 통해 유해물질에 대한 관리와 대책을 강구하고, 국가간 정보 교류와 협력을 통해 효율적인 유해화학물질의 관리 및 자료 제공을 임무로 하고 있다. 생산상황, 환경 중의 농도, 환경 중의 동태, 독성, 법적 규제 등 17항목의 정보를 데이터베이스화하고 있다.

국제지권생물권계획(IGBP)
International Geosphere Biosphere Program

지구상의 생물들과 환경 사이의 상호작용을 연구함으로써 생태계의 보전과 지속가능발전의 토대를 마련하기 위한 매우 포괄적인 연구프로그램이다. 20세기 후반부터 심화되기 시작한 기후변동이 지구환경시스템(지권, 생물권)의 변화를 초래하였고 이는 생태계와 생물생산, 에너지, 경제, 국가 방위 등 모든 분야에 영향을 미치게 된다는 사실이 확인되면서 이에 대한 시스템적 접근이 필요하다는 인식에 따라 1986년부터 시작되었다. IGBP 한국위원회가 학술원 산하에 구성되어 있으나 활동은 미미하다.

국제화학물질 안정성계획(IPCS)

International Program for Chemical Safety

1979년 세계보건기구(WHO) 총회에서 결정된 계획으로 약칭은 IPCS이다. 1980년에 유엔 환경계획(UNEP)과 국제노동기구(ILO)가 이에 가입하여 화학물질의 유해성 평가나 시험 방법의 개선 등을 맡고 있다. 이곳에서는 화학물질에 의한 인간의 건강이나 환경에 대한 영향을 평가하는 시리즈 문서 '환경 보건 기준'을 작성해 오고 있다.

국제환경규제 종합정보망

Compliance in Advance and Supporting System

REACH(EU의 신 화학물질관리제도) 등 국제환경규제 관련 정보를 분석·제공하고 이에 대한 기업의 대응방안을 제시하는 등 국제환경규제에 대한 기업들의 대응을 지원하는 온라인 정보시스템이다.

국지오염

Local Pollution

광역 오염에 대비되는 말로서, 국소 오염이라고도 한다. 특정 공장 등 특정 오염원에서 그 주위의 한정된 지역 주민에게 미치는 오염현상이다. 복합적인 환경오염으로 인해 광범위하게 영향이 미치는 광역오염에 비해 발생원이 명확하고 피해 현황 파악이 쉽기 때문에 오염문제의 책임규명이나 행정지도를 하기가 쉽다.

국토환경성평가지도

National Environmental Zoning Map

자연환경의 질, 자연자산가치를 평가·정량화하여 보전/개발 계획 수립 등에 활용할 수 있도록 제공하는 환경정보 포털이다. 관련부처에서 수집된 환경공간정보를 활용하여 상수원보호구역, 생태경관보전지역 등 57개 법제적 평가항목과 종다양성 등 8개의 환경·생태적 평가항목에 의해 토지의 보전가치를 평가해 5개 등급으로 구분한다. 2005년 전국단위의 1 : 25,000 국토환경성지도 구축이 완료되었고 2014년부터 대축척 수준의 1 : 5,000 지도를 구축하여 일부 지자체에 서비스하고 있다.

국토환경정보센터(NEINS)

National Environment Information Network System

환경정보·ICT기술·환경정책의 통합적 접근을 기반으로, 효율적인 국토환경정보의 활용체계 구축 및 정보공유를 목적으로 구축 운영되고 있는 환경정보시스템이다. 국토환경관련 공간정보, 연구결과 및 보고서 등을 체계적으로 수집·관리·유통하고, 환경자원·토지이용 등 국토의 환경성을 종합적·가시적으로 판단할 수 있는 환경주제도 및 기타 국토환경에 대하여 쉽게 이해할 수 있도록 연차별/주제별 콘텐츠를 확충하여 제공한다.

군락

Community

같은 생육 조건에서 떼를 지어 자라는 식물 집단으로 군총, 군집이라고도 한다. 군락의 형성은 식물의 종류와 강수량, 온도, 토양의 성질, 물의 존재 유무 등 그 지역과 밀접한 관련이 있다. 일반적으로 강수량이 적고 건조한 지역에서는 초원군락이 형성되고, 강수량이 풍부한 지역에서는 온도에 따라 열대우림, 상록활엽수림, 낙엽활엽수림 등의 군락이 각각 형성된다. 식물의 군락에서 나타나는 외형적 특징을 상관이라 하는데, 이는 주로 가장 많이 분포하고 있는 우점종에 의해 나타난다.

군립공원

County Parks

시·군의 자연경관을 대표할 만한 수려한 자연경관지로 1981년 전북 순창군의 강천산을 시작으로 2017년 기준 27개가 지정되어 있다. 사찰·사적·계곡·명산 등을 자원으로 한 산악형 공원이 대부분이다.

군소 도서국가 연합(AOSIS)

The Alliance of Small Island States

지구 온난화로 인한 해수면의 상승으로 존폐의 위협을 받고 있는 작은 섬나라들의 연합체로, 투발루, 피지, 사모아 등 43개 나라가 회원국이다.

1991년 전 지구적 기후변화에 한 목소리를 내기 위한 목적으로 결성되었으며 환경과 지속가능한 개발에 관한 기술 정보 등을 공유하고 있다.

군체

Colony

같은 종의 생물이 집단을 이루어 어느 기간 동안 한 장소에서 사는 것이다. 2종 이상으로 이루어진 것을 종간군체라고 한다. 군체는 주로 포유류나 조류와 같은 고등동물이나 개미나 벌과 같은 사회성 곤충에서 발견된다.

굴뚝원격감시시스템(TMS)

Chimney Telemonitoring System

사업장 굴뚝에서 배출되는 대기오염물질을 자동측정기기로 상시 측정하고 이를 관제센터와 온라인으로 연결하여 배출상황을 24시간 원격 관리하는 시스템으로 CleanSYS라는 별칭으로 불린다. 오염물질을 대량 배출하는 1~3종 대기배출사업장 중 일정용량 이상의 배출시설에 부착을 의무화하고 있다. 발전, 소각시설 등 37개 시설을 대상으로 먼지, SO_2, NO_x, HCl, HF, NH_3, CO(산소, 유량, 온도)을 측정하고 있다. 이 시스템을 통해 행정기관은 과학적 배출사업장 관리가 가능하고, 사업자는 자율적 환경관리에 활용할 수 있다.

규제비용총량제

Cost-in, Cost-out

규제의 신설 및 강화로 인해 순비용이 발생할 경우 이와 동일한 순비용을 발생시키는 기존의 규제를 폐지 완화함으로써 규제로 인한 부담을 일정 수준에서 유지하는 제도이다.

규제의 그레샴의 법칙

Gresham's Law on Environmental Regulation

'악화가 양화를 몰아낸다'는 그레샴의 법칙이 환경관리정책에 적용된 것으로, 지방자치단체 간의 산업유치경쟁으로 강한 환경규제가 약한 환경규제로 대체되어 가는 예에서 목격된다.

규조

Siliceous Algae

대륙붕과 해양에서 볼 수 있는 식물 플랑크톤으로 세포벽이 유리의 주성분인 규소로 되어 있어 규조라 불리운다. 단세포이지만 거의 군체를 이루고 있다. 엽록소를 가지고 광합성을 하는 단세포식물로 태양이 잘 비치는 얕은 수역에서 번성한다. 과잉 영양 상태의 수역에서는 규조의 한 종류가 적조 현상을 나타낸다.

균류

Fungi

곰팡이, 효모, 버섯 등 균계에 속하는 생물을 총칭한다. 가는 실 같은 균사체를 이루어 살아가는 진핵 미생물로, 전 세계적으로 약 150만종 이상이 존재할 것으로 추정된다. 균류는 광합성을 통해 스스로 양분을 만들지 못하므로 다른 생물체에 기생하거나 유기물을 분해하여 살아간다.

균총

Colony

미생물이 고체배양기 상에 만드는 집단을 말한다. 고체배지에서 자유로이 운동할 수 없는 미생물이 고정되어 불어나기 때문에 수백만이 한 곳에 모여 눈으로 관찰할 수 있는 집단화된 미생물의 무리를 이룬다.

그린 GNP(녹색국민총생산)

Green Gross National Product

국민 총생산에서 마이너스적인 환경오염을 상쇄한 순 GNP개념으로, 경제성장 과정에서 훼손된 환경을 원 상태로 보존하는 데 드는 비용을 계산하여 GNP에서 덜어내는 방법으로 산출한다. 첫 주장자는 네덜란드 환경조사 통계국의 뢰피 휘팅박사이다. 오염문제에 따른 사회적 비용을 반영해, 경제와 환경을 통합한 새로운 사회경제지표이다.

그린 골드러시
Green Gold Rush

클린 에너지에 대한 투자가 빠른 속도로 늘어나면서 친환경 기술과 산업에 투자해 환경도 살리고 돈도 버는 시장으로 사람들이 몰리는 현상을 말한다. '환경은 돈'이라는 말이 현실화되면서 클린 에너지 산업은 세계 자본시장에서 녹색 금광으로 통하고 있다. 19세기 미국 캘리포니아의 골드러시를 비유해 생긴 신조어이다.

그린 업그레이드
Green Upgrade Campaign

배출한 이산화탄소에 상응하는 환경보호 기부금을 내는 운동이다. 소비자의 행동을 바꾸지 않고 환경을 보호할 수 있는 가장 쉬운 방식이라는 점에서 미국 등에서 인기를 끌고 있다. 비영리 환경단체는 물론 영리목적의 단체까지 나서 참여를 적극 유도하고 있다.

그린 오션
Green Ocean

지속가능성장을 할 수 있는 새로운 시장을 창출하는 것을 말한다. 경제, 환경, 사회적으로 지속가능한 발전을 통한 가치 창출은 물론 친환경, 웰빙에 대한 새로운 시장에 대응하기 위한 개념으로 떠오르고 있다.

그린 주주권 운동
Green Stockholders' Right Campaign

주주권 행사를 통해 기업의 환경친화정책을 유도함으로써 기업의 환경파괴 행동을 원천봉쇄하자는 운동이다. 이와 관련해 그린피스, '지구의 친구들' 등 영향력 있는 8개 국제 환경 단체들은 99년 미국 워싱턴에서 모임을 갖고 환경친화적 기업정책을 촉진하기 위한 74개 항의 주주결의안을 채택했다.

그린라운드(GR)
Green Round

환경문제를 국제간(다자간)협상의 주된 문제로 다룬다는 뜻에서 붙여진 이름으로, GR로 약칭하며 '환경라운드'라고도 한다. 국제적으로 합의된 환경기준을 만들어 이에 미치지 못하는 상품에 대해서는 별도의 제재 조치를 가하자는 움직임으로 새롭게 선진국과 개발도상국과의 무역에 이슈가 되고 있다.

그린마케팅
Green Marketing

자연환경과 생태계 보전을 중시하는 시장 접근 전략 마케팅이다. 기존의 상품판매 전략이 단순한 고객 욕구나 수요 충족에만 초점을 맞추는 것과는 달리 공해 요인을 제거한 상품을 제조·판매해야 한다는 소비자 보호 운동과 같이, 인간의 삶의 질을 높이려는 기업 활동을 지칭하는 용어이다.

그린빌딩(녹색건축)
Green Building

에너지절약과 환경보전을 목표로 "에너지부하 저감, 고효율 에너지설비, 자원재활용, 환경오염 저감기술 등을 적용하여 자연친화적으로 설계·건설하고 유지·관리한 후, 건물의 수명이 끝나 해체될 때까지도 환경에 대한 피해가 최소화되도록 계획된 건축물"을 말한다.

그린빗물인프라(GSI)
Green Stormwater Infrastructure

인간에게 도움이 되는 생태계 서비스를 제공하는 자연적 특징(녹지, 공원, 습지 등)을 상호 연계하는 시설 및 기법으로 오염저감, 탄소저감 및 지하수 충진 등을 목적으로 한다. 저영향개발(LID)과 중복되는 개념이나 물관리 이슈에 중점을 두는 저영향개발보다 광범위한 이슈를 포함한다.

그린시티
Green Cities

자발적인 환경관리역량을 제고하고 환경친화적인 지방행정을 유도하기 위해 자율적인 신청과 공정한 심사를 거쳐 환경부에서 공식적으로 지정한,

환경관리기반과 환경시책이 우수한 지자체를 의미한다. 정부에서는 2004년부터 격년제로 환경관리역량 우수지자체를 그린시티로 선정하고 있다.

그린워싱(친환경위장제품)

Green Washing

green(녹색)과 white washing(세탁)의 합성어로 기업들이 실질적인 친환경경영과는 거리가 있지만 녹색경영을 표방하는 것처럼 홍보하는 것을 말한다.

그린잡(환경일자리)

Green Jobs

환경을 보호하고 재생시키는 직업을 총괄적으로 일컫는 용어이다. 국제연합(UN)은 녹색일자리를 "환경을 보존하고 재생하는 데 기여하는 농업, 제조업, 연구개발업, 관리업 및 서비스업 등에 속하는 일자리"로 정의하고 있다.

그린카드

Green Card

국민의 친환경생활과 친환경소비를 유도하고 기후변화에 대응하기 위해 2011년 도입한 제도로, 친환경 제품 혹은 저탄소 제품을 구입하거나, 대중교통을 이용하면 포인트를 적립해 주는 신용카드이다. 또한 그린카드로 환경마크 상품이나 탄소라벨 상품을 구입하면 최고 24%의 포인트를 적립해 주는 것이 특징이다.

그린캠퍼스

Green Campus

지속가능한 대학의 운영 및 교류·협력, 교육 및 연구, 친환경 교정 조성 능의 사업수행을 위해 환경부장관이 지정하는 대학교이다. 온실가스 대량 발생원 중의 하나인 대학이 온실가스를 감축하고, 친환경 교정 조성 및 친환경 교육을 할 수 있도록 2011년부터 선정해 지원하고 있다.

그린포인트

Green Points

국립공원의 탐방객이 쓰레기를 되가져가면 무게에 따라 포인트를 적립해 주는 제도로, 자기 쓰레기 뿐만 아니라 방치된 쓰레기를 수거해 공원입구의 탐방지원센터에 가져가면 된다. 적립된 포인트는 대피소나 주차장, 야영장 등 국립공원 시설 사용료로 쓸 수 있다. 포인트 대신 국립공원 관리공단이 마련한 상품을 받을 수도 있다.

그린피스

Greenpeace

전 세계 40여 개국이 참가하는 세계적인 비영리 환경운동단체이다. 반핵단체인 '해일을 일으키지 말라 위원회(Don't Make a Wave Committee)'를 모태로 하여 1971년 캐나다 밴쿠버 항구에 캐나다와 미국의 반전운동가, 사회사업가, 대학생, 언론인 등 12명의 환경보호운동가들이 모여 결성하였다. 초기에는 핵실험 반대운동 위주였으나 현재에는 에너지혁명과 해양보호, 고대삼림보호, 군축과 평화, 지속가능한 농업운동 등을 통해 환경을 보호하고 평화를 증진하는 데 힘쓰고 있다.

그을음

Soot

석유, 석탄 등 유기물에 포함된 탄화수소의 불완전연소나 열 분해 시 발생시키는 검은 분말이다. 성분은 대부분 탄소이며 미량의 산소, 질소, 수소가 들어있고 화학적 구성은 공업제품인 카본 블랙과 같다. 그을음은 국제 암 연구소가 지정한 1급 발암물질이므로 주의해야 한다. 대기오염의 대표적인 물질로 연료의 종류에 따라 그 구조가 다르게 나타난다.

극상림

Climax Forest

오랜 시간에 걸쳐 천천히 진행되는 숲의 천이과정 중 생태계가 기후조건에 맞게 성숙되고 안정화된 숲의 마지막 단계이다. 2010년 유네스코 생물권보전지역으로 등재된 광릉숲은 갈참나무, 졸참나무, 서어나무 등이 식생하는 온대 중부지역의 극상림을 보여주는 세계 유일한 곳이다.

극한기후 지수
Extreme Climate Index

지구 온난화로 인해 빈발하는 극한기후현상을 수치로 파악하기 위해 세계기상기구(WMO) 기준을 반영해 만든 지수이다. 온도지수인 열대야일수, 폭염일수, 서리일수, 여름일수, 결빙일수, 식물성장기간과 강수지수인 호우일수, 강수강도 등이 있다.

극한기후 현상
Extreme Climate Event

가뭄, 홍수, 한파, 폭염 등 통계적으로 상위 또는 하위 5%에 해당하는 기후요소에서 나타나는 현상을 의미한다. '기후변화에 관한 정부간협의체(IPCC)'에서는 온도 및 강수의 점진적인 변화와 함께 가뭄, 홍수와 같은 단발적인 극한 기후·기상 현상의 증가를 매우 중요하게 다루고 있다. 극한기후 현상은 가뭄, 집중호우, 홍수, 폭염, 한파 등 과거에 경험한 기상상태와 크게 차이가 나는 이상기상과 평년값에 비해 현저히 높거나 낮은 수치를 나타내는 이상기후로 구분할 수 있다. 신기후체제의 출범을 규정한 파리협정은 극한 기후·기상 현상에 의한 "피해와 손실" 관련 협의 내용을 포함시키고, 개도국들에 대한 국가 간 지원체제를 통해 적극적인 대응책 마련을 요구하는 등 극한 기후·기상 현상의 증가를 중요한 이슈로 다루고 있다.

극한환경 미생물
Extremophile

화산지대의 고온토양, 온천의 열수지역, 심해·지하의 고압지역, 남북극의 극한지역 등 극한 환경에 서식하는 미생물로 지구 전체 미생물의 90%를 차지한다. 극한환경 미생물은 환경정화와 환경수복에 중요한 역할을 하며 이들의 능력을 활용하기 위한 연구가 활발하다.

근린소음
Neighborhood Noise

이웃에서 발생하는 소음으로 음식점의 영업소음, 피아노, 스테레오, 텔레비전, 에어컨, 애완동물 소리, 실내나 계단의 발소리, 목욕탕 화장실 세탁기의 급배수음, 자동차 오토바이 소리, 트럭 판매 차량의 스피커 소리, 상업 선전의 확성기 소음 등이 있다.

글로벌 이행점검
Global Stocktake

파리협정 당사국총회가 당사국들이 제출한 NDC(국가결정기여)가 2℃ 목표에 부합하는 지 5년마다 검토하는 것을 말한다. 글로벌 이행점검에서는 모든 당사국의 이행상황을 통합하여 점검한 후 2℃ 목표를 달성하려면 얼마만큼 더 노력해야 하는지에 초점을 맞춘다.

금속성 분진
Metallic Dust

미세한 분말 상태의 금속 분진이다. 미세한 분말로 되어있어 공기와의 접촉면적이 크고 열전도율이 낮아 산화반응속도가 크므로 공기 중에서 폭발을 일으킬 위험성이 크다.

금지물질
Prohibited Chemicals

화학물질관리 강화를 위해 『화평법(화학물질 등록 평가에 관한 법률)』과 『화관법(화관법)』에서 지정된 취급금지 화학물질이다. 청석면, 갈석면, 석면이 1% 이상 함유된 탈크 등 총 60종이 지정 관리되고 있다. 위해성이 크다고 인정되는 화학물질로 모든 용도의 제조, 수입, 판매, 보관·저장, 운반 또는 사용이 금지된다.

급성독성
Acute Toxicity

화학물질을 시험동물에 1회 또는 24시간 안에 반복투여하거나, 흡입될 수 있는 화학물질을 24시간 안에 1회 노출시켰을 때 1일~2주 안에 나타나는 독성이다. 낮은 수준에서 장기간(수개월 또는 수년) 반복 노출되었을 때 건강상에 역효과를 보이는 만성독성과 구별된다.

기계적 폐기물 처리시설

Mechanical Treatment Facilities of Waste

폐기물 중간처리시설로 압축시설(동력 10마력 이상), 파쇄·분쇄 시설(동력 20마력 이상), 절단시설(동력 10마력 이상), 용융시설(동력 10마력 이상), 연료화시설, 증발·농축시설, 정제시설, 유수 분리시설, 탈수·건조 시설, 멸균·분쇄 시설을 포함한다.

기내배양

In Vitro Culture

인공배양기를 사용하여 유기체를 기르는 방법이다. 생물체에서 끄집어낸 물질을 체외에서 재현시키기 위한 배양으로 체외배양이라고도 한다.

기름오염

Oil Pollution

기름에 의한 오염으로 육상과 해상 모두에서 발생한다. 육상에서는 주로 가솔린, 등유, 윤활유가 상수원으로 유입되거나 토양을 거쳐 지하수로 침투함으로써 토양을 오염시킨다. 해양에서의 기름오염은 유출량이 많고 전 해양적인 넓이를 갖기 때문에 특히 중요한데 유조선 사고, 해저유전의 유정사고, 연안 저유시설의 사고 등에 의해 발생한다.

기름유출

Oil Spill

액체 석유 탄화수소를 고의가 아닌 인간의 활동의 결과로 주변 환경에 유출하는 것을 말한다. 해양에서 기름유출이 문제되는 이유는 기름의 독성 이외에도, 수면 위에 불투과층을 형성하여 가스의 교환을 차단하고 광합성에 필요한 빛의 통과를 방해하여 바다생물에 막대한 영향을 끼치게 되기 때문이다. 또한 기름이 에멀젼 상태로 하강하게 되면 아가미를 덮어서 호흡률이 저하됨으로써 저서생물까지도 피해를 주게 된다.

기상관측 표준화법

Method of Meteorological Observation

기상관측의 원칙, 관측에 사용되는 측기 취급법, 관측 순서, 관측값의 정리와 보고 방법 등 관측에 필요한 사항을 간추려서 정리한 지도서로 관측지침이라고도 한다. 기상관측법은 국제적으로 통일된 것이어야 하므로 우리나라에서도 세계기상기구(WMO)의 지침에 따라 기상청에서 지상기상관측지침, 고층기상관측지침 등을 발행하여 기상관측의 기준으로 하고 있다.

기상위성

Climate Satellite

기상관측을 목적으로 하는 인공위성이다. 정지위성과 극 궤도 위성이 있으며, 가시 및 적외주사 방사계에 의해 구름의 분포·높이·움직임, 해수, 바람, 기온, 해면수온을 밝혀낸다. 위성에 따라서는 기온이나 수증기의 입체적 분포, 탄산가스 농도 등도 관측한다.

기수역

Brackish Water Zone

강물이 바다로 들어가 바닷물과 섞이는 곳으로 하구역이라고도 한다. 이곳은 염분농도가 계절이나 강수량 등에 따라 0.5~30%로 매우 크게 변화하여, 이러한 광범위한 염분농도에 적응할 수 있는 여러 생물들이 분포한다(보통 염도 0.5‰ 이하의 물은 담수, 30‰ 이상을 해수라고 한다).

기온역전

Temperature Reversion

대류권 안의 특별한 조건 아래서 기온이 고도와 함께 높아지는 현상을 말한다. 기온에 있어서 이러한 역전이 일어나는 층을 역전층이라고 하며, 이러한 현상이 지면 부근의 공기가 현저하게 냉각되었을 때 발생하면 접지역전이라고 부른다.

기존화학물질

Existent Chemicals

신규화학물질 유해성조사제도에서 원소, 천연으로 산출되는 화학물질, 방사성물질, 고용노동부장관이 환경부장관과 협의하여 고시하는 화학물질에 등재되어 있는 물질을 말한다. 기존화학물질 외의 화학물질을 신규화학물질이라 하는데 신규 화학물질을 제조 또는 수입 시 유해성조사결과보고서를 고용노동부장관에게 제출하여야 한다.

기준배출량

Baseline

교토의정서 체제에서 온실가스 감축사업을 하지 않았을 경우의 객관적이고 합리적인 배출량을 말한다. 기준배출량은 공동이행(JI)과 청정개발체제(CDM) 프로젝트 수행 결과 온실가스감축이 얼마나 이루어졌느냐를 결정하는 기준이 된다.

기준용량(BMD)

Benchmark Dose

독성영향이 대조집단에 비해 특정 증가분(5%, 10% 등)이 발생했을 때, 이에 해당되는 노출량을 추정한 값을 말한다. "기준용량 하한 값"이란 노출량-반응 모형에서 추정된 기준용량의 신뢰구간의 하한 값을 말하며 BMDL(Benchmark Dose Lower bound)로 나타낸다.

기준표본

Type Specimen

어떤 생물의 이름을 처음 지을 때 사용한 표본으로 모식표본이라고도 하며 매우 중요한 표본이다. 신종의 특징, 그림 등을 첨부하여 학명을 허락받는다. 표본이 없어졌을 경우 새로 표본을 작성하면 신기준표본이라 부른다.

기후 및 청정대기 연합(CCAC)

Climate and Clean Air Coalition

단기 체류성 기후변화 유발물질(SLCP)의 배출 저감을 위한 협의체로, 미국의 주도 하에 2012년 2월 설립되었다.

기후모델

Climate Model

기후를 예측하는 방법 중 하나로 기후예측 모델이라고도 한다. 전 지구 상의 대륙과 해양을 격자 블록으로 분할하여 각 기후를 대표하는 기온, 수증기, 바람 등의 시간변화를 물리법칙에 기초하여 산출하고, 대기대순환과 해양대순환을 결합시킨다. 이산화탄소 농도를 고정하고 대기·해양 간의 역학적 상호작용, 구름과 방사 등을 몇 십 년의 장기간에 걸쳐 계산을 반복하여 현실과 비슷한 기후를 재현한다.

기후변화

Climate Change

일정한 지역에서 장기간에 걸쳐서 진행되는 기후의 평균적인 변화를 의미한다. 이러한 변화는 태양복사 에너지의 변화 등 지구 외적인 요인에 의해서 일어나기도 하고, 지구를 둘러싸고 있는 대기 조성의 변화나 지구 표면 상태의 변화 등에 의해서 일어날 수 있다. 최근에는 온실가스 배출 증가 등 인위적 요인에 따른 지구 온난화를 가리키는 경우가 일반적이다.

기후변화 대응지수

Climate Change Response Index

온실가스 배출량, 재생에너지, 에너지소비, 기후변화 정책 현황을 바탕으로 각국의 기후변화 대응 수준을 평가해 순위를 매기는 일종의 기후변화대응 성적을 의미한다. CAN(기후행동네트워크), NCI(신기후연구소), German Watch가 국제사회의 기후행동에 대한 투명성 강화를 목적으로 2006년부터 매년 기후변화협약 당사국총회를 기해 결과를 발표하고 있다.

기후변화 리스크 평가 지원 도구(CRAS)
Climate Change Risk Assessment System To Build Business Adaptation Plan

민간기업이 자발적으로 기후변화 리스크를 선제적으로 대응하고 이를 대비할 수 있도록 기후변화 적응대책 수립을 지원하는 도구이다. 기후변화로 발생할 수 있는 기업의 잠재리스크를 인식하고 분석·평가과정을 통해 리스크 관리수준 및 우선순위를 파악하여 기후변화의 영향을 사전적으로 진단할 수 있는 시스템이다. CRAS시스템은 한국환경정책·평가연구원(KEI) 내 '국가기후변화적응센터'에서 운영·지원하고 있다.

기후변화 부문별 취약성 지도
Climate Change Vulnerability Map for Each Sector

농업, 재해, 수자원, 보건, 생태계 등 각 부문에 대한 기후변화 취약성을 보여주는 지도로서, 이를 통해 기후변화의 중·장기 예측 전망에 의거한 취약지역을 각 부문별로 파악할 수 있다. 기후변화에 대한 취약성은 지표 선정 및 평가, 모델링 등을 통해 평가될 수 있으며 이를 지도화 한 것이다.

기후변화 생물지표종(CBIS)
Climate-sensitive Biological Indicator Species

기후변화로 인해 계절활동, 분포역 및 개체군 크기 변화가 뚜렷하거나 뚜렷할 것으로 예상되므로 지표화를 통해 정부에서 지속적으로 조사·관리할 필요가 있는 생물종을 가리킨다. 기후변화가 한반도 생물종 분포에 미치는 영향 및 취약성을 효율적으로 감시하고 예측 방법을 마련하고자 지정되었다.

기후변화 시나리오
Climate Change Scenario

기후변화 예측모델을 이용하여 계산한 미래 기후의 예측정보를 가리킨다. 온실가스, 에어로졸, 토지이용 상태 등 인간 활동에 의한 기후변화가 언제, 어디서, 어떻게 일어날 지를 예측하기 위해 만들어진다. IPCC 3차 보고서(2001)에 의한 SRES 시나리오와 IPCC 5차 보고서(2013)에 의한 신시나리오인 RCP 시나리오가 있다.

기후변화 완화
Mitigation of Climate Change

미래의 기후변화 정도를 감소시키는 것을 말한다. IPCC(기후변화에 관한 정부간 협의회)는 기후변화 완화를 '온실가스 배출량을 줄이거나 온실가스 흡수원(carbon sink)을 늘림으로써 온실가스 배출량을 줄이는 활동'으로 정의했다. 신재생에너지 사용과 에너지 효율 개선, 에너지 절약, 나무 심기, 분리수거와 재활용 등을 예로 들 수 있다.

기후변화 적응
Adaptation to Climate Change

기후변화의 파급 효과와 영향에 대해 자연적·인위적 시스템의 조절을 통해 피해를 완화시키거나, 더 나아가 이를 유익한 기회로 활용하는 활동을 말한다. 온실가스 감축이 기후변화의 정도를 줄이려는 대응방식이라면 "적응"은 기후변화로 인한 위험을 최소화하고 기회를 최대화하는 대응방안이이다. "적응"의 예로는 하수도 등 기반시설의 정비, 폭염 시 야외활동 자제, 방역활동 등을 들 수 있다.

기후변화 취약성
Climate Change Vulnerability

어떤 사회 시스템이 기후의 변이와 극한 상황 등 기후변화의 악영향에 쉽게 영향을 받거나 대처하지 못하는 정도를 말한다. 기후변화 취약성은 그 시스템이 노출된 기후변동의 특성, 규모 및 속도, 기후변화에 대한 민감도와 적응능력에 따라 달라진다. 기후변화 취약성 평가는 기후변화 적응대책 수립의 근거가 된다.

기후변화 취약성 평가 지원 도구 시스템(VESTAP)

Vulnerability Assessment Tool to Build Climate Change Adaptation Plan

전국 광역 및 기초지자체의 성공적인 '기후변화 적응대책 세부시행계획' 수립을 지원하기 위해 구축된 웹기반의 평가시스템으로, 기 구축된 취약성 평가결과를 조회할 수 있고 별도의 자체적인 취약성평가를 본 시스템을 통해 수행할 수 있다. 기후변화에 대한 각 지자체의 상대적 취약성을 표, 그래프, 지도 형식으로 확인할 수 있으며, 각 평가 항목별 평가 지표를 조회할 수 있다.

기후변화 협약 국가보고서(NC)

National Communication

기후변화협약(4.1조와 12조)에 따라 모든 가입국들이 온실가스 감축 노력을 객관적으로 평가받기 위해 온실가스 인벤토리, 감축, 적응, 전망, 체계적 관측 등에 대해 4년마다 제출하도록 규정된 보고서를 말한다. 우리나라와 같은 비부속서 I 당사국은 국가보고서 외에 '격년 갱신보고서(Biennial Update Report, BUR)'를 주기적으로 제출해야 한다. BUR은 제16차 당사국총회 결정문 60(b),(c)항에 따라 국가 제도, 온실가스 인벤토리, 감축행동, 지원 등에 대해 2년마다 제출하도록 되어 있다.

기후변화지수

Climate Change Index

지구 온난화 등 기후변화 현상이 나타났을 때 국가별로 얼마나 큰 영향을 받는지 산출한 지수다. 각 국가 별로 지형, 인구, 환경, 기상 등을 고려해 0에서 10까지 점수를 매긴다. 점수가 낮을수록 기후변화에 따른 타격을 많이 받고, 10에 가까울수록 적게 받는다는 뜻이다.

기후변화협약 과학기술자문 부속기구(SBSTA)

Subsidiary Body for Scientific and Technological Advice

기후변화협약 이행과 관련된 과학·기술 자문을 당사국회의나 보조기구에 제공하기 위하여 설치된 기구이다. 각 정부의 대표전문가로 이루어진 여러 개의 전문분야로 구성되어 온실가스 배출 통계 방법론, 국가보고서 작성지침 등 기후변화협약의 과학·기술적 측면에 대한 권고안을 만들어 당사국총회에 제출한다.

기후변화협약 당사국총회(UNFCCC COP)

UNFCC Conference of Parties

지구 온난화로 인한 장기적 피해를 줄이기 위해 1992년 체결된 유엔기후변화협약(UNFCCC)의 구체적인 이행방안을 논의하기 위해 매년 개최하는 당사국 전체 회의이다. 1995년 독일 베를린에서 처음 열렸으며, 1997년 일본 교토에서 열린 3차 총회(COP3)에서 선진국의 온실가스 감축의무 이행 규정을 구체화한 교토 의정서가 채택되었다. 이후 매년 열린 당사국총회에서 감축의무를 둘러싼 선진국과 개도국 간 및 선진국 간의 긴 논란을 거쳐, 2015년 프랑스 파리에서 열린 21차 총회(COP21)에서 2021년부터 세계 모든 국가가 감축에 참여하는 신기후체제를 규정한 파리협정이 채택되었다.

기후변화협약(UNFCCC)

United Nations Framework Convention on Climate Change

정식 명칭은 '기후변화에 관한 유엔 기본 협약'으로, 지구 온난화 방지를 위해 대기 중의 온실가스의 농도를 안정화하는 것을 목적으로 한 협약이다. 1992년 6월 브라질 리우데자네이로에서 개최된 '유엔환경개발회의(UNCED)'에서 채택되었고, 1994년 3월에 발효(197개 국가 및 기관 서명)되었다. 협약 자체는 법적 구속력은 없으나 시행령에 해당하는 교토 의정서를 통해 의무적인 배출량 제한을 규정하고 있다. '공동의 그러나 차별화된 책임', '각 국의 능력에 입각한 의무 부담', '개발도상국의 특수한 여건의 배려' 등의 기본 원칙하에 당사국을 부속서 I, 부속서 II 및 비부속서 국가로 분류하여 각기 다른 의무를 부담토록 하였다. 협약 발효 이후 1995년부터 매해 협약 최고의 의사

결정기구인 당사국 총회(COP)가 개최되어오고 있다. 최근 COP21(2015년)에서는 2020년부터 모든 국가가 신기후체제에 참여토록 하는 파리 협정이 채택되었다.

기후시스템
Climate System

기상이나 기후를 결정하는 전 지구적 열역학 시스템으로 대기권, 수권, 빙권, 지권, 생물권의 5개 요소의 상호작용으로 이루어진다. 수권(해양)은 대기에 열과 수증기를 공급하고 대기권은 기상현상을 통해 물과 열적인 순환에 영향을 주며, 빙권(지구 표면의 눈과 얼음)은 태양에너지의 반사도(Albedo)를 변화시켜 지구 복사량에 영향을 주고 지권은 식생과 토양을 통해 대기와 에너지를 교환한다. 또한 생물권은 탄소순환 등으로 기후 시스템에 영향을 미친다. 기후시스템은 이 5개의 권들 사이에서 일어나는 에너지와 수증기 등의 상호교환을 통하여 연결되어 있다. 기후시스템은 고도로 복잡한 시스템으로 이를 이해하려면 위의 모든 요소를 함께 고려해야 한다.

기후정의
Climate Justice

기후변화 현상은 지역과 계층에 따라 미치는 영향과 대처 역량이 다르므로 기후변화에 취약한 사회경제적 약자들을 위한 제도를 마련해야 한다는 개념이다. '포스트 교토체제'를 논의하는 데 있어 온실가스 감축량만큼 중요한 것이 바로 '기후정의'이다.

기후최적기
Climatic Optimum Period

2500~9000년 전, 후빙하기 동안 가장 따뜻했었던 시기로, 중위도에서는 지금보다 평균기온이 2.5℃ 정도 높았을 것으로 추정되고 있다. 고위도에서는 빙하가 후퇴하였고 툰드라가 없어지고 삼림이 성장하기 시작하였다.

기후피드백
Climate Feedback

기후시스템 내에서 어떤 현상이 진행될 때 최초 과정의 결과가 두 번째 과정에 변화를 촉발하고 이 과정이 다시 최초의 과정에 번갈아 영향을 미치는 메커니즘을 말한다. 양의 피드백은 원래의 과정을 증폭시키는 것을 말하며 음의 피드백은 감소시키는 것을 말한다.

기후회복력
Climate Resilience

기후변화로 인한 부정적인 영향과 위험을 극복하기 위해 사회·경제 체제를 더욱 지속가능한 상태로 만들어가는 것을 말한다. 기후회복력은 "기후변화 위험에 대한 예상, 충격의 흡수, 지속가능한 상태로의 변형 등 선순환구조를 만드는 역량"으로 정의된다.

나고야의정서
Nagoya Protocol

생물다양성협약에 대한 보충협정으로서 2010년 10월 일본 나고야에서 열린 제10차 생물다양성협약 당사국총회에서 채택되고 2014년 10월 발효되었다. 의정서는 생물다양성협약의 세 가지 목표 중 하나인 유전자원의 이용으로부터 발생하는 이익의 공정하고 공평한 공유를 효과적으로 달성하기 위한 투명한 법적 기틀을 제공한다. 구체적으로 특정 국가의 생물 유전자원을 상품화하려면 해당국에 미리 통보하고 승인을 받아야 하며 이익의 일부를 공유해야한다는 합의다. 이로써 1992년 6월 생물다양성협약 체결 이후 18년 동안 계속돼온 생물 유전자원 이익 공유에 관한 논의가 마무리되었다. 우리나라는 2017년 8월 17일을 기해 98번째 당사국이 되었다.

나노물질
Nanomaterials

나노기술을 이용하여 제조된 1~100나노미터 크기의 화학물질이다. 은, 탄소, 이산화티타늄, 금 등을 나노 크기로 제조하면 기존화학물질과는 다른 물리화학적 특성을 보인다. 정부는 화평법 시행령에 나노물질을 유해성평가가 필요한 화학물질로 규정하고, 나노물질의 잠재적인 위해성을 사전예방적으로 관리하고 있다. 나노물질의 유해성과 안정성에 관한 정보는 '나노안정성정보시스템'을 통해 제공된다.

나이로비선언

Nairobi Declaration

스톡홀름에서 열렸던 '유엔 인간환경회의(UNCHE)' 10주년을 기념하여 1982년 나이로비에서 유엔환경계획(UNEP)의 관리이사회 특별 회합이 열렸는데 이 자리에서 채택된 선언이다. 환경·개발·인구·자원의 상호 연관성, 자원 낭비와 빈곤이 동시에 환경을 압박하고 있다는 점이 강조되어 환경문제와 남북문제(빈부문제)의 연관성을 논의하는 기초가 되었다.

낙동강 페놀오염 사건

Nakdong-river Phenol Pollution Incident

구미 공업단지 내 두산전자에서 1991년 3월과 4월 두 차례에 걸쳐 각각 페놀 30여 톤과 1.3톤이 낙동강으로 유출된 사건이다. 페놀은 대구 지역의 상수원으로 사용되는 다사취수장으로 유입되었으며, 염소를 이용한 정수처리 과정에서 클로로페놀로 변하면서 악취를 유발하였다. 이 사건은 환경문제에 대한 국민적 인식 확산과 각종 환경법의 제정의 계기가 되었다.

낙동강물환경연구소

Nakdong River Environment Research Center

낙동강 수계의 하천·호소 등 공공수역의 오염방지에 관한 조사·연구 및 기술개발 업무를 분장하는 국립환경과학원의 소속기관이다. 2002년 8월 8일 발족하였으며, 경상북도 고령군에 위치한다.

낙동강물환경연구소

Nakdong River Environment Research Center

낙동강 수계의 하천·호소 등 공공수역의 오염방지에 관한 조사·연구 및 기술개발 업무를 분장하는 국립환경과학원의 소속기관이다. 2002년 8월 8일 발족하였으며, 경상북도 고령군에 위치한다.

낙동강페놀오염사고

구미 공업단지에서 1991년 두 차례에 걸쳐 페놀 30여 톤과 1.3톤이 각각 낙동강으로 유출된 사건이다. 페놀은 대구 지역의 상수원인 다사취수장으로 유입되었으며, 염소를 이용한 정수처리 과정에서 클로로페놀로 변하면서 악취를 유발하였다. 이 사건을 계기로 「환경범죄의 처벌에 관한 특별조치법」이 제정되고 공장 설립 시 환경 기준이 강화되었으며, 4대 강을 수계별로 관리하는 '유역별 환경관리위원회'가 구성되었다.

난지도

Nanji Island

서울시 마포구 상암동 일대에 발달한 한강 하류의 범람원이다. 1978년부터 서울시의 쓰레기 매립지로 사용되었으나 매립지가 포화상태에 이르면서 악취·먼지 공해가 심각해졌다. 1991년 김포쓰레기매립지 개장과 함께 난지도에 모든 산업폐기물의 반입이 금지되면서 공원화가 이루어져 현재는 수풀이 우거진 녹지로 변해있다.

남극조약

Antarctic Treaty

남극대륙의 관리를 위해 만들어진 국제조약이다. 남극의 평화적 이용, 과학 조사와 교류의 허용, 영유권 주장 금지, 핵실험금지를 명문화 하고 있으며 추가로 생태계 보전 관련 내용도 명문화 되었다. 우리나라는 1986년 33번째로 조약에 가입했고, 1989년 자문 회원국이 되었다.

남방계/북방계 식물

Southern/Northern Plants

남방계식물은 열대, 아열대 또는 난온대 지역에서 기원된 식물로서 한반도에서는 제주도 및 남부지방에 주로 분포한다. 이에 비해 북방계식물은 중국 동북부, 러시아 극동 등 고위도 지역 또는 고산지역에 주로 분포하는 식물로서 추운 환경에 견디는 능력이 뛰어나다.

남조류

Blue-green Algae

광합성을 하는 식물성플랑크톤으로, 남세균(시아노박테리아)라고 불리기도 한다. 30억여년 전 지구상에 출현하여 광합성을 통해 산소를 발생시킨 최초의 생물로 알려져 있다. 일부 남조류는 생명활동에 필요한 물질을 합성하고 분해하는 대사작용의 결과로 미량의 냄새물질과 독소(마이크로시스틴, 아나톡신, 삭시톡신 등)를 생성하기도 한다.

납사(나프타)

Naphtha

특정 탄화수소를 포함하고 특정 범위에서 끓는 휘발성이 강한 석유류를 총칭한다. 원유에서 직접 생산되는 끓는점의 범위가 30~200℃에 있는 유분으로 다양한 가연성 액체가 있으며, 나프타라고도 알려져 있다.

납오염

Lead Pollution

납과 그 화합물에 의한 오염 피해를 말한다. 납은 소량이라도 장기간 섭취하면 체내에 축적되어 인체에 만성중독을 일으킨다. 대기 오염원으로는 가연가솔린에 의한 자동차 배기가스, 납정련 공장이나 납축전지공장 등의 배출가스 등이 있고, 수질오염원으로는 납제련 공장이나 도금 공장의 배수 등이 있나.

내륙습지

Inland Wetland

강의 언저리나 냇가 등 담수가 흐르는 곳에 만들어진 습지로 우기에 침수되어 형성되거나 강 유역의 범람하는 흙이 쌓이면서 만들어진다. 우리나라는 화산이나 습곡, 단층의 활동이 적고 빙하가 덮였던 지역이 적어서 내륙습지가 많지 않다. 대표적인 내륙습지로는 강원도 인제군 대암산 용늪과 강화 매화마름군락지, 우포늪 등이 있다.

내분비계 장애물질(환경호르몬)

Environmental Hormone

생물체 내에 유입되어 성장, 생식 등에 관여하는 호르몬의 정상적인 작용을 방해하는 화학물질이다. 환경호르몬 유발 물질로는 각종 산업용화학물질(원료물질), 살충제, 제초제 등의 농약, 유기중금속류 소각로에서 발생하는 다이옥신류, 플라스틱 성분, 플라스틱을 부드럽게 만드는 가소제와 살균제, 식품첨가물 등이 있다.

냄새물질

Odorous Compounds

흙냄새, 곰팡이냄새, 비린내 등 불쾌한 냄새를 유발하는 물질이다. 상수처리 시 냄새물질을 제거하기 위해서는 표준처리 만으로는 부족하여 활성탄 사용, 오존 산화 등의 고도처리공정을 실시한다. 주요 상수원의 조류 증가로 인한 독성 및 냄새물질을 적정하게 처리하고자 정부는 2013년부터 고도정수처리시설을 확충하고 있다.

냉·난방도일

Heating and Cooling Degree Days

날씨의 덥고 추운 정도를 표시하는 지수이다. 매일의 일평균기온과 기준온도의 차이를 일 년 동안 누적 합산하여, 일평균기온이 기준온도보다 높은 경우는 냉방도일로, 낮은 경우는 난방도일로 계산한다. 우리나라에서는 냉방도일의 기준온도를 26℃, 난방도일의 기준온도를 18℃로 정해놓고 있다. 난방도일 값이 크다는 것은 기후가 춥다는 것과 난방을 위해 연료비가 많이 드는 것을 의미하며, 냉방도일 값이 크다는 것은 기후가 덥고 냉방을 위해 전력이 많이 소모된다는 것을 의미한다.

네거티브형 재활용제도

Negative-type Recycling System

재활용 용도·방법을 일일이 열거하던 방식에서 재활용을 원천 허용하는 방식으로 전환하되, 환경이나 건강에 위해한 것만을 규정하여 제한하는 제도를 말한다.

노로바이러스(병원미생물)

Norovirus

우리나라에서 식중독을 일으키는 대표적인 병원성 바이러스로 특히 겨울철에 유행발생이 가장 잦다. 전염성이 매우 강하며 기존 식중독 바이러스들과는 달리 낮은 기온에서 더 활발하게 움직인다. 전 세계에 걸쳐 산발적으로 감염이 발생하지만 백신이 없어 정확한 진단이 중요하다. 감염된 환자와의 접촉이나 오염된 식품과 물을 통해 전염된다.

노출계수

Exposure Factors

환경유해물질에 대한 노출량과 위해도 평가를 산출하기 위한 영향 인자이다. 유해물질 농도, 체중과 호흡률, 노출기간, 노출빈도 등의 변수를 조사하여 노출량을 평가한다. 제품의 화학물질 농도관리 및 기준을 설정하는 데 활용한다.

노출허용량(MOE)

Margin of Exposure

식품 등 또는 화장품 및 생활환경 등을 통하여 위해요소에 노출되었을 경우 현재의 과학 수준에서 유해영향이 나타나지 않는다고 판단되는 인체노출 안전기준을 말한다. 우리나라에서는 세계 최초로 식품이 아닌 의약품 중 벤조피렌의 잔류허용기준 설정에 적용하고 있다.

노후경유자동차 폐차 지원제도

Scrappage Incentive Program for Old Diesels

노후될수록 더 많은 대기 오염물질을 배출하는 노후 경유 차량에 대해서 조기폐차 보조금을 지원하는 제도이다. 노후차량을 조기 폐차하도록 유도하여 수도권 대기질을 개선하는 데 목적이 있다.

노후경유차 운행제한제도(LEZ)

Low Emission Zone

수도권 대기관리권역 내에서 저공해조치명령 미이행 차량 및 종합검사 불합격 차량의 운행을 제한하는 제도이다. 대상지역은 2017년(I단계) 서울전역을 시작으로, 2018년(II단계) 인천과 경기 17개시가 추가되며 2020년(III단계)에는 서울, 인천, 경기 28개시를 포함한 대기관리권역 전체로 확대된다. 단속지점은 2016년 13개에서 2020년 157개로 확대될 예정이다.

녹색 ODA

Green ODA

개발도상국의 지속가능한 개발을 위해 지원되는 사업으로 환경, 산림, 에너지, 농업, 물 등의 분야에 광범위하게 적용되는 개념이다. 환경 ODA와 동아시아기후파트너십을 포괄하며 사업의 범위는 ① 전 지구적 위협이 되는 기후변화 완화 및 적응에 기여하는 사업 ② 주요 환경협약인 생물다양성협약, 기후변화협약, 사막화방지협약의 목적에 기여하는 사업 ③ 파트너 국가가 지속가능한 개발의 중요성을 인지하도록 하고, 관련 역량 개발, 정책·제도의 개발, 연구에 기여하는 사업 ④ 파트너 국가가 주요 국제 환경협약을 이행할 수 있도록 지원하는 사업 등을 포함한다.

녹색건축 인증

Green Building Certification

지속가능한 개발의 실현을 목표로 인간과 자연이 서로 친화하며 공생할 수 있도록 건축계획, 건축물의 입지, 자재선정 및 시공, 유지관리, 폐기 등 건축의 전 생애(Life Cycle)를 대상으로 환경에 영향을 미치는 요소에 대한 평가를 통하여 건축물의 환경성능을 인증하는 제도이다.

녹색경영기업 금융지원시스템(EnVinance)

Financial Support for Green Businesses

환경경영 우수기업에 금융우대를 제공하고 금융권의 녹색금융활동을 촉진하기 위하여 환경과 금융을 융합한 성과평가 시스템이다. 수집된 환경정보를 기반으로 기업의 생산활동 대비 환경성과를 평가 모듈에 따라 평가하여 점수 및 등급을 도출하며 최종 평가정보는 녹색금융 확산 협약을 체결한 금융기관에 제공된다. 평가정보는 환경관리수준(대기·기후변화, 수질오염, 유해화학물질, 폐기물), 환경경영활동(환경관련 인증정보 등), 환경오염리스크로 크게 3개 환경경영정보로 구성된다.

녹색경제

Green Economy

지속가능한 개발과 빈곤퇴치를 동시에 추구하는 UNEP의 전략이다. 시장경제가 교환가치를 중시하고, 노동조합이나 시민사회가 분배가치를 중시하는 경제라면, 녹색경제는 생명가치를 최우선으로 삼는 경제이다. 녹색경제에서는 생태계보전, 자원순환형사회 구축, 재생가능한 에너지로의 전환, 녹색농촌 등의 활동으로 일자리 창출을 모색한다. 녹색경제의 개념은 2012년 유엔지속가능발전회의(Rio+20)에서 지속가능발전과 함께 주요의제로 다뤄지면서 새로운 지구촌패러다임으로 부상했다. UNEP는 녹색경제를 "인간의 행복(well-being)과 사회적 형평성을 추구하면서 환경적 위험과 생태학적 결핍을 줄여가는 것"으로 정의한다.

녹색구매제도

Green Purchase System

공공기관으로 하여금 녹색제품을 의무적 혹은 우선적으로 구매하도록 함으로써 녹색제품 시장기반을 마련하고 나아가 지속가능한 소비/생산 기반 구축에 기여하는 제도이다.

녹색구매지원센터

Green Purchase Support Center

'녹색제품(친환경제품)'을 전시·홍보하고, 녹색소비정보 제공, 녹색생활실천 교육, 녹색협력과 녹색소비의 모니터링을 통하여 일반국민들의 지속가능한 소비의 촉진을 목적으로 만들어진 공적기구이자 민간 영역의 녹색소비·생활 플랫폼이다. 『녹색제품 구매촉진에 관한 법률』 제17조의3 [녹색구매지원센터의 설치·운영]에 근거해 환경부와 환경산업기술원에 의해 구축되었다.

녹색금융

Green Finance

녹색산업과 녹색기술개발을 적극 지원하는 친환경금융을 말한다. 기업의 경제활동에서 자원 및 에너지 효율을 높이고 환경을 개선하는 상품 및 서비스 생산 등 저탄소 녹색성장을 지원하고, 환경을 파괴하는 기업에 자금이 공급되는 것을 차단하기 위한 심사 및 감시 기제를 만드는 등의 활동을 포함한다.

녹색기후기금(GCF)

Green Climate Fund

UN산하기구로 선진국이 개발도상국의 온실가스 감축과 기후변화 대응을 지원하기 위해 만든 기후변화 특화 기금이다. 2010년 12월 멕시코 칸쿤에서 열린 유엔기후변화협약 제16차 당사국 총회(COP16)에서 설립이 승인됐다. 기금규모 목표액은 2025년까지 8천억 달러(904조 원)를 조성하는 것이다. 우리나라는 2012년 유엔기후변화회의에서 사무국을 인천 송도로 유치하는 데 성공했으나 아직까지 의사결정권을 갖는 이사국으로 참여하지 못하고 있다. GCF는 지구환경기금(GEF)와 적응기금(AF)와 함께 UN기후변화협약체제 내 UN기후기금의 한 축이다.

녹색소비자운동

Green Consumerism

소비자 운동의 일환으로 기업이 환경을 고려한 상품을 만들고 서비스를 제공하도록 하기 위한 소비, 투자, 홍보 활동을 말한다. 녹색소비자(그린 컨슈머)들은 환경문제에 관심과 책임감을 가지고 소비

행위를 통해 환경보전을 추구하려는 생각을 가진 사람들로 이들은 제조, 판매, 유통, 소비의 각 분야에서 환경적 시각에서 일일이 점검을 한다.

녹색인증

Green Certification

녹색산업의 민간 참여 확대 및 기술·시장·산업의 빠른 성장 유인을 위하여 녹색 분야 금융 지원 방안을 목적으로 「저탄소 녹색성장 기본법」에 의거하여 2010년 도입된 인증제도이다. 녹색인증의 종류에는 '녹색기술인증', '녹색사업인증', '녹색전문기업 및 녹색기술제품 확인'이 있다.

녹색제품

Green Goods

에너지·자원의 투입과 온실가스 및 오염물질의 발생을 최소화하는 제품으로서 동일 용도의 다른 제품 또는 서비스에 비하여 자원절약에 기여하고, 환경오염을 줄일 수 있는 제품을 말한다. 녹색제품 인증마크에는 환경표지인증, 우수재활용인증, 저탄소제품인증 등이 있다.

녹조류

Green Algae

많은 양의 엽록소를 가지고 있는 녹색의 조류를 의미한다. 수온이 섭씨 10~20도일 때 가장 잘 자라며, 이에 따라 우리나라에서는 초봄부터 초여름 사이에 번식한다.

녹조현상

Algal Bloom

식물성플랑크톤인 남조류가 크게 늘어나 물빛이 녹색이 되는 현상을 말한다. 강한 햇빛, 높아진 수온, 물순환의 정체로 남조류가 성장하기 좋은 환경에서 질소와 인을 포함한 여러 오염물질이 강이나 호수로 흘러들어 영양물질이 풍부한 부영양화가 결합되면 발생한다. 녹조가 발생하면 정수처리에 영향을 주며, 과다한 호흡으로 산소가 줄어들어 수생태계 균형이 깨지게 된다. 예방을 위해서는 물 흐름을 좋게 하는 한편, 남조류의 먹이가 되는 영양염류의 과잉 유입을 막아야 한다.

녹지

Green Zone

도시주변의 자연환경을 보전하여 도시민의 쾌적한 정서·문화생활을 유지하고자 도시계획법에서 규정한 도시용도지역이다. 최근 도시 경계선의 많은 지역에 녹지지구를 지정함으로써 개발제한구역과 혼용되고 있으나, 녹지지대는 개발이 가능하다는 점에서 개발제한구역과 구분된다. 풍치지구·개발제한구역·절대농지지구 등이 여기에 해당된다.

농공단지폐수종말처리시설

농어촌 소득증대사업의 일환으로 추진된 농공단지 개발로 인해 발생된 산업폐수의 효율적 처리를 위해 설치하는 시설이다. 농어촌 중소사업자의 생산활동과 투자의욕 고취를 위해 산업발달정도에 따라 시설 설치비용의 50~100%를 국고보조로 차등 지원하고 있다. 2016년 기준 84개소가 가동 중이며, 처리시설용량은 일일 75,000톤이다.

농도규제

Concentration-based Regulation

오염물질의 배출량을 배출구에서의 농도를 기준으로 규제하는 방식으로 세계적으로 가장 널리 사용되고 있는 규제방식이다. 기준설정과 집행이 용이한 장점이 있지만 오염원 밀집지역이나 폐수다량 배출업소가 있는 경우 농도가 낮더라도 배출총량은 다량이 되어 규제효과가 미흡해 문제가 된다. 이에 농도규제 아닌 총량규제로 전환해야 한다는 주장이 전개되고 있다.

농약공업폐수

Wastewater from Pesticide Industry

농약 제조 공장에서 배출되는 폐수를 말한다. 농약의 원체는 화학공장에서 제조되어 제제(製劑)공장으로 보내져 약제, 유제, 분제 등으로 가공되므로 폐수의 성상 역시 원체 제조 공장과 제제 공장으로 구별된다. 농약의 종류는 매우 많아 폐수의 성상도 종류에 따라 전혀 달라진다.

농약공해
Pesticide Pollution
병충해를 없애기 위하여 뿌려진 농약이 농작물과 토양을 오염시켜서 이른바 먹이사슬을 통해 사람들의 건강에 피해를 주는 것을 말한다.

농약잔류허용기준
Tolerances for Pesticide Residues in Foods
식품에 남는 농약의 허용량으로, 농약의 잔류량이 사람이 일생동안 그 식품을 섭취해도 전혀 해가 없는 수준을 법으로 규정한 양을 말한다. 농약의 1일섭취허용량, 국민평균체중 및 식품평균섭취량 등을 고려하여 계산한다.

누수량
Water Leakage
정수장에서 공급된 수돗물이 사용자의 계량기에 도착하기까지 발생한 손실 수량으로 수도관 균열 또는 사고 등이 원인이 된다.

누적영향평가제도
Accumulative Environmental Impact Assessment
누적된 환경영향을 체계적으로 분석하고 평가하는 과정을 말한다. 반복되는 여러 사업들로 인한 환경영향은 장기간에 걸쳐, 지역의 경계를 넘어 축적되므로 개별적인 사업에 대한 환경영향평가만으로는 한계가 있어 선진국에서는 사업 제안 시 사업 삼재석인 누석영향을 평가하도록 요구하고 있다. 누적영향평가는 환경요인의 다양성, 축적 경로의 다양성, 시공간적 영향의 다양성 등 매우 복잡해 우리나라는 아직 시행되지 않고 있다.

니켈
Nickel
은백색의 강한 광택이 있는 금속이다. 공기 중에서 변하지 않고 산화 반응을 일으키지 않아 합금과 도금에 널리 사용된다. 니켈은 동전, 핸드폰, 정수기 부품, 수도꼭지, 주전자 등 생활 속에서 다양하게 쓰인다. 중금속으로 호흡 시 체내로 일정량 이상이 들어오면 독성작용을 일으키며 알레르기성 접촉 피부염을 일으키는 주요 원인 중 하나다.

니트로소 화합물
Nitroso Compound
1기의 니트로소가 아민이나 아미드의 N에 붙은 화합물을 N-니트로소 화합물이라 한다. 모두 노란색 유상 액체이며 화학적으로 안정되어 있다. 동물 실험 결과 거의 모두 발암물질로 판명되었으며 변이원성도 확인된 바 있다.

님비현상
Nymby Syndrome
화장터나 쓰레기 소각장 등 위험시설, 혐오시설 등이 자신들이 살고 있는 지역에 들어서는 것을 반대하는 지역이기주의 현상을 이르는 말이다. '내 뒷마당에서는 안 된다(Not In My Backyard)'는 영어의 약자다.

다운워싱
Downwashing
굴뚝에서의 배출가스가 배출 속도가 아주 느리고, 가스의 온도가 주위의 대기의 온도와 큰 차이가 없는 경우에 배출가스가 지표를 향해 내려오게 되는 현상을 말한다. 이는 배출가스가 하늘로 올라가 퍼지는 것을 막기 때문에 대기오염방지상 피해야 할 점이다. 한편 배출가스가 지상의 건물이나 산 등으로 인하여 마치 기둣이 땅으로 내려오는 현상을 다운 드래프트라 한다. 이러한 현상을 피하기 위해서는 건물의 높이보다 2～3배 정도 높은 굴뚝을 설치하는 것이 바람직하다.

다이옥신
Dioxin
무색, 무취의 맹독성 화학물질로, 비슷한 특성과

독성을 가진 여러 화합물을 총칭하는 환경호르몬이다. 염소나 브롬을 함유하는 산업공정과, 플라스틱 종류의 물질을 태울 때 가장 많이 생긴다. 화학적으로 안정되어 있어 분해되거나 다른 물질과 쉽게 결합되지 않아 자연적으로 사라지지 않으며, 소량을 섭취하더라도 배출되지 않고 인체에 축적돼 치명적인 결과를 낳는 발암물질이다.

다코닐(TPN)
Tetra-Chloro-Iso-Phthalonitrile

유기염소계 살균제로 클로로타로닐(TPN)의 상품이다. 발암성을 촉진하기 위해 독성의 강도, 물에서의 용해도, 일반적인 사용량 등을 고려하여 시마진(전초제), 다이아지논(살충제), 다코닐이 다루어졌는데 그중 다코닐의 발암성이 가장 높은 것으로 나타났다. 미국에서는 한 골퍼가 다코닐 때문에 사망하였다 하여 재판이 벌어진 일도 있다. 다코닐은 염증을 잘 일으키는 농약이기도 하다.

다환방향족탄화수소(PAHs)
Polycyclic Aromatic Hydrocarbon

둘 이상의 벤젠고리를 가진 방향족 탄화수소로서 석탄, 가스, 쓰레기 등 유기물이 불완전연소할 때 발생한다. 대부분의 PAH는 직경이 2.5 μm 미만의 입자상물질로 주로 인위적으로 생성되며 입자상물질에 흡착되거나 가스상으로 존재한다. 가장 널리 알려진 PAH로는 나프탈렌·안트라센·페난트렌 등이 있다. PAH는 독성을 지닌 물질이 많은데, 특히 석탄연기에 많이 들어있는 벤조피렌 등은 발암물질로 알려져 있다.

단순매립
Open Dumping

땅에 커다란 구덩이를 파고 쓰레기를 묻은 뒤 흙으로 덮어나가는 폐기물의 최종처리 방식으로 비위생매립이라고도 한다. 위생매립과 달리 매립한 뒤에 발생가능한 2차 오염 등을 전혀 고려하지 않는 것으로, 1993년까지 사용된 난지도 쓰레기매립장이 대표적인 예이다.

대기
Atmosphere

지구를 둘러싸고 있는 기체 상태의 외피를 말한다. 건조한 대기는 거의 대부분 질소(78.1%)와 산소(20.9%)로 구성되어 있다. 그 외 온실가스, 오존 등 수많은 미량 가스와 수증기를 함유하며, 구름과 에어로졸이 들어 있다. 화학조성과 고도에 따른 온도에 의해서 대류권(8 ~ 17 km), 성층권(50 km), 중간권(80 ~ 90 km), 열권(이온권)으로 나뉜다.

대기 대순환
Atmospheric General Circulation

전 지구적인 대기운동으로 세 개의 연직 순환과 세 개의 항상풍으로 이루어진다. 세 개의 연직순환은 극순환(극지방에서 하강하고 위도 60° 부근에서 상승하는 순환), 페렐순환(극순환과 적도순환 사이에 끼인 위도 30 ~ 60°의 중위도지역에서의 순환), 해들리순환(적도지방에서 상승하고 위도 30° 부근의 중위도에서 하강하는 순환)이다. 세 개의 항상풍은 무역풍, 편서풍, 극동풍을 가리킨다. 대기 대순환은 지구 자전의 영향으로 북반구와 남반구에서 대칭적으로 나타난다.

대기 배출기준
Atmospheric Emission Standard

환경법에 근거하여 「대기환경보전법」 중에서 발원으로서의 오염물질을 규제하기 위한 기준이다. 대기 중의 오염물질의 농도를 어느 수준 이하로 유지시키기 위해서 환경기준을 설정하여 오염의 발생원인, 고정 발생원과 이동 발생원에 대하여 배출농도와 양을 규제하는 것이다.

대기관리권역
Atmospheric Management Zone

수도권지역 중 대기오염이 심각하다고 인정되는 지역 등 「수도권 대기환경개선에 관한 특별법 시행령」 제2조에 따라 지정된 지역으로서 서울특별시(전체), 인천광역시(옹진군 제외), 경기도 28시·군(가평군, 양평군, 연천군 제외)이 지정되어 있다.

대기대순환 모델(GCM)

General Circulation Model

전 지구의 기후를 3차원 컴퓨터 시뮬레이션을 통해 구현하는 시스템으로 인간의 활동이 기후에 어떤 영향을 미치는 지 알아보는 데 활용하고 있다. 수증기나 온실가스, 구름, 태양복사에너지, 해양온도, 빙권 등 기후에 영향을 주는 다양한 요소들을 반영한다. 최근에는 생권(지표), 해양, 대기의 순환을 총괄하도록 구성되고 있다.

대기배출원 관리시스템(SEMS)

Stack Emission Management System

전국의 사업장, 배출구 등 대기오염물질 배출원과 배출량을 파악하여 대기환경 관리에 활용하는 시스템이다. 미세먼지를 포함한 대기오염물질을 연간 10 t 이상 내보내는 사업장이 배출시설 및 방지시설의 운영 사항, 자가측정에 관한 사항 등을 전산에 입력하여 기록·보존할 수 있도록 시스템을 구축한 것이다. 사업장은 배출 발생 후 한 달 안에 시스템에 입력해야 하며, 지자체에서 과태료를 부과하도록 하고 있다.

대기보전 특별대책지역

Special Countermeasure Area for Air Quality Protection

해당 지역 내 대기환경 보전을 위하여 시·도지사가 지역 내의 토지이용과 시설설치를 제한할 수 있도록 하는 지역으로 환경오염·환경훼손 또는 자연생태계의 변화가 현저하거나 현저하게 될 우려가 있거나 환경기준을 자주 초과하는 지역을 대상으로 한다. 대규모 배출시설이 밀집되어 있는 울산광역시 울산·미포 및 온산국가산업단지, 전라남도 여수시 여천국가산업단지 및 확장단지가 지정되어 있다.

대기압

Atmospheric Pressure

대기의 공기 중에 작용하는 중력에 의해서 생기는 압력을 말하며, 일반적으로 수은기압계에 의해 나타내는 수은주의 높이로 측정한다. 지상으로부터 높이 올라갈수록 대기압은 낮아지고 밀도는 적어지므로, 공학적으로 기체의 압력이나 밀도를 비교할 때는 표준대기압을 사용한다.

대기오염

Air Pollution

인위적 발생원에서 배출된 오염물질이 대기의 자정능력의 범위를 벗어날 만큼 다량으로 대기 중에 존재하는 상태이다. 오염물질은 미세먼지, 이산화탄소, 황사, 오존, 라돈, 질소산화물, 황산화물 등이 있으며, 많은 사람에게 불쾌감을 주거나 건강에 위해하다. 주요 대기오염원으로는 공장 등 산업시설과 자동차 배기가스가 있다. 도시화, 산업화로 대기오염은 더욱 광역화되고 심각해지고 있다.

대기오염 측정망

Air Pollution Monitoring Networks

전국적인 대기오염 실태, 변화 추이 및 대기 환경기준 달성여부 등을 파악하기 위해 대기 오염물질 측정장비를 설치·운영하는 것이다. 도시대기 측정망, 교외대기측정망, 국가배경농도 측정망, 도로변 대기측정망의 네 종류가 있다.

대기오염도 실시간 공개시스템(에어코리아)

Real Time Air Pollution Monitoring System

한국환경공단에서 제공하는 실시간 대기오염도 공개 시스템이다. 전국 측정망에서 측정된 대기환경 기준물질[아황산가스, 일산화탄소, 이산화질소, 미세먼지($PM_{10}/PM_{2.5}$), 오존]의 자료, 기상청의 황사 경보제, 지자체의 오존경보제 등의 자료도 함께 공개하고 있다. 인체 영향과 체감오염도를 반영한 통합대기환경지수의 적용을 통해 대기오염의 상황을 한눈에 알기 쉽게 4개 등급과 색상으로 표현하여 제공하고 있다.

대기오염물질 이동형 감시시스템

Mobile Air Pollution Monitoring System

대기오염물질을 실시간으로 모니터링이 가능한 장

비를 차량에 장착하여, 대기오염 문제가 발생할 경우 즉각 현장 출동하여 신속한 원인규명이 가능하도록 할 수 있는 시스템이다. 오염 지역 및 악취 발생지역에 주변에 대한 고정감시와 집중관리가 가능하다.

대기오염물질 총량관리제도

Total Air Pollution Load Management System

오염물질별 배출허용총량을 산정한 후, 사업장별로 배출량을 할당하여 그 범위에서 오염물질을 배출하도록 하는 것으로 사전 예방적인 관리제도이다. 대기오염물질 발생량의 합계가 연간 80톤 이상인 사업장을 대기오염배출 1종 사업장으로 지정하여 관리하고 있다.

대기오염물질의 장거리 이동에 관한 협약

Convention on Long-range Transboundary Air Pollution

1975년 스웨덴 등 북유럽 대표들이 국경을 넘는 대기오염 문제를 공식 제기하여 1979년 스위스 제네바에서 채택되고 1983년 3월 발효된 조약이다. 이 협약은 특히 유럽에서의 산성비 문제가 심각해 국경을 넘어 이동하는 대기오염물질을 통제하기 위한 국제적 협력이 필요하다는 요청에 따라, 주로 유럽 지역의 국가들을 중심으로 체결된 조약이다. 각 당사국은 대기오염물질을 감소시키기 위한 정책이나 전략을 개발하고 지속적인 연구, 정보교환, 감시 등을 수행하도록 되어 있다.

대기오염원

Air Pollution Source

자동차, 각종 공장, 화력발전소, 가정 등의 난방, 항공기, 선박 등 대기오염을 발생시키는 발생원을 말한다. 이 중 일산화탄소와 탄화수소를 가장 많이 발생시키는 것은 자동차이고, 질소산화물과 황산화물을 가장 많이 발생시키는 것은 공장 및 화력발전소이다.

대기전력 저감프로그램

Standby Power Reduction Program

전자제품을 사용하지 않을 때 소모되는 대기전력(Standby Power)을 저감시킨 대기전력 저감 우수제품의 보급을 확대하고 관련 기술의 개발을 촉진하기 위한 의무 신고제도이다. 대기전력 소비량은 상당히 많으며, 복사기나 비디오의 경우는 전체전력소비의 80%를 차지하는 것으로 추정된다. 제조(수입)업자는 고시된 대기전력저감기준에 만족하는 제품에 에너지절약마크를 표시할 수 있으며, 이 기준에 미달하는 경우에는 반드시 대기전력 경고표지를 의무적으로 표시하여야 한다.

대기정책 모델링 지원시스템(CAPMOS)

Clean Air Policy Modeling System

대기정책의 수립과 평가에 필수적인 대기질 모델링의 가이드라인과 표준자료를 사용자에게 제공하기 위해 2012년 4월 구축됐으며, 1년 간 정보 보강 및 재정비를 거쳤다. 대기질 모델링 가이드라인, 기상, 배출량, 대기질 등 4개 부문에 걸쳐 총 50여개 이상의 자료를 오랜 기간 축적된 연구결과를 토대로 전문가의 검증을 거쳐 제공한다.

대기중금속측정망

Atmospheric Heavy Metal Monitoring Networks

도시 및 주요산업단지에 설치하여 대기 중 납, 카드뮴, 크롬, 구리, 망간 등 중금속 오염에 대한 실태 파악을 위해 설치한다.

대기질 모델링

Air Quality Modeling

「대기환경보전법」, 「수도권 대기환경개선에 관한 특별법」에 따라 국가 대기정책을 수립하고 평가하는 데 핵심적으로 사용되는 과학적인 도구이다. 기상, 배출량 자료 등을 입력해 대기오염물질의 배출·반응·확산을 고려해 대기오염도 및 침적량을 예측하는 연구기법으로 대기오염물질 저감정책 수립, 정책 시행 효과 분석, 배출원 기여도 평가 등에 널리 사용되고 있다.

대기질 예경보제

Air Pollution Forecasting and Alert System

대기오염으로 인한 국민 건강 피해를 최소화하기 위한 대기오염 농도 예보이다. 시시각각으로 변하는 대기질 상황을 전달하기 위해 매일 4회(5시, 11시, 17시, 23시) 미세먼지(PM_{10}, $PM_{2.5}$)와 오존(O_3)의 농도 등급을 예측하여 발표한다. 오존예보는 매년 4월 15일부터 10월 15일까지 발표한다. 발표는 TV, 라디오, 신문 등 방송매체와 에어코리아 사이트와 앱을 통해 실시하고 미세먼지가 '나쁨' 이상 등급 시에는 문자메시지를 발송한다.

대기확산 지수

Atmospheric Dispersion Index

오염물질이 대기 중에 유입되어 존재할 경우, 대기상태(소산과 관련된 기상요소)에 의해 변화될 수 있는 가능성 예보를 말한다. 혼합층 높이, 환기지수, 강수유무, 역전층유무, 지표면과 상층의 바람, 대기안정도 등을 이용하여 산출한다. 불쾌지수, 자외선지수, 동파가능지수 등과 함께 생활기상지수의 하나이다.

대기환경 규제지역

Air Quality Regulation Area

환경기준을 초과하였거나 초과할 우려가 있는 지역으로서 대기질의 개선이 긴급한 지역으로, 해당 지역 지자체는 대기질 달성을 위한 실천 계획을 수립하여 시행한다.

대기환경 기준

Air Quality Standards

특정한 지리학적 지역에서 일정시간 안에 초과해서는 안 되도록 법적으로 규정한 야외대기 내 오염물질별 농도기준을 말한다. 우리나라의 대기환경기준은 연간을 통해 24시간 평균 아황산가스 농도가 0.05 ppm 이하인 일수가 70% 이상이어야 하며 24시간 평균치가 0.15 ppm 이하여야 한다.

대기환경보전법

Clean Air Conservation Act

대기오염으로 인한 국민건강이나 환경에 관한 위해를 예방하고 대기환경을 적정하고 지속가능하게 관리·보전하여 모든 국민이 건강하고 쾌적한 환경에서 생활할 수 있게 하는 것을 목적으로 수립된 법률이다. 2008년 처음 시행되었다.

대량생산 화학물질 위해성평가 사업(SIDS)

Screening Information Data Set

연간 1000톤 이상 생산·수입되는 화학물질의 기초적 위해성평가 정보를 검토하여 해당 화학물질에 대한 자료를 생산하는 OECD의 협력사업이다. OECD에서 연간 2회의 위해성평가 전문가회의를 개최하여 회원국에서 제출한 위해성평가보고서를 검토·심의 및 승인하고 있으며, 우리나라는 2001년부터 동 사업에 참여하여 염화제일철 등 11개 화학물질에 대한 위해성평가 보고서를 작성·제출하여 OECD 전문가회의에서 승인을 받은 바 있다.

대량증식

Mass Propagation

대량번식이라고도 하며 식물조직배양의 방법을 응용해서 식물의 종묘를 대량으로 증식하는 것을 말한다. 최근에는 탱크배양으로 백합의 주아를 대단히 큰 규모로까지 증식시킬 수 있도록 시행할 수 있게 되었다.

대류권

Troposphere

지상으로부터 중위도에서 고도 약 10 km까지 대기의 가장 낮은 부분으로서 구름과 날씨현상이 일어나는 곳이다. 대류권에서는 일반적으로 고도가 상승되면 1 km당 5~6℃씩 온도가 낮아진다.

대사물질

Metabolite

생체 내 물질대사 작용의 중간물질과 최종산물을 말한다. 대사는 효소계의 작용으로, 기질의 화학결합이 변화하여 대사물질이 된다. 단백질, 핵산, 신경전달물질, 지질 등을 포함한다.

대체에너지

Alternative Energy

일반적으로 기존의 화석 연료가 아닌, 환경에 적은 영향을 미치는 에너지를 말한다. 천연자원을 소모하거나 자연환경을 해치지 않는 방법으로 얻어지는 에너지이다. 그러므로 대체 에너지는 환경에 큰 영향을 미칠 수 있고 미치지 않을 수도 있는 재생가능 에너지와는 구별된다. 현재 선진각국에서 활발히 기술개발이 진행되어 실용화 단계에 접어든 대체 에너지로는 태양 에너지, 풍력 에너지가 주종을 이루며, 바이오매스, 지열, 파력, 해양온도차 등을 이용한 대체 에너지 개발이 활발히 진행되고 있다.

대표농도경로(RCP)시나리오

Representative Concentration Pathway Scenario

기존의 SRES 시나리오를 대신하여 IPCC 5차 평가 보고서(2013)에서 사용된 새로운 온실가스 시나리오이다. RCP 시나리오는 인간 활동이 대기에 미치는 복사량으로 온실가스 농도를 정하였다. 하나의 대표적인 복사강제력에 대해 사회·경제 시나리오는 여러 가지가 될 수 있다는 의미에서 '대표'라는 표현을 사용하고 온실가스 배출 시나리오의 시간에 따른 변화를 강조하기 위해 '경로'라는 의미를 포함한다. 4개의 RCP 시나리오 중 RCP8.5 시나리오는 감축 없이 현재 추세로 온실가스가 배출되는 경우를 전망하는 것이고, RCP2.6 시나리오는 지구 스스로 회복가능한 수준으로 온실가스 감축이 이루어지는 경우로 파리협정에서 제시된 목표에 가장 근접하는 시나리오이다.

대형폐기물

Bulky Waste

일반폐기물 중에서 특히 대형으로서 파괴되기 어렵고, 보통 쓰레기 수집차로는 운반이 곤란하며 그대로는 소각로에 투입할 수 없는 쓰레기를 말한다. 대형쓰레기의 수집은 생쓰레기 등과는 별도로 행해지며 presspacker차나 소형트럭 등이 사용되고 있다.

더스트

Dust

기체 중에 포함된 고체 알갱이로서, 통상 1 μm(마이크로미터) 이상의 크기를 가진 것을 가리키나, 1 μm 이하의 고체 알갱이인 퓸을 포함해서 말하기도 한다. 비버위원회는 대기오염의 견지에서 대기 중의 부유물질을 직경에 의해 분류하여, 직경 76 μm 이상을 그릿, 1～76 μm를 더스트, 1 μm 이하를 퓸이라 했다. 이 분류에 의하면 스모그를 구성하는 것은 더스트나 그릿이 아닌 퓸이다.

데시벨(dB)

Decibel

소리의 상대적인 크기를 나타내는 단위이다. 기준이 되는 소리의 세기와 측정하려는 소리의 세기의 비 값을 상용로그 취해준 다음 10을 곱해서 얻어지므로, 소리가 10 dB이 증가하면 소리의 세기는 10배씩 강해진다. 일반적인 생활소음은 40 dB, 대화소리는 60 dB, 항공소음은 150 dB 정도이다.

도금폐수

Metal Plating Wastewater

크롬 도금이나 동 도금 등 각종 도금공정에서 배출되는 폐수로 다른 폐수에 비하여 배수량은 적지만 유해물질을 다량 보유하고 있다. 공정에 따라 차이는 있지만 일반적으로 독성이 강한 시안화물을 비롯하여 크롬산, 중금속, 유지, 산, 알칼리, 계면활성제 등을 포함한다.

도로 재비산먼지

Road Rescattering Dust

포장도로에서 차량의 주행으로 인하여 대기 중으로 재비산하는 입자상 물질을 말한다. 자동차 배기가스, 타이어마모, 브레이크패드 마모 등에 의해 발생한 물질 뿐 아니라 주변 토양에서 발생하는 입자상 물질들이 섞여 발생된다. 도로재비산먼지는 Al, K, Ca 등 지각물질에 기인하는 자연성분 이외에도 카드뮴, 납 등 인위적 성분을 포함하여 일반 먼지에 비해 더 해롭다. 또한 입자가 미세하여 코점막을 통해 걸러지지 않고 폐나 뇌까지 직접 침투해 천식과 폐암 등 호흡기질환을 유발한다.

도로먼지지도

Road Dust Map

수도권 주요도로 929곳의 먼지 오염도를 5개 등급으로 표시한 지도이다. 이동측정차량 측정결과 도로 재비산먼지(차량 타이어와 도로변의 마찰에 의해 다시 날리는 미세먼지) 오염도를 '매우 좋음(0～50 μg/m^3)'부터 '매우 나쁨(201 μg/m^3)'까지 5개 등급으로 나누고 색상별로 나타낸다.

도립공원

Provincial Parks

특별시·광역시·도의 자연경관을 대표할 만한 수려한 자연경관지로서 1970년 경북 금오산을 시작으로 2017년 말 기준 29개소가 지정되어 있다. 남한산성과 같은 사적공원, 경포와 같은 해안공원, 신안, 무안과 같은 갯벌공원, 기타 명산 등을 위주로 한 산악육지공원으로 구성되어 있다.

도시광산

Urban Mining

산업원료인 광물금속이 제품 또는 폐기물 형태로 생활주변에 소량으로 넓게 분포되어 양적으로 광산규모를 가진 상태를 말한다. 도시광산 산업은 폐저리된 휴대폰, 가전제품, 자동차 등에서 금, 은, 희소금속 등 자원을 추출하는 산업이다. 천연자원 고갈 시기가 다가오면서 폐자원에서 금속을 채굴하는 도시광산이 제4차 산업혁명을 견지할 주춧돌로 떠오르고 있다.

도시기후

Urban Climate

도시의 중심부에서 가옥이나 공장의 집중, 도로의 포장, 차량의 증가 등으로 인해 나타나는 특유한 국지 기후를 말한다. 교외에 비하면 일반적으로 기온이 높고 습도는 낮으며 풍속이 약하다. 공간에는 진애, 매연, 아황산가스등의 오염물질이 많이 있어서 안개가 발생하기 쉽다. 또 일사량이 적고 자외선도 부족하다. 겨울에는 흔히 기온 역전층이 형성되어 오염물질의 이상 고농도를 나타내는 경우가 있다.

도시사막화

Urban Desertification

대도시에서 콘크리트와 아스팔트로 지면이 뒤덮여 빗물이 지하에 침투하지 못하고, 지표로부터 수분 증발량이 감소하고, 여기에 인공적인 배기열이 더해져 기온은 상승하고 습도는 하락하는 현상이 지속되는 상태를 말한다. 대기 오염까지 가세하면 이끼나 지의류가 소실되고 착생식물의 사막화가 넓은 지역으로 확대된다. 즉 도시 사막화란 도시화의 한 형태이자 일반적으로 건조지역에서 일어나는 사막화가 도시로 확장된 개념이라고 할 수 있다.

도시생태현황지도(비오톱지도)

Biotope Map

지역 내 공간을 경계를 가진 비오톱으로 구분하고, 각 비오톱의 유형과 보전가치 등급을 나타낸 지도이다. 비오톱이란 특정한 식물과 동물이 하나의 생활공동체 즉 군집을 이루어 지표상에서 다른 곳과 구분되는 독립된 서식지를 의미한다. 비오톱지도는 지역규모에서의 친환경적인 공간 관리와 자연환경 보전, 생태축 및 생태네트워크 조성을 위한 기초가 된다.

도시열섬현상

Urban Heat Island

인구의 증가, 각종 인공 시설물의 증가, 콘크리트 피복의 증가, 자동차 통행의 증가, 인공열의 방출, 온실 효과 등의 영향으로 도시 상공의 기온이 다른 지역보다 높아지는 현상을 말한다. 도심을 중심으로 동심원상의 기온 분포를 나타내며, 열섬의 강도는 여름보다 겨울에, 낮보다는 밤에 크게 나타난다. 이에 대한 반대 개념으로 수목이 우거진 도심공원에서 빌딩 숲보다 기온이 크게 떨어지는 현상을 가리키는 도시냉섬현상이 있다.

도출무영향수준(DNEL)

Derived No Effect Level

사람에게 노출되더라도 악영향을 일으키지 않는 무영향수준 계산치를 말한다. 2006년 유럽연합(EU)에서 '통합적 신화학물질제도(REACH)'를 도입했으며, 작업장에서 근로자 건강보호를 위해 모든 화학물질에 대해 유해성 - 위험성 평가를 실시하는데 사용한다.

도하 개발의제(DDA)

Doha Development Agenda

2001년 카타르의 도하에서 열린 세계무역기구(WTO) 제4차 각료회의에서 합의되어 시작된 다자간 무역협상이다. 세계무역기구(WTO)를 탄생시켰던 우루과이라운드(UR)의 뒤를 이어 새로운 세계 무역질서를 만들기 위해 추진되었으며, 농업과 비농산물, 서비스, 지적 재산권 등 다양한 분야를 포함한 무역 자유화를 목표로 한다.

독성시험

Toxicity Test

인체에 문제를 일으킬 가능성이 있는 의약품, 식품첨가물, 공업폐기물 등 화학물질의 안전성 평가 또는 한계(허용량)를 판단하기 위한 시험법의 총칭이다. 독성시험에는 일반독성시험(급성, 단기, 장기독성시험), 특수독성시험(변이원성, 국소자극성, 알레르기성, 발암성, 최기형성, 번식성, 다세대 시험), 체내체류시험(흡수, 대사, 축적, 배설시험)나 일반생물학적 시험(약리학적, 세포독성시험) 등이 있다.

독성참고치(RfD)

Reference Dose

식품 및 환경매체 등을 통하여 화학물질이 인체에 유입되었을 경우 유해한 영향이 나타나지 않는다고 판단되는 일일경구노출허용량이나 일일호흡노출허용농도를 말한다. 동물실험이나 인체역학연구 결과의 한계를 반영하기 위해 사용된다. 내용일일섭취량, 일일섭취허용량, 잠정주간섭취허용량 또는 흡입독성참고치 값도 충분한 검토를 거쳐 동일한 개념으로 사용할 수 있다.

돌발적 기후변화

Abrupt Climate Change

기후계의 복잡성으로 인해 발생하는 갑작스러운 기후변화를 말한다. 가능한 돌발현상으로는 열염순환의 극적인 재편성, 빙하의 급속한 융해, 영구동토의 대량 해동, 또는 탄소순환의 급속한 변화로 이어지는 토양 호흡작용의 증가 등이 있다.

돕슨단위(DU)

Dobson Unit

옥스포드 대학교의 고든 돕슨(Gordon Dobson)이 개발한 가스측정 단위로 단위 면적의 기둥에 포함된 미량가스를 0℃와 1기압 상태에서 압축했을 때의 높이를 말한다. 1 DU는 표준상태에서 압축했을 때의 물리적 두께를 가리킨다.

동북아 생물권보전지역 네트워크

East Asian Biosphere Reserve Network

동북아 지역의 생물권보전지역 활동과 국가간 협력을 증진하기 위해 1995년 한국 주도로 설립된 네트워크다.

동북아지역 장거리이동 대기오염물질 공동조사사업

Joint Research on Long-Range Transboundary Air Pollutants in Northeast Asia

1995년 우리나라가 제안해 이후 매년 열리고 있는 한·중·일 전문가 회의에서 수행 중인 사업으로 동북아 장거리이동 대기오염물질에 대한 공동조사를 통해 대기질 현황 파악 및 개선을 위한 각국의 정책 수립에 기여함을 목적으로 한다. 1단계(2000년~2004년) 대기 모델링 시스템 구축 등 공동 연구 기반 마련, 2~3단계(2005~2007년, 2008~2012년) 황산화물, 질소산화물에 대한 배출원 - 수용지 관계 분석 연구, 4단계(2013~2017년) 미세먼지의 국가 간 상호 영향평가 등의 공동 연구가 이루어져 왔다.

동아시아기후파트너십(EACP)

East Asia Climate Partnership

개발도상국의 기후변화 대응과 아시아의 녹색성장을 위해 대외원조를 담당하는 한국국제협력단(KOICA)이 주관하는 대한민국의 국제개발 협력사업이다. 기후변화 대응에 중점을 둔 아시아 지역 20개 프로젝트형 사업, 9개 국제기구 사업, 11개 연구개발 사업, 국내 초청 연수, 연례 포럼 개최 등 독자적 홍보활동을 통한 다양하고 집중적인 패키지형 개발도상국 지원 사업이다.

등가소음도

Equivalent Sound Level

음압 레벨이 변동하는 소음의 평균을 dB로 나타낸 것으로 소음도의 파워 평균이다. 소음진동공정시험방법에서 정한 것으로, 평가 단위시간의 측정소음도를 에너지평균하여 나타낸다. 교통소음 등 변동소음에 사용된다.

디스포저(오물분쇄기)

Disposer

부엌에서 음식물 찌꺼기나 생선뼈 등을 분쇄하여 하수도로 흘러보내는 장치로 보통 개수내의 배수구 밑에 설치한다. 편리함 때문에 일부 부유층에서 사용되고 있으나 환경오염의 원인이 되므로 사용하지 말도록 권고하고 있다.

디클로로메탄

Methylene Chloride

무색투명한 휘발성 액체로, 클로로폼을 아연과 아세트산으로 환원하거나 염화메틸을 염소화 하는 과정에서 생기는 화합물이다. 호흡기, 피부 등을 통해 노출되어 생식독성, 간독성을 일으킨다. 페인트 제거제, 플라스틱 및 의약품 제조, 금속 세정 등 공정에서 발생한다. 우리나라에서는 『대기환경보전법』에 의해 특정대기유해물질로 지정하고 있으며, 굴뚝 배출허용기준을 50 ppm으로 적용하고 있다.

딥에콜로지

Deep Ecology

노르웨이 철학자 Arne Naess가 만든 용어로 생태운동의 한 부류다. 현대 환경문제는 기술적 대응을 넘어선 것이라 전제하고, 수많은 사회제도(정치·경제·문화의 양상)나 개인의 세계관, 가치관 등 깊은 수준의 변혁이 불가결하다는 기본 인식을 가진다. 생명평등주의, 전체론적 세계관, 공생개념에 바탕을 둔 운동으로 서구 유럽 및 미국에서도 다양하게 전개되고 있다.

라니냐

La Nina

엘니뇨와 반대로 동태평양에서 평년보다 0.5℃ 낮은 저수온 현상이 수개월 동안 일어나는 이상해류다. 엘니뇨와 같이 라니냐 또한 기상이변의 주요 원인이 된다. 특히 엘니뇨보다 축적된 연구 자료가 훨씬 적어 기상예측이 힘들고, 피해예상 지역을 잡아내기도 더 어려워 불안감을 가중시키고 있다.

라돈

Radon

사연방사능 중에서 인체에 미치는 영향이 가장 강한 무색무취의 비활성기체이다. 천연에 있는 우라늄이나 토륨이 방사능 붕괴를 통해 라듐이 되고 라듐이 붕괴되면서 생성된다. 주로 건물의 토대와 지하실, 파이프 등을 통해 대기 중에 확산되어, 호흡을 통해 폐에 흡착되어 폐암을 유발한다. 라돈 피해를 방지하기 위해서는 환기를 잘 시켜주는 것이 중요하다.

라듐
Radium
우라늄의 붕괴로 인해서 생성되는 강한 방사능을 가진 은백색의 금속이다. 우라늄보다 방사능이 4~5배 크며, 반감기는 1600년이나 된다. 공기 중에서 산화하여 질소화물을 만들고, 물과 격렬히 반응하여 수소를 발생시킨다. 의료나 발광 도료 등에 사용되어 왔지만 최근에는 인공방사성 핵종으로 대체되고 있다.

라인강오염사고
Rhine River Pollution Incident
1986년 11월 스위스 바젤에 있는 의약품 대기업에 의해 발생한 환경사고로, 회사공장에서 화재가 발생하여 창고에 있던 살충제, 유기인계 농약, 수은 화합물 등 약 30 t이 라인 강에 흘러들자 이에 편승하여 몇몇 화학 회사가 유독 제초제 등을 무단 방류하여 라인 강을 오염시킨 사건이다.

람사르습지
Ramsar Wetlands
람사르 협약에 따라 전 세계 습지 중 독특한 생물 지리학적 특징을 가진 곳, 희귀동식물종이나 물새의 서식지 등 습지로서의 중요성을 인정받아 람사르협회가 지정, 등록하여 보호하는 습지를 말한다. 2017년 기준 우리나라에서는 대암산 용늪, 우포늪, 순천만·보성갯벌, 송도갯벌을 비롯 총 22곳이 등록되어 있고 면적은 191.627 km^2에 이른다. 람사르습지에 대한 정보는 국토환경정보센터에서 찾아볼 수 있다.

람사르협약
Ramsar Convention
정식명칭은 '물새 서식지로서 국제적으로 중요한 습지에 관한 협약'으로 1971년 이란 람사르에서 채택되고 1975년 12월 발효되었다. 자연 자원과 서식지의 보전 및 현명한 이용에 관한 최초의 국제 협약으로, 습지 자원의 이용과 보전에 대한 기본 방향을 제시하고 있다. 가입국은 한 개 이상의 자국 습지를 람사르습지로 지정하여 보전 계획을 수립해 시행해야 한다. 우리나라는 1997년 7월 28일 101번째로 가입했다.

랑게리아지수(LI)
Langlier's Index
수돗물이 시멘트의 부식이나 금속에 미치는 정도를 나타내는 지수로, 수돗물에 포함되어 있는 탄산칼슘의 포화 상태를 나타낸다. 탄산칼슘이 수돗물에서 불포화 상태로 있으면 금속의 부식이 촉진된다. 랑게리아지수가 0 이하면 수도관에 대해 부식성이 있음을 의미한다. 우리나라에서는 랑게리아지수 −1.5 이상을 목표로 하고 있다.

러브운하사건
Love Canal Accident
1978년 미국 뉴욕 주 나이아가라폭포의 러브운하에서 후커 케미컬사(현, 옥시덴털 석유회사)가 매립한 독성화학물질로 인한 토양오염으로, 각종 질병을 유발해 지역 주민의 집단 이주와 함께 환경재난지역으로 선포된 사건이다.

런던협약
London Convention
정식명칭은 『폐기물 및 기타 물질의 투기에 의한 해양 오염을 방지하기 위한 국제 협약』으로, 1972년 영국 런던에서 체결되어 1975년 발효되었다. 협약은 폐기물의 범주를 구분하여 가장 유해한 물질에 대해서만 투기를 금지하고 나머지 물질들에 대해서는 특별허가 또는 일반허가에 따라 투기를 할 수 있도록 규정하고 있다. 이어 '런던협약 1996의정서'는 사전예방원칙과 오염자부담원칙을 도입하고, 8개 허용물질을 제외한 모든 물질의 배출을 금지하고 있다.

런던형 스모그
London Type Smog
공장·발전소, 가정용 난방에 사용되는 석탄·중유의 연소로 생기는 매연에 짙은 안개가 결합하여 발생하는 스모그로 1952년 런던에서 발생한 스모그가 전형적인 예다. 세계 각 도시의 공통된 스모그의 전형으로 주요 오염물질은 황산화물과 일산화탄소이다. 겨울철에 많이 발생하며, 호흡기를 심하게 자극하여 폐질환을 일으킨다. 1952년 12월 발생한 런던스모그로 인해 폐질환에 걸렸던 시민 4,000명 이상이 사망하였고, 1962년 340명이 사망하였다.

로드킬
Road Kill

야생동물들이 먹이를 구하거나 이동을 위해 도로에 갑자기 뛰어들어 횡단하다 차량에 치어 죽는 것을 말한다. 로드킬은 동물뿐 아니라 주행 중이던 차량에도 치명적인 피해를 입힐 수 있어 우리나라에서는 고속도로에 생태 이동 통로를 건설하는 등.

로마클럽
Club of Rome

지구의 유한성이라는 공통의 문제의식을 가진 세계 각국의 지식인으로 구성된 민간단체로 1968년 로마에서 첫 회합을 열었다. 이후 1970년 『성장의 한계』라는 책을 통해 환경문제에 대한 지구적 경각심을 전 세계로 확산시키는 데 기여했다. 이 책은 지속가능발전의 개념이 최초로 언급된 곳이기도 하다.

로스앤젤레스형 스모그
Los Angeles Type Smog

산으로 둘러싸인 지형, 바람이 약하고 역전층이 일어나기 쉬운 기상, 강한 태양광선 등의 조건 아래 고도로 자동차에 의존하는 도시에서 발생하는 광화학 스모그로 로스앤젤레스에서 최초로 발생하였다. 자동차 등 석유연료 연소로 발생된 질소 산화물과 탄화수소가 대기 중에서 자외선과 화학 반응을 일으켜 2차 오염물질인 옥시던트가 발생하여 대기가 안개 낀 것처럼 뿌옇게 변한다.

로컬푸드
Local Food

장거리 운송을 거치지 않은 지역농산물로, 흔히 반경 50 km 이내에서 생산된 농산물을 지칭한다. 로컬푸드 운동은 환경 보호와 생산자의 안정적인 소득 구조 창출, 소비자의 안전한 먹거리 확보로 생산자와 소비자의 신뢰성을 형성하고 지역 경제 발전 등에 기여하는 사회적 움직임이다

로터리 킬른
Rotary Kiln

폐기물소각방식의 일종이다. 회전원통 내에 원료를 투입하고 열풍 또는 화염을 그 속에 투입시켜 가열하는 형식으로, 회전 원통내부가 고온이 되므로 내화벽돌로 내장하고 있다. 시멘트, 산화칼슘, 산화알루미늄, 산화마그네슘이 소성에 사용된다. 소각로 자체가 빙빙 돌면서 소각하므로 소각효율이 높다. 산업폐기물 등의 소각에 적합한 방식이다.

로테르담 협약
Rotterdam Convention

특정 유해화학물질 및 농약의 국제교역에 있어서 사전통보승인에 관한 로테르담 협약으로 2005년 1월 발효되었다. 수입국의 유해화학물질에 대한 관리 능력 제고를 위해 인체 및 환경에 유해한 화학물질 및 농약의 교역 시 수출국이 사전에 수입국에게 동 물질에 관한 사전통보승인(PIC) 절차를 밟아야 하며, 화학물질의 건강과 환경에 대한 잠재적 위험성에 관한 정보 등을 명시하도록 함으로써 유해화학물질의 관리에 있어 수출국과 수입국의 책임을 공유하도록 한 것이다.

로하스(LOHAS)
Lifestyles of Health and Sustainability

공동체 전체의 더 나은 삶을 위해 소비생활을 건강하고 지속가능한 친환경 중심으로 전개하자는 생활양식 · 행동양식 · 사고방식을 뜻한다. 'Lifestyles of Health and Sustainability'의 약자이다. 웰빙의 기본적인 취지가 공동체적 삶과 유리돼 지나치게

개인적인 행복추구로 변질되고 있다는 비판이 일면서 이 개념이 친환경적인 소비 중심으로 확산되고 있다.

룩셈부르크합의

Luxembourg Agreement

1990년 10월의 EC 위원회에서 채택된 합의로, 지구 온난화 방지를 위해 EC 전체에서의 이산화탄소 배출량을 2000년까지 1990년 수준으로 안정시킨다는 목표를 결정하였다.

리어엔진

Lear Engine

자동차 배기가스로 인한 공해를 방지하기 위하여 개발된 증기 엔진이다. 현재 자동차의 엔진은 가솔린을 연료로 사용하기 때문에 대기오염이 발생되는데 반해 이 엔진은 증기를 이용하기 때문에 대기오염이 발생되지 않는다. 승용차의 경우, 11개의 노즐에서 터빈으로 증기를 불어넣어 시속 140 km의 속도를 낼 수 있다고 한다. 발명자 윌리엄 리어의 이름을 따서 리어엔진이라 부른다.

리우선언

The Rio Declaration on Environment and Development

자연과 인간, 환경보전과 개발의 양립을 목표로 한 리우회의의 기본 원칙을 담은 선언서이다. 1972년 스웨덴의 스톡홀름에서 『인간환경선언』이 있은 지 20년 만에 지구인의 행동 강령으로서 150여 개국 대표가 서명하여 채택되었으며 27개 원칙으로 구성되어 있다. * 리우회의는 1992년 6월 3일부터 14일까지 브라질의 리우데자네이루에서 '지구를 건강하게, 미래를 풍요롭게'라는 슬로건 아래 개최된 지구촌 환경회의로 정식명칭은 '환경과 개발에 관한 유엔회의'이다.

링겔만 매연 농도표

Ringelmann Smoke Scale

매연의 농도를 측정하는 표를 말한다. 굵기가 다른 점은 선을 긋고, 흑색이 차지하는 면적을 0에서 5도까지 구별한 것으로서, 이 표를 관측자로부터 16 m 떼어 놓고 굴뚝에서 40 cm 떨어진 부분의 연기의 색과 비교한다. 쉽게 측정할 수 있으나 개인차가 크고, 장소와 시간에 제한을 받으며, 연기의 양에 따라서도 농도에 영향을 받는다.

마라케쉬합의문

Marrakech Agreement

2001년 11월 모로코의 마라케쉬에서 개최된 제7차 기후변화협약 당사국총회(COP7)에서 채택된 결정문이다. COP7에서 채택한 의정서의 구체적인 이행방안에 대한 합의문으로, 여기에는 온실가스 배출권거래제도, 청정개발체제의 모니터링, 기후변화에 대응하기 위한 기금 설립 및 운영에 관한 자세한 규정들이 명시되어 있다.

마을상수도

지방자치단체가 대통령령으로 정하는 수도시설에 따라 100~2,500명의 급수인구에게 정수를 공급하는 일반수도이다. 1일 공급량이 20 m^3 이상 500 m^3 미만 정도이며 지방자치단체장이 지정한다.

마이크로 그리드

Micro-grid

스마트 그리드의 연장선 상에 있는 시스템으로, 에너지의 소비자이자 생산자인 프로슈머들이 전력공동체를 구성해 각 가정 및 시설의 잉여 에너지를 나누어 사용함으로써 공동체 내에서 필요한 에너지를 100% 충당할 수 있도록 한 시스템이다. 마이크로그리드 구축을 위해선 신재생에너지 생산시설 및 에너지 저장장치가 필수이다. 마이크로그리드는 오지, 사막, 도서지역 등 전력망 시설을 갖추기 어려운 지역에서 주로 추진된다.

마이크로시스틴

Microcystin

조류 발생 시 물속의 남조류가 생산하는 독소의 한 종류로 직접 노출되면 간독성을 일으킨다. 다만, 정수처리 과정을 거치면서 대부분 제거된다. 세계보건기구(WHO)에서는 먹는물의 조류독소를 1 μg/L 이하로 권고하고 있으며, 우리나라도 이와 동일한 기준을 설정하여 감시하고 있다.

막분리

Membrane Separation

액상의 식품을 장기저장이나 부피의 감소, 농축 또는 탈수 등을 위해 반투막을 이용하여 탈수, 농축하는 방법이다. 열에 안정성이 약해 가열할 수 없는 식품류나 향기가 있는 휘발성이 강한 식품에 주로 이용한다.

막여과

Membrane Filtration

반투과성 경계막을 이용하여 액상, 기체상의 입자를 농축, 분리, 정제하는 기법이다. 구멍의 크기에 따라 MF(정밀여과), UF(한외여과), MF(나노여과), RO(역삼투법) 등으로 구분된다. 소규모 중수도처리시설이나 해수 담수화, 공장의 탈염 등에 주로 이용된다. 최근에는 생물처리와 결합한 MBR(분리막생물반응조)의 적용도 늘어나고 있다.

망간

Manganese

단단하고 부서지기 쉬운 은백색 금속으로 주로 철과 혼합된 형태로 존재한다. 금속 및 철강산업에서 스테인리스강 등의 합금에 주요 첨가물로 사용된다. 물속에 녹아 있을 때는 2가이며, 산소나 염소에 닿으면 산화되어 4가가 된다. 독성이 강하고 만성중독증으로는 중추신경 침식이 일어난다.

망간박테리아

Manganese Bacteria

망간을 산화시키는 박테리아이다. 산화 과정에서 발생하는 에너지를 이용하여 증식한다. 일반적으로 상수원 수중의 망간은 염소 처리에 의해 제거되나, 망간박테리아 작용을 이용하여 제거하는 방법도 있다.

매립가스(LFG)

Landfill Gas

매립지에 매립된 폐기물 중 유기물질이 분해되는 과정에서 발생하는 바이오가스를 말한다. 주로 메탄(CH_4)과 이산화탄소(CO_2)로 구성되어 있다. 매립가스를 발전에 이용하는 기술이 개발되어 김포, 군산매립지 등에서는 이를 이용하여 전기를 생산하고 있다. 수분 함량이 매립지에서 반응을 가속화하는데 입자가 작을수록, 다짐의 정도가 작을수록 가스 생산량은 증가한다.

매립시설

Landfill Facilities

폐기물 중간처리시설로 차단형 매립시설, 관리형 매립시설(침출수 처리시설, 가스 소각·발전·연료화 처리시설 등 부대시설 포함) 등이 있다.

매연

Soot and Smoke

굴뚝 등에서 방출되는 검댕이나 매진을 함유한 연소 배출 가스를 가리킨다. 대기오염의 측면에서는 연료나 기타 물질의 연소에 의해 발생하는 유황산화물이나 매진, 물질의 연소나 화학반응(합성, 분해) 등에 의해서 발생되는 물질 중 유해한 것을 말한다.

먹는물

Drinking Water

먹는 데에 통상 사용하는 자연 상태의 물과 자연 상태의 물을 먹기에 적합하도록 처리한 수돗물, 먹는샘물, 먹는염지하수, 먹는해양심층수 등을 통칭한다.

먹는물 수질검사

Drinking Water Quality Test

먹는물의 안전성 확보를 위해 실시하는 검사로, 먹는물 공급시설의 유형에 따라 검사항목과 검사주기를 구분한 검사제도를 마련하여 수도사업자 등 관리주체로 하여금 실시하도록 하고 있다. 수도사업자가 실시하는 법정검사 외에, 2014년 3월부터 '우리집 수돗물 안심확인제'를 통해 주민의 신청에 따라 각 가정에서 수질검사를 해주고 있다.

먹는물 수질기준

Drinking Water Quality Standard

음용수 수질기준 및 검사 등에 관한 기준으로, 미생물에 관한 기준, 건강상 유해영향 무기 및 유기물질에 관한 기준, 소독제 및 소독 부산물에 관한 기준, 심미적 영향물질에 관한 기준, 방사능에 관한 기준으로 구분되어 있다.

먹이연쇄/먹이사슬

Food Chain

생물 군집을 이루는 개체들 사이에서 이루어지는 먹고 먹히는 관계를 순서대로 나열한 것이다. 먹이연쇄는 '먹이'의 형태로 태양에너지가 생산자(녹색식물)에서 초식동물(1차 소비자)과 육식동물(2차 소비자) 등으로 차례로 전송되는 과정이다. 생물들이 대부분 다양한 먹이를 먹기 때문에 단일한 먹이연쇄가 존재하는 일은 거의 없고 모두 먹이그물(food web)을 형성한다.

먼지총량제

Total Dust Load Management

사업장에 연도별로 배출허용총량을 할당하고, 할당량 이내로 오염물질 배출을 허용하는 제도로 종전의 농도 규제방식의 단점인 환경용량 초과 문제를 보완한 것이다. 수도권 대기관리권역(서울, 인천, 경기도 28개 시·군)에서 시행 중인 사업장 총량제 대상물질(황산화물, 질소산화물)에 '먼지'를 추가하여 2018년 1월부터 단계적으로 시행되고 있다.

메조코즘

Mesocosm

수생태계 내의 일정공간을 인공적으로 차단하여 현장환경을 유지할 수 있도록 만든 시설로, 시설 내의 하천수에 대해 인위적인 조절을 통해 녹조 발생 메커니즘 등 생태학적 현상을 파악할 수 있도록 하는 과학적인 녹조대응방법이다.

메탄(CH_4)

Methane

교토의정서에 지정된 6대 온실가스의 하나로 이산화탄소 대비 23배의 온실효과를 낸다. 유기물이 부패·발효할 때 생기므로 늪지대의 바닥, 쓰레기 매립지, 화석연료의 불완전연소 등을 통해 발생된다. 천연가스의 주성분으로 연료로 많이 이용된다.

메탄올

Methanol

가장 간단한 알코올계 유기화합물로 무색 투명한 휘발성 액체이며 인화성이 있는 유독물질이다. 메틸알코올 혹은 목정이라도 불린다. 자동차 워셔액에 불순물 제거 등을 위해 사용되며 허용 농도는 200 ppm이다. 메탄올의 증기는 눈의 점막과 기도를 자극하며, 다량 섭취할 경우에는 중추 신경 장애를 유발한다. 천연가스로부터 얻는 메탄올을 바이오매스로부터 생산하는 재생에너지 사업이 주목받고 있다.

메틸수은

Methyl Mercury

유기수은의 하나로, 메틸기와 수은이 결합된 화합물로, 일반적으로는 염화메틸수은을 가리킨다. 알데히드 제조 공정에서 촉매로 사용된 무기수은의 일부가 메틸수은으로 변화하고, 이것이 공장배수로 방출되어 어패류에 고농도 축적되는데 이 어패류를 오랜 기간 섭취한 사람들에게 중추신경장애, 이른바 미나마타병을 일으킨다.

멸종위기 야생생물(국내)

Endangered Species(National)

멸종위기에 처했거나(I급), 가까운 장래에 멸종위기에 처할 우려가 있는(II급) 야생생물로, 환경부에서 지정하는 생물을 말한다. 지정된 동식물은 불법포획, 채취, 유통 및 보관 등의 행위가 엄격히 금지되며, 3년 주기로 '전국 분포조사'를 실시하는 등 정부의 관리를 받게 된다. 2017년 기준 총 267종의 야생생물이 지정되어 있다. '국가생물다양성 정보공유체계(CBD-CHIM Korea)'를 통해 멸종위기종에 대한 정보를 얻을 수 있다.

멸종위기종(CITES종)

Endangered Species(CITES)

불법거래나 과도한 국제거래에 의해 멸종위기에 처한 야생동·식물의 보호를 위해 1973년 체결된 CITES(사이티스, 『멸종위기에 처한 야생동식물의 국제거래에 관한 협약』)에 의해 지정된 종으로 35,000종 이상이 지정되어 있다. 이들은 멸종위기 정도에 따라 무역이 금지되거나(부속서 I종), 무역이 규제된다(부속서 II, III종). 등재 종의 국제거래에 대해서는 수출입자 모두 자국으로부터 사전 허가를 받아야 한다. '국가생물다양성 정보공유체계(CBD-CHIM Korea)'를 통해 CITES 종에 대한 정보를 얻을 수 있다.

모래여과

Sand Filtration

정수장에서 모래층을 통과시켜 물을 정화하는 물리적 정수공정의 하나이다. 일반적으로 원수를 바로 여과하지 않고 화학 및 생물학적 처리수의 침전처리 이후에 실시하거나, 정수(순수)처리의 전처리로 실시한다. 급속여과와 완속여과 두 가지 방식이 있다. 급속여과는 대량으로 처공리가 가능하나 정화력은 떨어진다. 완속여과는 생물막의 활동으로 물에 녹아있는 물질도 제거할 수 있으나 여과 효율은 떨어진다.

목재펠릿

Wood Pellet

산림에서 생산된 목재나 이를 가공하는 과정에서 발생한 잔재를 톱밥, 대팻밥 등으로 잘게 파쇄하고 건조한 후 압축하여 작은 원통형 모양의 일정한 크기로 만든 것이다. 낮은 비용으로 고품질의 에너지를 생산할 수 있는 신재생에너지원으로 간주되어 국고보조금까지 지원되는 등 사용이 권장되었으나 사용량의 대부분을 수입에 의존하고 있고 최근 연탄보다 미세먼지를 스무 배나 더 유발하는 사실이 밝혀져 논란이 되고 있다.

몬트리올 의정서

Montreal Protocol

정식 명칭은 '오존층 파괴물질에 관한 몬트리올 의정서'로 프레온가스(CFCs), 할론 등 성층권 오존을 파괴하는 물질의 제조 및 소비의 규제를 주 내용으로 한다. 1987년 캐나다 몬트리올에서 기본 협약인 비엔나 협약(1985년)을 보완하기 위해 채택되었으나 오존 파괴물질을 감축하고 대체물질의 개발을 추구한다는 점에서 오히려 비엔나 협약보다 더 중요하게 평가되고 있다. 오존층 파괴가 당초 예상보다 훨씬 빠르게 진행되고 있다는 판단에 따라 이후 매년 열린 당사국총회에서는 규제대상의 확대, 규제일정의 단축 등 규제내용이 대폭 강화되고 있다. 우리나라는 1992년 가입했다. 1994년 제49차 유엔총회에서는 의정서 채택일인 1987년 9월 16일을 기념해 9월 16일을 '세계 오존층 보호의 날'로 지정하였다.

몰농도

Molarity

화학에서 흔히 쓰이는 농도의 개념 중 하나이며, 용액의 단위 부피당 용해된 용질의 몰수이다. 자세히 말하면 용액 1리터에 녹아있는 용질의 몰수로 mol/L 또는 M으로 표시한다. 예를 들면 2 M 염산용액은 염산용액 1리터에 2몰의 염산이 용해되어 있는 것이다.

무공해자동차(ZEV)

Zero Emission Vehicle

친환경자동차의 한 종류로서, 사용하는 에너지원으로부터 온실가스, 환경오염물질을 배기가스로 배출하지 않거나 적게 배출하는 자동차를 말한다. 전기자동차, 연료전지차, 태양광자동차 등이 있다. 하이브리드 자동차나 수소엔진 자동차에 비해 고효율이며 공해물질 배출이 전혀 없다.

무과실책임

Liability Without Fault

환경피해 발생에서 지역주민의 건강상 피해가 있는 경우, 사업주에게 고의나 과실이 없는 경우에도 손해발생에 대한 책임을 부과하는 것을 말한다. 환경오염을 일으킨 원인자가 피해보상비용을 부담해야 한다는 원인자부담원칙과 일맥상통한다.

무기수은제

Inorganic Mercury Chemicals

무기수은화합물·무기수은이온 및 아말감 등의 총칭으로 유기수은과 대비된다. 일반적으로 용해도가 낮아 체내에 들어가 해가 크지는 않지만, 가용성 무기수은이나 수은증기는 유독하다. 여러 가지 화합물이 사용되고 있으며, 농약에는 살충제로 승홍(염화제이수은)이 사용되고 있다. 승홍은 살충력이 강하고 작물에 대한 약해도 크다. 수은은 농작물 속에 농축되고, 그것을 먹은 인간의 체내에 농축되므로 주의를 요한다.

무기수은화합물

Inorganic Mercury Compound

탄소와 결합하지 않은 수은화합물이다. 환원되어 금속성 수은이 되며, 염화 제1수은, 염화 제2수은, 질산 제2수은, 질산 제1수은 등이 있다. 증기 상태로 흡입하거나 피부로 흡수되며, 급성 중독 시 치은염, 구내염, 구토, 복통 설시, 신경쟁애를 일으키며, 만성 중독 시 손가락 떨림 증상이 나타난다. 자연계에서 생물학적으로 유기수은화 되기도 한다.

무산소처리

Anaerobic Treatment

하수나 산업폐수를 무산소성 생물을 이용하여 분해·처리하는 방법으로 생물환원처리라고도 한다. 하수오니, 산업폐수오니, 분뇨 등과 같이 생화학적 산소요구량(BOD)이 8,000 ppm 이상인 유기성 오니를 처리하는 데 적합하다. 오니 속의 공기를 차단해 오니 속의 산소가 소비되어 무산소성이 된 상태에서 무산소성 생물이 작용하여 분해작용을 한다.

무영향관찰용량(NOEC)/무영향관찰농도(NOAE)

No Observed Adverse Effect Level
/No Observed Effect Concentration

만성독성 등 노출량-반응시험에서 노출집단과 적절한 무처리 집단간 악영향의 빈도나 심각성이 통계적으로 또는 생물학적으로 유의한 차이가 없는 노출량 또는 노출농도를 말한다. 다만, 이러한 노출량에서 어떤 영향이 일어날 수도 있으나 특정 악영향과 직접적으로 관련성이 없으면 악영향으로 간주되지 않는다.

무임승차자

Free Riders

정당한 대가를 지불하려 하지 않고 편익만 누리려는 이기적인 소비자들을 말한다. 환경재와 같은 공공재의 경우 필연적으로 무임승차자의 문제가 발생한다. 따라서 공공재는 정부에서 적정량을 생산, 공급하는 것이 바람직하며, 이에 대한 재원조달은 세금으로 이루어지는 경우가 대부분이다.

물 재이용

Water Reuse

빗물, 오수, 하수처리수 및 폐수처리수를 재이용 시설을 이용하여 처리하고, 그 처리된 물을 생활, 공업, 농업, 조경, 하천유지 등의 용도로 다시 이용하는 것을 말한다. 나날이 심해지는 물 부족 시대에 자원순환의 관점에서 물 재이용을 통해 지속가능한 물 사용이 가능하도록 하는 데 의의가 있다.

물고기 독성시험

Fish Toxicity Test

농약이 어류에 어느 정도의 독성을 미치는가를 조사하는 방법으로 원칙적으로 잉어를 사용한다. 수조 안에 농약을 녹여 48시간 이내에 반수가 사망하는 농도에서 A류부터 D류까지 5단계로 분류한

다. 물벼룩을 사용한 분류(3시간 이내)도 행한다. 이 시험은 급성 치사 독성을 조사하는 것으로 생물농축에 의한 농약의 체내 축적 및 발암성, 최기형성, 복합오염에 대해서는 평가대상에서 제외하고 있다.

물관리 일원화

Unification of Water Management

수량과 수질 관리 기능의 분절로 인한 재정 비효율과 국민들의 물에 대한 불신을 극복하기 위해 이를 통합해서 관리하자는 주장이다. 물관리 기능이 일원화할 경우 하천사업의 중복 해소, 광역·지방상수도의 통합운영, 물 수요관리 강화와 시설 연계 운영 등을 통해 향후 경제적 편익뿐 아니라 홍수와 가뭄의 예방 및 수질 개선의 정성적 효과도 클 것으로 분석되고 있다. 2018년 6월 국토교통부의 수자원정책국과 홍수통제소, 한국수자원공사가 환경부로 이관되어 그동안 정부가 추진해온 물관리 일원화 노력이 결실을 맺게 되었다.

물발자국

Water Footprint

생산·사용·폐기의 전 과정(Life Cycle)에서 직·간접적으로 사용되는 물의 총량과 수질, 그리고 수자원에 미치는 환경영향을 정량화하여 라벨형태로 제품에 표시하는 환경성적표지의 하나이다. 우리가 일상생활에서 사용하는 제품을 생산·소비하는데 얼마나 많은 양의 물이 필요한지, 그리고 얼마나 물을 더럽히며 그로인해 환경에 얼마나 큰 영향을 미치는 지까지 나타내준다. 2014년 환경성적표지 내에 처음 포함되었으며 2017년 4월 시범사업을 추신하였다.

물부족국가

Water-stressed Countries

국제인구행동연구소(PAI)에서 전 세계 국가를 대상으로 평가해 물이 부족하다고 분류한 나라를 말한다. 강우 유출량을 인구수로 나누어 1인당 물 사용 가능량이 1000 m^3 미만은 물 기근국가, 1000 m^3 이상에서 1700 m^3 미만은 물 부족국가, 1700 m^3 이상은 물 풍요국가로 분류한다.

물산업

Water Industry

생활용수, 공업용수 등 각종 용수의 생산과 공급, 하·폐수의 이송과 처리 및 이와 연관된 산업을 총칭하며, 업종별로는 건설업종, 제조업종, 서비스업종 등 3가지로 분류된다.

물수요관리

Water Demand Management

공급위주의 물 관리 정책에서 수요 관리 중심으로의 패러다임 전환을 가리킨다. 환경부는 '국가 물 수요관리 종합대책'을 수립하고 2007년부터 2016년까지 1,021백만 톤의 수돗물 절약 계획을 수립하였다. 절수기기 및 중수도 설치확대, 절수형 수도요금체계 도입, 노후수도관 교체 등 물 절약 종합대책의 정책과제를 내용으로 하는 '물 절약 종합대책'을 적극 추진하여 2014년까지 총 9억 천만 톤의 수돗물을 절약하였다.

물순환선도도시(촉촉한 도시)

저영향개발(LID) 적용을 통한 자연적 물순환 회복으로 물순환 건전성을 높인 도시를 말한다. 구체적으로 도시 개발사업의 계획부터 녹지를 확보하고 아스팔트처럼 빗물의 흡수를 막는 불투수면을 줄여 빗물의 유출량을 줄이고 침투능력을 증대시켜 가뭄, 홍수 등 기상변화 적응과 지하수 부족, 수질오염 등의 문제를 해결해 삶의 쾌적성을 높이는 것을 내용으로 한다.

물의 등급

Grades of Water

물을 오염정도에 따라 구분한 것으로 4개 등급으로 나뉜다. 1급수 물은 사람이 먹을 수 있고 열목어, 산천어, 가재 등이 산다. 2급수 물은 마실 수는 없지만, 수영은 할 수 있고 쉬리, 은어, 피라미 등이 산다. 3급수 물은 흙, 모래, 자갈 등이 섞여 탁하고 메기, 미꾸리, 붕어 등이 산다. 4급수 물은 오염이 심해 썩은 냄새가 나며, 물고기가 살 수 없다.

물의 순환
Hydrologic Cycle
해양, 대기, 지표 사이에서 물이 서로 다른 상태(액체, 고체, 기체 상태)로 연속 순환하는 과정을 말한다. 물의 순환은 근본적으로 태양열에 의해 이루어진다. 바다와 육지로부터 증발산된 물이 대기 중에서 구름으로 응결되었다가 비나 눈의 형태로 되돌아오고, 지하수, 호수, 강 등을 구성하거나 바다로 흘러들어가는 순환을 지속하는 것이다.

물이용부담금
Water Use Charge
상수원보호구역 및 수변 구역 지정으로 각종 규제를 받고 있는 상수원 지역의 주민지원사업과 수질개선사업의 촉진을 위해 「상수원 수질개선 및 주민지원 등에 관한 법률」에 따라 부과하는 부담금이다. 1999년 한강수계를 시작으로 도입되었으며 '사용자부담원칙'에 따라 공공수역으로부터 취수된 원수의 최종사용자에게 물사용량에 비례하여 부과한다.

물질순환
Cycle of Material
생태계에서 생물들 사이에 또는 생물과 비생물과의 사이에 물질이 순환하는 메커니즘을 말한다. 생물에 필요한 모든 물질이 비생물 환경(물, 흙, 공기 등)으로부터 생산자(식물)로 들어오고 먹이연쇄를 통하여 소비자(동물)로 옮겨가며 마침내 분해자(미생물)에 의하여 다시 생물환경으로 되돌아가는 과정을 말한다.

물질안전보건자료(MSDS)
Material Safety Data Sheets
전 세계에서 시판되고 있는 화학물질의 특성을 설명한 자료로, 화학물질의 유해성, 응급조치요령, 취급방법 등 상세하게 설명해주는 자료이다. 국내에서는 「산업안전보건법」에 의하여 특정 화학물질을 사용하는 작업장에 비치하고, 화학물질을 양도 또는 제공하는 사업장에서 제공하도록 하고 있다.

물환경정보시스템
Water Information System
수질 정보와 함께 수리, 수문, 기상, 생물 측정망 정보까지 물환경과 관련된 전체적인 정보를 제공하는 국립환경과학원 내 온라인포털이다. 전문적인 정보 외에 정보지, 지도집, 사진관, 용어설명 등을 통해 물환경 정보를 알기 쉽게 제공한다.

미나마타 협약(수은협약)
Minamata Convention on Mercury
수은 배출을 줄이려는 국제 협약으로 2013년 10월 일본에서 체결되었다. 2016년 9월 기준으로 128개국이 서명하였으며, 수은의 최대 사용 및 배출국인 중국이 참여하였다. 2020년부터 수은 함량이 많은 제품의 생산과 수출입을 막아 전체 배출량을 줄이는 게 목표이다. 전지, 형광등, 액정화면 표시장치(LCD)용 램프, 혈압계, 농약, 소독제 등 수은 함량이 높은 제품은 2020년부터 생산·수출입이 금지된다.

미량금속
Trace Metals
토양, 물 등 자연계에 존재하는 무기물로 동식물의 생체구성요소가 되거나 생체의 생리작용을 조절하는 요소로서 작용한다. 대표적 물질로는 칼슘, 철, 마그네슘, 게르마늄 등이 있다.

미생물
Microorganism
현미경으로 관찰이 가능한 생물체이며 두 배로 늘어나는 시간이 15~20분 정도도 크는 속도가 빠른 생명체를 말한다. 유산균, 곰팡이, 버섯균, 대장균, 결핵균, 바이러스 등 무수히 많은 종류가 있으며 지구 생물총량의 60%가 미생물이다. 미생물은 개미의 1/1000 크기이며 극, 북극, 화산지역 등 지구상 어디서나 존재한다. 우리가 먹는 요구르트, 맥주, 의약품, 동물사료, 환경오염물 분해제 등 미생물은 우리 생활 속에서 사용하는 음식, 제품의 거의 전반에 활용된다. 미생물은 난치병치료, 미생물농약, 미생물광업, 바이오연료생산뿐 아니라, 미생물 연료 전지를 통해 전기를 생산하는 등 다양한 목적으로 연구되고 있다.

미생물 농약

Microbial Pesticide

진균, 세균, 바이러스 및 원생동물 등 살아있는 미생물을 이용한 농업용 방제제를 말한다. 가장 일반적인 것은 BT균이나 BT균은 같은 류인 식중독균(세레우스균)과 비슷한 독성을 인간과 가축에 끼칠 위험성이 지적되고 있다. 친환경 농업을 위한 화학농약의 대체체로 주목받고 있다.

미생물 처리

Microbial Treatment

미생물로 유기물을 분해시켜 처리하는 생물학적 처리 방법이다. 하수처리장에서는 폭기조에 오수와 박테리아(활성오니)를 넣어 분해시킨다. 정화조에서는 여과재에 미생물을 부착시켜 오수를 접촉 분해시킨다. 정수장에서는 완속여과처럼 모래여과지에 미생물이 붙어 효과를 올리는 경우, 그리고 가는 관다발 속에 물을 순환시켜 관에 부착된 미생물막에 접촉 분해시키는 하니컴 법이 있다. 고도정수처리에서는 오존 소독 후의 활성탄 처리로 활성탄에 생물막이 생겨 생물활성탄이 된다.

미세먼지 관리 종합대책

Comprehensive Plan on Fine Dust

국무회의에서 환경부 등 12개 관계부처 합동으로 마련한 대책으로 종전의 미세먼지 관리 특별대책(2016년 6월)보다 목표가 강화되고 구체화되었다. 단기(2017년 9월~2018년 상반기) 대책으로 고농도미세먼지 발생 시 응급감축 조치 실시, 차량부제 등 고농도 비상저감조치, 민감계층 활동공간 개선 등이 있고, 중장기(2018년 하반기~2022년) 대책으로는 2022년까지 미세먼지배출량 30% 감축을 목표로 사회 전 분야에 대한 전 방위적인 감축대책 추진을 내용으로 한다.

미세먼지 관리 특별대책

Special Plan on Fine Dust

국내 미세먼지 오염도가 심각한 문제로 대두되어 관계부처 합동으로 2016년 6월 수립된 대책이다. 경유차에 대한 실도로기준 인증, 노후 경유차의 조기폐차, 경유버스의 CNG버스로의 단계적 대체, 노후 석탄화력에 대한 친환경적 처리 등의 내용이 담겼으나, 대체적으로 기존 대책을 재탕했다는 평가를 받고 있다.

미세먼지 예경보제

Fine Dust Forecasting and Alarming System

전국의 대기오염 측정소에서 관측된 미세먼지 농도 및 기상변화 등을 고려하여 예측한 다음 미세먼지를 예보하며, 미세먼지 농도가 일정 기준 이상 높게 나타났을 때 신속히 경보를 발령함으로써 인체 및 생활환경 상의 피해를 최소화하고 대기오염에 대한 시민의 관심과 환경의식을 높이기 위해 시행하는 제도다.

미세먼지(PM_{10}/$PM_{2.5}$)

Particulate Matter

대기 중에 떠다니는 작은 먼지 입자들로, 굵기에 따라 PM_{10}(직경 10 μm 이하, 1 μm = 백만분의 1미터), $PM_{2.5}$(직경 2.5 μm 이하) 등으로 구분한다. 미세먼지는 산업시설, 자동차 배기가스 등이 주발생원으로 중금속, 유해화학물질이 포함되어 있어 호흡기를 통해 폐에 흡착되거나 혈관을 따라 체내로 이동해 뇌질환, 심장질환을 일으킨다. 중국발 미세먼지까지 더해져 최근 가장 시급한 환경현안으로, 정부에서는 석탄화력발전소 폐쇄, 경유차조기폐차, 미세먼지예경보제 등 다양한 대책을 강구하고 있다. 정부는 「미세먼지 저감 및 관리에 관한 특별법」에서 "미세먼지"란 「대기환경보전법」 제2조제6호에 따른 먼지 중 흡입성먼지로, "미세먼지"(PM_{10}, 입자의 지름이 10 μm 이하인 먼지)와 "초미세먼지"($PM_{2.5}$, 입자의 지름이 10 μm 이하인 먼지)로 구분하여 정의하고 있다(법 제2조제1호).

미세조류

Microalgae

크기가 50 μm 이하의 단세포 조류로서 식물플랑크톤이라고도 한다. 조류는 먹이사슬의 최하위에 위치한 하등식물로 광합성을 통해 유기물을 생산한다. 이중 현미경을 통해서만 볼 수 있는 작은 조류를 미세조류라고 부른다. 미세조류의 대표종의 하나인 와편모조류는 짧은 시간에 숫자가 늘어나 바다에 적조를 일으키기도 한다.

미세플라스틱

Microplastic

1 mm 미만의 작은 플라스틱으로 너무 작아 하수처리시설에 걸러지지 않고 바다와 강으로 그대로 유입된다. 치약, 연마제, 각질제거 세정제 등에 들어있는 1차 미세플라스틱이 있고, 물속에 버려진 플라스틱이 시간이 지나면서 작게 분해된 2차 미세 플라스틱이 있다. 미세플라스틱은 폴리에틸렌, 폴리프로필렌 등의 물질로 만들어지는데 이들 물질은 환경과 주위의 바닷물 중에 존재하는 합성유기화합물을 표면에 흡착해 운반함으로써 독성을 가중시킨다. 수중에 배출된 미세플라스틱은 수생태계를 교란할 뿐 아니라, 먹이사슬을 통해 수생생물의 몸에 축적되어 인간에게까지 도달할 수 있어 그 폐해가 우려되고 있다.

밀란코비치이론(지구공전궤도의 변화)

Milankovich Theory

세르비아의 과학자 밀란코비치가 지구 기후변화를 설명하기 위해 제시한 이론이다. 지구가 자전과 공전을 함에 따라 지구공전궤도 이심률과 자전축 경사의 변화, 세차운동에 따라 지구와 태양 사이의 거리가 달라지며, 도달하는 태양에너지 양도 달라지는데 이러한 태양에너지 변화가 지구기후에 영향을 미친다는 이론이다.

바나나현상

Banana Syndrome

어디에든 아무것도 짓지 마라(Build Absolutely Nothing Anywhere Anybody.)를 뜻하는 말로, 쓰레기 매립지나 핵폐기물 처리장등 각종 환경오염 시설물 등은 자기지역 내에는 절대 설치불가라는 지역이기주의의 한 현상이다. 님비(NIMBY)라는 용어와 함께 자주 사용된다.

바니시(니스)

Varnish

전색제(안료를 포함한 도료)를 용제, 기름, 물, 가소제 등에 용해하거나 분산시킨 유동체를 말한다. 제품 표면에 발라 부식되는 것을 방지하기위해 사용되며, 휘발성 유기화합물을 함유하고 있어 대기 중에 배출되어 흡입하면 발암을 일으킨다.

바이오 에탄올

Bio-ethanol

사탕수수·옥수수·감자·보리 등 주로 녹말작물을 발효시켜 만드는 바이오연료로 차량 등의 연료 첨가제로 사용된다. 화석연료와 달리 오염물질을 배출하지 않고, 식물로부터 연료를 얻기 때문에 언제든지 재생이 가능하다. 휘발유와 혼합하거나 단독으로 자동차연료로 투입될 수 있어 바이오디젤과 더불어 대표적인 재생자원 에너지로 각광받고 있다. 특히 최근 농업폐기물이나 폐목재 등 비식용 식물원료에서 에탄올을 추출하는 '셀룰로오스 에탄올' 기술이 상용화되면서 효용가치가 더욱 높아졌다.

바이오 폐기물 고형연료(Bio-SRF)

Biomass Solid Refuse Fuel

폐기물 고형연료 중 유기성 폐기물고형연료를 따로 부르는 용어이다. 폐목재로 만든 우드칩(WDF), 목재팰릿 폐지류, 농업폐기물, 탈수 슬러지케이크 등을 예로 들 수 있다.

바이오가스(생물기체)
Biogas

산소가 없는 환경에서 유기물이 분해되면서 생산되는 다양한 기체의 혼합물을 가리킨다. 농업 쓰레기, 두엄, 식물 물질, 오물, 음식물 쓰레기 등의 원료로부터 만들어내며 주로 메탄과 이산화탄소로 구성된다. 천연가스가 CNG로 압축되는 것과 동일한 방식으로 압축될 수 있으며, 전기자동차를 구동하는 데 사용될 수 있다.

바이오디젤
Bio-diesel

콩기름 등 식물성 기름을 원료로 해서 만든 무공해 연료로 바이오에탄올과 함께 가장 널리 사용되는 바이오연료다. 자연에 존재하는 각종 기름 성분을 물리적 화학적 처리과정(에스테르 공정)을 거쳐 석유계 액체연료로 변환한 것으로 일반 경유와 물리화학적 특성이 유사하므로 경유에 혼합하여 사용할 수 있다. 우리나라에서는 석유정제업자 및 수출입업자에게 자동차용 경유 공급 시 일정 비율 이상의 바이오디젤을 섞어 판매하도록 의무화하는 '신재생에너지 연료 혼합의무화제도(RFS)'를 2015년부터 전면 시행하고 있다. 정부는 2020년 이후부터는 혼합비율을 선진국 기준인 리터당 5%까지 상향조정한다는 방침이다.

바이오리액터(생물반응기)
Bio-reactor

효소나 미생물 등 생물체를 대량 배양하여 원하는 물질을 대량 생산케 하는 장치다. 금속촉매를 쓰는 기존의 화학공업과 달리 더 적은 에너지와 자원만으로도 메언이니 유독물질, 소음 공해 등 불필요한 부산물 없이 원하는 생산물을 얻을 수 있다. 된장 ·간장 ·술 ·식초 등을 만드는 발효조도 일종의 바이오리액터이다.

바이오리파이너리
Bio-refinery

기존의 석유 아닌 바이오매스(동식물, 미생물 등)로부터 연료, 전력, 화합물을 생산하는 공정과 장치를 가리킨다. 재생가능자원인 생물자원을 이용하고 공해물질을 배출하지 않아 석유자원의 고갈과 환경문제를 동시에 해결할 수 있다. 바이오디젤, 바이오에탄올, 바이오부탄올, 바이오 플라스틱 등 상용화가 이루어지고 있다.

바이오매스
Biomass

화학적 에너지로 사용 가능한 식물, 동물, 미생물 등 모든 유기 생물체를 총칭하며 생물량, 생물체량, 생물연료라고 불리기도 한다. 재생·재활용이 가능하여 친환경적이며 어느 곳에서나 쉽게 얻을 수 있다는 이점이 있다. 그러나 바이오매스를 이용하여 에너지를 생산할 때 넓은 면적의 토지가 필요하며, 지속적으로 한 종류의 생물체만을 이용하여 에너지를 생산할 경우 생물의 다양성을 파괴할 수 있다는 문제점이 있다. 생태학적으로는 단위 시간 및 공간 내에 존재하는 특정 생물체의 중량 또는 에너지량을 의미하기도 한다.

바이오부탄올
Bio-butanol

폐목재·볏짚·해조류 등에서 뽑아낸 포도당과 박테리아를 이용해 만든 액체 연료로, 바이오디젤, 바이오에탄올과 함께 3대 바이오 에너지로 불린다. 특성이 휘발유와 비슷해 휘발유와 혼합하면 엔진 개조 없이 차량용 연료로 사용할 수 있어 차세대 연료로 불린다.

바이오브릿지 이니셔티브
Bio-bridge Initiative

2014년 강원도 평창에서 개최된 제12차 생물다양성협약 당사국총회에서 우리나라가 제안하여 채택된 것으로, 협약 제18조(과학기술협력)와 아이치목표19(과학기술 공유)에 따라 협약 당사국들의 생물다양성 보전에 필요한 과학기술 협력을 촉진하는 것을 목적으로 한다.

바이오산업
Bioindustry

현대 생물공학기술을 바탕으로 생물체의 기능과 정보를 활용하여 유용물질을 상업적으로 생산하는 산업을 말한다. 제품을 기준으로 구분하는 기존 산업과는 다르게 생물공학기술 적용 여부에 기초하는 화학, 전자, 의약, 환경, 농업, 식품 등 여러 산업부문에서 생물공학기술의 접목을 통한 새로운 개념의 제품을 창출하는 산업이라 할 수 있다.

바이오에너지
Bio-energy

농림 부산물, 산업체 부산물, 유기성 폐기물 등 바이오매스로부터 생산 가능한 에너지를 말한다. 2012년 기준 국내 신·재생에너지 보급량의 약 15%를 차지한다. 바이오매스는 계속 자라거나 생성될 수 있으므로 바이오에너지는 재생에너지이자 지구 온난화 절감을 위한 탄소중립에너지로 관심을 모으고 있다.

바이오연료
Biofuel

식물·미생물·동물 등의 생물체(바이오매스)와 음식쓰레기·축산폐기물 등을 열분해하거나 발효시켜 만들어낸 연료로 화석연료보다 이산화탄소를 적게 배출해 재생에너지로 각광받고 있다. 바이오연료는 옥수수·사탕수수 등 곡물이나 나무·볏짚 등 식물체의 당분을 발효시켜 만드는 바이오에탄올과 대두유·팜유·폐식용유 등에서 기름을 추출해 만드는 바이오디젤, 음식물 쓰레기·축산폐기물·동물체 등의 발효로 생성되는 메탄가스 등 바이오가스가 대표적이다. 바이오에탄올은 휘발유에, 바이오디젤은 경유 연료에 섞어 사용할 수 있어 차량 연료 대체에너지로 활용되고 있다.

바이오플라스틱
Bioplastic

수소 세균이나 질소 세균 등 미생물의 체내에 있는 고분자 폴리에스테르를 합성하여 만들어진 플라스틱이다. 일반의 플라스틱과 달리 폐기 후에는 토양 속에서 분해되기 때문에 공해 문제가 없는 신소재로 주목받고 있다. 생체에 쉽게 융합하는 특징이 있으므로, 수술이나 골절 고정제 등에 응용된다. 생분해성플라스틱이라고도 한다.

바젤협약
Bagel Convention

유해폐기물의 국가 간 교역을 규제하는 국제환경협약으로 1989년 3월 유엔환경계획(UNEP)의 후원 하에 스위스 바젤에서 체결되었다. 취지는 병원성폐기물을 포함한 유해폐기물의 국가간 이동 시 교역국은 물론 경유국에까지 사전 보 등의 조치를 취해 유해폐기물의 불법이동을 줄이자는 데 있다. 선진국이 주도하는 대부분의 환경협약과 달리 아프리카 등 77그룹이 주도하고 있는데, 이는 후진국이 선진국의 폐기물 처리장이 되어서는 안 된다는 위기의식 때문이다. 협약은 1992년 5월 정식 발효되었고, 우리나라는 1994년 2월 가입, 「폐기물의 국가간 이동 및 그 처리에 관한 법률」이 1994년 5월부터 시행됐다.

박테리아
Bacteria

아주 작은 단세포 생물로 지구환경 어디에서나 살고 있는, 가장 많이 번성한 생명체이다. 땅, 물, 공기와 같은 외부환경뿐만 아니라 사람의 장이나 위 등 다른 생물체의 몸속에서 기생하여, 발효나 부패를 일으키고 병원체가 되기도 한다. 가장 간단한 식물로서 엽록소가 없어 탄소동화작용을 못하기 때문에 용해된 유기물을 섭취한다.

반감기
Half Life

한 물질의 방사능 강도가 반으로 줄어들기까지의 시간을 말한다. 이를테면 요소 131의 반감기는 8일이므로 이 방사능은 8일 만에 반, 16일 만에 4분의 1, 24일 만에 8분의 1이 된다. 이러한 물리적 반감기(Tb)에 대해 생물이 체내에 섭취된 방사능을 2분의 1 배출하는 데 걸리는 시간을 생물학적 반감기(Tp)라고 하며, 핵종의 화학적 특질에 따라 다양하다.

반수 치사량

Lethal Dose 50

쥐나 토끼 등의 실험동물에 시험물질을 경구 혹은 주사 등으로 투여하여 실험동물의 반수가 죽는 양을 반수 치사량이라고 한다. 이를 'LD 50'이라고도 하여 급성독성의 강도지표로 사용된다. 가스 상태의 물질을 실험동물에게 일정 시간 호흡시켜 그 반수가 죽는 농도를 '반수 치사농도'(LC 50)라고 한다.

발디즈원칙

Valdez Principles

미국의 민간단체인 '환경에 책임을 지는 경제기구 연합'이 1989년 9월에 발표한 기업의 환경원칙이다. 발디즈란 1989년 원유 유출사고를 일으킨 엑손사의 탱커 이름이다. 발디즈 원칙은 환경에 영향을 끼치는 기업의 행동을 평가할 때나 기업이 환경문제에 관한 의사 결정을 할 때 기준이 된다.

발리로드맵

Bali Roadmap

2007년 12월 인도네시아 발리에서 개최된 제13차 유엔 기후변화협약 당사국 총회(COP13)의 주요 협상내용이다. 발리로드맵에 따르면 2012년 1차 공약기간이 끝나는 교토의정서를 잇는 새 기후변화협약은 2년간의 협상을 거쳐 2009년 코펜하겐 총의에서 결정, 2013년 발효된다. 교토의정서보다 한층 강화된 내용으로 미국, 개도국을 포함한 모든 국가의 온실가스 감축 참여를 규정한 발리로드맵은 참가국들 간의 견해 차이로 각국의 구체적인 감축기준을 설정하지는 못했지만 포스트 교토체제로의 이행을 위한 계기를 마련하였다.

발암물질

Carcinogen

실험동물이나, 사람에게 암을 발생시키는 천연 및 합성 화학물질을 말한다. 발암성물질, 암원물질, 암원성 물질이라고도 부른다. 합성 발암성 물질은 식품첨가물, 향료, 의약품, 농약, 화장품, 공업화학물질 등 인공적으로 합성된 것으로 우리들의 일상생활 환경 중에 다수 존재한다. 자연계 발암물질에는 식물 기원의 발암성 물질, 곰팡이의 독, 불에 탄 것 등이 있다.

발암위해도평가

Carcinogenesis Risk Assessment

오염물질의 위해도평가 중 하나로 잠재적 오염물질에 30년간 노출될 경우 암이 발생할 가능성을 예측하는 것이다. 연속 모니터링 결과를 근거로 몬테-카를로 시뮬레이션을 시행하여 만성 1일 평균 인체 노출량을 추정하고, 인체 노출량과 발암력으로부터 평생 초과 발암위해도를 산정하여 평가한다. 환경부는 초과 발암위해도를 10^{-3}~10^{-5}의 범위로 적용하였다(2006). 즉 10^{-3} 이상이면 발암위해도가 있는 것으로 판단하며, 10^{-5} 이하일 경우에는 무시할 만한 수준으로 간주한다는 것이다.

발전차액지원제도(FIT)

Feed in Tariff

태양광, 풍력 등 신·재생 에너지원을 기반으로 생산한 전력의 가격이 산업통상자원부 장관이 고시한 기준가격보다 낮은 경우 그 차액을 정부가 보상해주는 제도이다. 2001년 10월 신재생에너지의 개발과 이용을 확대하기 위해 도입됐으나 2010년 3월 '신·재생에너지 의무공급제도(RPS)'를 규정한 「신에너지 및 재생에너지 개발·이용·보급 촉신법」 개성안이 통과되면서 2011년 이후 폐지되었다.

발포제

Blowing Agent

고분자반응으로 기포를 형성하는 물질이다. 물에 녹여 거품을 생성하는 비누 등 계면활성제가 있으며, 고무나 플라스틱으로 고분자 제품을 제조할 때 가열이나 화학반응으로 거품을 형성하는 탄산수소나트륨 등이 있다. 발포 폴리스티렌의 경우 기포 안에 갇혀있던 프레온이 폐기 후 대기 중에 방출되는데, 최근 프레온 대신 공기를 사용하는 기술이 개발되어 활용된다.

발포폴리스티렌

Polystyrene Foam

폴리스티렌을 발포제인 프레온으로 스펀지 입자화하고 가열 압축해 단단하게 만든 것이다. 부드럽고 구부리기 쉬우며 상자, 포장 재료, 단열재, 바닥재 등으로 이용된다.

방류수

Effluent

공공 하수처리시설 또는 폐수처리시설 등에서 공공수역 또는 해역으로 흘려보내는 물을 말한다. 종말처리시설에서 처리된 방류수는 강이나 바다 등 공공수역으로 직접 배출되므로 개별 폐수 배출 허용기준보다 엄격한 기준을 적용한다.

방사능

Radioactivity

한 물질이 방사선을 내는 능력이나 방사선을 내는 물질을 말한다. 방사능이 환경에 일단 흘러나오면 회수가 거의 불가능할 뿐만 아니라 핵종의 방사능이 그대로 환경에 축적되어 인체에 방사능 오염이 나타난다. 핵폭탄의 개발과 핵실험, 원자력발전소의 운전, 핵연료 재처리 공장, 우라늄 채굴, 의료용 방사성 물질 무방비 관리에 의한 오염 등이 있다.

방사선 피폭

Radiation Exposure

사람이나 동식물이 방사선에 노출되는 것을 말한다. 대부분의 피폭은 사람을 대상으로 하며, 인체는 높은 선량의 방사선을 받게 되면 방사선 장애를 일으킨다. 방사선원이 체외에 있는 피폭을 체외 피폭, 체내에 있는 경우를 체내 피폭이라 한다. 방사선 피폭에 의해 세포의 핵내 염색체와 DNA가 손상되며, 세기가 약하거나 피폭의 주기가 짧으면 세포가 죽거나 기형을 일으킨다.

방사성 희귀 가스

Rare Radioactive Gas

방사성 물질 중에서 상온에서 기체가 된 것으로, 자연적인 것으로 라돈이 알려져 있다. 원자력발전소를 운전하면 크립톤, 크세논 같은 방사성 희귀가스가 발생되며 불활성 기체로 회수에 한계가 있다. 방사성 희귀가스 중 크립톤, 크세논의 경우 반감기는 짧지만 사고 때 대량으로 방출되어 막대한 피폭의 원인이 된다.

방사성동위원소

Radioactive Isotope

핵이 불안정하여 알파(α)·베타(β)·감마(γ)선을 자발적으로 방출하면서 과량의 에너지를 방산시키는 질량이 다른 화학원소이다. 의학 분야에서는 암의 성장을 억제하는 방사선 치료에 널리 사용하며, 공업 분야에서 여러 종류의 방사성동위원소는 금속이나 플라스틱판의 두께를 측정하는 데 쓰인다.

방사성폐기물

Radioactive Waste

핵에너지를 사용하고 발생한 불필요한 방사성물질이다. 원자력시설, 방사성물질을 취급하는 사업장, 실험실, 핵분열 시 생성되는 물질 및 냉각수와 냉각가스, 관련 작업에 사용된 공구, 세척수 등이 모두 방사성 폐기물이다.

방음재

Sound-Proof Material

방음을 목적으로 하는 재료이다. 음을 흡수하는 것으로는 유리 섬유, 암면, 펠트, 코르크, 연질 섬유판 등이 사용되고, 음을 차단하는 것으로는 콘크리트, 벽돌, 철판 등이 있다. 비중이 크고 공기를 통하지 않는 것 재료일수록 차단 효과가 크다.

방진재

Vibroisolating Materials

기계, 장치 등의 진동이 전달되는 것을 방지하기 위해서 쓰이는 재료이다. 일반적으로 고무 및 스프링 등이 많이 쓰이며 방진 고무, 방진 패드, 펠트, 나무 받침대, 금속 스프링 등 탄성체가 사용된다.

방향족 화합물

Aromatic Compounds

분자 내에 벤젠 고리를 함유하는 유기화합물을 말한다. 벤젠 특유의 향을 가지고 있어 방향족이라는 불리며 마취성과 유독성이 있다. 벤젠, 나프탈렌, 자일렌 등 합성공업의 원료로서 이용된다. 생물학적 처리와 열화학적 분해는 쉽게 되지 않으며, 수중에 계속 잔류하여 어패류에 축적되고, 먹이사슬을 통하여 축적된다.

배경농도

Background Concentration

인위적 오염원이 영향을 미치지 않는 자연 그대로의 농도를 가리키며, 인간에 의한 오염 정도를 측정하는 기준이 된다. 우리나라의 대기 배경농도 측정망은 주변에 오염원이 거의 없는 안면도에 설치 운영되고 있다.

배기가스

Exhaust Gas

물질이 연소·합성·분해될 때 발생되는 기체성 물질로 배출가스라고도 한다. 일반적으로 내연기관이 배출하는 기체, 즉 이산화탄소·일산화탄소·탄화수소·황산화물·황화수소·질소산화물·암모니아·오존·옥시던트 등을 말한다. 배기가스는 도시 대기오염의 주범이며, 광화학스모그와 산성비를 일으킨다. 자동차 배출가스는 환경인증제도로 관리하고 있으며 제작단계와 운행단계로 구분된다. 제작단계에서는 제작사 배출허용기준에 만족하면 생산토록 하는 것이며, 운행단계에서는 실제 운행할 때에도 일정기간 동안 제작차 배출허용기준을 만족토록 하는 것이다.

배기가스재순환장치(EGR)

Exhaust Gas Recirculation

EURO 6의 도입으로 점차 강해지는 유럽의 배출가스 기준을 달성하기 위해 만들어진 장치로, 주로 질소산화물(NO_x)의 저감을 목적으로 설계된 장치다. 연료의 연소 과정에서 발생되는 NO_x를 저감하기 위해 배기가스 일부를 냉각시킨 후 흡입공기와 함께 다시 연소실로 재공급시킨다.

배수갑문

Tidal Control Gate

간척지, 관계지 등 방조제로 인해 해수와 내수가 차단된 지역에서 내수를 바다쪽으로 배수하기 위한 목적으로 설치하는 시설물을 말한다. 배수갑문은 홍수 시 배수가 가능하여야 하고 외수위가 높아졌을 때 바깥의 물이 안으로 들어오지 못하게 막는 역할도 한다.

배수지

Water-Supply Reservoir

정수장에서 만들어진 정수를 상수도 사용자의 수요에 맞추어 일정한 압력을 주어 분배하기 위한 시설이다. 배수방식은 급수구역 내에 높은 지역이 있으면 자연유하식, 높은 지대가 없을 때에는 펌프 가압식을 채용한다. 이 두 가지가 겸용되는 경우도 있다.

배연탈질

Flue Gas Denitration

연료의 연소에 의하여 배기가스 중에 생성되는 NO_x를 제거하는 방법이다. 현재 가장 많이 사용되는 방법은 선택접촉환원법(SCR)이라는 건식 탈질법으로 80% 이상의 탈질률이 얻어진다. SCR의 원리는 '요소수(NH_3 성분)'라고 불리는 우레아(암모니아 수용액)을 분사 제어장치를 통해 분사시킨 후 질소산화물을 정화시켜 일산화탄소와 매연 등 유해가스를 인체에 무해한 질소와 물로 변환시켜 유해가스를 저감시켜주는 방식이다.

배연탈황
Flue Gas Desulfurization

연소에 의해서 생기는 매연, 배기가스 속에 함유된 황산화물을 제거하는 방법으로, 배기가스 탈황이라고도 한다. 이산화황은 대기오염의 원인이 되므로 환경오염 방지와 황자원의 유효한 이용이란 관점에서, 매연으로부터의 탈황은 세계적으로 중요한 과제가 되어, 여러 방식이 연구된다. 건식법과 습식법이 있는데 습식이 많이 이용되고 있다.

배열회수보일러
Heat Recovery Steam Generator

화력발전소의 가스터빈을 돌릴 때 배출되는 열에너지를 회수해 다시 고온, 고압의 증기로 만들어 스팀터빈을 가동할 수 있도록 하는 복합화력발전소의 핵심설비이다.

배출가스 자기진단장치(OBD)
On-Board Diagnostics

배출가스 관련 부품 고장으로 배출가스가 허용 기준치보다 많이 배출될 때 계기반에 '체크엔진' 경고등을 키거나 경고음을 발생해 운전자에게 정비를 유도하는 시스템이다. 지구 온난화와 대기오염의 주범인 자동차 배출가스에 대한 환경규제가 강화되면서 2005년부터 단계적으로 도입되어 2010년부터 모든 차량에 장착이 의무화되었다.

배출가스 저감장치(DPF, p-DPF)
Diesel Particulate Filter

자동차 배출가스 중 입자상물질(PM) 등을 촉매가 코팅된 필터로 여과하고 이를 산화(재생)시켜 이산화탄소와 수증기로 전환하여 오염물질을 제거하는 장치이다. 두 가지 방식이 있는데, 자연재생방식은 엔진 배기열로 재생에 필요한 열을 공급하는 방식으로 고속주행차량에 적용된다. 복합재생방식은 전기히터/보조연료 등을 사용하여 재생하는 방식으로 대부분의 차량에 적용된다.

배출가스저감사업
대기관리권역(수도권)의 쾌적한 대기환경조성을 위해 오염물질을 다량 배출하는 노후경유차, 노후건설기계 등을 대상으로 배출가스 저감장치 부착, 조기폐차 등에 소요되는 비용의 일부를 정부가 보조하는 사업이다. 노후경유차 조기폐차, 배출가스저감장치부착, PM-NO_x 동시저감장치 부착, 건설기계 DPF 부착, 건설기계 엔진교체 등이 있다.

배출권 거래제(ETS)
Emission Trading System

교토의정서에 규정된 온실가스 감축체제로서 온실가스 감축의무가 있는 사업장 혹은 국가 간 배출권 거래를 허용하는 제도이다. 탄소배출권거래제라고도 한다. 내용은 국가나 배출 사업장을 대상으로 연단위로 배출권을 할당하여 할당범위 내에서 배출행위를 할 수 있도록 하고, 할당된 국가나 사업장의 실질적 온실가스 배출량을 평가하여 여분 또는 부족분의 배출권에 대하여는 국가나 사업장 간 거래를 허용하는 제도다. 온실가스 의무감축국가나 사업장의 부담을 덜어주기 위해 시장원리를 적용한 교토메커니즘의 유연성체제 중 하나이다.

배출부과금 제도
Emission Charge

오염물질을 배출하는 사업자가 공공재산인 환경자원의 사용대가로 자신이 배출하는 오염물질의 양에 따라 부담하게 되는 부담금이다. 오염물질로 인한 환경상의 피해를 방지 또는 감소시키기 위하여 시행된 제 명령 및 통제방식의 환경규제 정책수단이 가진 한계점을 보완할 수 있도록 오염자부담원칙과 시장가격기구를 이용한 환경정책 수단으로 도입되었다. 폐수의 경우 배출허용기준을 초과하는 경우 부과하는 초과배출부과금과 배출허용기준 이내라도 공공폐수처리시설의 방류수수질기준을 초과할 경우 부과하는 기본배출부과금으로 구분된다.

배출시설 설치 제한지역

상수원보호구역의 상류지역, 특별대책지역 및 그 상류지역, 취수시설이 있는 지역 및 그 상류지역의 배출시설로부터 배출되는 수질오염물질로 인하여 환경기준의 유지가 곤란하거나 주민의 건강·재산, 동·식물의 생육에 중대한 위해를 가져올 우려가 있다고 인정되는 경우에 환경부장관이 「물환경보전법」에 따라 배출시설의 설치(변경 포함)를 제한한 지역을 말한다.

배출영향분석

Emission Impact Analysis

배출시설로부터 배출되는 오염물질이 환경(대기, 수질)에 미치는 영향을 조사·분석하는 방법으로 허가배출기준 설정 시 환경기준, 기존 오염상태 등을 종합적으로 고려하기 위해 활용한다.

배출원단위

Emission Unit

오염물질이나 폐수를 배출하는 배출원에서 기준단위당 배출하는 비율을 통계학적 방법과 조사를 통하여 정한 단위를 말한다. 하수 또는 폐수발생량을 예측하여 하수처리장 용량을 결정하는 설계인자로서 중요하며, 최근에 시행된 수질오염총량관리제에서도 오염부하량의 산정에 중요하게 사용되고 있다.

배출허용기준

Emission Standard

공공수역의 환경기준 달성을 위한 규제수단의 하나로, 배출사업장의 배출수 농도를 환경기준과 하천의 자정능력 등을 고려하여 설정한 기준이다. 유기물질(BOD, COD), 부유물질 및 페놀류 등 50개 항목에 대해 기준이 정해져 있으며, 수역별 수질등급 등을 고려하여 '청정', '가', '나', '특례지역'의 4단계로 구분하여 적용한다.

배터리 임대 시범사업

연료비 절감액의 일부를 배터리 임차 비용(충전·관리 비용 포함)으로 지불하고, 나머지 절감액은 택시·버스·렌터카 업체에서 가져가는 형태의 시책이다. 정부의 전기차 상용화종합대책의 일환으로 제주도를 대상으로 2017년까지 전기버스 119대, 전기택시·렌터카 1,000대 보급을 목표로 한다.

백두대간 자연생태축

Baekdudaegan Mountain Range Ecological Axis

우리나라 4대 핵심생태축의 하나로 한반도 야생동·식물의 핵심서식지이며 생태계 연결통로이다. 또한, 생물다양성의 공급원으로 일부지역의 고유종을 제외한 대부분의 종이 서식하고 있으며, 북방계와 남방계 식물이 교차하는 등 생물지리학적 특성에 따른 보전적 가치가 우수하다.

백신

Vaccine

감염증에 대한 예방으로 사람이나 동물이 면역하기 위하여 쓰이는 항원이다. 외부에서 침입한 항원에 저항할 수 있는 항체를 형성하여 동일한 항원에 감염되었을 때 면역반응을 일으키게 된다.

백화현상

Bleaching

바닷물에 녹아있는 탄산칼슘(석회가루)이 해저생물이나 해저의 바위 등에 하얗게 달라붙는 현상을 말한다. 지구 온난화로 인해 수온이 올라가면서 탄산칼슘을 갖고 있는 산호말 등 홍조류가 증가해 백화현상이 심해짐에 따라 기존의 해조류는 죽어가고 해저가 불모지로 변하고 있다. 육지의 오염물질 유입도 원인 중 하나로 추정된다. 갯녹음 또는 바다사막화라고도 한다.

버드라이프 인터내셔널

Birdlife International

국제 생물 보존 기구로 세계의 새와 그 새의 서식지를 보호하는 일을 한다. 원래 이름은 '국제조류보호회의(ICBP)'였다. '왕립 조류보호 협회', '말레이시아 자연보호 협회', '국립 야생동물 보호협회' 등과 파트너 관계를 갖고 있는 국제적인 보존 연합으로 국제자연보호연맹의 공식 조류 적색목록 위원회이다.

베를린위임사항

Berlin Mandate

교토협약 상 2000년까지 온실가스 배출을 1990년 수준으로 감축시킬 것을 목표로 정책 조치를 취한다는 선진국의 공약이 부적절하다고 판단하고 1997년 말까지 2000년 이후 구속력 있는 감축의무를 정하도록 한 것을 말한다.

베크렐

Becquerel(Bq)

방사능 활동의 양을 나타내는 단위로서, 국제 표준 단위이다. 1초에 방사성 붕괴가 1번 일어날 때 1베크렐이다. 이전에는 단위로 퀴리(Ci)를 썼다. 1퀴리는 37 GBq이다(3.7×10^{10}). 베크렐이라는 용어는 방사선을 발견해 퀴리부부와 함께 노벨상을 수상한 앙투안 베크렐의 이름을 딴 것이다.

벤젠

Benzene

특유한 냄새가 나는 가연성이 있는 무색 액체로 대표적인 방향족 화합물의 하나이다. 원유의 성분이며, 코크스 생산과정에서 부산물로 얻어지거나 석유의 다른 물질을 통해 합성할 수도 있다. 알코올, 아세톤에 잘 녹아 유기합성 원료로 많이 쓰이며 의약품, 플라스틱, 합성고무, 살충제, 염료의 제조, 방향족 화합물의 원료, 유기합성 공업 원료, 첨가제, 합성세제의 원료 등에 쓰인다. 마취작용이 있으며, 급성 중독 시 신경계 증상이나 호흡부전이 나타나고, 만성 노출 시 골수억제, 백혈병, 발암을 일으킨다.

병합처리 바이오가스화

Combined Treatment for Biogas Production

축산분뇨 처리시설과 하수슬러지 처리시설에 음식물류폐기물을 병합하여 바이오가스화 하는 방법이다. 유기성폐기물의 해양투기가 금지되면서 음식물류폐기물을 기존의 축산분뇨 및 하수슬러지 처리시설에서 별도의 신규 설치 없이 처리하기가 용이하기 때문에 행해지고 있다.

보

Weir(Reservior)

하천 수로의 유량을 조절하기 위해서 하천을 횡단해서 설치된 구조물로 규모면에서 댐보다 훨씬 작다. 농업, 생활용수 등을 취수할 목적으로 만들어진다. 하도를 막아 상류에 일정한 수위를 유지시켜 취수로를 따라 일정 유량이 유입되도록 설치된다.

보 수위

Weir Water Level

보의 수위에는 6가지가 있다. 1. 관리수위는 보의 효율적인 운영을 위해 설정한 고정보 상단의 수위이고, 2. 어도제약수위는 어도(물고기길) 운영에 영향을 주지 않는 수위, 3. 양수제약수위는 농업용 양수장 취수에 영향을 주지 않는 수위, 4. 지하수 제약수위는 주변 지하수에 영향을 주지 않는 수위, 5. 하한수위는 취수시설에 지장을 초래하지 않는 수위, 6. 최저수위는 수문을 완전 개방했을 때의 수위이다.

복류수

Underflow Water

하천의 하상 및 사리층 속을 흐르는 지하수를 말한다. 지표수보다 수질이 좋으므로 이것을 집수하여 수원으로 할 수 있다. 그러나 홍수 시에 지표수의 영향을 받아 흐려지는 경우가 많아, 여과지 등의 정수시설을 설치할 필요가 있다.

복합오염

Complex Environmental Pollution

두 종류 이상의 오염원에 의해 오염현상이 복합적으로 나타나는 현상을 말한다. 보통 환경오염을 크게 대기오염·수질오염·토양오염 등으로 구분하나, 실제로는 여러 문제가 복합적으로 나타나기 때문에 이러한 구분이 불분명한 경우가 많다. 예를 들어 사람의 눈·기관지 등의 점막에 자극을 주는 광화학스모그는 대기오염뿐만 아니라 삼림·농작물 등에도 큰 피해를 입힌다. 즉, 대기 중의 해로운 성분들이 수질과 토양에 스며들어 수질오염·토양오염을 일으켜 삼림과 농작물 등에 큰 피해를 주는 것이다.

복합화력발전

Combined Cycle Power Plant

열효율 향상을 위해 두 종류의 열 사이클을 조합하여 발전하는 것을 말한다. 대표적인 것은 가스터빈 사이클과 증기터빈 사이클을 결합하여 운용하는 방식으로 가스터빈으로부터 버려지는 배기가스를 배열회수보일러로 보내 증기를 생산하여 증기터빈을 돌린다. 고온가스와 증기로 두 번에 걸쳐 전력을 생산하므로 열효율이 높아진다.

복합휴게소

Complex Rest Area

수소충전소 1기를 포함한 전기·LPG 또는 CNG 충전서비스가 가능하고 일부 상업시설이 들어선 간이휴게소를 말한다. 친환경차 보급 확산과 운행환경 조성을 목적으로 정부에서 건설을 추진하고 있는 것으로, 2025년까지 고속도로, 국도, 순환도로 등의 도로변을 중심으로 200개를 민간투자를 통해 구축한다는 계획으로 있다.

부등침하

Differential Settlement

부동침하라고도 하는데 구조물의 기초지반이 침하함에 따라 구소물의 여러 부분에서 불균등하게 집하를 일으키는 현상을 말한다. 부동침하의 원인은 지반이 연약한 경우, 연약층의 두께가 다른 경우, 건물이 이질지층에 걸려있을 경우, 지하수위가 변경되었을 경우, 지하에 매설물이나 구멍이 있을 경우 등 다양하다.

부속서 I : II 국가

Annex I : II(0) Countries

기후변화협약(UNFCCC)에서 온실가스 감축의무를 중심으로 구분된 국가 분류이다. 부속서 I 국가는 감축의무를 부담해야하는 국가들로 협약 채택 당시에는 35개국이었으나 1997년 제3차 당사국총회에서 5개국이 추가로 가입하였다. 한편 부속서 II 국가는 부속서 I 국가 중 개발도상국의 재정적, 기술적 지원 의무를 갖는 국가로 24개 OECD국가와 유럽연합(EU)이 포함된다.

부에노스아이레스 행동계획(BAPA)

Buenos Aires Plan of Action

1998년 11월 아르헨티나 부에노스아이레스에서 열린 제4차 기후변화협약 당사국 총회(COP4)의 합의사항이다. 교토의정서의 미합의 부분을 완성하고 개발도상국에서 건의한 문제들을 다루기 위한 실행 프로그램으로 2000년 제6차 총회(COP6)까지 세계 170여 개국이 교토의정서에서 규정한 배출권거래제, 청정생산개발체제, 공동이행제 등을 확정해, 21세기부터 감축에 들어간다는 계획이다.

부영양화

Eutrophication

부영양화는 “영양물질이 풍부하게 공급되었다”는 뜻의 용어로 강이나 호수, 바다와 같은 수체에 생활하수나 가축분뇨 등의 유입으로 질소와 인과 같은 영양염류가 풍부해진 것을 의미한다. 부영양호에서는 질소와 인이 풍부해 식물플랑크톤의 과다 증식으로 해수의 경우 붉은색으로 변하게 되고, 하천의 경우에는 녹색으로 변하게 된다. 이와 반대로 호소가 생성될 당시에는 수심도 깊고 물도 맑으며, 영양분을 포함하고 있는 양과 퇴적량도 적어서 생물이 거의 생식하지 않는데, 이러한 상태의 호소를 빈영양호라 한다.

부유물질(SS)

Suspended Solid

입경 2 mm 이하의 물에 용해되지 않는 물질로 오

염된 물의 수질을 표시하는 지표이다. 하천 등 자연수역에 방류되면 물의 탁도를 높이고 외관을 더럽히며, 그 중 생물분해 가능한 유기물질이 용존산소를 감소시킨다. 현탁물질이라고도 불린다.

부유입자상물질

Atmospheric Particulate Matter

대기 중에 부유하는 입경이 10 μm 이하의 고체 또는 액체의 입자상 오염물질의 총칭이다. 분진, 매연, 미스트 등을 포함한다. 매연, 디젤차 배출가스 등에서 대기오염물질을 포함하여 대기 중에 배출된다.

부착조류

Attached Algae

하천, 호소, 해양 등에서 암석, 자갈, 모래, 생물체(생체 및 사해) 등의 표면에 부착하여 생활하는 조류를 말한다. 미세조류가 많지만 넓은 뜻으로는 해조 등의 대형조류를 포함하기도 한다. 단세포 및 사상의 미세조류에서는 규조, 녹조, 남조 등에 속하는 것이 많다.

분뇨처리

Night Soil Treatment

분뇨를 물리적, 화학적, 생물학적으로 처리하여 정화하는 것을 말한다. 우리나라에서는 공공하수도가 정비된 곳에서는 수세화하여 하수도를 지나서 종말처리를 하든가 정화조로 처리되고 있다. 그 외는 수거식으로 수거·수집·운반한 뒤 분뇨처리시설에 의해 처리되거나, 농촌환원, 해양투기 등에 의해서 처리된다.

분류식 하수관거의 월류수(SSOs)

Sanitary Sewer Overflows

오수와 우수를 분리 배출하는 분류식하수관거에서 강우 초기에 노면상의 각종 오염물질이 우수와 함께 우수관에 유입되는데, 이 초기강우는 지역에 따라 오수보다 더 높은 오염물질을 함유하고 있다. 따라서 초기 강우수에 대해 공공수역으로 배출 전, 적당한 처리를 하는 것이 필요하다. 초기 강우수와 같이 처리되지 않고 하천에 방류되는 월류수를 SSOs라고 한다.

분류식 하수도

Separate Sewer System

오수(가정하수)와 우수(빗물)를 서로 섞이지 않도록 별개의 관로를 통하여 배제하는 방식을 말한다. 합류식과 달리 분류식은 오수만을 처리장으로 유도하는 방식이므로 우천 시에 오수를 공공수역에 방류하는 경우가 없어 수질오염 방지 측면에서 유리하다. 이와 반대로 오수와 우수를 합쳐서 배제하는 방식을 합류식 하수도라고 한다.

분리막 생물 반응장치(MBR)

Membrane Bio-reactor

기존 생물학적 처리공정의 고형물 처리단계로 사용되는 침전조 대신 분리막을 이용하는 방법이다. 반응기 내의 미생물 농도를 높게 유지하여 유기물, 질소성분 등의 처리효율을 높이고, 또한 분리막에 의해 부유물질, 미생물 등을 제거함으로써 고체-액체 분리의 효율을 높이고 기존 생물학적 처리공정의 문제점을 해결할 수 있는 장점이 있다.

분리배출 표시제도

Separate Waste Disposal Labelling System

폐기물에 재활용 여부를 쉽게 구별할 수 있도록 표시하는 제도이다. '생산자책임재활용제도(EPR)'의 시행에 따라 재활용의무대상 포장재의 분리배출을 쉽게 하고 재활용 가능한 폐기물의 분리수거율을 높여 생산자들이 재활용 의무를 원활하게 수행할 수 있게 해주기 위해 만들어졌다.

분산형에너지 시스템

Distributed Generation Systems

전력수요자의 인근지역에 설치한 소규모발전 설비를 이용하여 수요자에게 필요한 전력을 전량 공급하거나, 이미 사용 중인 중앙집중식 전력공급체계의 단점을 보완하기 위해 부분적으로 전력을 공급하는 방식을 말한다. 분산형에너지는 원거리에 위치한 대형 발전소의 송전에 의해 공급되는 중앙집중형 발전과 대비되는 개념으로, 장거리송전에 따른 전력손실을 줄일 수 있고 수요처에 따라 다양하게 사용할 수 있다는 장점이 있다. 정보통신기술의 급속한 발달로 인한 디지털산업혁명은 연료전지, 풍력, 태양광 등 신재생에너지에 기반한 소규모 분산발전의 흐름을 더욱 가속화시킬 전망이다.

분진폭발

Dust Explosion

가연성의 미립지가 공기 속에서 일정한 농도를 넘었을 때 산소와 화기가 닿게 되면 폭발적으로 연소하는 현상이다. 특히 탄광 내에서 탄진이 폭발하여 수많은 사상자를 내는 경우가 대표적인 예다. 지하 깊은 곳까지 파고들어가 채탄하는 경우에는 탄진 농도가 상승하기 쉬워 폭팔 위험이 더욱 높아지게 된다.

불가시

Invisible Damage

피해 실태를 확실히 파악할 수 없거나 심혈을 기울여 오랜 시간 연구한 끝에서야 비로소 원인을 발견할 수 있는 피해를 말한다. 대부분의 공해병이 만성을 띠는 경향이 많아 불가시 피해로 나타날 때가 많다.

불소

Fluorine

자극적인 냄새가 있는 할로겐 원소로 형석, 빙정석 등에 함유되어 있다. 불소의 무기화합물에는 휘발성인 것이 많으며 유기화합물에는 프레온(냉매제) 불소 수지, 살충제, 충치 예방제 등이 있다. 불소가 0.8 ppm 이상 물속에 녹아들면 치아가 반상으로 변하나 그 양이 적을 때에는 충치를 예방한다. 공기 중에 존재하기는 어려우며 대기 중의 수분과 화합하여 불화수소 상태로 존재한다.

불연성 쓰레기

Incombustible Wastes

일반 폐기물 중 빈 병, 빈 깡통, 도자기 등 타지 않는 쓰레기를 통칭한다. 폐플라스틱류처럼 가연성인 것도 소각하면 염화수소와 같은 유해가스를 발생하는데 고온으로 처리될 때 소각로의 벽면을 손상시키는 것은 불연성쓰레기로 분리수거하는 경우도 있다. 또 수분이 많아 소각할 때 보조연료가 필요한 쓰레기를 불연성 쓰레기로 분류하기도 한다. 따라서 가연성·불연성 쓰레기는 소각시설의 설비 특성에 따라 분류될 수도 있다.

불쾌지수

Discomfort Index

기온이나 습도, 풍속, 일사량 등이 인체에 주는 불쾌감의 정도를 수량화한 지수이다. 미국의 기상국에서 고안하여, 기온과 습도의 조합으로 계산하는 방법이 보급되어 있다. 개개인의 차이는 있으나 보통 지수가 70 정도면 상쾌함을 느끼고, 80 이상이면 불쾌감을, 85 이상이면 참기 어려운 불쾌감을 느끼게 된다.

불투수층

Impermeable Layer

모래나 자갈 등과 달리 지하수와 같은 물이 투과하기가 매우 어려운 지층을 말한다. 실트나 점토 등으로 구성되어 물이 잘 통과하지 않는 층을 난투수층이라 하고 물이 투과하지 않는 암반류는 비투수층이라고 하는데 이 둘을 합쳐 불투수층이라 한다. 아스팔트, 콘크리트 등으로 포장된 도로, 주차장, 보도 등도 불투수층을 형성한다. 도시화에 따라 인위적인 불투수층이 확대되면서 물순환에 문제가 발생하고 있다.

불화비닐수지

Polyvinyl Fluoride

염화 비닐의 염소 원자가 불소 원자로 바뀐 구조의 수지이다. 내후성·내약품성이 뛰어나며, 시트나 표층재로 쓰인다.

불화수소

Hydrogen Fluoride

빙정석이나 형석에서 발생하는 자극적인 냄새가 있는 맹독성 기체이다. 농도가 짙으면 피부에 흡수되어 심한 통증을 주고, 농도가 옅을 경우에는 만성 장애를 일으켜 간장, 위장을 해친다. 사람이나 동물에 대해서뿐만 아니라 뽕나무, 감귤류, 소나무 등 식물에도 큰 피해를 준다. 알루미늄의 정련공장, 인광석을 원료로 쓰는 공장, 유리, 도자기, 법랑 등을 만드는 공장과 일부의 야금공장 등에서 발생한다.

브롬화난연제(BFR)

Brominated Flame Retardant

플라스틱, 건축자재, 섬유 등 가연성 재료에 첨가하여 발화를 방지 또는 지연시키는 화합물이다. 헥사브로모사이클로도데칸(HBCD)은 건축자재에 사용되며, Deca-BDE(Brominated diphenyl ethers)는 다양한 분야에서 난연제로 사용되어 이로 인한 내분비계 장애가 우려되고 있다. 잔류성, 독성, 생물축적성의 특성을 지니고 있어 제4차('09) 및 제6차('13) 스톡홀름협약 당사국총회에서 규제 대상물질로 등재되었다.

브룬트란트 보고서(『우리 공동의 미래』)

『Our Common Future』

1987년 노르웨이의 브룬트란트 수상을 위원장으로 하는 '세계환경개발위원회(WCED)'가 발간한 문서다. 보고서는 지속가능한 발전을 '미래의 세대가 그들 자신에게 필요한 것을 충족시킬 수 있는 능력을 해치지 않고 현 세대의 필요를 충족시키는 것'으로 정의했다. 보고서는 지속가능한 발전을 장기적이고 범지구적인 의제로 공식화시키는 데 결정적인 역할을 했다.

블랙카본

Black Carbon

석탄, 석유, 나무 등과 같이 탄소를 포함한 연료가 불완전 연소할 때 나오는 그을음을 가리킨다. 보통 자동차 매연이나 아궁이에서 나오는 검은 연기에 포함되어 있다. 가시광선(햇빛)을 흡수해 적외선으로 전환시켜 대기 중으로 배출하는데, 이때 열을 함께 배출시키기 때문에 지구 온난화에 영향을 미친다. 지구 온난화에 영향을 미치는 정도는 이산화탄소가 40% 정도이고 블랙 카본은 두 번째로 높은 18% 정도로 알려져 있다.

비금속광물

Nonmetalic Minerals

광물자원 중에서 석탄, 석유, 금속광물이 아닌 것을 통틀어 일컫는 말이다. 금속광물과 달리 정련을 하지 않아도 되며 여러 가지 공업에 두루 이용된다. 시멘트의 원료인 석회석, 유리의 원료인 규사, 도자기의 원료인 고령토, 다이아몬드와 같은 보석류가 비금속광물의 대표적인 예이다.

비닐공해

Vinyl Pollution

버려진 폐비닐로 인한 환경오염과 훼손을 말한다. 산업계와 일상생활뿐 아니라 농촌에서 배출되는 비닐하우스 등 영농폐비닐의 양이 막대하다. 비닐은 땅 속에서 쉽게 썩거나 분해되지 않기 때문에 토양생태계를 파괴하며, 물속에서는 강, 호수의 바닥에 가라앉아 막을 형성하여 양식을 방해하고 물풀도 자랄 수 없게 한다. 비닐을 태우면 염화수소가스, 다이옥신 등 대기오염을 유발한다.

비도로 이동 오염원

Non-road Mobile Polluters

도로를 이용하지 않고 움직이는 물체에서 발생되는 오염원을 나타내며, 건설기계, 기차, 비행기, 선박 등이 있다.

비매체접촉형 재활용

매체(토양, 지하수 등)접촉형 재활용 이외의 재활용으로, 폐기물 재활용의 원칙 및 준수사항을 정하지 않은 용도나 방법으로 재활용하고자 하는 경우를 말한다. 폐패각을 이용한 장식품 제조, 폐도

자기를 이용한 벽돌 제조 등을 예로 들 수 있다.

비무장지대 자연생태축

DMZ Natural Ecological Axis

휴전선에서 남북으로 각각 2 km씩의 구간에 설정된 지대이다. 지난 60여 년간 개발 등 인간 활동이 엄격하게 제한됨에 따라 자연생태계가 잘 보전되어 우리나라 전체 서식 생물종수의 20% 이상이 서식하는 생물다양성의 보고가 되었다. 한반도 4대 핵심생태축의 하나로 지정되어 있다.

비발암위해도

Non-carcinogenesis Risk

특정오염물질의 특정농도에 노출될 경우 발생할 수 있는 위해영향의 가능성을 정량화 하여 확률로 나타낸 것으로 발암위해도와 대비되는 개념이다. 비발암위해도는 용량-반응평가를 통해 산출된 참고 노출량과 비교하여 나타낼 수 있으며, 유해치를 종합하여 유해지수 “1”을 초과하면 독성 발생 가능성이 있는 것으로 판단한다.

비산먼지(날림먼지)

Dust Scattering

공사장 등에서 일정한 배출구를 거치지 않고 대기 중으로 직접 배출되는 먼지이다. 비산분진이라고도 하며, 주로 시멘트 공장이나 연탄 공장, 연탄 이적장, 도정공장, 골재 공장 등에서 배출된다. 비산먼지는 전국 총먼지(TSP) 배출량의 82.4%, 부유먼지(PM_{10}) 배출량의 57.5%로 큰 비중을 차지해 관리가 필요하다. 비산먼지 발생사업을 하고자 하는 자는 시·도지사에게 신고하고, 비산먼지 발생을 억제하기 위한 시설을 설치하거나 필요한 조치를 하여야 한다.

비산배출저감제도

Fugitive Emission Control

방지시설을 거치지 않고 대기 중으로 직접 비산배출되는 오염물질의 저감을 위해 시행하는 제도이다. 2012년 5월 ·대기환경보전법·의 개정으로 도입되었으며, 굴뚝 자동측정기기를 부착한 배출구를 제외한 유해대기오염물질 다배출 시설에 대한 관리기준을 법제화한 것이다. 유해대기오염물질(HAPs)을 포함한 연간 대기 배출량의 60% 이상이 굴뚝을 제외한 시설·공정 등에서 비산배출되는 상황에서 그간 농도위주의 배출구 관리 중심 정책을 전환해 원료 투입부터 배출까지 공정 전과정의 시설관리기준을 마련하고 현장에 적용함으로써 비산배출을 최소화하고자 마련되었다.

비산소괴

Deoxygenated Water Mass

비산소괴는 수질계에 유기물이나 영양염류가 대량 흘러들어와 부패 또는 플랑크톤의 이상 번식으로 산소가 적어지면서 생기는 물덩어리를 말한다. 적조, 청조의 원인이 되며 상수원이나 어패류에 막대한 피해를 끼친다. 특히 여름철에 잘 나타난다.

비소

Arsenic

회색과 황색 결정 형태의 맹독성 중금속 물질이다. 피부나 호흡기, 소화기로 흡수되어 뼈나 장기에 침적하는데 배출이 어려우며 만성중독이 된다. 급성 중독의 경우는 심한 구토, 설사, 복통, 두통 등이 일어나며 심장쇠약, 전신경련을 일으켜 사망하는 경우도 있다. 비소는 유비 철광에서 산출되며 금, 은, 납, 아연 ,동 ,광업의 부산물로서도 생성되며, 주로 농약 살충제로 사용된다.

비스페놀 A

Bisphenol A

동물이나 사람의 체내로 유입될 경우 내분비계의 정상적인 기능을 방해하거나 혼란시키는 환경호르몬의 일종이다. 1950년대부터 플라스틱 제품 제조에 사용되어 왔으며 주로 합성수지 원료, CD, 식품 저장용 캔 내부 코팅 재료 등에 쓰이는 물질이다.

비엔나협약

Vienna Convention on Ozone Layer Protection

1985년 오스트리아 비엔나에서 채택된 협약으로 정식 명칭은 '오존층 보호를 위한 비엔나협약'이다. 오존층 파괴 원인물질의 규제를 주요 내용으로 하고 있으며, 몬트리올 의정서에서 그 내용이 구체화되었다. 선언적인 협약으로 실효성 있는 규제내용을 담지는 못했으나 오존층 보호를 위한 최초의 협약이라는 점에서 의의가 있다.

비점오염

Non-point Pollution (diffuse pollution)

도시노면이나 농경지, 야적장 등과 같이 오염물질이 빗물에 씻겨 불특정경로를 통해 배출되는 오염을 가리킨다. 생활하수나 공장폐수처럼 특정 경로를 통해 배출되는 점오염원과 달리 유출경로를 파악하기 어렵고, 강수량 등 기상조건에 영향을 받아 배출량 예측도 어렵기 때문에, 관거 및 처리장 등 저감시설의 설계와 유지관리가 어렵다. 특히 초기 강우 시 오염물질이 처리과정을 거치지 않고 일시에 고농도로 배출됨으로써 수질오염과 여름철 녹조의 원인이 되기도 하며 물고기 집단폐사 등 수생태계 교란을 야기한다. 도시화에 따른 불투수면의 증가로 비점오염이 하천수질관리의 주요대상이 되고 있다.

비정부기구(NGO)

Non-Governmental Organizations

지역, 국가, 국제적으로 조직된 자발적인 비영리단체로 환경보호, 개발원존, 인구, 거주지, 여성, 기아 구제, 인권, 장애자 문제 등 공공의 이익을 위해 일한다. 국제적인 '환경 NGO'는 선진국이나 개발도상국을 구분하지 않고 민간 차원의 환경보호 활동에 관련하며 커다란 역할을 담당하고 있다. 이 때문에 유엔 및 유럽, 미국의 정부 등도 NGO와 제휴하고 있다. 각국 NGO는 「지구헌장」 등에 각각 제안을 제출한 바 있다.

빅데이터

Big Data

기존 데이터에 비해 너무 방대하여 기존의 방법이나 도구로는 수집·저장·분석 등이 어려운 정형 및 비정형 데이터들을 의미한다. 빅데이터의 특징으로는 크기(Volume), 속도(Velocity), 다양성(Variety)을 들 수 있다. 크기는 일반적으로 수십 테라바이트 혹은 수십 페타바이트 이상 규모의 데이터 속성을 의미한다. 속도는 융복합 환경에서 대용량으로 매우 빠르게 생산되는 디지털 데이터를 실시간으로 저장, 유통, 수집, 분석처리 할 수 있는 성능을 의미한다. 다양성(Variety)은 다양한 종류의 정형, 반정형, 비정형 데이터를 의미한다. 빅데이터는 구글 클라우드 플랫폼 등 플랫폼을 기반으로 활용된다.

빈영양호

Oligotrophic Lake

영양염류가 적어서 물 밑까지 산소가 포화된 호수이다. 부식토가 적어서 수생식물이 적으나, 산소가 물 밑까지 있어서 저생동물이 많다. 남색, 짙은 녹색으로 물이 맑으며 관광지나 낚시터로 애용된다. 빈영양호는 시간이 지남에 따라 영양물이 퇴적하여 중(中)영양의 상태로 되고, 다시 영양물이 과잉이 되면 부영양호로 된다.

빈용기 보증금제도

Bottle Bill

사용된 용기(빈병)의 회수 및 재사용 촉진을 위하여 출고가격과는 별도의 금액(빈용기보증금)을 제품의 가격에 포함시켜 판매한 뒤 용기를 반환하는 자에게 빈용기보증금을 돌려주는 제도이다. 1994년 처음 실시되었으며 빈병반환율과 재사용률을 높이기 위해 2017년 1월 보증금이 2배 이상 인상되었다.

빙실효과

Icebox Effect

대기오염에 의해서 지구가 냉각된다고 하는 설이다. 온실효과의 상대적 개념으로 오염물질(탄산가스, 황산화물, 분진, 더스트)이 증가하면 햇빛이 차단되어 지구가 냉각되어 가며, 비나 눈이 많아지고 세계적으로 기온이 저하된다는 것이다.

빛공해(광공해)

Light Pollution

빛이 조명영역 밖으로 누출되어 일상생활을 방해하거나 환경에 피해를 주는 피해를 말한다. 상가 건물의 간판 등 인공조명으로 인해 야간에도 밝은 상태가 유지되어 이웃 간 갈등이 일어나기도 한다. 2013년 「인공조명에 의한 빛 공해 방지법」이 시행되어 지역에 따라 1~4종 조명환경관리구역으로 지정해 관리하고 있다.

빛수확기술

Light Harvesting

태양 빛을 흡수하여 전기로 바꿀 때 일정한 면적에서 더 많은 빛을 손실 없이 흡수하고 이용하여 더 많은 전기를 생산하는 기술이다. 태양전지의 효율 증대를 위한 핵심기술이다.

사고대비물질

Accident Preparedness Chemicals

사고 발생 가능성이 높거나 피해 규모가 클 것으로 우려되는 유해화학물질로 2017년 기준 총 69종이 지정되어 있다. 일정량 이상 취급 시 대상물질의 유해성, 방제시설 및 장비 보유현황, 안전관리 조직, 사고 시 응급조치계획, 주민소산계획 및 피해 최소화와 복구 등의 조치계획 등을 포함한 비상대응체계 구축을 의무화하고, 이를 명시한 위해관리계획서를 작성·제출토록 함으로써 사업장의 화학사고 예방·대응 관리를 하고 있다.

사막화

Desertification

가뭄, 건조화 등 자연적 요인과 관개, 산림벌채, 환경오염 등 인위적 요인이 복합적으로 작용하여 토지가 사막환경화 되는 현상을 말한다. 사막화가 시작되면 숲이 사라져서 지표 반사율이 증가하고, 냉각화되어 강우량이 감소하여 더욱 빠른 속도로 사막화가 진행된다. 해마다 전 세계적으로 600만 ha의 면적이 사막화되고 있다. 유엔의 정의에 의하면 사막화란 '토지의 잠재된 생물 생산력이 저하되거나 파괴돼 그 결과 사막으로 변해 가는 현상'을 말한다.

사막화방지협약(UNCCD)

United Nations Convention to Combat Desertification

공식 명칭은 '심각한 한발 또는 사막화를 겪고 있는 아프리카지역 국가 등 일부 국가들의 사막화 방지를 위한 국제연합협약'이다. 무리한 개발과 오남용으로 인한 사막화 방지를 위해 체결된 협약으로, 국제적 노력을 통한 사막화 방지와 심각한 한발 및 사막화·토지 황폐화 현상을 겪고 있는 개발도상국을 재정적·기술적으로 지원하는 것을 목표로 한다. 협약은 1993년 5월~1994년 6월 기간 중 5차례에 걸친 정부간 협상위원회를 통해 채택되었다. 2009년 1월 기준 193개국이 가입해 있으며 우리나라는 1999년 8월 17일 156번째로 가입했다. 기후변화협약, 생물다양성협약과 더불어 세계 3대 환경협약의 하나이다.

사바나

Savanna

열대우림과 사막의 중간에 위치하는 열대초원을 말한다. 식생은 긴 풀들 사이에 교목과 관목이 드문드문 존재하는 양상으로 짧은 풀로 이루어진 초원인 스텝과 구별된다. 주로 아프리카와 남아메리카에서 발견된다. 기후는 우기와 건기로 뚜렷하게 나누어진다. 건기에는 비가 전혀 내리지 않기 때문에 삼림이 모두 시들어 버린다. 우기에는 매우 불규칙적이며 단시간에 내리는 호우가 많다.

사업장 대기오염물질 총량관리제

종전의 사후적 관리인 배출농도 관리와는 달리 배출총량을 기준으로 관리하는 사전 예방적 관리제도로 오염물질별 목표 대기질 달성을 위한 배출허용총량을 산정한 후 사업장별로 배출량을 할당하여 그 범위 내에서 오염물질 배출하도록 하는 제도이다. 오염물질을 다량으로 배출하는 수도권 대기관리권역 내 사업장을 대상으로 2007년 처음 실시되었다. 대상 오염물질은 질소산화물, 황산화물, 먼지이며 단계적으로 적용대상을 확대하고 있다.

사업장 폐기물 감량화제도

Reduction of Industrial Wastes

사업장폐기물 다량발생 사업장의 폐기물감량 추진 실적/계획 등을 분석·평가하여 폐기물감량실적이 우수한 사업장에게 각종 인센티브를 부여하고, 부진한 사업장을 대상으로 기술진단·지도와 각종 감량기법 정보 등을 제공하여 사업장폐기물의 원천적 발생억제와 재활용 활성화를 유도하는 제도이다. 2016년 『자원순환기본법』에 의거 개별 사업장 별 자원순환목표를 설정해 성과를 평가하는 '자원순환성과관리제'로 대체되었다.

사업장폐기물

Industrial Waste

생활폐기물을 제외한 모든 폐기물을 가리키며 산업폐기물이라고도 한다. 사업장일반폐기물과 지정폐기물, 건설폐기물로 나뉜다. 또한 유해성의 유무에 따라 유해폐기물과 일반폐기물로 구분된다. 폐기물의 90% 이상은 일반폐기물이지만 유해폐기물은 그 유해로 인하여 취급과 처리·처분에 있어서 특별한 법적 규제를 받는다.

사에틸납

Tetraethyl Lead

특유의 방향성을 가진 무색의 기름 같은 형태의 액체로 납과 나트륨의 합금에 염화에틸을 반응시켜 만든다. 테트라에틸납이라고도 한다. 독성이 강하고, 발생하는 가스를 흡입하거나 피부에 접촉하면 두통, 뇌신경증 등의 급성 또는 만성의 중독증상을 일으킨다. 자동차나 항공기용 가솔린의 안티녹킹제로서 사용된다.

사염화탄소

Carbon Tetrachloride

특유의 방향성을 가진 무색의 기체로 유기 할로겐화합물이다. 사염화메탄, 테트라클로로메탄이라고도 한다. 플루오르카본의 원료, 소화제, 훈증제, 살충제 등으로 쓰인다. 독성이 강하여 저농도 만성노출에서도 간장, 신장 장애를 일으키며 오존층 파괴물질로 알려져 있다.

사전오염예방원칙

Precautionary Principle for Environmental Protection

EU 환경정책의 원칙의 하나로, 특정 물질이나 행위가 환경보호에 악영향을 미친다는 결정적인 증거가 없더라도 개연성이 있는 경우 사전에 방지하는 방향으로 정책결정이 이루어져야 한다는 것이다.

사전환경성 검토제도

Precautionary Environmental Monitoring System

환경에 영향을 미치는 각종 행정계획을 수립하거나 개발사업을 시행하기 전에 환경적 측면에서 입지의 타당성, 개발구상 및 토지이용계획의 적정성, 장래 해당지역과 주변지역에 미칠 환경영향을 검토·분석하는 것을 말한다. 사전환경성 검토제도는 행정계획과 환경 민감 지역의 소규모 개발사업을 대상으로 이루어진다. 환경영향 평가제도가 대부분 대규모 개발사업에 국한되어 있고, 계획이 확정된 후 사업을 실시하면서 오염을 줄이는 방안을 검토하여 근본적으로 친환경적 개발을 유도하는 데 한계를 지닌다고 보고 도입된 제도이다.

사헬지역

Sahel Region

아프리카의 사하라사막 남부에 펼쳐진 폭 6,400 km의 거대한 초원지대로, 최근 지구에서 가장 급속하게 사막화가 진행되고 있는 지역이다. 아프리카의 인구증가로 경작지를 늘리고 가축을 무리하게 방목하여 초원이 훼손되면서 사막화가 시작되었고 이로 인해 큰 인명피해를 입었다. 사헬 지대의 급속한 사막화와 이로 인한 주민들의 피해는 UN에서 사막화 지역 주민들을 위한 지원과 사막화 방지를 위한 지식 및 기술 제공을 결의한 『사막화방지협약』을 체결한 계기가 되었다.

사회생태주의
Social Ecologism

환경문제의 원인을 사회 및 정치체제의 결함에서 찾는 이론으로 인간에 의한 자연지배는 인간에 의한 인간지배에서 연유하기 때문이라고 본다. 자유주의적 무정부상태를 이상으로 삼는다.

사회적 비용
Social Price

어느 생산자가 어떤 재화를 생산하는 경우, 이로 인해 생산자를 포함한 사회 전체가 부담하게 되는 비용으로 생산자가 직접 부담하는 비용인 사적비용과 대비된다. 이것은 영국의 경제학자 피구가 정의하여 중요성을 분명히 한 개념으로, 오늘날 각종 환경오염 문제와 관련하여 재인식되고 있다.

사후관리이행보증금
Deposit for Ex-Post Landfill Management

폐기물처리시설 설치자가 사후관리대상인 폐기물 매립시설의 사용종료 및 사후관리 등의 이행을 보증하게 하기 위해 사후관리 등에 드는 비용을 환경개선특별회계에 예치하는 금액으로, 사용종료 신고과정에서 금액이 확정된다.

사후환경영향조사
Post Environmental Impact Assessment

환경영향평가 영향 예측치와 실제 환경영향과의 일치 여부를 확인하고, 사업착공 후 예측치 못한 영향으로 인한 주변환경의 피해 방지 대상사업 착공 시 발생될 수 있는 주변환경의 피해를 방지하기 위해 항목별로 환경영향을 조사하고 그 결과를 협의기관에 통보하는 것을 말한다.

산림원칙성명
Rio Declaration of Forest Principles

1992년 6월 브라질에서 개최된 유엔환경개발회의(리우 지구정상회담)에서 채택된 성명이다. 모든 산림의 관리, 보전, 지속가능한 개발에 관하여 원리·원칙을 나타낸 것으로 산림에 관해 세계 최초로 합의된 성명이다.

산림탄소상쇄제도
Forest Carbon Offset Scheme

기업, 산 주인, 지방자치단체 등이 자발적으로 온실가스 배출을 줄이기 위해 나무를 심는 등 탄소흡수원 증진 활동을 하면, 이를 통해 확보한 산림탄소 흡수량을 정부가 인증해주는 제도이다. 「탄소흡수원 유지 및 증진에 관한 법률」의 시행(2013.2.23)과 함께 도입되었으며, 산림탄소흡수량의 거래가능 여부에 따라 "거래형"과 "비거래형"으로 참여할 수 있다. 사업유형으로는 신규조림/재조림, 지속가능한 산림경영, 식생 복구, 산림바이오매스 에너지 이용, 산지 전용 억제 등이 있다.

산성강하물질
Acid Precipitation

화력발전, 제련소, 공업단지, 자동차 배기가스 등에 의해 만들어진 산성물질이 대기 중으로 날아가 비나 구름, 안개 등의 형태로 땅에 내리는 것을 말한다. 정상적인 비의 산도(pH)인 5.6보다 낮은 pH의 강하물이다.

산성비
Acid Rain

수소이온 농도지수(pH) 5.6 미만의 비로, 화석연료의 연소에 의해 생기는 황산화물(SO_x)이나 질소산화물(NO_x) 및 대기 중에 생성된 황산·황산염·질산염 등의 화학물질이 빗물에 녹아 산성화된 비를 말한다. 일반적으로 빗물은 pH 5.6~6.5 정도의 약산성이지만 대기오염이 심한 지역에서는 강한 산성의 비가 내리기도 한다. 산성비는 산림을 파괴하고 하천, 호소 등을 오염시켜 수생태계를 파괴하며, 토양을 산성화시켜 농업생산에 악영향을 미친다. 또한 인체에 직접적인 피해를 주고, 건물, 교량 등 구조물을 부식시킨다.

산성안개

Acid Fog

질소산화물, 황산화물 등 산성의 대기오염물질이 빗물이 아닌 대기 중에 부유하는 안개에 스며든 것이다. 산성안개는 산성비보다 장시간 공기 중에 머무르므로 대기오염물질을 많이 흡수하여 산성도가 매우 높다.

산업폐기물

Industrial Waste

사업 활동에 수반하여 발생하는 폐기물 가운데 재, 슬러지, 폐유, 폐산, 폐알칼리, 폐플라스틱 등을 가리키며 사업장폐기물이라고도 한다. 유해성의 유무에 따라 유해폐기물과 일반폐기물로 구분된다. 폐기물의 90% 이상은 일반폐기물이지만 유해폐기물은 그 유해로 인하여 취급과 처리·처분에 있어서 특별한 법적 규제를 받고 있다.

산화방지제

Antioxidant

유지에 첨가하여 산화를 방지하고 보존기간을 연장시키는 첨가물이다. 저장식품, 지방함유식품, 고무, 합성 플라스틱 등에 널리 사용되고 있다. 식품에는 과이액지, 시스테인염산염, 부틸하이드록시앤솔(BHA), 다이뷰틸하이드록시톨루엔(BHT) 등이 사용되며, 윤활유에는 방향족 아민류, 페놀류 등의 유기화합물이 사용된다.

산화에틸렌

Ethylene Oxide

무색의 기체로 에틸렌을 산화시켜 만든 에테르의 일종이다. 계면활성제나 글리콜 에테르(항공유 첨가물)의 합성원료, 유기화합물 합성의 원료, 살충제, 살균제, 훈증제, 비누 제조 등에 쓰인다. 발암물질이며, 만성중독의 증상은 중추·말초 신경 장애가 나타나는 것이 특징이다.

산화지

Oxidation Pond

하수 및 폐수를 24시간~수개월 간 저수하여 주로 세균과 조류 및 산화를 통한 자연정화 작용으로 오염물질을 안정화시키는 연못을 말한다. 호기성 미생물을 활용한 호기성지, 혐기성미생물을 활용한 혐기성지, 인위적으로 산소를 공급해 호기성지의 단점을 보완한 포기식(에어레이션식)라군의 세 가지의 처리방식이 있다.

살모넬라

Salmonella

병원성 장내 세균의 일종이다. 대장균군과 유사하고, 돼지콜레라균, 게르트네르균, 쥐 티프스균 등이 이에 포함된다. 오염된 육류, 알, 우유 등을 섭취했을 때 발열 및 설사를 수반하는 급성 식중독을 일으킨다. 예방으로는 식품의 환경위생을 철저히 하고 취급자 가운데 보균자가 없도록 하는 것이 중요하다.

살생물질

Biocides

사람과 동물을 제외한 모든 유해한 생물을 죽이거나 생물의 활동을 방해·저해하는데 사용되는 물질이다. 살균, 항균, 소독, 방부 등의 기능을 발휘하는 것으로 비농업용으로 사용되는 방부제, 살충제, 소독제 등이 있다. 살생물질, 살생물제라고도 한다.

살수여상법

Trickling Filters

생물막법의 일종으로 보통 도시하수의 2차처리를 위해 사용되는 방법이다. 활성슬러지법과 달리 1차 침전지를 거친 폐수를 미생물막이 형성되어있는 자갈이나 쇄석, 기타 여과재 위에 살수하면, 폐수가 여과재 사이를 흘러내리는 동안 미생물과 접촉하면서 오염물질이 분해된다.

살조제

Algicide

수중에 존재하는 조류의 생육을 억제하여 사멸하는 목적으로 사용하는 화학제품이다. 일반 가정, 사무실, 아파트단지, 야외 인공폭포 등의 실내·외 물놀이시설 및 어항 등에서 물의 악취와 미생물의 번식을 막는다. 또한 상수 처리 시 조류의 번식으로 인한 오염물의 응집 침전 방해, 여과지의 구멍 막힘, 냄새물질 발생 등을 막아준다.

삼원 촉매장치

Three Way Catalytic Converter

엔진 작동 간 발생하는 배기가스 중 유해한 3가지 성분(CO, HC, NO_x)을 동시에 감소시키는 장치이다. 배기관 중간에 부착되어 있으며 촉매로서는 백금과 로듐이 사용된다.

상쇄배출권

Offest Credit

온실가스 배출권 할당 대상 업체가 외부 배출시설 등에서 온실가스를 감축한 경우 이에 대한 실적을 인증받아 배출권으로 전환한 것을 말한다.

상쇄제도

Emission Offset Policy

외부사업 사업자가 외부사업을 통해서 발행받은 인증실적(KOC)을 배출권거래제 할당대상 업체 등에게 판매하고, 할당대상업체는 보유 또는 구매한 외부사업 인증실적(KOC)을 상쇄배출권(KCU)으로 전환하여 배출권거래제에서 활용할 수 있는 제도이다.

상수도

Water Supply System

식용에 적합한 물을 공급하는 시설의 총체로 취수, 저수, 도수, 정수, 송수, 배수, 급수 등의 시설로 이루어져 있으며 도시에서는 중요한 위생 시설이다. 광역상수도, 지방상수도, 마을상수도, 공업용수도, 전용수도로 구분된다. 하수도에 상대되는 개념이다.

상수원

Water Supply Source

음용·공업용 등에 제공하기 위하여 취수시설을 설치한 지역의 하천·호소·지하수 등을 말한다. 상수원은 지표수와 지하수로 크게 나눌 수 있는데 지표수란 하천수 및 저수지를 말하고 지하수에는 용수, 우물물 및 복류수가 있다. 상수원이 되기 위해서는 수질이 양호하고, 수량이 풍부하여야 하며 가능한 주위에 오염원이 없어야 한다.

상수원보호구역

Water Supply Source Protection Area

상수원의 확보와 수질의 보전을 위하여 수도법에 근거하여 지정된 지역이다. 이 지역에서는 쓰레기나 동물의 사체류를 버리는 행위, 가축의 방사·어렵 또는 조류를 포획하는 행위, 유영·목욕이나 세탁, 기타 수질을 오손하는 행위가 금지된다.

새만금 간척사업

Saemangeum Reclamation Project

전북 군산시와 고군산군도, 부안군을 연결하는 세계 최장 방조제를 축조하여 간척지와 호소를 조성하는 사업이다. 약 2조 9,000억 원의 사업비와 19년의 사업기간을 들여 2010년 방조제가 준공되었다. 공사 진행 도중 환경오염 문제가 제기되어 사업 자체에 대한 찬반 논란이 빚어지기도 했다.

새집증후군

Sick House Syndrome

신축건물의 건축자재나 벽지 등에서 나오는 휘발성 유기화합물(VOCs) 등 유해 화학물질이 거주자에게 두통·피로·호흡 곤란·천식·비염·피부염, 알레르기 등 건강상 문제 및 불쾌감을 유발하는 현상을 말한다. 새집증후군을 예방하기 위해서는 휘발성 유기화합물(VOCs)이 적은 시공 재료를 사용하고, 포름알데히드, 알레르기 유발 물질과 곰팡이가 생길 여건을 줄여야 한다. 이미 지어진 건물에서 새집증후군을 막기 위해서는 바깥의 비교적 상쾌한 공기와 실내 공기를 자주 바꿔주어야 하는

데 베이크아웃과 환기가 필요하다.

새천년개발목표(MDGs)

Millenium Development Goals

국제사회의 빈곤퇴치 및 지속가능한 발전을 위해 2015년까지 전 인류가 함께 달성하기로 2000년 '유엔 새천년 정상회의'에서 채택된 의제이다. MDGs의 8대 목표는 ① 절대빈곤 및 기아 퇴치 ② 보편적 초등교육 달성 ③ 남녀평등 및 여성능력 고양 ④ 아동 사망률 감소 ⑤ 모성 보건 증진 ⑥ HIV/AIDS, 말라리아 및 기타 각종 질병 퇴치 ⑦ 지속가능한 환경보전 ⑧ 개발을 위한 범지구적 파트너십 구축이다. 2016년부터 SDGs(지속가능발전목표)에 의해 대체되었다.

새천년생태계평가(MEA)

Millennium Ecosystem Assessment

생태계의 전반적인 현황을 파악하기 위하여 UN이 2001년부터 2005년까지 실시한 생태계 평가보고서이다. 이 보고서는 인간의 복지와 지속가능한 발전을 위하여 과학적인 기반을 토대로 지난 50년의 생태계와 그 서비스 변화를 평가하였고 미래 50년을 전망하였다. MA 보고서 이후 G20를 중심으로 '생물다양성과 생태계서비스의 경제학 연구(TEEB : The Economics of Ecosystem Biodiversity)'가 진행되었다. 또한 범정부 차원의 기구로서 전 세계의 생태계서비스를 평가하는 IPBES가 설립됐다.

색도

Chromaticity

물의 착색 정도를 표시하는 것으로, 착색의 원인은 유기물이 대부분이나, 철이나 망간, 동 등의 무기물에 의해 착색되는 경우도 있다. 예를 들면, 철의 경우는 붉은 색, 망간은 검은 색, 동은 푸른색을 띈다. 색도는 물 1리터 속에 백금 1 mg 또는, 코발트 0.5 mg이 들어있을 때의 색을 기준(색도 1도)으로 한다. 수돗물의 색도는 5도 이하이며 10도 이상으로 되면 육안으로도 그 색도의 정도를 대강 알 수 있게 된다.

생명공학

Biological Engineering

생체나 생체유래물질 또는 생물학적 시스템을 이용하여 산업적으로 유용한 제품을 제조하거나 또는 공정을 개선하기 위한 기술이다. 생명공학의 연구영역은 인체, 동식물, 미생물을 포함한다. 난치병 치료기술, 의료용 생체기술, 동물복제기술, 곤충자원 이용기술, 식물조직배양기술, 미생물 대사산물 이용기술, 미생물의 농업, 환경, 식품 이용기술 등 그 범위가 매우 넓다. 생명공학은 1863년 멘델이 완두콩의 유전법칙을 발견한 데서 시작되어 2003년 인간유전체지도의 완성에 이르는 발전을 이루었다. 생명공학의 무궁무진한 활용가능성에도 불구하고 유전자조작, 인간복제 등에 대한 안정성과 윤리성 논란이 계속되고 있다.

생물군계

Biome

열대 우림, 툰드라 등 주로 기후에 의해 다르게 형성된 생물의 군총이다. 일반적으로 동물군총보다는 식물군총에 의해 구분된다. 독특하고 고유한 식물군총은 식물이 강수량, 온도, 빛 등의 여러 기후 요인에 적응한 결과이다. 생물군계는 보통 위도에 따라 달라지는데 적도 기준 북반구 방향으로 열대 우림, 사막, 초원, 온대 낙엽수림, 타이가, 툰드라, 빙하 순으로 분포해 있다. 때로 생물군계가 점차적으로 바뀌는 양상을 보이는데 이를 전이라고 하며, 이처럼 전이로 인해 두 개의 군집이 동시에 분포하는 지역을 전이대라고 한다.

생물권

Biosphere

지구에서 생물이 살아갈 수 있는 영역으로, 대기와 해양을 포함한 지구의 매우 얇은 표층 부분이 이에 해당한다. 여기에서는 공기와 복사 에너지와 필요한 영양 물질이 생물의 번식을 가능하게 만든다. 생물권은 대기권, 수권, 암권과 물질과 에너지를 주고받으며 상호 작용한다. 라마르크가 만든 말이다.

생물농약

Biopesticide

자연계에 존재하는 물질과 생물체 및 그로부터 유래한 소재를 이용하여 농작물 생산 및 보존에 피해를 미치는 병원균, 해충 및 잡초 등을 방제하는 작물보호제이다. 생물방제제 또는 청정농약이라고도 일컬어지며, 천연물, 미생물농약 등 생물학적 농약과 천적농약으로 구분된다.

생물농축

Bioconcentration

어떤 원소나 물질이 생물의 체내에 들어온 후 분해되거나 배설되지 않고, 먹이 연쇄를 따라 이동하여 생물체내에 축적되는 현상을 말한다. 생물농축은 오염물질을 직접 섭취하거나, 먹이사슬을 통하여 간접적으로 농축되는 두 가지 경로로 구분할 수 있다. 특히 먹이사슬을 통하여 간접적으로 농축되는 경우 상위 단계로 갈수록 농축량이 증가하며, 생물농축에 의한 피해가 크다. 생물농축물질에는 보통 중금속(수은, 카드뮴, 납 등), 농양성분(DDT, BHC 등) 및 다이오신, PCD, THM 등이 있다.

생물농축계수

Bioconcentration Factor

생물체에 특정 오염물질이 축적되는 과정에서 환경 중의 농도에 대한 생물체 내의 농축비를 나타낸 것이다. 이 계수가 높을수록 오염이 심각하게 이루어진 것으로 판단할 수 있다.

생물다양성

Biological Diversity

'생물학적인 다양성'의 약자로서 생태계 다양성, 종다양성, 유전자다양성을 포함하는 개념이다. 생태계다양성은 사막, 산림 지대, 습지대, 산, 호수, 강 및 농경지 등의 다양성을 말하고 한 생태계에 속하는 모든 생물과 무생물의 상호작용에 관한 다양성을 의미한다. 종다양성은 식물, 동물 및 미생물의 다양한 생물종으로 이해되는데, 일반적으로 한 지역내 종의 다양성 정도와 분류학적 다양성을 지칭하는 의미를 가진다. 유전자다양성은 종 내의 유전자 변이를 말하는 것으로 같은 종 내의 여러 집단을 의미하거나 한 집단 내 개체들 사이의 유전적 변이를 의미한다. 생물다양성이 풍부할수록 생태계가 건강하고 그로 인해 우리 인류가 누리는 혜택(생태계서비스)도 늘어난다.

생물다양성 전략 시행계획

Strategy Plan for Biodiversity

국가의 생물다양성협약(CBD) 이행 로드맵으로 10년 단위로 수립된다. 최근의 생물다양성전략계획 2020에서는 '새천년개발목표(MDGs)'를 고려한 5개의 생물다양성 보전 목표(생물다양성의 지속가능한 이용 증진 등)와 이를 위한 아이치 목표 20개를 제시하고 있다.

생물다양성 정보공유체계(CBD-CHM)

Convention on Biodiversity - Clearing House Mechanism

생물다양성협약(CBD)이 각 국가의 생물다양성정보와 기술을 모든 나라가 서로 공유할 수 있도록 구축한 네트워크다. 국가별 정보 관리와 연구 능력의 차이 때문에 발생하는 전 지구적인 생물다양성 보전 활동상의 문제를 극복하고자 구축되었으며 제8차 생물다양성협약 당사국총회에서 합의되었다. 우리나라는 국가생물다양성 공유체계(CDB-CHM Korea)를 구축해 생물다양성 관련 정보를 국내외와 공유하고 있다.

생물다양성 중점지역

Biodiversity Hot Spots

높은 종풍부도와 높은 고유종 분포를 보이는 지역으로, 이들 중점지역을 보전하는 것이 비슷한 크기의 다른 지역을 보전하는 것 보다 이익이라는 전제에서 지정되었다. 17개 초대형다양성 국가가 전 지구 생물다양성의 66~75%를 보유하고 있다.

생물다양성과학기구(IPBES)

Intergovernmental Science-Policy Platform on Biodiversity and Ecosystem Services

생물다양성과 생태계서비스에 관한 과학적 연구 및 관련 정책적 기반을 세우고 각국의 정책 이행을 지원하기 위해 출범한 독립된 정부간기구이다. 유엔 환경 계획(UNEP)의 주도 하에 유네스코, FAO(식량농업기구) 및 유엔 개발 계획(UNDP)가 공동 설립하였다. 장기적인 목표는 생물다양성의 보전과 지속가능한 활용과 장기적 차원의 인간의 웰빙 등을 지원하는 것이다. 2012년 4월 공식 출범해 2017년 기준 126개국이 가입되어 있다. 우리나라는 2010년 IPBS 설립의 기틀을 마련한 부산 합의문의 채택을 주도했다.

생물다양성관리계약

Biodiversity Management Contract

지방자치단체의 장과 지역주민이 생태계 보전을 위한 계약을 체결하고, 계약 내용의 이행에 따른 손실을 보상하는 주민참여의 자연환경보전 제도이다. 주요 내용은 철새 먹이제공을 위한 농작물(벼) 미수확 존치, 보리재배, 쉼터조성 및 관리 등 지역주민의 철새보호 활동에 대한 보상 등이다.

생물다양성의 날

International Biodiversity Day

유엔(UN)의 생물다양성협약이 발표된 날을 기념하고 생물종의 다양성에 대한 이해와 보존을 위해 제정한 날로 2001년부터 매년 5월 22일 기념되고 있다.

생물다양성협약(CBD)

Convention on Biological Diversity

지구상의 생물종을 보호하기 위해 마련된 협약으로 1992년 6월 리우의 지구정상회담에서 158개국 대표의 서명으로 채택되었다. 생물 다양성의 보전, 생물 다양성 구성 요소의 지속 가능한 이용, 유전자원의 이용으로부터 발생하는 이익의 공정하고 공평한 배분을 목적으로 한다. 여기에서 생물 다양성은 생태계 다양성, 종 다양성, 유전자 다양성을 포괄하는 개념이다. 생물다양성협약의 이행과 후속의제들을 다루기 위해 1994년부터 2년마다 당사국총회가 열리고 있다.

생물막처리

Biomembrane Wastewater Treatment

모래층이나 여과지의 표면에 미생물이 번식·부착된 상태의 것을 생물막이라고 하며, 이 막에 하수를 통과시킴으로써 여과효과와 미생물에 의한 흡착효과를 동시에 볼 수 있는 공법이다. 생물막은 수처리 시 완속여과 과정에서 모래층 표면에 증식하는 세균 등의 미생물과 현탁질, 그리고 콜로이드·미생물 활동의 대사물로 발생한 젤라틴질 등에 의해 수mm 정도 두께로 형성된다. 하수처리수를 재이용하는 경우 마무리처리로서 이용된다.

생물산업

Bio-industry

생명공학기술을 바탕으로 생물체가 가지고 있는 기능과 정보를 활용하여 인류가 필요로 하는 유용물질을 생산하는 산업군을 말한다. 유전자재조합·세포융합·세포배양 및 물질대사 등 생명공학기술의 발달로 시장규모도 급속히 성장하고 있다.

생물소재

Biological Material

생물산업의 핵심재료로서 유전자원, 천연물, 배양체, 종자 등을 포함한다. 생물산업의 발전을 위해서는 생물소재를 체계적으로 발굴·확보함과 동시에 이들의 효율적 관리 및 은행 운영이 요구된다.

생물자원

Biological Resources

생물다양성협약 제2조에 따르면 '실질적 또는 잠재적으로 인류를 위하여 사용될 가치가 있는 유전자원, 생물체, 유기체군 또는 생태계의 그 밖의 생물적 구성 요소'라고 정의하고 있다. 생물자원은 의약, 식품, 환경, 에너지 등 바이오산업의 핵심소재로서 중요성이 더욱 커지고 있으며, 국가 생물 자원의 파악은 생물주권의 확보 차원에서도 매우 중요하다.

생물재해

Biological Disaster

우발적인 사고 혹은 고의로 병원체나 유전자공학 등으로 만들어진 '개조 생물'에 의해 연구실이 감염되거나, 이들이 일반 환경에 흘러 나가 주변 주민의 건강피해, 생태계 파괴를 일으키는 경우 등을 말한다. 1970년대 이후는 특히 암 바이러스 이용 등으로 일어날 수 있는 생물재해에 대한 우려의 목소리가 높다.

생물학적 방제

Biological Pest Control

병해충 방제 시 살아있는 생물 또는 생물 유래 물질을 이용하는 방법이다. 생물 농약이라고도 부르며, 농약을 이용하는 화학적 방제에 비해 환경파괴가 적다. 주로 천적곤충을 이용하거나, 병원성 미생물, 곤충 페로몬 및 호르몬 등을 사용한다.

생물학적 수질평가기법

Biological Water Quality Assessment Method

수생태계의 상태를 잘 반영할 수 있는 어류와 저서생물 지표종, 서식지 및 생물특성을 이용해 수생태계 건강성을 평가하는 기법이다. 독일, 영국 등 선진국에서는 1990년대부터 활용되고 있다. 우리나라는 특정 환경상태를 선호하는 주요 생물종을 고려하여 생물지표종 평가등급을 매우 좋음에서 매우 나쁨까지 4개 등급으로 구분하고 있다.

생물학적 지표

Biological Indicators

생물을 이용해 환경오염 상태를 나타내는 지표로, 주로 미생물과 식물이 이용된다. 환경지표 생물은 환경의 변화에 민감하게 반응해야 하며, 서식 분포가 넓고, 관찰과 취급이 용이해야 한다. 생물 지표의 예로는 이끼류가 있는 땅은 산성토양임을 나타내고, 실지렁이가 사는 물은 산소가 부족함을 나타낸다.

생물학적 처리

Biological Treatment

미생물을 이용한 하수 처리 방법으로 산소가 있는 환경에서 이루어지는 호기성분해에 의한 것과 산소가 없는 환경에서 이루어지는 혐기성분해에 의한 것으로 나뉜다. 전자는 호기성균에 의해 주로 유기물을 산화 분해하는 방법으로, 500 ppm 이하의 낮은 BOD 배수 처리에 적당하고, 간헐모래 여과, 살수여상, 활성오니법 등이 있다. 후자는 혐기성균에 의해 유기물을 환원 분해하는 메탄, 탄산가스 등에 의한 방법으로, 높은 BOD 배수 처리에 적당하고 오니, 증류, 폐유 등의 1차처리에 이용된다.

생물학적 탈질작용

Biological Denitrification Process

산소가 공급되지 않는 혐기적 조건 하에서 미생물은 아질산성 질소와 질산성 질소를 이용하여 N_2(질소) 또는 N_2O(아산화질소)를 생성하는데 이와 같이 생물에 의해 아질산성 질소 및 질산성 질소가 질소가스로 환원되는 것을 말한다. 폐수 및 하수 처리 시 산소를 공급하는 호기조 외에 혐기조를 설치하는 이유는 질소를 처리하기 위해서다.

생물활성탄법

Biologically Activated Carbon Filtration

입상활성탄(분말보다 입자가 큰 활상탄) 층에 미생물을 번식시켜 흡착과 생물처리의 두 기능을 겹치게 한 것이다. 층 내에 번식한 미생물의 작용에 의해 물속 유기물의 직접적인 생물분해와 활성탄에 흡착한 유기물의 생물분해가 행해져 흡착수명이 크게 길어진다고 알려져 있으며, 암모니아성 질소의 질산화가 가능하다.

생분해도

Biodegradability

유기물이 미생물에 의해 분해되는 정도를 가리킨

다. 대부분의 국가들은 '사용 후 7일째 생분해도가 90% 이상 되는 것'을 세제의 기준치로 정하여 수질오염을 막고 있다. 현재 세계 기업들은 생분해도가 높은 천연계 계면활성제를 사용한 상품을 개발하고 있다.

생분해성 수지

Biodegradable Plastics

박테리아나 다른 유기 생물체에 의하여 분해될 수 있는 플라스틱을 뜻한다. 생분해성 플라스틱에는 두 종류가 있다. 바이오 플라스틱은 재생가능한 원재료로 만들어진 플라스틱이고, 다른 종류는 생분해를 향상시키는 첨가물이 들어간 석유화학에서 기인한 플라스틱이다. 매립이나 소각에 따른 환경오염이 없어 폐기물부담금 부과제외 대상이다.

생산자책임재활용제도(EPR)

Extended Producer Responsibility

생산업체가 제품 생산 시부터 재활용이 가능한 제품으로 생산하는 것은 물론 사용 후 발생되는 폐기물의 재활용까지 책임지도록 한 제도이다. 제품의 생산자에게 그 제품이나 포장재의 폐기물에 대하여 일정량의 재활용의무를 부여하여 재활용하게 하고, 이를 이행하지 않을 경우 재활용에 소요되는 비용 이상의 재활용 부과금을 생산자에게 부과한다. EPR을 지원하는 제도로 재활용의무대상 포장재에 분리배출표시를 하도록 하는 '분리배출표시제도', 분리수거지침에 따른 '분리수거' 및 '빈용기보증금제도' 등이 실시되고 있다.

생태·경관보전지역

Ecology-Landscape Protection Area

생물다양성이 풍부하여 생태적으로 중요하거나 자연경관이 수려하여 특별히 보전할 가치가 큰 지역으로서 자연환경보전법에 의거해 환경부장관이 지정·고시하는 지역을 말한다.

생태·자연도

Ecology-Nature Map

산·하천·내륙습지·호소·농지·도시 등 전국 자연환경의 생태적 가치, 자연성, 경관적 가치 등을 조사하여 등급화한 지도이다. 1등급(보전)·2등급(훼손 최소화)·3등급(개발) 권역과 별도관리지역(법률상 보호지역)으로 구분된다. 1990년대에 제작된 녹지자연도에서 발전되었다. 생태·자연도 관련 정보는 '환경공간정보서비스' 사이트에서 얻을 수 있다.

생태경제학

Ecological Economy

경제를 생태계의 일부로 보는 관점을 적용한 경제학 분야이다. 1970년대에 인류의 복지 향상을 위해서 인류 사회와 생태계의 지속 가능한 발전을 함께 추구해야 한다는 움직임으로 태동되었다.

생태계

Ecosystem

자연생태계는 대기, 물, 토양 등의 무기환경과 동물, 식물 등의 생명체로 구성되며, 이들은 서로 끊임없이 물질순환을 하고 있다. 따라서, 이들을 분리하면 전체로서의 기능 및 구성요소로서의 기능을 파악할 수 없기 때문에 무기환경과 생물을 묶어서 하나의 총체적인 체계로 파악하는데 이를 생태계라고 한다. 생태계는 생산자, 소비자, 분해자 및 환원자로 구성된다. 또 자연환경을 기준으로 육지생태계, 해양생태계 등으로 구별되고, 생물군집군을 기준으로 삼림생태계, 조류생태계 등으로 구별된다. 생태계의 일부가 변경 또는 파괴되면, 그 생태계 전체의 물질대사 회로가 큰 영향을 받게 된다.

생태계교란생물

Invasive Alien Species

외래생물 중 생태계의 균형을 교란하거나 교란할 우려가 있는 생물, 외래생물에 해당하지 않는 생물 중 특정 지역에서 생태계의 균형을 교란하거나 교란할 우려가 있는 생물, 유전자변형 생물체 중 생태계의 균형을 교란하거나 교란할 우려가 있는 생물로서 위해성평가 결과 생태계 등에 미치는 위해가 큰 것으로 판단되어 환경부장관이 지정·고시하는 것을 말한다.

생태계보전협력금

Ecosystem Conservation Cooperation Charge

자연환경을 체계적으로 보전하고 자연자산을 관리·활용하기 위하여 자연환경 또는 생태계에 미치는 영향이 현저하거나 생물다양성의 감소를 초래하는 사업을 하는 사업자에 대하여 징수하는 부과금이다. 그러나 협력금을 납부한 개발사업자가 환경부장관의 승인을 받아 대체자연 조성, 생태계복원 등 자연환경보전사업을 한 경우 납부한 협력금의 50% 범위 내에서 사업비 전체를 반환해주고 있다.

생태계서비스

Ecosystem Services

인간이 자연의 다양한 생태계 기능으로부터 직간접적으로 얻는 혜택을 말한다. 생태계서비스는 공급서비스(식량, 의약품 등), 지원서비스, 조절서비스(기후조절, 수분조절 등), 문화서비스(영적인 충족, 미적체험)의 4가지로 분류되며 여러 서비스가 복합적으로 인간의 삶에 영향을 미친다. 유엔이 주도한 새천년 생태계 평가는 생태계 시스템 작동에 생물다양성이 근원적 바탕이 되며 생물다양성이 훼손될 경우 생태계가 제공하는 혜택 역시 심각한 위기에 처할 것이라는 사실에 의거, 2000년대로 접어들면서 지구 생태계에 대해 종합적인 평가를 시도하였다.

생태계와 생불다양성의 경제학(TEEB)

The Economics of Ecosystems and Biodiversity

"자연의 가치를 가시화"하는 데 중점을 둔 글로벌 운동으로, 주요 목표는 모든 수준의 의사 결정에 생물 다양성과 생태계 서비스의 가치를 주류로 삼는 것이다. 생태계와 생물다양성의 가치에 대한 인식을 기반으로, 생태서비스 계량의 방법론과 구체적인 사례, 이의 필요성을 정책 입안자들에게 호소하는 전략, 생태서비스의 가치를 고려한 경제적 유인책의 디자인 등 여러 가지 현실적이고 유용한 주제들을 다룬 보고서들을 발간하고 있다.

생태관광

Ecotourism

생태계가 특히 우수하거나 자연경관이 수려한 지역의 자연을 체험하는 과정에서 환경의 소중함을 느끼고 지역경제에도 활력을 주는 여행을 말한다. 정부는 환경적으로 보전가치가 있고 생태계 보전의 중요성을 체험·교육할 수 있는 지역을 생태관광지역으로 지정해 지원하고 있다. 2018년 기준 순천만, 우포늪 등 전국의 26개 지역이 지정되어 있다.

생태독성 관리제도

Ecotoxicity Management

산업폐수에 들어있는 다양한 화학물질들에 대해 일일이 기준을 정해 평가하는 기존 수질평가의 한계를 극복하기 위해 산업폐수 방류수의 유해 물질이 수생태계에 미치는 영향을 물벼룩을 이용해 검사하는 제도이다. 공공 하·폐수처리 시설과 1·2종 사업장은 2011년부터, 3~5종 사업장은 2012년부터 생태독성관리제도가 도입되었다. 방류수에 물벼룩을 넣어 사멸 또는 유영저해 정도를 측정하는 것으로 미지의 독성물질이 방류수에 함유되어 있을 경우 물벼룩이 영향을 받는 정도를 TU(Toxic Unit)라는 단위로 표현한다.

생태마을

Eco-village

생태·경관보전지역 안·밖의 마을 중 생태적 기능과 수려한 자연경관을 보유하고 있는 마을로 『자연환경보전법』 제42조에 따라 지정된다. 자연생태우수마을(자연환경 및 경관 등이 잘 보전 또는 조성된 마을)과 자연생태복원마을(오염되거나 훼손된 생태계를 잘 복원한 마을)로 나뉜다.

생태발자국

Ecological Footprints

사람이 사는 동안 자연에 남긴 영향을 토지의 면적으로 환산한 수치이다. 인간이 지구에서 삶을 영위하기 위해 필요한 의식주, 에너지, 시설 등의 생산, 폐기물의 발생과 처리에 들어가는 비용을 개인 단위와 국가 단위, 지구 단위로 나타내는 방식이다. 생태발자국은 헥타르(ha) 또는 지구의 개수로 나타내는데, 수치가 클수록 지구에 해를 많이 끼친다는 의미이다.

생태복원

Ecological Restoration

자연적이거나 인위적으로 훼손된 생태계를 원래의 상태나 원래의 상태에 가깝도록 생태계의 구조와 기능을 조성해 주어 생물서식처 및 생물종을 증진시키고자 하는 환경 기술이다.

생태산업단지(EIP)

Eco-industrial Park

산업단지에서 발생하는 폐기물을 다른 기업의 원료나 에너지로 재사용함으로써 자원효율성을 높이고 오염을 최소화하는 녹색산업단지를 말한다. 경제적 성과를 향상시키는 동시에 생태적 영향을 감소시킨다는 점에서 경제적 성과만을 강조하는 기존의 산업단지와 구분된다. 단일 산업단지를 대상으로 산업공생 체계 구축을 목표로 한 1단계 사업(2005~2009년)과, 광역 EIP를 통한 자원순환 네트워크 확산을 목표로 한 2단계 사업(2010~2014년)을 거쳐, 산업공생네트워크 전국화, 주민친화사업 확대, 자원절약 전문산업 육성이라는 추진목표 아래 3단계(2015~2019년) 사업이 추진 중이다. 대상단지 또한 2단계 46개 산업단지에서 3단계에서는 150개 단지(개별입지+환경시설 포함)로 확대되었다.

생태연못

Ecological Pond

인공습지의 일종으로, 강우 시 빗물유출을 저감하거나 일시적 혹은 장기적으로 빗물을 저류시켜 우수관거 시스템의 부하를 줄이는 역할을 한다. 우수관거 중간부분 혹은 끝부분에 설치 가능하며, 유출저감의 기능뿐만 아니라 저류시간에 따라 오염물질을 침전하는 기능을 조절할 수 있다.

생태정의

Ecological Justice

인간과 인간 간뿐 아니라 생물 종간의 공평성까지 포괄하는 개념이다. 환경정의가 자연환경 이용에 대한 인간과 인간 간의 문제를 다룬다면, 생태정의는 인간사회와 자연환경과의 관계를 내포한다.

생태주의

Ecologism

전통적인 환경주의보다 더 근본적이고 급진적인 방법으로 환경 문제를 바라보는 사상이다. 생태주의자들은 현재의 물질 중심적 산업문명이 환경문제의 근본 원인이므로 이를 해결하기 위해서는 현문명의 생활양식과 제도, 가치관을 넘어서는 새 문명의 단계로 진입해야 한다고 인식한다. 지구를 생명체로 보는 가이아이론과도 상통한다.

생태축

Ecological Axis

생물다양성을 증진시키고 생태계 기능의 연속성을 위하여 생태적으로 중요한 지역 또는 생태적 기능의 유지가 필요한 지역을 연결하는 생태적 서식공간을 말한다. 우리나라에는 백두대간, 비무장지대, 도서·연안지역 및 5대강 수생태축의 4대 핵심생태축과 5대 광역생태축이 구분되어 있다.

생태탐방로

Ecological Trail

전 국민이 언제 어디서나 가치 있는 자연자원 및 생태적 배경을 가진 문화·역사자원을 좀 더 쉽게 찾고, 즐기고, 배울 수 있도록 돕기 위해 조성된 도보 중심의 길로, 국가와 지방자치단체가 의도적이고 체계적으로 선정하고 조성하여 관리한다.

생태통로

Eco-corridor

도로나 댐 등의 건설로 야생동물의 서식지가 단절되거나 훼손, 파괴되는 것을 방지하고 야생동물의 이동을 돕기 위해 야생동물이 지나는 길을 인공적으로 만든 것을 말한다.

생태하천

Ecological Rivers

하천이 지닌 본래의 자연성과 생태적 기능을 최대한 가지고 있는 하천을 말한다. 생태하천복원사업이란 하천 내·외의 인공적인 생태계 교란요인을 제거하여 하천이 자정기능과 동·식물 서식처로서 생태적 기능, 심미적 공간으로서 친수기능을 회복시키는 작업이다.

생태학적 재해

Ecological Disaster

인위적 원인에 의해 생태계에 나쁜 변형이나 파괴가 생겨 그 결과가 인간의 건강이나 생활을 해치는 현상을 말한다. 한 예로 나일 강 하류 부근에서는 에스원 댐 건설에 의해 플랑크톤 발생량이 감소하자 어획량도 감소했다. 또한 물이 댐으로부터 관개수로를 통해 농경지로 운반되는 동안 수온이 상승하면서 다슬기가 생기고, 그것을 중간숙주로 하는 주혈흡충의 만연을 가져왔다.

생태효율

Ecological Efficiency

생태를 고려한 지구자원의 효율 극대화를 뜻한다. 생태효율을 높인다는 것은 좀더 적은 자원으로 좀 더 많은 재화와 서비스를 생산함과 동시에 환경에 대한 악영향을 감소시키는 것을 의미한다. 생태효율은 생산단위당 자원투입량의 감소, 재활용률의 증대, 적절한 대체재의 개발 등 다양한 방법으로 높일 수 있다. 생태효율은 글로벌 지속가능경영 선도 기업 CEO 모임인 WBCSD에서 채택함으로써 전 세계에 저탄소 녹색경영의 핵심지표로 적용되고 있다.

생화학농약

Biochemical Pesticide

자연계에서 생성된 천연화합물을 추출하여 이용하거나 비독성학적 기작에 의한 생물통신물질을 이용한 농업용 생물질 또는 생약방제제를 말한다.

생활기후학

Domestic Climatology

인간 생활과 기후에 관한 학문이다. 인간 생활은 기상이나 기후의 영향을 받고 있으므로, 생활과 기후의 관계에 대한 연구를 통하여 생활의 향상 및 복지후생에 공헌할 수 있다. 더운 지역, 추운 지역, 다우 지역, 다설 지역, 강풍 지역 등 기후 특성에 맞는 가옥 구조, 설비, 소재를 선택해야 한다. 기후에 따라 주거환경, 의복, 음식, 건강, 질병, 위생, 교통, 관광, 레저, 작업능률 등의 문제가 다르게 나타나기 때문이다.

생활폐기물

Domestic Waste

사람들의 일상생활에서 발생하는 폐기물로 산업활동에 의해 발생하는 사업장폐기물 이외의 일반폐기물을 가리킨다. 가정쓰레기, 시장쓰레기 외에 사업장생활쓰레기, 공사장생활폐기물 등을 포함한다.

생활하수

Domestic Sewage

가정을 비롯한 각종 시설에서 일상생활을 하면서 배출하는 오수로 생활폐수, 가정오수라고도 한다. 부엌·화장실·욕실 등에서 배출되는 것으로 사람이 주 오염원이다. 여기에 빗물이 합쳐져 하수도로 배출된 것을 하수라고 하며, 분뇨를 제외한 것만을 가리켜 잡배수라고 한다. 산업폐수, 축산폐수와 함께 3대 점오염원의 하나이다.

생활화학제품

Chemical Products Used in Daily Life

일반 소비자들이 주로 생활용으로 사용하는 제품을 말한다. 화학물질이 함유되어 인체에 노출 우려가 높은 제품들로 세정제, 방향제, 탈취제, 부동액, 자동차용 워셔액, 습기제거제, 양초, 특새충전제 등 다양한 제품들이 있으며, 살생물물질 안전기준을 마련하여 함량제한 기준을 관리하고 있다. 국내 주요 생활화학제품 제조·수입·유통업체가 취급하는 생활화학제품 50종의 화학물질 전 성분 등 생활화학제품 정보가 '생활환경안전정보(초록누리)시스템'을 통해 공개되고 있다.

서식지 외 보전기관

Ex-Situ Conservatory

멸종위기 야생생물의 서식지 내 보전이 어렵거나 위협을 받는 경우 증식과 복원을 위해 지정해 지원하는 기관을 말한다. 2000년 '서울대공원'과 '제주한라수목원'을 시작으로 '홀로세생태보존연구소', '천리포수목원', '한국도로공사수목원' 등 2016년 기준 전국에 총 25개소가 지정되어 있다.

서울이니셔티브(SI)

Seoul Initiative

2005년 제5차 '아·태 환경과 개발 장관회의'에서 우리나라가 제안하여 추진한 최초의 다자간 환경협력사업으로, 우리나라의 경제성장과 환경보전 경험을 바탕으로 아·태지역 여건에 맞는 지속가능한 발전방안을 모색·전파하는 것을 목적으로 하였다. 2017년 기준 16개국 28개 시범사업을 실시 완료했으며 3개국에서 시범사업을 진행 중이다.

석면

Asbestos

자연계에서 산출되는 섬유상 규산염 광물을 총칭한다. 절연성과 내연성이 뛰어나 국내에서 1970년 이후 건축자재, 브레이크라이닝 등 자동차부품, 섬유제품 등에 본격적으로 사용되기 시작하였다. 석면섬유는 길이 5 μm 이상, 길이 대 직경의 비가 3 : 1 이상으로서, 호흡에 의하여 인체에 흡입될 경우 10～40년의 잠복기를 거쳐 악성중피종이나 폐암 등을 유발하는 것으로 보고되었다. 국제암연구소에서는 1987년에 석면을 1군 발암물질로 분류하였으며, 국내에서는 2009년부터 거의 모든 석면제품의 제조, 수입과 사용이 금지되었다.

석면관리종합정보망

Asbestos Management Information Network

석면으로 인한 건강문제의 대두와 「석면관리법(2012.4.29)」의 시행으로 공공건물 및 다중이용시설 등 건축물 소유자의 건축물 석면조사결과 및 석면지도 제출이 의무화됨에 따라 환경부 내에 구축된 온라인 시스템이다. 목적은 건축물 석면관리 정보를 국민들에게 제공하여 석면으로 인한 국민 건강 피해를 예방하고, 석면조사결과·석면지도 등 석면관리 정보를 하나의 시스템에 통합·관리하여 정부의 정책수립에 필요한 통계데이터를 제공하는 것이다.

석면폐증

Asbestosis

석면을 흡입하여 생기는 진폐증의 일종인 호흡기 질환이다. 주로 석면을 다루는 광산업, 시멘트 및 자동차 브레이크 생산공장, 건설업 등의 직종에게서 발견되며, 석면 관련 현장 인근의 주민에게도 나타난다. 폐가 굳어서 심장질환을 유발하며, 폐암의 원인이 된다.

석면함유가능물질

지질작용으로 인하여 자연적으로 석면을 함유할 수 있는 것으로 알려진 광물질이다. 환경부장관이 지정·고시한 것으로 활석, 질석, 사문석 및 해포석 등이 있다. 2009년도 베이비파우더에 사용된 활석(탈크)에서 석면이 검출된 사태를 계기로 『석면안전관리법』 상 석면함유가능물질에 대한 관리제도를 도입하였다.

석유계총탄화수소(TPH)

Total Petroleum Hydrocarbon

석유의 주성분인 탄화수소의 총량으로 토양의 유류오염정도를 측정하는 지표이다. 유류로 오염된 토양의 등유, 경유, 제트유, 벙커C유로 인한 오염

여부를 나타낸다. 2017년 토양오염위해성평가 대상에 추가되었다.

석유콤비나트

Petrochemical Complex

석유정제업을 중심으로 모이는 석유화학 공장군으로, 기초원료 제조, 1차제품(에틸렌·프로필렌)의 생산, 2차제품(폴리에틸렌·합성고무 등)의 합성 공장 등이 편의를 위해 큰 집단으로 모여 있는 곳이다. 석유의 전 소비량에 비하면 합성 원료로서 쓰이는 양은 아직 10% 정도에 지나지 않지만, 이 부분의 석유 사용량은 매년 증가하고 있다. 특히 폴리에틸렌·나일론 따위의 플라스틱이나 합성섬유 등 석유를 원료로 하는 분야에서 크게 증가하고 있다.

석유환산톤(TOE)

Ton of Oil Equivalent

모든 에너지에 공통적으로 적용될 수 있는 표준 에너지단위로 석유 1톤이 연소할 때 발생하는 발열량 10^7 kcal(10의 7승 kcal)을 1 TOE로 정의한다. 에너지원 별로 질량, 부피 등이 다르므로, 국제에너지기구(IEA)에서 각 에너지원이 발생하는 에너지량을 비교하기 위해 만들었다. 에너지열량 환산기준에 따라 각 에너지에 해당하는 석유환산계수와 에너지사용량의 곱으로 나타낸다.

석탄액화/석탄가스화

Coal Liquefaction/Coal Gasification

신·재생에너지 기술의 하나이다. 석탄 액화는 고체 연료인 석탄을 휘발유 및 디젤유 등 액체연료로 진환시키는 기술로 고온·고압의 상내에서 용매를 사용하여 전환시키는 직접액화 방식과, 석탄 가스화 후 촉매상에서 액체연료로 전환시키는 간접액화 기술이 있다. 석탄가스화는 석탄·중질잔사유 등의 저급원료를 고온·고압의 가스화기에서 수증기와 함께 한정된 산소로 불완전연소 및 가스화시켜 일산화탄소와 수소가 주성분인 합성가스를 만들어 가스터빈 및 증기터빈 등을 구동하여 발전하는 신기술이다.

석호

Lagoon

해안에 형성된 사주(긴 모래지형)에 의해 바다와 격리되어 형성된 호수나 늪을 말한다. 해류·조류·하천 등의 작용으로 운반된 토사가 바다의 일부를 막아 형성되었다. 이들 호수나 늪은 수심이 얕고 바다와는 모래로 격리된 데 불과하므로, 지하를 통해서 해수가 섞이는 일이 많아 염분이 높다.

석회암지대

Limestone Region

석회암으로 이루어진 지대로 토양은 염기성이 강하며 입자가 매우 치밀하여 대부분 질메흙-질흙으로 되어 있다. 또한 물스밈이 잘 되어 토양이 일반적으로 건조하다. 이에 따라 석회암지대에는 마른살이 식물들과 염기성식물들이 우세를 차지하면서 다른 자연군락에서 볼 수 없는 독특한 종들이 많이 서식한다. 우리나라 석회암 지역은 설악산, 지리산 고산식물 분포지와 함께 가장 독특한 식물분포지로 23종 가량의 우리나라 특산식물이 넓게 분포한다. 또 38종의 환경부 보호종과 산림청 희귀식물의 보고이기도 하다. 산업화로 시멘트 수요가 많아져 석회암지대가 급속하게 훼손되고 있다.

선오염원

Linear Polluting Source

이동 오염 배출원과 같은 의미로 사용되며 자동차(고속도로), 기차(철도), 비행기, 선박 등과 같이 선으로 이동하면서 연속적으로 배출하는 오염원을 말한다. 섬오염원, 면오염원과 대비되는 개념이다.

선택적 환원촉매설비(SCR)

Selective Catalytic Reduction Method

화석연료의 사용에 따라 발생하는 질소산화물(NO_X)을 대기 중으로 배출되기 전에 N_2와 O_2 등 유해하지 않은 물질로 전환시키는 설비를 의미한다. SCR의 원리는 '요소수(NH_3 성분)'라고 불리는 우레아(암모니아 수용액)을 분사 제어장치를 통해 분사시킨 후 질소산화물을 정화시켜 일산화탄소와 매연 등 유해가스를 인체에 무해한 질소와 물로 변환시켜 유해가스를 저감시켜주는 방식이다. 유럽의 강력한 자동차 배기가스 규제인 '유로6'가 국내에도 적용되면서 디젤차의 SCR 장착은 필수가 되어가고 있다. SCR은 다른 배출가스 저감장치인 EGR(배기가스재순환장치)에 비해 약 60% 이상 높은 NO_x 정화효율이 있다.

성층현상

Water Stratification

수심 별 온도변화에 따른 물의 밀도차로 호소에서 여러 개의 층이 분리되는 현상을 말한다. 물은 약 4℃에서 밀도가 가장 높아지며, 밀도가 높아진 물은 아래로 가라앉는다. 호소에서 온도가 안정돼 수직방향의 물 운동이 없을 때 상부의 물과 하부의 물은 서로 이동 없이 매우 안정적으로 되고 성층화가 형성된다. 특히, 여름과 겨울에 호소의 물은 뚜렷한 성층을 나타낸다.

세계 환경의 날

World Environment Day

6월 5일로 지구환경보전을 위한 최초의 국제회의인 '유엔인간환경회의(1972)'에서 제정되고, 그해 UN총회에서 채택되었다. 1987년 이후 매년 유엔환경계획(UNEP)이 그 해의 주제를 선정 발표하며, 대륙별로 돌아가며 한 나라를 정해 행사를 개최하고 있다.

세계경제포럼(WEF)

World Economic Forum

저명한 기업인, 경제학자, 저널리스트, 정치인 등이 모여 세계 경제에 대해 논의하는 국제민간회의이다. '세계경제올림픽'으로 불릴 만큼 권위와 영향력이 있는 유엔 비정부자문기구로 성장하면서 세계무역기구(WTO)나 서방선진 7개국(G7) 회담 등에 막강한 영향력을 행사하고 있다. 1981년부터 매년 1~2월 사이에 스위스의 휴양도시 다보스에서 개최되므로 '다보스포럼'이라고 불린다.

세계기상기구(WMO)

World Meteorological Organization

기상관측 또는 기타 지구 물리학적 관측을 위한 범세계적인 협력관계 도모를 목적으로 설립된 국제기구다. 환경문제와 관련해서는 지구대기와 기후변화에 관한 과학적 정보의 개발에 중요한 역할을 하고 있다. 1873년 설립된 국제기상기구(IMO)의 후속기구로 1951년에 유엔 전문기구로 편입되었다.

세계동물보건기구(OIE)

World Organization for Animal Health

전 세계 가축 위생의 향상과 동물복지 증진을 위해 1924년 설립된 국제기구이다. 설립 당시 명칭은 국제수역사무국(OIE)이었으나 2003년 현재의 이름으로 개칭되었다.

세계물포럼

World Water Forum

세계 물 문제를 논의하기 위해 3년마다 개최되는 국제회의이다. 양적인 부족, 오염 등 점점 많은 문제를 낳고 있는 물 문제의 해결을 위해 각국 정부와 전문가, 국제비정부기구(NGO) 등이 모인 세계물위원회에서 제창되어 창설됐다. 물 관련 지구촌 최대의 행사로, '세계수자원회의'라고도 불린다. 세계 물의 날(3월 22일)을 전후해 개최된다. 국내에는 지구촌 물 문제 해결을 국제협력, 미래 물 관련 정책 비전 제시, 물 관련 다양한 이해관계자 간의 교류 촉진 및 소통을 위해 설립된 '한국물포럼'이 있다.

세계보건기구(WHO)

World Health Organization

유엔의 보건 분야 국제협력을 담당하는 전문기구이다. 세계 모든 사람들이 최고의 건강 수준에 도달하는 것을 목적으로 하여, 규약에 의거한 국제보건 지도와 조정을 담당한다. 총회, 이사회, 사무국의 세 기관이 업무를 수행하며, 중앙검역소 업무와 연구자료 제공, 유행병 및 전염병에 대한 대책 후원, 회원국의 공중보건 행정 강화 및 확장 업무를 수행한다.

세계생물다양성정보기구(GBIF)

Global Biodiversity Information Facility

인터넷을 통해 육해상의 동물, 식물, 곤충 등 전 지구적 생물의 종 다양성 자원데이터에 누구라도 자유롭게 접근해 이용할 수 있게 하는 것을 목표로 OECD 장관급 포럼을 통해 2000년에 승인·설립된 국제기구이다.

세계자연보전연맹(IUCN)

International Union for Conservation of Nature and Natural Resources

국제연합의 지원을 받아 1948년 설립된 국제기구로, 자원과 자연의 보호는 물론 멸종위기 야생동식물을 보호하기 위한 연구, 조사도 병행한다. 사무국 본부는 스위스 그란에 있으며 60개 국가에 지역사무소를 운영하고 있다. 현재는 국가, 정부기관 및 NGO의 연합체 형태로 발전한 세계 최대 규모의 환경단체이다. 단체회원(정부기관, 비정부기관)은 1100개 이상, 각국에 설치된 사무국에 1100여 명의 직원을 두고 있으며 산하에 1만 1000여 명의 전문가가 참여한 6개 위원회를 거느리고 있다.

세계자연보호기금(WWF)

World Wide Fund for Nature

1961년 설립된 세계 최대의 민간 자연보호단체로 스위스 그란에 본부를 두고 28개의 각국 위원회, 공식협력단체로 구성되어있다. 인간과 자연의 공존을 궁극적인 목적으로 기부금을 모아 세계 130개국 이상에서 자연보호 프로젝트를 전개하고 있다. 생물 다양성 보전, 자원의 지속적 이용 추진, 환경오염과 자원·에너지의 낭비 방지를 3대 사명으로 삼고 있다.

세계자원연구소(WRI)

World Resource Institute

1982년 독립된 비영리단체로 설립된 국제 환경연구기관이다. '지속가능한 발전'을 주제로 지구규모의 환경 보호와 자원개발에 관한 문제를 주로 연구한다. 각국 정부나 민간기업, 국제 비정부기구(NGO)와 협력하여 다양한 조사·연구를 진행하고, 그 결과를 발표한다. 정책 입안 등 다양한 업무도 추진하고 있다. 주 연구 분야는 기후 및 에너지 수송 분야, 시장과 산업 분야, 정부와 자원활용 분야, 인간과 환경시스템 분야 등 4개 프로그램으로 나뉜다.

세계지속가능발전 기업협의회(WBCSD)

World Business Council for Sustainable Development

1995년에 160여 개 다국적 선진기업이 참여하여 설립한 비영리 단체로 경제, 환경, 사회 세 분야의 지속가능한 발전을 추구하는 것을 목표로 한다. 국내에는 지속가능발전 기업협의회(KBCSD)가 조직되어 활동하고 있다.

세계표준센터

World Standard Center

세계기상기구(WMO)의 '지구대기 감시네트워크'에 속한 관측소의 자료품질을 보증하기 위해 운영되는 시설 중 하나로, 온실가스 관측에 기준이 되는 표준가스 제조와 공급 등을 수행한다. 우리나라는 지구 온난화 효과가 이산화탄소의 22,800배에 달하는 육불화황(SF_6)의 세계표준센터를 2011년 최초로 유치하여 운영해 오고 있다.

세계환경보전전략

World Conservation Strategy

국제환경기구가 1980년 3월 공동으로 발표한, 세계의 자연과 자연자원 보호를 위한 행동계획을 말한다. 국제자연보호동맹(IUCN)이 유엔환경계획(UNEP)으로부터 위탁을 받고 세계야생생물기금(WWF: 세계자연보호기금으로 개칭)의 협력을 얻어

작성, 세 기구의 공동명의로 발표되었다. 생물자원 보호의 중요성과 나아가야 할 방책, 즉 농업적 이용을 허용한 완충지대에 둘러싸인 보호구(국립공원 등)의 설정이나 소수 선주 민족이 화폐 경제에 종속되지 않고 넉넉한 생활을 할 수 있는 길 등을 구체적으로 제안하였다.

세슘

Cesium

은백색을 띠는 알칼리 금속원소이다. 핵 분열 생성물의 대표적 핵종으로 핵 분열로 생기는 양이 많은데다 반감기가 비교적 길어서 원자력발전소 사고 시에 특히 문제가 된다. 화학적 성질은 칼륨과 비슷하며 체내에 들어오면 근육에 흡수되어 전신 피폭 상태를 일으킨다.

셀레늄

Selenium

평상시에는 무정형이며 결정상, 금속상의 동소체로 토양 안에 수많은 화합물로 존재하는 비금속 원소이다. 유리 착색제, 안료, 광전지, 정류기, 고무 첨가제 등에 쓰인다. 독성이 있어 만성중독 상태가 되면 피부·위장 장애, 정신신경 증상 등을 일으킨다.

셰일가스

Shale Gas

진흙이 수평으로 퇴적하여 굳어진 암석층(혈암, shale)에 함유된 천연 가스다. 넓은 지역에 걸쳐 연속적인 형태로 분포되어 있어 추출이 어렵다는 기술적 문제가 있었으나, 최근 시추기술의 발달과 천연가스 가격 상승 등으로 새로운 에너지원으로 부상하고 있다. 참고로 셰일에서 추출한 석유를 가리켜 “셰일 오일”이라고 한다.

소각로

Incinerator

쓰레기 소각로에 사용되는 가마를 말한다. 쓰레기 소각로는 로의 형태나 방식에 따라 ① 화격자 연소방식 ② 고정상 연소방식 ③ 다단로 연소방식 ④ 로터리 킬른 방식 ⑤ 유동상 연소방식 ⑥ 분무 연소방식으로 크게 구분된다. 대부분이 화격자 연소방식인데 이것은 주물 격자 위에 쓰레기를 올려놓고 태우는 구조이다. 소각로에서 배출되는 배기가스 중 대기오염물질로 가장 많은 것은 염화수소가스로 쓰레기 중의 염화비닐 등 유기염소계 플라스틱의 연소가 원인이다.

소각시설

Incineration Facilities

일반 소각시설, 고온 소각시설, 열 분해시설(가스화시설 포함), 고온 용융시설, 열처리 조합시설, 시멘트 소성로 및 용광로를 포함하는 폐기물 중간처리시설이다.

소규모급수시설

Small-scale Water Supply System

급수인구 100명 미만의 지역에서 주민이 공동으로 설치 및 관리하는 시설로, 「수도법」 제3조의 정의에 의하면 1일 공급량 20 m^3 미만인 급수시설 및 시도·시장·군수가 정하는 급수시설을 의미한다.

소규모환경영향평가

Small-scale Environmental Impact Assessment

환경영향평가 대상에 포함되지 않는 소규모 개발사업에 대한 환경평가로서 평가대상 항목, 방법 등에 있어서는 환경영향평가와 큰 차이가 없지만, 환경보전이 필요한 지역이나 난개발이 우려되어 계획적 개발이 필요한 지역에서의 개발사업 시행에서 입지의 타당성과 환경에 미치는 영향을 미리 조사·예측·평가하여 환경보전 방안을 마련하는 절차에 해당한다.

소독능

Disinfection Performance

미생물을 적절히 사멸할 수 있는 능력을 말한다. 살균공정 운영에 있어 미생물의 감소속도보다 더 중요한 것은 수중미생물을 사멸시키는 데 필요한 소독제의 농도와 접촉시간과의 관계인데 이러한 관계를 나타내는 것이 필요소독능의 개념이다.

소독부산물(DBPs)

Disinfection by-products

먹는물의 정수 처리에 사용되는 소독제와 물속의 자연유기물인 유기탄소가 반응하여 생성되는 물질이다. 하수처리장 방류수, 늪지나 낙엽의 썩은 물질에서 유래되는 펄빅산, 휴믹산 등의 물질이 원수에 포함되어서 나타나며 THMs, HANs, HAAs 등이 대표적이다.

소생태계

Small-scale Ecosystem

생물다양성을 높이고 야생 동·식물의 서식지 간 이동 가능성을 높이거나 특정한 생물종의 서식 조건을 개선하기 위하여 조성하는 생물 서식공간이다. 특히 인구밀집과 과도한 개발로 악화되고 있는 도시 생태환경을 개선하기 위해 생태계보전협력금 반환사업의 일환으로 시도되고 있는 방법이다.

소음공해

Noise Pollution

사람이나 기계, 기구, 시설 기타 물체의 사용으로 인하여 발생하는 불쾌한 소리를 말한다. 40 dB 정도부터 인체에 영향을 미치기 시작하여, 70 dB 정도면 말초혈관에 수축반응이 일어나고, 80 dB 정도면 청력손실에 직접 영향을 준다.

소음성 난청

Noise-Induced Hearing Loss

소음으로 인해 귀에 이상이 생기는 것을 소음성 난청이라고 한다. 강한 소리가 나면 일시적으로 난청이 생길 수 있는데, 대개 소음에 노출된 지 2시간 뒤쯤 생기고 하루 작업이 끝날 때쯤 소리가 잘 안 들리는 것을 느끼게 된다. 이것은 귀의 신경이 일시적으로 피로해서 생기는 현상이고 12시간 내지 24시간 정도 지나면 회복된다. 이러한 일시적인 난청이 계속 반복되면 결국 회복되지 않는 영구적인 난청이 된다.

소포제

Antifoaming Agent

유해한 거품을 파괴시키는 화학물질이다. 일반적으로 수용성 계면활성제가 이용되며 가장 많이 사용되고 있는 것은 실리콘 오일이다. 기름 거품에는 종이, 펄프 등이 이용되며, 그 외에 옥틸알코올, 망초 등이 사용되고 있다.

소화조

Digestion Tank

수처리 시 2차 표준처리 공정인 생물환원처리에 사용되는 밀폐식 탱크이다. 오니를 넣고 여기에 낡은 오니를 첨가하면 낡은 오니 속에 다량으로 존재하는 혐기성 생물이 새로운 오니를 섭취하여 증식하는 동시에 이를 분해한다. 분해과정에서 맑은 처리수, 소화오니와 함께 메탄, 이산화탄소, 수소 등을 함유한 가스가 형성되는데 이 가스는 에너지원으로 이용되기도 한다.

소화처리

Digestive Treatment

혐기성균을 이용하여 오폐수 중의 유기물을 환원 분해하여 메탄가스, 탄산가스 등으로 분리하는 처리를 말한다. 하수 처리를 활성오니법으로 하는 경우, 잉여 활성오니를 이 방법으로 분해 처리한다. 이 방법으로 유기성 오니 속의 유기물을 분해하는 경우 중성에서 35℃ 정도의 온도를 30일 정도 유지하면 유기성 오니 속의 유기물의 50~60%가 분해된다.

수계관리기금

River Management Fund

『4대강 특별법』에 의하여 4대강 수계 수질개선 및 상수원관리지역 주민지원사업 등을 위하여 징수하는 '물이용부담금'으로 조성되는 각 수계별 자주재원이다. 기금은 수계관리위원회가 관리하며, 4대강 수질개선 및 상수원 보호를 위해 긴요한 상류

지역 지방자치단체의 환경기초시설의 설치 및 운영비 지원, 주민지원사업, 수변구역 토지 매수 등에 사용된다.

수권

Hydrosphere

지구 생물권의 일부로, 대기 내 수증기를 제외한 지구상의 물이 존재하는 모든 곳을 말한다. 물은 해양·호소·하천·얼음 등 지구 표면에 다양한 형태로 분포되어 있으며 그 면적은 지구 표면의 71%에 달한다. 수권은 기권, 암권, 생물권으로 물을 공급하고 물의 순환을 통해 열에너지를 전달하는 역할을 하며, 기권의 날씨 변화, 암권의 지표 변화에 영향을 미친다.

수도권 대기환경관리 기본계획

「수도권 대기환경 개선에 관한 특별법」에 근거하여 10년마다 수립되는 법정계획으로서, 1차 기본계획('05～'14)에 이어 현재 2차 기본계획('15～'24)이 추진되고 있다. 수도권 전역에 PM_{10}, $PM_{2.5}$, NO_x, SO_x, VOCs, O_3에 대하여 대기개선 목표를 정하여, 수도권 지자체별로 친환경 자동차 보급 확대, 노후차 저공해화 및 운행 제한, 대기오염 총량관리 강화, 총량 사업장외 배출시설 관리 등 다양한 저감대책이 시행되고 있다.

수도권매립지

Seoul Metropolitan Landfills

서울특별시, 경기도, 인천광역시에서 배출되는 쓰레기를 처리하는 곳으로, 1992년 2월 개장하였다. 수도권매립지에서는 음식물 쓰레기 처리과정에서 발생하는 바이오가스와 매립장에서 발생하는 매립가스를 포집하여 자원화시설 연료 및 발전 등에 활용하는 등 폐기물의 적정한 처리와 자원화를 실행하고 있다. 인천광역시 서구 오류동·왕길동·백석동·경서동 및 검암동과 경기도 김포시 양촌면에 위치해 있다.

수도정비기본계획

Water Supply System Maintenance Master Plan

일반수도사업자(특별·광역시장, 특별자치시장, 특별자치도지사, 시장, 군수)가 일반수도(광역·지방·마을상수도) 및 공업용수도를 적정하고 합리적으로 설치·관리하기 위하여 10년마다 수립하는 수도의 정비에 관한 종합적인 기본계획이다.

수돗물

Tap Water

상수도체계를 통해 공급되어 사용자의 시설물 내 수도꼭지에서 배출되는 물을 가리킨다. 수돗물은 사람이 먹기에 적합해야 하고, 필요한 수질 요건이 수도법에 정해져 있다. 수질기준에 대한 구체적 사항은 '먹는물 수질기준 및 검사 등에 관한 규칙'으로 정하고 있다.

수돗물안심확인제

Tap Water Safety Confirmation System

각 가정에서 수돗물의 수질검사를 신청하면 직접 해당 지역 담당 공무원이 방문하여 수도꼭지 검사를 실시하고 그 결과를 알려주는 제도다. 국민들의 수돗물 수질에 대한 불안감 해소를 위해 각 지자체에서 시행하고 있는 무료 수질검사를 통합하여 전국적으로 실시되고 있다. 검사는 탁도, pH, 잔류염소, 철, 구리의 5개 항목(1차)과 일반세균, 총대장균, 아연, 망간, 염소이온, 암모니아성 질소의 6개(2차)에 걸쳐 이루어진다.

수력발전

Hydroelectric Power Generation

물의 낙차(높이차)에서 생기는 에너지를 전기 에너지를 바꿔서 전기를 생산하는 것을 말한다. 발전량에 따라 소수력 발전, 대수력 발전으로, 방식에 따라 수로식, 댐식, 터널식으로 나눌 수 있다. 이용할 강이나 하천이 어떤 형태인지에 따라서 세 가지 방식 중에 적절한 방식을 택하게 된다. 수력발전은 전력을 만들어낼 뿐만 아니라 농사에 필요한 물을 보관하여 공급하는 등 여러 이용 가치가 있다.

수변구역

Riparian Buffer Zone

오염물질이 상수원에 직접 유입되는 것을 차단하여 상수원의 수질을 개선하고 생태계를 보전하기 위해 하천 인접지역에 설정하는 일종의 완충지대를 말한다. (「한강수계 상수원수질개선 및 주민지원 등에 관한 법률」 제2조제5호 및 제4조). 오염원 입지 등 반환경적인 토지이용을 예방하여 상수원 수질개선을 도모하고 상수원 지역의 토지이용 규제(재산권 제약)로 인한 토지 소유자들의 재산권 보전을 위해 수변구역의 토지를 매수해 수변생태벨트를 조성하고 있다.

수산화나트륨

Sodium Hydroxide

흰색 고체로 물에 녹아 강한 염기성을 띄는 물질이다. 가성 소다라고도 한다. 흡습성이 높고 물에 잘 녹으며, 에탄올, 메탄올에도 잘 녹는다. 중화제, 비누 제조, 나트륨염의 제조 등 화학공업 전반에 널리 사용된다. 분진을 흡입하면 상부 기도염, 용액으로는 피부염을 일으키므로 독극물로 지정되어 있다.

수산화칼륨

Potassium Hydroxide

무기화학물의 하나로 무색의 고체이며 강염기다. 탄산칼륨의 가성화, 염화칼륨수용액의 전해에 의해 만들어진다. 물에 쉽게 용해되어 강알칼리성을 띄는 부식성 용액을 형성하며, 가성칼리라고도 한다. 칼리유리, 연성 비누의 제조, 그 밖의 용도에 쓰인다.

수생균류

Aquatic Fungi

곰팡이의 일종으로 물속에 사는 균류를 말한다. 용존산소가 풍부한 청정 하천에 주로 존재하며, 수중에서 분해되고 있는 나뭇잎이나 유기물에서 많이 발견된다. 수생균류는 세포 밖으로 분비되는 효소가 잎조직을 분해하여 수서곤충이 섭식하기 좋은 형태로 변환시키는 등 하천생태계의 유기물 분해와 먹이그물망에서 중요한 역할을 담당하며 담수환경의 생물다양성 증대에 기여하는 것으로 알려져 있다.

수생생물

Hydrobios

물속에 사는 생물을 통틀어 부르는 말이다. 수생생물은 이들이 살고 있는 수계의 성질에 따라 해양생물, 담수생물, 기수생물로 구분된다. 또, 분포하는 수역에 따라 연안생물, 외양생물, 심해생물, 하천생물, 호소생물 등으로 나누어진다. 그리고 생활양식 즉, 생태에 따라 부유생물, 유영생물, 저서생물로 나누어진다.

수생태계

Aquatic Ecosystems

공공수역과 이에 영향을 주는 수변지역의 식물·동물 및 미생물 등 생물군집과 무생물 환경이 에너지와 영양물질을 교환하며 상호작용하는 유기적인 복합체를 의미한다.

수생태계 건강성

Healthiness of Aquatic Ecosystem

물환경정책이 지향하는 핵심 개념으로 수생태계를 구성하는 물리적·화학적·생물적 요소들이 훼손되지 아니하고 각각 온전한 기능을 발휘할 수 있는 상태를 의미한다. 1960년에서 2000년대 초반까지는 급격한 산업화로 수질이 악화되어 깨끗한 수질 확보를 중심으로 물 정책을 수립하고 추진하였다. 하지만 하천의 종합적이고 온전한 관리를 위해서는 수질 외에도 수생생물의 다양성과 풍부성, 생물의 번식·생장·적응에 적합한 물리적 서식환경 등도 고려되어야 한다는 문제제기로 2000년대 중반 물환경 관리목표를 기존의 '이화학적 수질'에서 '수생태계 건강성'으로 확대하였다.

수소 연료전지
Hydrogen Fuel Cell

수소를 산화시킬 때 발생하는 에너지를 전기로 변환시키는 장치이다. 물을 전기분해하면 산소와 수소로 분해되는데, 수소 연료전지는 이 과정을 반대로 해 수소와 산소를 결합시키는 방법으로 전기를 일으킨다. 부산물로 물이 발생할 뿐 오염물질이 나오지 않아 청정연료로 각광을 받고 있고 있다. 수소연료전지를 사용한 수소연료전지차가 상용화되고 있다.

수소불화탄소(HFCs)
Hydrofluorocarbons

『몬트리올 의정서』에 의해 사용이 규제된 CFCs(염화불화탄소, 일명프레온가스)와 HCFCs(수소염화불화탄소)의 대체 물질이다. 불연성 무독성 가스로 취급이 용이하며 화학적으로 안전하여 냉장고 및 에어컨의 냉매, 발포, 세정, 반도체 에칭가스 등으로 다양하게 사용되어 왔다. 그러나 오존층을 파괴하지는 않지만 교토의정서에서 6개 온실가스 중 하나로 지목되면서 제2의 대체물질 개발이 시급해진 상황이다.

수소에너지
Hydrogen Energy

물, 유기물, 화석연료 등의 형태로 존재하는 수소를 연소시켜 얻어내는 에너지다. 물의 전기분해로 쉽게 제조할 수 있으며, 가스나 액체로 수송할 수 있고, 고압가스·액체수소·금속수소화물 등 다양한 형태로 저장이 가능하다. 공해물질이 거의 생성되지 않는 친환경에너지이나 제조에 많은 비용이 들어 쉽게 상용화되지 못하고 있다.

수소염화불화탄소(HCFCs)
Hydrochlorofluorocarbon

오존층파괴 원인물질로 알려진 염화불화탄소(CFCs, 일명 프레온가스)를 대체하기 위해 1930년에 개발된 화학물질이다. CFCs와 수소불화탄소(HFCs)의 중간물질로 화학적으로 매우 안정적이고 산업공정에 적용하기 쉽다는 장점 때문에 냉매, 반도체나 정밀기계 등의 세정제, 소화제, 발포제, 분사제 등에 널리 사용되어왔으나 몬트리올 의정서의 코펜하겐 수정안에서는 오존층파괴물질에 포함되고 2030년까지 모두 폐기하도록 규정되었다. 『2011년 오존층 감시결과에 관한 연차보고서』에 따르면 일본 홋카이도 관측지점에서 북반구 중위도역의 대기 관측결과, CFCs는 완만히 감소 중인 반면 HCFCs는 급속히 증가 중인 것으로 나타났다.

수은(Hg)
Mercury

상온에서 액체인 유일한 금속으로 대기, 수계, 토양에 자연적으로 존재한다. 인체에 누적될 경우 신경계통 등에 치명적인 피해를 주는 중금속의 하나로 온도계, 압력계, 형광등, 아말감에 사용되며, 여러 화합물 형태로 살균제, 살충제, 건전지, 곰팡이 제거제, 방청 페인트, 안료 등의 재료로 쓰인다. 수은에는 무기 수은과 유기 수은이 있다. 수은의 대부분은 무기 수은으로 온도계와 기압계에 많이 사용된다. 생물 농축의 주범인 수은은 유기 수은의 한 종류인 메틸수은이다. 메틸수은은 물고기 체내에 쌓이기 때문에 바다나 호수가 약간의 수은으로 오염되더라도 물고기들은 쉽게 오염될 수 있다.

수은중독
Mercury Poisoning

수은이나 수은 화합물의 흡입, 복용 또는 접촉을 통해 노출되고 그 결과 기준치 이상의 수은이 몸에 축적되어 생기는 질환이다. 수은은 우리 몸에 흡수되면 용해되지 않고 거의 그대로 장기나 신경계에 고도로 축적되는데, 축적된 총 수은량이 30 ppm 이상이 되면 수은 중독 현상을 일으킨다. 만성 신경계의 질환으로 인해 운동장애, 언어장애, 난청, 심하면 사지가 마비되어 죽음에까지 이른다. 50년대 일본에서 수은중독이 공해질환으로서 미나마타병을 일으킨 사건은 유명하다.

수익자부담원칙

Beneficiary Pays Principle

도시계획사업이나 도로공사 등 공공재를 생산하는 경우, 그 소요비용의 전부 또는 일부를 공공재로부터 이익을 얻거나 그것을 많이 이용하는 사람에게 부담시킨다는 원칙이다. 이 용어는 원래 독일 행정법에서 온 것이다. 공공사업의 경우 특정한 이용자의 수익이 될 서비스에 대해서는 그에 의해 혜택을 받는 개인이 그 비용을 부담해야 한다는 견해다.

수인성 전염병

Water-Borne Infection

세균, 바이러스 등 병원성 미생물에 오염된 물을 섭취하여 발병되는 질병이다. 병원성 미생물은 인체의 위장관에 증식하여 감염증을 일으키고, 분변을 통해 물을 오염시켜 다시 감염시킨다. 다수의 환자가 발생하여 유행할 수 있어 주의가 필요하다.

수자원

Water Resource

지구상에 있는 자연수 중에서 인류가 자원으로서 이용 가능한 물을 말한다. 수자원의 지역적 편재, 수질오염, 인구 증가, 도시화, 그리고 강이나 호수의 유량 감소로 인하여 물 부족이나 고갈 현상이 나타나 현재 세계인구의 40% 가량은 만성적 물 부족을 겪고 있다.

수질 및 수생태계 목표기준

Target Standard of water quality and aquatic ecosystem

'제2차 물환경관리기본계획(2016~2025)'에서 제시된 목표(2025년까지 전국 주요 상수원 Ⅰ등급 달성)에 따라 전체 115개 중권역 대상으로 예측수질에 기반하여 설정된 기준을 말한다. 하천의 경우 전체 115개 중권역 중 104개 이상을 좋은 물(BOD 3 mg/L 이하)로 개선하고, 49개의 호소 중 47개를 좋은 물(TOC 4 mg/L 이하)로 개선하는 것을 목표로 한다.

수질개선부담금

Water Quality Improvement Charge

먹는샘물 제조업자와 수입판매업자로 하여금 먹는샘물 판매가액의 20%를 부담하게 하는 제도이다. 1995년 5월에 도입되었다. 먹는샘물 제조업자 등에게 재정적 부담을 지움으로써 환경을 고갈시키고 침해하는 기업활동을 억제하도록 간접적으로 유도함과 더불어 먹는물, 특히 수돗물 수질개선을 위한 재원 마련을 목적으로 한다.

수질기준

Water Quality Standards

물의 물리적, 화학적, 세균학적인 기준으로 물의 사용 목적에 따른 오염 정도를 등급으로 나타낸 것을 말한다. 먹는물 수질기준, 방류수 수질기준, 지하수수질기준 등이 있으며, 각각의 수질기준은 법으로 정해져 있다.

수질예보제

Water Quality Forecast System

공공수역의 사전예방적 수질관리를 위하여 수질변화를 예측해 알려주는 제도이다. 오염원, 하천 유량, 기상관측자료 등을 토대로 IT 기반의 수치모델링 기법을 활용해 수온, 클로로필-a 농도 등 수질정보를 1주일 간격으로 예측하여 주 2회 취·정수장, 댐 및 보 운영기관 등 물관리 관계기관에 예보한다. 수질개선조치가 필요한 정도로 조류가 발생할 것으로 예측될 경우 수질관리단계(관심, 주의, 경계, 심각의 4단계)를 발령하고 단계별로 대응조치를 취하게 된다. 4대강 보를 중심으로 12개 지점을 대상으로 2012년 1월부터 시행되고 있다. 물환경정보시스템 내 조류정보방을 통해 측정자료의 조회가 가능하다.

수질오염 방제센터

Water Pollution Prevention Center

공공수역의 수질오염사고 예방·감시 및 사고발생시 신속한 대응을 위하여 '수질오염방제정보시스템' 구축 등 방제지원의 기능을 수행하는 한국환경공단 내 조직이다. 수질오염방제정보시스템은 이동형 측정기기, 국가수질자동측정망, 수질 TMS를 근간으로 하며 일반사용자를 위한 웹시스템, 업무담당자를 위한 웹기반 업무시스템 및 모바일 시스템으로 구성되어 있다.

수질오염 지표
Water Pollution Indicators

수질오염의 상태와 오염의 단계를 판단하는 기준이 되는 것으로 주요 지표로는 pH(수소이온농도), BOD(생화학적 산소요구량), SS(부유물질), DO(용존산소), TN(총질소), TP(총인), 플랑크톤, 저생생물, 대장균군 수 등이 있다.

수질오염 총량관리제
Total Volume Control of Water Pollution

수계의 단위 유역별로 목표수질을 설정한 후, 이를 달성하고 유지할 수 있도록 오염물질의 배출(허용) 총량을 정하여 관리하는 제도이다. 자치단체가 자발적으로 정한 오염물질 배출량을 초과하면 해당 지역의 개발이 제한되지만, 배출량을 줄여 수질을 개선하면 그만큼 개발이 허용된다. 하천 또는 호소수역에 대한 오염원이 지속적으로 증가하는 경우에는 일반적인 농도규제 방식만으로는 수질개선에 한계가 있음에 따라 과학적 바탕 위에서 수질관리의 효율성을 제고하고, 각 경제 주체들의 책임성을 강화하여 목표수질을 적기에 달성하고자 도입되었다. 수질총량정보시스템(http://tmdlms.nier.go.kr/)을 통해 유역별 방류기준과 부하량 등 정보가 공개된다.

수질오염물질
Water Pollutants

공공수역 수질을 사람의 건강과 동·식물의 생육에 안전한 수준으로 관리하기 위해 물환경보전법에 따라 지정된 관리대상 오염물질로, 2017년 기준 유기물질, 유류, 불소화합물 등 55종이 지정되어 있으며, 그 중 위해를 줄 우려가 높은 수은, 페놀 등 29종은 특정수질유해물질로 추가 지정되어 있다.

수질오염사고 대응예측시스템

오염물질의 확산범위와 농도 등을 예측하여 최적의 방제방안을 도출하기 위한 각종 정보를 사고대응기관에 신속하게 제공하는 시스템이다. 구동과정은 수질오염사고 접수 → 사고정보 수집 및 입력자료 구축 → 사고대응예측 모델링 → 모델링 결과 검토 및 전파로 이루어진다.

수질환경기준
Water Quality Standards

수질환경의 관리를 위해 수역별, 항목별로 설정되어 있는 기준을 말한다. 수역별로는 하천, 호소로 구분하고 항목별로는 생활환경기준인 pH, BOD, TOC, SS, DO, 대장균군수, 총인의 7개(호소는 총질소 포함 8개) 항목과 사람의 건강보호기준인 Cd, As, CN, Hg, 유기인, Pb, 6가크롬, PCB, 음이온계면활성제 등 20개 항목으로 구분하고 있다. 또한 등급별로는 하천·호소에 7개 등급(Ia, Ib~VI)으로 구분하여 각각 기준을 차등설정하여 관리하고 있다. 한편, 환경기준 달성을 위해 하천주변의 오염원 분포, 지형, 수리현황, 수역의 동질성 등을 고려, 전국 118개 중 권역을 대상으로 수질목표등급과 목표달성기간을 설정하여 수질관리 목표로 삼고 관리하고 있다.

수처리제
Water Treatment Chemicals

물을 깨끗이 하는 데 필요한 화학약품을 말한다. 수처리제에는 오염물질을 응집하여 처리하는 응집제와, 산도를 조절하는 pH 조절제, 미생물 번식 억제제, 소독제, 탈취제, 거품 제거를 위한 소포제 등이 있다. 사용가능한 수처리제로는 염소, 활성탄, 오존 등 27종이 지정 고시되어 있다.

수퍼잡초
Superweeds

제초제 내성으로 인해 비정상적으로 자라는 잡초를 말한다. 수퍼잡초는 유전자조작 농산물에 사용하는 특정 제초제로 인해 생겨났으며 미국 농장에서 그

수가 빠르게 증가하고 있다. 문제는 제초제에 내성이 강한 신품종 종자가 나오더라도 같은 내성을 가진 잡초가 늘어난다는 것이다. 과학저널 '사이언스'에 실린 최근 보고서에 의하면 세계에서 가장 인기 높은 제초제인 '글리포세이트(glyphosate)'에 내성이 강한 잡초가 미국의 대두, 목화, 옥수수 경작지를 광범위하게 뒤덮고 있다.

순환경제

Circular Economy

경제활동 전반의 자원생산성을 제고하고 재활용을 극대화하여 자원이 경제 내에서 계속 순환하는 경제로, 자원이 채굴·생산과 소비를 거쳐 버려지는 종래의 단선형경제와 대비된다. 순환경제는 '21세기형 아나바다'라고도 하는데 경제 발전과 환경보호를 동시에 달성할 수 있어서 주요 미래 정책 중 하나로 꼽힌다.

순환골재

Recycled Aggregates

건설공사 등으로 발생한 건설폐기물을 친환경적으로 적정처리(파쇄, 선별, 세척 등)하여 재활용할 수 있게 탄생시킨 골재를 말한다. 국가, 지방자치단체가 시행하는 일정 규모의 공사에는 순환골재 및 순환골재 재활용제품을 의무적으로 사용하여야 한다. 순환골재의 재활용 과정에서 수요자의 신뢰성을 한층 더 높일 수 있도록 국가가 품질을 인증하는 '순환골재품질인증제도'가 2007년 1월부터 시행되고 있다.

순환골재 및 순환골재 재활용제품 사용의무제도

국가, 지방자치단체 또는 공공기관 등이 발주하는 건설공사 중 일정 구조·규모·용도에 해당하는 건설공사를 발주할 때에는 건설업자에게 품질기준에 맞는 순환골재와 환경표지의 인증 등을 받은 순환골재 재활용제품을 사용하게 하여야 한다. (2016년 기준 골재 소요량의 40%, 제품 소요량의 40% 이상)

순환골재 품질인증제도

순환골재의 재활용 과정에서 수요자의 신뢰성을 한층 더 높일 수 있도록 국가가 품질을 인증하는 제도로 2007년 1월부터 시행되고 있다.

순환이용

Circulative Use of Waste

폐기물의 수집·분리·선별·파쇄·압축·추출 등 환경부령으로 정하는 활동이나 폐기물로부터 에너지를 회수하거나 회수할 수 있는 상태로 만드는 활동을 말한다. 제품 등이 폐기물이 되었을 때 순환이용이 용이한 정도를 순환이용성이라고 한다.

순환이용성 평가

제품이 폐기되었을 때의 재활용 저해요소를 평가하여, 개선이 필요한 부분을 제품 설계단계에서부터 반영되도록 권고하는 제도다. 평가는 ① 순환이용·적정처분 가능성, ② 폐기물 후 중량·부피·재질·성분, ③ 유해물질의 종류와 양, ④ 내구성 등 4개 항목으로 이루어진다. 환경부는 「자원순환기본법」에 따른 '제1차 제품 순환이용성 평가계획(2018~2020년)'을 수립하고, 페트병 등에 대한 '순환이용성 평가'를 2018년 4월 25일 착수했다.

순환자원

Recycled Resources

폐기물을 순환이용하여 생산되거나 사용되는 물질로서, 환경성·경제성·기술성을 갖추어 환경부장관이 인정하는 물질 또는 물건을 말한다.

순환자원 인정제

Recycled Resources Approval System

『자원순환기본법』에서 도입된 제도로, 유상거래 가능 품목 중 인체와 환경에 위해가 되지 않는 것들을 순환자원으로 인정하여 폐기물에서 제외시킴으로써 폐기물적용에 따른 사후관리의 부담을 해소함과 동시에, 시장에서 재화로서 거래가 가능하게 한 제도이다.

순환자원정보센터

Recycled Resources Information Center

단순 소각·매립되는 폐기물과 순환자원이 가치 있게 순환 이용될 수 있도록 재활용 및 유통 정보를 공유하고, 전자입찰 등 폐기물 및 순환자원의 수요와 공급 정보를 제공하는 온라인 환경정보센터이다. 2012년 개소한 '순환자원거래소'로부터 명칭이 변경된 것이다.

스마트 그리드

Smart Grid

전기의 생산, 운반, 소비 과정에 정보통신기술을 접목하여 전기 공급자와 소비자가 실시간으로 정보를 교환함으로써 에너지 효율을 최적화하는 차세대 지능형 전력망이다. 전력산업과 IT 그리고 통신기술을 결합하여 안정적이고 고효율의 지능화된 전력망을 구축하는 것으로 실시간 전력 사용현황을 파악하고 이에 맞게 전력 사용 시간과 양을 통제한다.

스마트 물산업

Smart Water Industry

기술혁신을 통한 지속가능한 물산업 육성을 위한 전략으로, 산업단지 지정 시 하수 재이용 여부를 사전 협의토록 하여 물재이용을 촉진하고, ICT를 융합한 '스마트 상·하수도 관리시스템'을 구축하여 수도관 누수를 최소화하는 등 효율성을 높이며, 연안지역의 물부족 문제를 해결하기 위해 해수담수화 사업을 실시하고, 물과 에너지가 순환하는 연계 모델을 개발하는 것 등을 포함한다.

스마트 미터

Smart Meter

전력 사용량을 시간마다 디지털 방식으로 기록하여 원격통신을 통해 보고하는 장치다. 스마트 그리드 시스템의 핵심요소로서 전력망의 전력 사용량 시간대별 변화에 따라 가격 측정을 가능케 한다. 즉, 피크 시간동안 전력 사용을 피하게 함으로써 고객은 경제적인 보상을 받음과 동시에 전력망에 걸리는 부하를 줄일 수 있다.

스마트워터그리드

Smart Water Grid

'수자원 및 상하수도 관리의 효율성 제고를 위하여 ICT를 도입하는 차세대 물 관리 시스템으로 수자원의 관리, 물의 생산과 수송, 사용한 물의 처리 및 재이용 등 전 분야에서 정보화와 지능화를 구현하기 위한 기술'을 의미한다.

스모그 챔버

Smog Chamber

대기오염물질이 배출되었을 때, 어떤 반응을 일으키고 변화하는지 연구하는 장치이다. 실제 공기 중에서는 대기의 상태가 다양한 요인에 의해 시시각각 변하기 때문에 이를 예측하기는 쉽지 않아, 스모그 챔버를 이용하여 온도, 습도, 햇빛 등의 환경요인을 조절하여 실험한다.

스컴

Scum

물처리 시 수면 위에 생기는 부유물을 말한다. 물에 섞여있는 물질이 비중이 가볍거나 혹은 거품에 의해 밀어 올려져 물 표면에 떠오르게 된다. 소화조, 침전지, 부상처리조에서 잘 볼 수 있다. 스컴을 제거하려면 수조 밖으로 넘치게 하거나, 스키머를 사용한다. 스컴의 과잉발생은 가스 방출을 방해해 소화가 촉진되지 않으므로 제거해 주어야 한다.

스코핑

Scoping

사업자가 환경영향평가서를 작성하기 앞서 평가해야 할 항목과 범위를 미리 정하는 절차이다. 현행 영향평가법에서는 대기, 수질, 폐기물, 동·식물 등 총 20개 항목을 평가하도록 되어 있으나, 스코핑을 통해 대상사업 및 지역의 특성에 따라 이중 일부 항목만을 평가하게 하려는 것이다.

스턴 보고서

Stern Review

경제학자 Lord Stern이 2006년에 쓴 700페이지짜리 보고서로서, 세계 경제에 미치는 기후변화와 지구 온난화의 영향을 다루고 있다. 비록 이 분야를 처음으로 다룬 보고서는 아니지만 가장 널리 알려져 있다.

스톡홀름 협약

Stockholm Convention

잔류성유기오염물질(POPs)의 국제적 규제를 위해 2001년 5월 채택된 협약으로, 'POPs 규제협약'이라고도 한다. POPs는 매우 안정적이어서 분해되는 데 몇 년 또는 몇 십 년이 소요되고, 먹이사슬을 통해 동식물 체내에 축적되어 면역체계 교란·중추신경계 손상 등을 초래한다. 또한 대기 중에 배출되어 증발과 침전을 거듭하여 배출원에서부터 멀리까지 이동한다. 대부분 산업생산 공정과 폐기물 저온 소각과정에서 발생한다. 협약은 다이옥신, DDT, 퓨란, 올드린, 클로르덴, 딜드린, 엔드린, 헵타클로르, 마이렉스, 톡사펜, PCBs, 헥사클로로벤젠 등 모두 10개 잔류성유기오염물질(POPs)의 생산 및 사용을 금지하고 있다. 그리고 소각시설이나 산업공정 등에서 발생하는 다이옥신, HCB, PCBs 배출 저감 및 근절을 위해 최적가용기술과 최적 환경관리방안을 적용하도록 하고 있다. 우리나라는 2001년 10월에 서명했다.

스트론튬

Strontium

은백색의 무른 알칼리 토금속이다. 핵분열 생성물 중에서 세슘이나 요소와 함께 가장 문제가 되는 핵종이다. 원자로 내에서 생성되는 양은 그다지 많지 않지만, 반감기가 28년이나 되어 위험성이 높다. 체내에 흡수되면 뼈 속에 축적되며 축적된 뒤에는 다시 배출되기 힘들다.

슬래그

Slag

광석으로부터 금속을 빼내고 남은 찌꺼기로, 종래에는 일반적으로 저가치인 것이라고 생각되었으나, 최근 슬래그의 유리한 사용법이 각 방면에서 여러 가지로 연구되고 있다.

슬러지케이크

Sludge Cake

하수처리장이나 정화조의 침전조에 남은 묽은 진흙상태의 슬러지를 펌프 등으로 끌어올려 압축기, 진공 여과기로 탈수시켜 만든 고형 슬러지이다. 유기물 성분이 많이 들어있는 이 케이크는 매립 혹은 소각되며, 태운 뒤 응고시켜 토목, 건축재로 재활용하기도 한다.

슬레이트

Slate

쉽게 쪼개지는 천연 또는 인조 돌판이다. 1960~1970년대 지붕개량사업이 퍼지면서 공장, 창고, 축사는 물론 가정집의 지붕에 널리 사용되었다. 슬레이트에는 천연 슬레이트와 석면 슬레이트가 있는데 환경적으로 문제가 되는 것은 석면 슬레이트로 시멘트와 석면을 86 : 14의 중량비로 섞어 압축하여 만든다. 석면의 위해성이 알려진 후 사용이 금지되었으며, 석면 슬레이트는 쉽게 부스러져 석면가루가 날리기 쉬우므로 해체작업을 할 때 특별히 주의하여야 한다.

슬로시티 운동

Slow City Campaign

공해 없는 자연 속에서 전통문화와 자연을 잘 보호하면서 자유로운 옛 농경시대로 돌아가자는 '느림의 삶'을 추구하는 국제운동이다. 자연친화적 환경 속에서 지역 고유의 먹거리와 전통문화를 느끼며 삶의 질적 향유와 현대인의 인간다움 회복 및 마음의 고향을 제공한다. 1999년 이탈리아에서 시작하여 2014년 10월 기준 27개국 174개 회원타운으로 확대되었다.

슬로푸드 운동

Slow Food Campaign

식문화 운동의 하나로, 음식을 통해 삶의 질을 개선하고, 현재 가지고 있는 음식 문화의 전통을 계속 이어가며, 전통적인 방식으로 만들어지는 세계 각국의 음식들을 발굴하고 알리는 데 목적을 두고 시작되었다. 슬로푸드 운동은 빨리 조리된 음식, 빨리 먹는 식사를 의미하는 패스트푸드를 반대할 뿐 아니라 근본적으로는 속도를 강조하는 자본주의 전반에 제동을 걸고 있다.

습생식물

Hydrophytes

수분 공급이 충분한 땅에서 생육하는 육상식물로 습지식물이라고도 한다. 갈대·사초·물억새 등과 같이 주로 습윤한 연못이나 늪의 주위, 습원에서 생육하며 식물체의 전체 또는 일부가 물속에서 생육하는 수중식물과 구분된다.

습식공기산화

Wet-type Air Oxidation

슬러지를 수중에서 고온과 고압으로 산화시키는 방법이다. 슬러지를 0.64 cm 이하로 분쇄시킨 후 1만 btu당 7.5파운드의 공기와 함께 열교환기에 주입하여 260℃에서 68~1백22 btm(1천~1천8백 psi)의 압력으로 40~60분간 산화시킨다. 산화되는 정도는 운전온도, 압력, 체류시간 및 공기량, 주입 슬러지의 농도에 따라 달라진다.

습지

Wetland

습지는 호수에서 육지로 전환하는 생태적 천이단계의 중간단계로서 두 환경의 특성을 공유하며 각종 물질의 전환을 비롯하여 크고 작은 생물이 다양하게 출연한다. 내륙습지와 연안습지를 포함 전체 지표면적의 약 6%를 차지한다. 습지는 지구 생물의 약 2%가 서식하고, 어업 활동의 90%가 습지와 관련하여 이루어지는 생물다양성의 보고이자 배수기능과 홍수예방, 지구 온난화 완화 등 중요한 생태적 기능으로 국제적으로 보호되고 있다. 전국의 습지는 '습지지리정보시스템'에서 검색이 가능하다.

습지보호지역

Wetland Protected Area

습지 중 자연상태가 원시성을 유지하고 있거나, 생물다양성이 풍부하거나, 특이한 경관적·지형적 또는 지질학적 가치를 지닌 지역 등 특별히 보전할 가치가 있는 지역으로 「습지보전법」에 따라 지정·고시되며 특별히 관리된다.

습지축

Wetlands Axis

동식물의 서식지 중 핵심지역인 습지를 연결하는 생태적 징검다리로서 산지 → 육상 → 하천 → 연안 → 해양 생태계를 연결하여 완전한 습지 보전을 기하기 위한 체계적인 관리 체계의 개념이다.

시안화합물

Cyanide

탄소와 질소 원자의 삼중 결합인 시아노기를 가지고 있는 것으로 시안화수소(청산) 및 그 염류를 말한다. 아세토나이트릴, 할로겐화 시안, 나이트릴, 나이트릴 시안 착염, 시아노 착염(전항) 등이 있다. 맹독성으로 인체에 유입되면 혈액 중 헤모글로빈과 결합하여 질식 증상을 나타낸다. 인화성, 폭발성을 갖는 기체로서 물에는 쉽게 용해되며, 도금액으로서 사용되어 하천을 오염시켜 문제가 된다.

시에라클럽

Sierra Club

미국에서 무분별한 금광개발로 산림지대가 훼손되자 이를 지키기 위해 1892년에 설립된 비영리단체이다. 자연 보전론자인 존 뮤어가 초대회장을 맡았으며, 1972년에 국제적 조직으로 발전하였다. 미국 그랜드캐니언 댐건설 저지로 유명해졌으며, 미국뿐 아니라 전 세계의 환경을 보전하기 위해 다양한 활동을 통해 영향력을 발휘하고 있다.

식물구계학적 특정식물

Floristic Regional Indicator Plants

특정 지역의 식물구계 분석을 통하여 선택된 식물군으로 분포 범위에 따라 5개 등급으로 구분한다. 이렇게 정리된 식물구계학적 특정 식물은 환경을 평가할 때 객관적이고 정성적인 접근을 가능케 하며, 식물의 특성과 보호 그리고 서식처 보전의 우선순위를 정하는 데 이용할 수 있다.

식생

Vegetation

한 장소에 생육하는 식물의 집단을 가리키는 말이다. 식생은 토양이나 기후, 주변 식생, 서식하는 동물 및 균류 등 수많은 조건과 밀접한 관계가 있다.

식생도

Vegetation Map

각 식물군락(식생단위)의 구체적인 지리적 분포를 기록한 지도로 현존식생도, 원식생복원도, 잠재자연식생도의 3가지가 있다. 이중 실제 조사를 통해 만들어지는 현존식생도가 일반적으로 많이 쓰인다. 식생도는 자연보호계획이나 토지이용계획의 기초도로 그 유용성이 높다.

식생수로

Vegetated Waterway

배수 구조물로서 토양에 의한 여과, 생화학적 반응, 침투 및 저류 등의 방법으로 강우유출수를 조절하는 식생으로 덮인 수로로 저영향개발(LID : Low Impact Development) 기술의 하나이다.

식생여과대

Vegetated Filter Strip

잔디여과대라고도 하며, 불투수면에서 유출된 빗물을 식물에 의해 정화하도록 하는 저영향개발(LID : Low Impact Development) 기법이다. 식생여과대의 기능은 빗물의 유출속도를 느리게 하고, 침전물이나 다른 오염물질 등을 여과하는 것이다. 자갈 및 식생의 활착이 유리한 토양으로 구성되며 강우유출수를 감소시키고 사면안정과 함께 여과기능을 수행, 수질개선 및 도심내 녹지공간 기능을 수행한다.

식품공해

Food Pollution

식품에 의하여 생명과 건강이 손상되거나 위협을 받는 재해를 말한다. 주로 제조과정에서 유해물질이 혼입되는 등 영리성 때문에 안전성을 경시하는 데 기인하는 경우가 많다. 또 채소·과일·생선 등에 잔류한 농약·세제·환경오염물질 등과, 식품의 제조 및 저장상 인위적으로 첨가되는 식품첨가물 등 화학물질로 인해 발생한다.

신·재생 에너지

New and Renewable Energy

신에너지와 재생에너지를 합친 말로, 석탄, 석유, 천연가스 등 화석연료나 핵분열을 이용한 에너지가 아닌 햇빛·바람·물 등 친환경, 비고갈성, 기술주도형 에너지를 말한다. 우리나라에는 기존의 화석연료를 변환시켜 이용하는 신에너지 3분야(수소에너지, 연료전지, 석탄 액화·가스화에너지)와 재생에너지 9분야(태양광, 태양열, 바이오에너지, 풍력, 수력, 해양에너지, 폐기물에너지, 지열, 수열에너지)의 총 12개 분야가 지정되어 있다. 신·재생에너지는 고유가 및 기후변화협약에 대응할 핵심 대안이며, 97% 이상 에너지를 수입하는 우리나라에게는 중요성이 더욱 크다.

신·재생에너지 의무할당제도(RPS)

Renewable Energy Portfolio Standard

일정 규모(500메가와트) 이상의 발전설비를 보유한 발전사업자에게 총 발전량의 일정 비율(2%)을 신·재생에너지로 발전해 공급하도록 의무화한 제도로 2012년 도입되었다. 정부가 한 해 발전량을 계산해 다음 해에 신재생에너지로 발전해야 할 양을 정해준다. 발전업체는 정부 할당량을 태양광이나 풍력 등 어느 한 가지로만 전부 생산할 수 없고 두 개 이상을 이용해 발전해야 한다. '발전차액

지원제도'와 더불어 대표적인 신·재생에너지 보급 확대 정책이다.

신재생 에너지연료 혼합의무화 제도(RFS)

Renewable Fuel Standard

연료 혼합의무자에게 일정비율 이상의 신재생 연료를 수송용 연료에 혼합하여 공급하도록 의무화하는 제도다. 즉, 석유정제업자 및 석유수출입 업자는 자동차용 경유 공급 시 일정 비율이상의 바이오디젤을 섞어 판매해야 한다. 현재 의무량은 경유 1리터당 2.5%로 2018년 3%, 2020년 이후부터는 선진국 기준인 5%까지 상향조정한다는 것이 정부의 방침이다.

신종

New Species

생물학상 그 종류가 한 번도 기재 명명되어 발표된 일이 없는 것으로, 신종은 명명되어 기재됨과 함께 적절한 인쇄물에 발표되어야 비로소 인정된다. 명명에 대해서는 동식물 각각에 대하여 명명규약이 정해져 있다. 특히 고등 동식물에서는 신종의 발견이 적으나, 하등 동식물이나 곤충에서는 아직 많은 종류가 발표되지 않은 상태에 있다.

실내공기질

Indoor Air Quality

실내 공간 거주자의 건강과 평안에 영향을 주는 공기의 질이다. 현대인은 하루 중 80~90% 이상의 많은 시간을 실내에서 생활하고 있어 실내공기질 문제가 환경이슈가 되고 있다. 정부는 『실내공기질관리법』에 의해 건축물 내의 공기 중 이산화탄소, 일산화탄소, 폼알데하이드, 미세먼지(PM_{10}), 이산화질소, 라돈, 미세먼지($PM_{2.5}$), 총부유세균, 총휘발성유기화합물, 곰팡이 등의 농도를 측정하고 규제하고 있다.

실도로 배출가스 관리제도(RDE)

Real Driving Emissions Regulation

디젤차에 측정 장치를 장착해 실제 도로를 달리면서 급가속·제동, 언덕 주행, 에어컨 가동, 고온·저온 등 다양한 주행 조건에서 발생하는 배출가스를 측정해 인증하는 제도다. 한국은 2017년 9월부터 기존 유럽연비측정방식(NEDC)으로 해오던 디젤차 배출가스 실험실 측정 방식을 국제표준 배출가스 시험방식(WLTP)으로 바꾸고, 여기에 실도로 배출허용기준(RDE)까지 추가하는 「대기환경보전법 시행규칙」을 시행하고 있다. RDE는 2017년 9월부터 1단계 시행에 들어가 NO_x 배출기준이 실험실 기준의 2.1배인 0.168 g/km로 강화되고 2020년 1월 2단계부터는 1.5배인 0.12 g/km로 강화된다.

실시간 수질정보시스템

Realtime Water Quality Information System

수질자동측정소에서 측정된 수질자료와 수질지수를 인터넷을 통하여 실시간으로 제공하는 국립환경과학원 내 대국민서비스이다. 4대강 수계에 70개소가 설치되어 실시간으로 수질을 측정하며, 수질자료는 우수, 양호, 보통, 주의, 불량의 5단계로 나누어 제공된다.

쓰레기 분리수거

Separate Waste Collection

폐기물의 중간 처리(소각 및 재활용 등) 및 최종 처분을 쉽게 하기 위해, 재질 별로 폐기물을 분류하고 그것을 수집하는 것을 말한다. 1995년 쓰레기종량제와 함께 실시되었는데, 재활용 폐기물의 수집을 원활화시켜 재활용을 촉진시키는 효과를 냈다. 2016년 기준 우리나라의 쓰레기 재활용률은 59%로 세계 2위에 달했다. 그러나 2018년 봄 수도권을 중심으로 재활용품 수거 업체들이 채산성 악화를 이유로 폐비닐과 페트병 등의 수거를 거부해 쓰레기대란이 발생하기도 했다.

쓰레기 소각

Waste Incineration

쓰레기를 불에 태워 기체 중에 고온 산화시키는 처리방법이다. 쓰레기를 땅에 묻는 것보다 부피는 95~99%, 무게는 80~85% 줄일 수 있고 매립공간도 절약할 수 있으므로 효과적이고 지속적인 폐기물처리방법이라고 할 수 있다. 쓰레기가 소각되면 그 부산물로 재, 연소 가스, 열이 생성된다. 이 중 연소가스는 대기에 퍼져 대기 오염의 원인이 되는 미립자 물질로 구성된다. 쓰레기소각 과정에서 발생하는 열은 전력발전에 사용되기도 한다.

쓰레기 종량제

Volume-rate Garbage Disposal System

오염자 부담원칙에 따라 쓰레기 배출자에게 배출량에 따라 처리비용을 부과하는 제도이다. 종량제 적용 대상 폐기물은 일반 가정과 소규모 사업장에서 발생한 생활폐기물로, 배출자는 규격봉투를 구입해 쓰레기를 담아 배출해야 한다. 쓰레기 배출량을 줄이고 재활용품을 분리 배출하도록 유도하는 제도로 1995년 1월부터 시행되고 있다.

쓰레기학

Garbology

쓰레기를 통해 지역 주민의 생활 실태를 분석하는 학문으로, ‘garbage’(쓰레기)에 학문을 뜻하는 접미사 logy를 붙여 만들어진 단어로 ‘가볼로지’라고도 부른다. 쓰레기통이나 쓰레기장을 조사해서 쓰레기의 양과 질을 연구함으로써 그 지역에 사는 사람들의 생활 실태를 알아보는 사회학의 한 수법이다.

아산화질소(N_2O)

Nitrous Oxide

교토의정서에 의해 규제되고 있는 6가지 온실가스 중 하나로 토양 경작과정, 특히 상업적으로 유기화학 비료를 이용하는 대규모 경작, 화석연료의 연소, 질산 생성과정, 바이오매스 연소과정을 통해 주로 배출된다.

아이치목표

AiChi Targets

2010년 일본 나고야에서 열린 제10차 생물다양성 협약총회에서는 향후 10년간의 로드맵을 담은 『생물다양성 보전전략계획』이 채택되었는데 아이치목표는 이를 위한 구체적인 이행목표이다. 서식지 손실저감, 보호지역 확대, 멸종위기종 관리 등 20개 목표로 이루어져 있다.

아질산나트륨($NaNO_2$)

Sodium Nitrite

질산나트륨을 납과 녹여서 만든 백색이나 담황색의 결정이다. 외관과 맛이 식염과 비슷하다. 햄이나 소시지 등 식육가공품 고기의 발색제로 사용되며, 염료의 제조, 의약품, 식품공업용으로도 쓰인다.

아질산염질소(NO_2-N)

Nitrite Nitrogen

주로 대·소변, 하수 등의 혼입에 의한 암모니아성 질소의 산화 과정에 생성되는 무기성 질소로, 수질 오탁을 표시하는 지표의 하나로 이용된다. 아질산염, 아질산이온(NO_2^-) 등으로 표시하는데 그 양은 질소량으로 표시되므로 아질산성 질소로서 나타낸다.

아토피

Atopy

주로 유아기 혹은 소아기에 시작되는 만성적이고 재발성의 염증성 피부질환이다. 가려움증과 피부건조증, 특징적인 습진을 동반한다. 발병 원인은 확실치 않으나 환경적인 요인과 유전적인 소인, 면역학적 반응 및 피부보호막의 이상 등이 주요 원인으로 여겨지고 있다. 특히 미세먼지, 식품첨가물 사용의 증가, 서구식 주거 형태로 인한 카펫, 침대, 소파의 사용 증가, 실내 온도 상승으로 인한 집먼지 진드기 등 알레르기 원인물질의 증가 등 환경적인 요인이 주목을 받고 있다.

아황산가스(SO_2)

Sulfur Dioxide

무색의 자극성 있는 유독성 기체로 부식성이 강하다. 연료 중에 포함된 황성분이 공기 중의 산소와 결합하여 형성되는 대기오염물질이다. 인체의 상부기도 점막을 자극하여 기침을 일으키며 심할 경우 폐렴 등의 증상이 나타나며 식물에는 잎에 백화현상 등 피해를 준다. 산성비의 원인물질 중 하나이다.

악성중피종

Malignant Mesothelioma

복막이나 흉막, 심막 표면을 덮는 중피에 발생하는 악성 종양이다. 석면 노출과 관련하여 생기는 대표적인 질환으로, 석면가루가 폐 등에 쌓여 발병한다. 석면 노출 후 20년 이상 경과 후에 발병하며, 2010년부터 환자가 계속 증가하여 2045년에는 최고조에 이를 것으로 예상하고 있다.

악취물질

Malodorous Substances

불쾌한 냄새로 인하여 생활환경을 어지럽히는 물질이다. 육체에 미치는 영향 보다는 정신적 스트레스를 유발하며, 식욕을 저하시키고 심할 경우에는 호흡곤란, 구토, 멀미를 초래한다. 환경부는 악취방지법에 의거, 암모니아(1종), 트리메틸아민(1종), 황화합물(4종), 지방산(4종), 알데하이드(5종), 휘발성 유기화합물(7종) 등 총 22종의 지정악취물질에 대해 악취배출허용기준을 정하고 악취유발시설의 설치 시 허가를 받도록 하는 등 관리를 하고 있다.

안티녹제

Anti-knocking Agents

가솔린 엔진의 녹킹(내연기관의 실린더 내에서의 이상점화로 발생하는 금속음)을 방지하기 위하여 가솔린에 첨가하는 화합물로, 4에틸납, 4메틸납, 에틸메틸납이 가장 많이 쓰인다. 일반적으로 체적의 0.1% 정도를 첨가하면 옥탄가를 10～20 정도 높일 수 있다. 이들을 넣은 가솔린은 인체에 유해하므로 착색시켜 다른 것과 구별시키고 있다. 노킹현상은 에너지 효율을 저해하며 자주 발생 시 피스톤, 실린더, 밸브 등에 무리가 생기고 출력 저하 및 엔진 수명단축을 일으키므로 이를 방지하려는 것이다.

알데하이드

Aldehyde

탄화수소기에 포르밀기가 결합된 유기화합물이다. 자극적인 냄새가 나고 쉽게 산화되어 산이 되고 환원되어 알코올이 된다. 플라스틱이나 향수 제조, 용매, 화합물 생산의 중간물질, 환원제, 마취제, 방부제 등으로 쓰이며, 폼알데하이드, 아세트알데하이드 등이 있다. 쓰레기 소각로의 배기 중에는 5～150 ppm의 알데하이드가 함유되며, 악취원인물질이 된다.

알레르기

Allergy

면역반응 과민증으로 특정물질에 대해 두드러기, 콧물, 기침 등 이상반응을 일으킨다. 침입해 온 이물질에 대하여 생체가 특이한 저항을 나타내는 기능을 면역이라고 하는데, 면역 시스템에 문제가 생겨 발생한다. 알레르기 원인물질로 삼목 등의 꽃가루, 땅콩이나 유제품 등 일부 식품이 있으며, 아토피성 피부염, 기관지 천식, 화분증 등이 대표적인 알레르기성 질환이다. 연령이 낮을수록, 시골보다 도시에 더 많이 나타나며 환경요인에 영향을 받는다.

알루미늄

Aluminium

은백색의 가볍고 무른 금속으로 지구의 지각을 이루는 주 구성 원소 중 하나이다. 가볍고 내구성이 큰 특성을 이용해 은박, 철사, 항공기, 차량, 건축용 자재, 전기 부품, 가정용품, 음료수 용기 깡통 등 원자재 및 재료로 많이 사용된다. 생산공장 등에서 알루미늄 분진의 흡입, 알루미늄 양은냄비 사용으로 인해 체내에 축적되면 알츠하이머를 유발한다는 연구가 나오고 있다.

알베도(반사도)

Albedo

물체가 빛을 받았을 때 반사하는 정도를 나타낸다. 반사알베도는 입사되는 전자기파에 대한 반사량으로 계산되며, 일반적으로 0%에서 100%로 표현된다. 눈이 덮인 표면은 높은 알베도(약 90%)를 가지며 흙이 덮인 표면의 알베도는 높은 값부터 낮은 값까지 다양하고 초목으로 덮인 표면(약 10%)과 해양은 낮은 알베도를 가진다. 눈이나 얼음은 반사율이 높기 때문에 복사냉각으로 극지방은 기온이 크게 내려간다.

알킬수은

Alkyl mercury

알킬기와 결합하고 있는 수은으로 유기수은 화합물의 하나이다. 메틸수은, 에틸수은 등이 있으며, 독성이 강하고 체내에서 분해되거나 배설되기 어려워 체내축적으로 중독에 이른다. 메틸수은 중독으로 미나마타병이, 메틸 및 에틸수은 중독으로 이라크 농약화 사건이 발생한 바 있다.

암모니아(NH_3)

Ammonia

고약한 냄새가 나고 약염기성을 띠는 질소와 수소의 화합물이다. 암모니아는 물에 잘 녹아 수산화암모늄이라는 알칼리성 용액이 되며 물에 녹을 때 반응성이 매우 커서 많은 화학물질과 쉽게 결합한다. 냉동제, 초산, 비료의 합성, 요소 수지, 합성섬유 등 화학공업용 원료로서 널리 이용되고 있다.

암모니아성질소(NH_3-N)

Ammonium Nitrogen

질소의 각종 화합물 중 암모니아 또는 암모늄염으로 존재하는 질소를 말한다. 생체나 분뇨의 구성요소인 유기성질소가 분해되어 산화될 때 초기에 나타난다. 따라서 암모니아성 질소를 함유했다면 그 물은 비교적 오래 되지 않았다는 뜻이 된다. 이런 특성을 이용해 분뇨나 하수, 공장폐수 오염을 측정하는 지표로 쓰인다. 일반적으로 NH_3-N으로 표기한다.

압축천연가스(CNG)

Compressed Natural Gas

운반의 편이를 위해 천연가스를 200 ~ 250 kg/cm^2의 높은 압력으로 압축한 것으로, 폭발 등 위험성이 낮아 버스 등 대형차량에 이용되고 있다. 대기오염의 주범인 황산화물, 질소산화물 등의 배출이 거의 없고, 이산화탄소의 배출량도 휘발유나 경유, LPG(액화석유가스)보다 적어 친환경적 연료라 할 수 있다. CNG 자동차는 1930년대에 처음 제작되었으며, 우리나라에서는 2000년부터 에너지절약과 대기오염 예방을 위해 보급되고 있다.

액상폐기물

Liquid Waste

폐기물을 취급상의 차이에 따라 고형상과 액상으로 나눌 때 사용되는 용어로, 폐산, 폐알칼리, 각종 오니, 폐유, 액상플라스틱, 가축분뇨 등 유동성이 있는 것들을 뜻한다. 보통 폐수는 여기에 포함시키지 않는다.

액상화현상

Liquefaction

지층이 진동을 받아 강도를 상실해 액체와 같이 물렁물렁해지는 현상이다. 지하수가 지상에서 낮은 곳에 있고, 연약 지반인 모래나 실트질이 조성되어 있고, 지진, 발파 등의 충격하중에 의한 진동이 있을 때 발생한다. 모래와 실트지로 이뤄진 퇴적층이 두꺼울수록 더 일어나기 쉽다. 지진이 일어날 때 땅의 표층 깊이가 깊을수록 지진파가 지층의 상부로 가면서 더 증폭되며 이에 따라 액상화되기 쉽다. 액상화는 지표부터 깊은 곳까지 발생한다.

액화석유가스(LPG)

Liquefied Petroleum Gas

석유의 생산이나 정제 과정에서 발생하는 석유가스 중에서 프로판, 부탄 등을 회수하여 비교적 낮은 압력(6~7 kg/cm^2)을 가하여 냉각 액화시킨 것으로, 도시가스의 원료로 이용될 뿐 아니라 운반이 용이하여 프로판 가스로 가정에 보급되고 있다. 용적당 발열량은 천연가스보다 낮고 공기보다 무거우므로 누출 시에는 아래로 가라앉는다. 우리나라에는 경제적이라는 이유로 LPG 차량이 많이 보급되어 있는데 안전성과 환경성 관련해 논란이 있다.

액화천연가스(LNG)

Liquefied Natural Gas

메탄이 주성분인 천연가스에 압력을 가하여 −162℃로 냉각하여 액화한 것이다. LNG는 액화공정 전에 탈황, 탈습되기 때문에 그 성질이 천연가스보다 뛰어나고, 청결하고, 황성분이 없어 무해하며, 고칼로리라는 점 등 장점이 많다. 천연가스의 주성분인 메탄이 액화되면 부피는 1/600으로 줄고 비중은 0.42로 원유의 약 1/2이 되어 수송·저장이 용이해진다. 가격이 낮고 해상 수송도 가능하여 수요가 늘어나고 있다. 이산화탄소 발생량이 적어 지구 온난화 대책용 에너지로 유망시 되고 있다.

야생동물구조센터

Wildlife Rescue Center

국가 차원의 체계적이고 전문적인 야생동물 종합병원으로 조난당한 야생동물을 전문적으로 치료, 재활훈련시켜 자연으로 되돌려 보내는 일을 한다. 2004년에 최초로 건립되어 2016년 기준 전국에 총 12개가 있으며 2017년까지 전국 14개 지자체에 구축을 추진 중이다.

야생동물유전자원은행(CGRB)

Conservation Genome Resource Bank for Korean Wildlife

멸종위기 야생동물 보전을 위해 야생동물의 유전자를 포함하는 샘플을 수집·보전·분양하는 기관으로 1999년 설립되었다. 2018년 기준 총 3144개의 유전자원이 등록되어 있다. 기초생물학·생명공학·의학 연구와 야생동물보전 연구에 필요한 자료를 제공하며 서울대학교 수의과대학 내에 위치해 있다.

야생생물보호구역

Wildlife Reserve

멸종위기야생생물의 집단서식지·번식지로서 특별한 보호가 필요한 지역, 멸종위기야생동물의 집단도래지로서 학술적 연구 및 보전가치가 커서 특별한 보호가 필요한 지역, 멸종위기야생생물이 서식·분포하고 있는 곳으로서 서식지·번식지의 훼손 또는 당해 종의 멸종우려로 인하여 특별한 보호가 필요한 지역을 가리킨다.

어린이 환경보건 출생코호트

Birth Cohort Research

대한민국에 거주하고 있는 2015~2019년까지 임신한 여성을 모집하여 태아의 환경부터 출생 이후 성장까지 유해환경오염물질이 성장과정에 어떠한 영향을 미치는지 장기 추적·관찰하는 연구다. 우리나라 고유의 코호트 연구를 통해 과학적 데이터가 쌓이면 민감계층(영유아, 여성등)에 영향을 미치는 환경요인에 관한 자료를 얻을 수 있으며, 궁극적으로 한국인을 위한 맞춤형 환경 보건 정책과 서비스 마련이 가능할 것으로 기대된다.

어린이용품 환경유해인자

Hazadous Chemicals in Toys and Children's Goods

어린이가 주로 사용하거나 접촉하는 장난감, 문구용품, 일회용 기저귀 등 어린이용품에 함유되어 어린이의 건강에 영향을 주는 유해물질 중 환경부가 관리하고 있는 135종 목록을 말한다. 정부는 이 중, 경구·경피노출 등을 통한 '전이량'으로 위해성을 평가하여 '사용제한 환경유해인자' 4종(플라스틱류(다이-*n*-옥틸프탈레이트, 다이이소노닐프탈레이트), 잉크류(노닐페놀), 목재류(트라이뷰틸주석))을 고시하여 관리하고 있다. 또한 어린이용품을 대상으로 환경유해인자 표시제도를 통해 사용제한 환경유해인자 4종의 함유여부 및 함유량을 제품에 표시하도록 하고 사후관리를 통해 이행여부를 감독하고 있다.

어린이활동공간
Children's Activity Space

어린이가 주로 활동하거나 머무르는 공간으로서 어린이놀이시설, 어린이집 등 영유아 보육시설, 유치원, 초등학교 등 대통령령으로 정하는 것을 말한다. 정부에서는 민감계층인 어린이 건강보호를 위해 보육시설, 유치원 등 실내공간을 대상으로 환경관리기준을 정해 납, 카드뮴, 수은 등 유해원소와 포름알데히드, 휘발성 유기화합물 등 방출오염물질 등 환경안전진단을 하고 있으며, 공간의 신, 개축, 수리 시 확인검사제도를 통해 환경안전관리기준에 적합한지 여부를 검사하고 있다.

어린이활동공간 환경안심인증제도
Environmental Certification for Children's Activity Space

전국의 어린이집(보육실)과 유치원(교실)을 대상으로 환경안전규정 준수 및 관리수준에 대해 인증을 통해 환경안전관리 강화를 도모하는 제도이다. 시설 소유자가 자발적으로 신청하면 전문가의 평가와 심의를 거쳐 인증서를 발급하며 사후관리를 위해 인증시설의 환경안전관리 기준, 실내공기질 기준 등 인증기준 준수여부를 주기적으로 관리(3년에 1회)하게 된다.

어스 아워(지구촌 전등끄기)
Earth Hour

WWF(세계자연기금)이 주최하는 글로벌 기후변화 대응 캠페인으로 2007년 시드니에서 시작되었다. 일 년에 한 시간 상징적으로 소등하는 이벤트를 통해 에너지 절약 등 일상에서 실천할 수 있는 작은 행동변화를 유도하고 나아가 기후변화 대응 이행을 촉구하는 의미를 담고 있다.

업사이클링
Upcycling

'업그레이드'와 '리사이클링'의 합성어로, 버려지는 폐기물을 가치 상향식 재활용을 통해 기존보다 더 좋은 품질, 더 높은 수준의 제품으로 재탄생시키는 것을 의미한다. 방수천막으로 예쁜 가방을 만드는 식이다. 쓰레기를 원료 형태로 환원해 다시 활용하면서 많은 에너지를 사용하는 재활용보다 한 단계 진화한 개념이다.

에너지 관리를 위한 자발적 협약
Voluntary Agreement for Energy Management

에너지를 생산·공급·소비하는 기업과 정부가 상호 신뢰를 바탕으로 에너지 절약 및 온실가스 배출 감축 목표를 달성하기 위한 협약이다. 기업은 실정에 맞는 목표를 설정하여 이를 이행하고 정부는 기업의 목표 이행을 위하여 자금·세제 지원 등 인센티브를 제공하여 기업의 노력을 적극 지원하는 비규제적 제도로서 선진국들을 중심으로 활발하게 추진되고 있다.

에너지 원단위
Energy Basic Unit

국내 총생산(GDP) 1,000달러 생산을 위해 투입되는 에너지의 양을 뜻하며, 에너지집약도라고도 한다. 경제활동에 투입된 에너지 소비의 효율성을 평가하는 지표다. 한국 에너지원단위는 2004년 0.359(TOE/GDP)로 선진국에 비해 국내 총 생산량 대비 에너지 소비가 높은 편이다.

에너지 자립도
Energy Independence

국내에서 소비하는 에너지 총량에 대하여 신·재생에너지 등 국내 생산 에너지량 및 우리나라가 국외에서 개발(지분 취득 포함)한 에너지량을 합한 양이 차지하는 비율을 말한다.

에너지 자립섬
Energy-Independent Island

신·재생에너지(태양광, 풍력, 지열 등), 에너지저장장치(ESS), 에너지관리시스템(EMS)로 구성된 마이크로그리드(MG)로 에너지를 자급자족하는 섬을 말한다. 고립된 도서지역의 주에너지원인 디젤 발전은 이산화탄소 배출량이 많고 발전단가가 높은데 이를 대체하는 방법이다.

에너지 하베스팅

Energy Harvesting

빛과 진동, 열, 전자기 등 일상적으로 버려지거나 사용하지 않는 작은 에너지를 수확해 사용가능한 전기 에너지로 변환해주는 기술이다. 사물인터넷(IoT)과 신재생에너지 시장이 열리면서 핵심 경쟁력 중 하나로 부상하고 있다. 공장이나 자동차에서 버려지는 폐열을 회수해 에너지 효율을 높이는 것, 온도차가 발생하면 전류가 흐르는 열전 효과, 압력을 주면 전류가 흐르는 압전 효과, 빛 에너지로 전기가 발생하는 광전 효과 등이 모두 포함된다.

에너지 효율등급표시제

Energy Efficiency Grade Labelling System

소비자들이 효율이 높은 에너지절약형 제품을 쉽게 구입할 수 있도록 하고 제조(수입)업자들이 생산(수입)단계에서부터 원천적으로 에너지절약형 제품을 생산하고 판매하도록 하기위한 의무적인 신고제도이다. 이 제도에서는 에너지소비효율 또는 에너지사용량에 따라 효율등급을 1~5등급으로 나누어 표시하도록 하고, 에너지소비효율의 하한치인 최저소비효율기준을 적용한다.

에너지믹스

Energy Mix

에너지(energy)와 섞다(mix)를 적용한 합성어로 에너지원을 다양화한다는 의미를 가지고 있다. 석유나 석탄 같은 '기존 에너지'의 효율적 활용과 태양광 같은 '신에너지원'의 융합을 통해 폭발적으로 증가하는 에너지 수요에 적절하게 대응한다는 내용을 포함하고 있다.

에너지바우처

Energy Voucher

겨울 난방비를 감당할 수 없는 저소득층에게 정부가 난방 에너지를 구입할 수 있는 카드 형태의 바우처를 지급하는 제도이다.

에너지성능지표(EPI)

Energy Performance Index

표준에너지 성능을 갖는 모델의 에너지소비량을 최소기준으로 설정한 상태에서 도달 가능한 최대 에너지절약 모델을 달성하도록 유도하는 평가방법으로 건축물의 효율적인 에너지관리를 위해 활용된다.

에너지신산업

New Energy Industry

기후변화 대응, 에너지 안보, 수요관리 등 에너지 분야의 주요 현안을 효과적으로 해결하기 위한 '문제 해결형 산업'이다. 시장의 흐름에 맞추어 사용 가능한 신기술, 정보통신기술(ICT) 등을 신속하게 활용하여 사업화 하는 새로운 형태의 비즈니스군이다. 정부는 2030년까지 재생에너지 발전량 비중 20% 달성을 위한 '재생에너지 3020 이행계획(안)'을 발표하고 이를 위해 IOE(만물인터넷) 기반 분산형 에너지 확대, 일반국민 참여 확대, 태양광·풍력 등 재생에너지 확대 등의 방향을 제시했다.

에너지의 날

Energy Day

8월 22일. 에너지의 중요성과 화석연료의 과다한 사용으로 인한 지구 온난화 문제 등에 대한 인식을 제고시키고 전 국민이 에너지 절약에 동참하자는 취지에서 제정되었다.

에너지저장장치(전력저장장치)(ESS)

Energy Storage System

생산된 전기를 저장했다가 전기가 가장 필요한 시기에 공급해 에너지 효율을 높이는 시스템이다. 발전·송배전·수용가에 단계별 저장이 가능하다. 정보통신기술을 이용해 적재적소에 적정 전력을 공급하는 '지능형 전력망(스마트 그리드)'을 구현할 핵심 방안 가운데 하나다. 태양광, 풍력 등 신재생 에너지 전원과 결합해 전력을 공급할 수 있다. 전기 요금이 싼 시간에 저장한 전기를 피크타임에 사용할 수 있도록 한다.

에스원 댐

Aswan Dam

1960~1970년에 걸쳐 이집트 나일강에 건설된 댐으로 댐 건설 이후 급격한 오염과 주위 농경지 환경의 훼손을 일으켜 수자원개발로 인한 환경피해의 대표적 사례가 되었다. 댐 건설 이후 저수지인 나세르 호의 기생충 감염으로 인한 감염병 발생, 토지의 염해 발생, 농지의 척박화, 지중해 연안의 어획량 급감 등 광범위한 피해가 발생했다.

에어로졸

Aerosol

대기 중에 부유하는 고체 또는 액체상태의 작은 입자로 크기는 보통 0.001~1.0 μm 정도이다. 황산염·질산염·황사입자·검댕·해염 입자 등이 있으며 자연적으로 또는 화석연료 사용 등에 의하여 인공적으로 만들어질 수 있다. 에어로졸은 대기에서 구름이나 강수 형성에 중요한 응결핵이나 빙정핵의 역할을 할 수 있으며, 햇빛을 산란시키고 흡수하기도 하여 기온을 내려가게 한다. 또한 시정을 흐리게 하고 이상기상의 원인이 되기도 한다. 에어로졸은 온실가스와 달리 대기 중에서 수명이 짧아서 발생원에 가까운 곳으로 편재하므로, 기후에 대한 효과를 평가하려면 지구 규모의 광역적인 에어로졸에 대한 시공간 분포를 파악해야 한다.

에어로졸 분사제

Aerosol Spray

밀폐된 용기에 액화 가스(LPG, 프레온)를 넣고 가스의 압력으로 뿌릴 수 있는 분무형태 스프레이 제품이다. 화장품, 도장, 스포츠용품, 살충제, 방향제 등에 사용되며, 프레온 가스가 다량으로 사용되어 오존층 파괴의 우려가 있다. 인체에 흡입되거나 피부에 흡수되면 구토, 호흡곤란, 급성 호흡기 중독이 일어나 가습기살균제와 함께 위험성이 대두되고 있다.

에코디자인

Ecological Design

제품의 전 과정에 걸친 환경영향을 품질, 성능, 가격 등 다른 요소와 함께 고려하여 설계하도록 하는 것으로, 환경적·경제적으로 우수한 제품의 개발·생산을 촉진하는 사전 환경오염예방 정책수단이다. 제품의 환경부하 요소는 설계단계에서 70~80%가 결정되므로, 설계단계부터 환경을 배려하려는 노력이 중요하다는 차원에서 실시된다. 규제나 제도대응을 초월하는 환경성능을 보유하고 사업화 가능성이 높은 아이템으로서 ① 사회적 이슈의 친환경적 해결형 ② 소비자의 친환경 생활 유도형 ③ 친환경적 재설계(Redesign)형의 3유형으로 분류된다.

에코맘

Eco-Mom

환경보호와 자연훼손 등에 관심을 갖고 가정에서 환경 친화적인 살림을 하는 주부를 말한다. 환경을 뜻하는 'Eco'와 엄마를 뜻하는 'Mom'의 합성어다. 이들은 쓰레기 줄이기, 절전형 가전제품 사용하기, 친환경 제품 사용하기 등을 실행하며 환경보호에 앞장선다.

에코산업혁명

Ecological Industrial Revolution

산업활동에서 에코노미(경제)와 에콜로지, 두 에코의 통합을 꾀하고 환경보전이 가능한 경제구조 및 경제활동으로 전환하는 것을 가리킨다. 1992년 6월 브라질에서 개최된 '환경과 개발에 관한 유엔회의'의 주요 테마이기도 하였다.

에코폴리스(생태도시)

Eco-polis

스스로 자립할 수 있고 안정되어 있으며 물질이 순환하고 환경에 부담을 주지 않는 도시, 즉 인간과 자연이 공존하는 도시를 말한다. 생태도시는

1992년 리우환경회의 이후로 대두된 '지속가능한 발전'을 목표로 제기되었다. 환경도시, 지속가능한 도시, 에코시티 등으로도 불리는데 모두 도시를 하나의 유기적 생태계로 인식하는 새로운 패러다임을 표현하고 있다.

에코프렌즈
Eco-friends

환경산업기술원에서 선발하는 대학생 환경홍보도우미로 국민에게 필요한 다양한 환경 분야 제도를 친숙하게 전달하는 역할을 담당한다. 대학생서포터즈는 이 외에도 환경공단의 푸름이 서포터즈, 남동발전의 KOEN환경서포터즈, 녹색성장서포터즈 등 다양하다.

에코플레이션
Eco-flation

'생태(Ecology)'와 '인플레이션(Inflation)'의 합성어로 환경적 요인에 의해 야기되는 인플레이션을 말한다. 지구 온난화로 인해 이상 고온현상, 가뭄, 산불, 열대성 태풍 등이 더욱 빈번해지고 있는데, 이는 기업의 제조원가를 높여 결국은 소비재 가격 상승으로 이어질 수 있다는 것이다.

에탄올
Ethanol

무색의 특유한 냄새가 나는 알코올 화합물의 일종이다. 사탕수수나 다양한 식물로부터 합성이 가능하다. 술의 주요 성분, 소독약, 화학약품의 원료로 쓰인다. 연소 배기가스 중의 질소산화물 농도가 낮기 때문에 가솔린이나 경유 대용의 자동차 연료로 주목을 받고 있으나, 에너지 효율이 뛰어나지는 않다. 인체에 노출되면 중추신경계에 영향을 주며 마취, 근육이완을 일으킨다.

엔트로피
Entropy

물질이나 에너지의 형태가 전환되는 과정이 거듭될수록 사용할 수 없는 에너지의 양은 증가하는데 이때 사용할 수 없는 양을 가리킨다. 인간의 활동은 물질계의 엔트로피를 증가시키는데, 이를 엔트로피 증가의 법칙 또는 열역학 제2법칙이라고 한다. 우주의 전체 에너지양은 일정하고 엔트로피는 증가하므로 언젠가는 파멸에 이를 수 있다는 결론에 도달하게 된다.

엘니뇨
El Nino

태평양 적도지역의 중앙부근(날짜 변경선 부근)부터 남미의 페루 연안에 걸친 넓은 해역에서 해수면 온도가 평년에 비해 높아지는 현상으로, 보통 한 번 나타나면 반년에서 1년 반 정도 계속되며 수년에 한 번 꼴로 발생한다. 지구 기후시스템에 영향을 미쳐 이상기상 현상으로 인한 피해를 증가시킨다.

역삼투
Reverse Osmosis

삼투압보다 높은 압력을 가할 때, 용액으로부터 순수한 용매가 반투막을 통해 빠져 나오는 현상이다. 이 방법을 이용해 바닷물 등의 수용액에서 순수한 물을 얻을 수 있는데, 이를 이용한 정수장치들이 개발되어 선박과 중동 지방에서 사용되고 있다.

역학조사
Epidemiologic Survey

집단에 관한 통계적 관찰에 바탕을 두고 인간집단 내의 건강현상 빈도에 관한 법칙성을 찾아내는 것을 목적으로 하는 조사이다. 특히 전염병 등의 발생 시 유행의 발생에 관한 정보를 모아 유행상황(환자의 발생장소, 경과, 상황, 발병률, 사망률, 연령, 직업 등)을 조사, 원인을 탐구하여, 재발 방지를 목적으로 한다.

연료전지
Fuel Cell

연료(주로 수소)와 산화제(주로 산소)를 전기화학적으로 반응시켜 그 반응에너지를 전기로 직접 빼내는 직류발전장치이다. 연료의 연소에너지를 열이 아닌 전기에너지로서 이용하는 것으로서, 전기자동차용 연료전지나 연료전지발전소 등 성능과 경제성이 뛰어난 연료전지의 개발이 추진되고 있다.

연료전지차

Fuel Cell Vehicle

수소가솔린 내연기관 대신 수소와 공기 중 산소의 결합으로 전기를 자체 생산하는 연료전지를 동력원으로 하는 자동차이다. 엔진이 없기 때문에 배기가스가 나오지 않으며, 에너지효율이 높고 연료고갈의 걱정이 없다는 장점이 있는 반면 차량이 비싸고 수소공급인프라가 필요하며, 차내 수소저장의 어려움 등 단점도 있다.

연속회분식 활성슬러지공법(SBR)

Sequential Batch Reactor

하수 내의 미세 물질과 유기물을 응집, 침전 가능한 생물학적고형물 및 무기성 고형물로 전환시켜 침전지에서 제거하기 위해 사용하는 생물학적 공정 중 하나다. 1개의 회분조에 반응조와 이차 침전지의 기능을 모두 갖게 하여 반응과 혼합액의 침전, 상징수의 배수, 침전슬러지의 배출공정 등을 반복하여 처리하는 방식이다. 즉 하나의 완전 혼합반응조에서 활성 슬러지 공정의 모든 과정이 일어나며 별도의 이차 침전지가 필요 없는 것이 특징이다.

연수(단물)

Soft Water

칼슘 이온 및 마그네슘 이온의 함유량이 비교적 적은 물로 센물(경수)에 대응해 단물이라고 부른다. 공업에서는 경도 10 이하의 물을 말하며, 증류수(경도 0), 빗물, 수돗물도 연수에 속한다. 경도란 물 100 cm^3 속에 산화칼슘 1 mL를 함유할 때를 기준(경도 1)으로 하며 마그네슘은 산화칼슘으로 환산한다($1.4MgO = 1CaO$). 연수는 거품이 잘 일어 세탁에 적합하고 음료수나 보일러용수 등으로 적합하다.

연안습지

Coastal Wetlands

만조와 간조 때 바닷물이 들고 나는 경계 사이의 지역을 말한다. 세계 대부분의 주요 습지는 연안습지로, 삼각주 지역이나 해안 갯벌 등 강에서 실려 온 흙이 강 하류 지역에 넓게 쌓이면서 만들어진다. 우리나라의 대표적인 연안습지로는 람사르 습지로 등록된 무안갯벌, 순천만갯벌 등이 있다.

연안오염 총량관리 제도

Coastal Pollution Total Volume Control

마산만, 시화호 등 오염이 심각한 해역을 '특별관리해역'으로 지정한 후 대상해역의 목표수질을 설정하고, 이를 달성할 수 있는 오염부하량을 정하여, 해역으로 유입되는 오염부하량을 허용총량 이내로 관리하는 제도이다. 연안오염물질의 사후처리 아닌 계획적 관리를 통한 선제적 관리제도이다.

열가수분해 가용화시설

하수찌꺼기를 소화조로 투입하기 전에 약 20분간의 고온·고압(165℃, 6 bar) 조건을 형성하여 찌꺼기 내 세포막 및 중합체를 파괴하는 시설이다. 이 공정을 거치면 열가수분해 공정을 거친 찌꺼기는 가스발생량이 증가되고 탈수효율이 향상된다.

열권

Thermosphere

대기권에서 대류권, 성층권을 넘어 가장 위쪽에 위치하는 대기의 층이다. 지표면에서 대략 80 km에서 1000 km 사이의 영역에 해당한다. 태양열을 흡수하기 때문에 고도가 올라갈수록 온도가 높아진다. 인공위성의 궤도로 이용된다.

열대림행동계획(TFAP)

Tropical Forest Action Plan

1985년 6월 국제식량기구(FAO)의 제7회 열대림 위원회에서 채택된 열대림 보전과 적정한 개발 추진을 위한 계획이다. ① 농·산촌 주민의 생활 향상을 위한 활동의 촉진 ② 화전 이동 경작 방법의 개선 ③ 연료 공급을 늘려 이용의 효율화를 꾀하는 것 등을 목적으로 하고 있다.

열대야

Tropical Nights

야간의 최저 기온이 25℃ 이상인 무더운 밤을 말한다. 특히 도시의 경우에는 낮에 가열된 아스팔트 도로와 콘크리트 빌딩에서 밤에도 복사열이 방출되고, 자동차의 배기열, 각 가정의 취사열, 사무실과 가정의 냉방열 등 때문에 열대야현상이 더 잘 나타난다. 더위를 나타내는 지표로 사용된다.

열병합발전(CHP)

Cogeneration of Heat and Power

전기 생산과 열의 공급 즉 난방을 동시에 진행하여 종합적인 에너지 이용률을 높이는 발전이다. 석탄 등을 태워서 전기를 생산하면 연소열의 35% 가량만 전기 에너지로 변환되고, 나머지는 보통 열의 형태로 버려지는데, 열병합 발전은 버려지는 65%의 열을 난방이나 온수생산에 활용하는 것이다.

열역학 제1법칙

The First Law of Thermodynamics

에너지는 빛에서 전기, 그리고 열의 형태로 변하지만 그 양은 전체적으로 보아 일정하게 유지된다는 원리로 '질량불변의 법칙'이라고도 한다. 환경문제에 대입해보면 자연으로 배출되는 쓰레기는 재활용이나 재이용을 통해 잠시 배출이 지연될 수는 있으나, 자연으로부터 추출된 물질이나 에너지는 궁극적으로 반드시 동일한 양의 폐기물로 전환되어 자연으로 환원된다는 원리로 경제활동에 따른 환경문제의 불가피성을 설명해준다.

열염분순환

Thermohaline Circulation

수온과 염분의 차이에 따른 바닷물의 밀도 차로 야기되는 해양순환을 말한다. 강 하구와 대양의 깊은 부분에서는 열염분순환이 바람에 의한 풍성순환보다 우세하다. 열염분순환은 깊고 느리게 수직성을 가지고 운동한다.

열오염(온배수 공해)

Heat Pollution

산업시설, 핵발전소 등에서 덥혀져 바다, 하천 등으로 대량 배출되는 냉각수로 인한 환경파괴를 말한다. 온배수는 보통 7～8℃의 온도 차로 바다 등에 방류되는데 이는 작은 온도에도 민감한 바다생물에 유해한 영향을 끼친다. 최근에는 이렇게 버려지는 열에너지를 회수해 건물 냉난방, 수산양식, 영농 등에 활용하려는 시도가 확대되고 있다. 우리나라는 2015년 이러한 '수열에너지'를 신재생에너지 보급사업에 새롭게 편입시켰다.

열지수

Heat Index

기온과 습도에 따라 사람이 실제로 느끼는 더위를 지수화한 것이다. 기온이 높을 경우에 예상되는 재해를 막기 위해 미국 기상청에서 개발했다. 동일한 기온이라도 습도에 따라 열지수가 달라진다. 불쾌지수(온습도지수)와 비슷한 개념이다.

열파

Heat Wave

고온의 기단이 밀려들어와 맹렬한 더위가 일정 기간 이어지는 현상이다. 발생 원인은 아열대 또는 열대 기단의 유입, 고기압의 발달로 인한 하강기류의 발생으로 공기가 단열 압축됨으로써 초래되는 온도상승, 산이나 대규모의 지형적 장애물을 넘어오는 기류에 의한 푄 현상 등이 있다.

염산

Hydrochloric Acid

염소와 수소를 합성하여 만든 염화수소의 수용액으로 대표적인 강산성물질이다. 수많은 금속을 용해시킬 수 있어 식품, 제철, 의약품 공장에서 각종 유기물의 합성, 염화 비닐의 제조 등에 사용된다. 저농도에 만성 노출될 경우 치아의 손상, 상부기도 점막의 부식, 시력 저하 등을 불러일으키며 독극물로 지정되어 있다.

염소계표백제

Chlorinated Breach

염소가 첨가된 표백제이다. 표백 및 살균효과가 뛰어나 섬유, 펄프 등의 착색제거제로 쓰인다. 유해물을 생성하거나 정화조의 능력 저하를 일으키며, 산성 세정제와 혼용해서 염소가 유리되어 일어나는 사망 사고가 보고된 바 있다.

염소소독

Chlorine Disinfection

정수과정에서 침전과 여과 뒤에 행해지는 처리공정이다. 원수 중에 존재하는 세균 등 유해 미생물이 침전 여과 등 정수처리 과정에서 보통 99% 이상 제거되지만 나머지 잔류세균(미생물)에 대한 안전성을 확보하기 위해서 염소처리를 한다. 염소는 세계적으로 물의 소독제로서 가장 많이 쓰이고 있는데 그 이유는 소독기능의 잔류성과 경제성 등의 우월성 때문이다. 그러나 최근에는 소독부산물의 생성문제와 고유의 염소 냄새 등으로 오존처리 등 대체 소독방법이 개발·적용되고 있다.

염화불화탄소(CFCs)

Chloro fluoro carbons

염소와 불소를 포함한 일련의 유기화합물을 총칭하며 프레온가스라고 불린다. 냉매, 발포제, 분사제, 세정제 등으로 산업계에 폭넓게 사용된다. 매우 안정적인 화합물로 다른 물질과 반응하지 않기 때문에 성층권까지 올라가며, 성층권에서 자외선에 의해 염소가 분리되고 이 염소가 오존층을 파괴한다. 주요 온실가스이기도 하다. 2010년부터 사용이 금지되었다.

염화비닐

Vinyl Chloride

무색 투명의 휘발하기 쉬운 액체로 할로알켄의 일종이다. 클로로에틸렌이라고도 한다. 산소와 반응하여 과산화물을 만들고 폭발성을 가진다. 유기용제에는 녹지만 물에는 잘 녹지 않는다. 합성수지의 원료로 사용되며, 폴리염화비닐을 제조하는 데 주로 사용되는 화학물질이다. 증기를 들이마시면 간장 장애가 일어날 위험이 있다.

염화수소

Hydrogen Chloride

발연성의 자극적인 냄새가 있는 무색의 기체로 수소와 염소의 화합물이다. 물, 알코올, 에테르, 벤젠에도 잘 녹으며, 금속에 대한 부식성이 크다. 그 수용액을 염산이라고 하며, 주로 염산으로 사용된다.

염화알루미늄

Aluminium Chloride

염소와 알루미늄의 화합물이다. 공기 중에서 수분을 흡수하고 염화수소의 연기를 발생하며, 철로 인해 착색되어 있다. 수도용의 침전제(폴리염화알루미늄, PAC), 촉매, 의약품 등에 사용된다. 인체에 노출되면 피부 발진, 가려움증, 두드러기, 부종, 알레르기 반응 등이 나타난다.

영농폐기물

Agricultural Waste

영농과정에서 발생하는 폐기물로, 농약용기류와 농촌폐비닐이 주를 이룬다. 비닐하우스와 멀칭 등으로부터 발생하는 대량의 폐비닐과 농약용기가 제대로 수거되어 처리되지 않고 방치됨에 따라 심각한 농촌환경문제가 되고 있다. 이에 정부에서는 보상금을 지급하여 이를 적극 수거하고 있다. 마을별로 수거된 영농폐기물은 처리공장으로 이송되어 폐비닐은 파쇄, 세척, 압축하여 재생원료로 재활용되고 폐농약용기는 재활용 또는 소각처리된다.

영농폐기물 수거보상금제도

Agricultural Waste Collection Compensation System

농민이 영농폐기물을 직접 마을 공동집하장으로 가져오면 폐기물의 종류 및 양에 따라 보상금을 지급하는 제도다. 폐기물의 수거율을 높이기 위해 실시되었다. 집하장에 모여진 폐기물은 환경공단에서 운영하는 무인수거사업소로 이송되어 원격계량되며 측정된 무게와 등급에 따라 지자체에서 마을 단위로 보상금을 지급한다.

영양염류

Nutrient Salts

규산염·인산염·질산염·아질산염 등의 총칭으로 간단히 영양염이라고도 한다. 바다, 호수, 하천 속에 영양염류가 많아지면 식물플랑크톤과 동물플랑크톤이 늘어나고 이에 따라 어류가 늘어나게 된다. 영양염류는 육상의 논, 밭에서 비료와 같은 역할을 하는데 하천의 유입 등으로 인해 연안부에서 영양염류가 풍부하다.

예측 무영향 농도(PNEC)

Predicted No Effect Concentration

화학물질의 위해성평가 시 사용되는 용어로, 화학물질에 노출되었을 때 인체에 부작용이 발생하지 않는 것으로 예측되는 농도를 말한다. 무영향 관찰 농도에 안전계수를 적용해 산출한다.

예측환경농도(PEC)

Predicted Environmental Concentration

화학물질의 위해성 평가 시 사용되는 용어로, 예측모형에 의해 추정된 환경 중 화학물질의 농도를 말한다.

오니(슬러지)

Sludge

수중의 오탁 물질이 침전해서 생긴 진흙 상태의 물질로 슬러지라고도 한다. 하천과 호수와 늪 등의 오탁 물질은 자연히 침전하여 바닥에 쌓여 오니가 되지만, 수처리 공정에서는 생물학적 처리와 응집 침전 등을 통해 오니의 침전을 빠르게 해 물의 정화를 돕는다. 오염 처리를 위해 오니를 만드는 일은 수처리 작업의 중요한 공정 중의 하나이다. 오니는 보통 농축, 소화(혐기성 미생물에 의한 분해), 탈수, 건조, 소각 등의 과정을 거쳐 처리된다. 그밖에 습식산화 또는 가열처리 등의 방법도 연구되고 있다.

오수

Wastewater

하수도법에는 '오수'란 '생활 또는 사업에 기인해서, 혹은 이것에 부수적인 폐수'로 정의되어 있다. 즉 인간의 배설물을 포함하는 배수 및 욕실, 세면대 등에 의한 배수, 또는 특정시설 등에서의 배수 등을 총칭한다. 다만 건물 내의 경우 위생관계에서는 배설물을 포함한 배수만을 오수라고 하고, 욕실, 세면대 등의 배수는 잡배수로 구별하고 있다.

오수받이

House Inlet

가정하수를 공설하수관으로 보내는 도중에 설치하는 물받이를 말한다. 가정 하수 또는 공장폐수를 본관에 연결하는 설비로 사설하수도의 종점이다. 주택지측에 설치하며, 내경 또는 안 치수가 30~50 cm의 원형 또는 사각형의 콘크리트로 만든다.

오염부하량

Pollution Loading Amount

폐수나 오수 중 포함된 오염물질의 단위 시간당 배출량을 말한다. 배출되는 유량과 그 안에 포함된 오염물질 농도의 곱으로 산정한다. 과거에 오염물질의 농도만으로 규제를 실시하였으나 농도를 희석하여 배출하는 폐단이 있어, 유량과 농도를 곱한 오염물질의 부하량으로 규제를 실시하게 되었다. 환경에 배출된 오염물질의 총량으로 도시하수, 공장배수 등의 방류량과 그 수질농도로 계산된다. 오염부하량은 주로 BOD(생화학적 산소요구량), COD(화학적 산소요구량), SS(부유물질) 등의 1일당 톤수로 표시한다.

오염자부담원칙(PPP/3P)

Polluter Pays Principle

환경오염 방지비용은 오염발생원자가 부담해야 한다는 원칙이다. 경제협력개발기구(OECD)의 환경위원회가 제안한 것으로, 국내에서도 『환경정책기본법』, 『대기환경보전법』, 『수질환경보전법』, 『소음 진동규제법』, 『폐기물관리법』 등 주요 정책에 적용되고 있다. 공해 방지를 위한 비용 분담 방식이 국가마다 다르면 공정한 무역에 장애가 되기 때문에 국제적인 조정을 목적으로 제안된 것이다. 현재는 지구 환경을 보전하기 위한 기본 원칙으로 중요시되고 있다. 오늘날 환경오염 방지비용을 사용자가 부담해야 한다는 사용자부담원칙(user pays principle)이 거론되고 있다.

오일샌드·오일셰일

Oil Sand·Oil Shale

점토나 모래 등에 중질 원유가 10% 이상 함유된 것을 말한다. 원유 추출 과정이 까다로워 개발 비용이 많이 들기 때문에 그동안 개발이 지지부진했으나 최근 고유가 시대가 계속되면서 새롭게 주목받고 있다. 원유가 굳어져 반 고체 상태로 땅 표면 가까이 있는 경우 이를 역청이라 부른다. 오일셰일은 케로신을 함유하고 있는, 유기물이 풍부한 과립성 퇴적암이다. 셰일 오일이라 불리는 액체 탄화수소가 생성된다.

오일펜스

Oil Fence

해상에서 유출된 오일의 확산을 방지하거나 제거할 목적으로 일정 수역에 설치한 띄우개로 된 울타리를 말한다. 형상과 구조에 따라 발포재료를 수평원통형의 띄우개로 한 고형형, 공기를 넣어 부풀게 하는 팽창형, 칸막이형의 세 가지로 크게 나눌 수 있다.

오존 경보제

Ozone Warning

대기 중 오존의 농도가 일정기준 이상 높게 나타났을 때 발령되는 경보로 오존으로 인한 인체 및 생활환경에 미치는 영향을 최소화하고 차량운행 자제 등 시민의 협조를 유도하기 위하여 1996년 7월부터 실시되고 있다. 대기 중 오존 농도에 따라 주의보, 경보, 중대경보의 3단계로 발령된다.

오존(O_3)

Ozone

산소원자 3개로 구성된 무색 무미의 자극성 있는 기체다. 자동차 배기가스나 공장 배출가스 속 질소산화물, 탄화수소류 등이 자외선과 광화학 반응을 일으켜 생성된다. 강력한 산화력이 있기 때문에 살균, 탈취 등에 활용되지만 농도가 높아지면 인체 뿐 아니라 농작물에 피해를 준다. 한편 성층권오존은 태양에서 방출되는 유해한 자외선을 막아줌으로써 지구 생태계에 도움을 준다.

오존층

Ozone Layer

성층권의 고도 15 km에서 30 km 사이에 오존이 집중적으로 분포되어 있는 부분을 말한다. 성층권의 오존은 주로 태양 자외선의 광화학 작용에 의해 생성되며, 태양의 자외선을 흡수하는 방패막 역할을 하고 있다. 또한 오존층은 자외선을 흡수하여 대기 중에 열을 공급하는 효과를 일으키기 때문에, 지구의 열 평형, 대기 순환과 지구 온난화 등에도 영향을 주고 있다.

오존층 파괴

Ozone Layer Depletion

프레온가스(CFCs) 등에서 나오는 화학물질이 오존의 산소 결합고리를 끊어 성층권의 오존층을 파괴하는 현상을 말한다. 오존층 파괴 현상은 1985년 영국의 남극조사팀에 의해 처음 발견되었다. 지난 10년간 남극대륙 상공의 오존층은 절반 이상 파괴되었는데 이는 남한 면적의 323배에 달한다.

오존층파괴물질

Ozone Depleting Substances

'몬트리올 의정서'에 의거하여 세계적으로 규제되는 인위적인 할로겐 발원 가스로 이들 기체는 염소와 브롬 원자를 성층권으로 유입시켜 오존을 파괴하는 화학반응을 일으킨다. 한 때 거의 모든 냉장고와 에어컨의 냉매제로 사용되었던 염화불화탄소(CFCs, 프레온가스)와 소화기에 사용되었던 할론이 대표적이다.

오존파괴지수(ODP)

Ozone Depletion Potential

오존을 파괴하는 화합물질의 파괴 정도를 숫자로 표시한 것으로 숫자가 클수록 오존파괴 정도가 크다. 보통 삼염화불화탄소(CFC_3)의 오존파괴능력을 1로 기준을 두고 나머지 화학물질들의 파괴력을 상정한 것이다.

오존홀

Ozone Hole

성층권 오존층에서 오존농도가 극단적으로 낮아져 있는 영역을 말한다. 1966년에 영국의 탐사팀이 남극 상공에서 처음 발견했다. 원인물질은 프레온가스 등 산업공해와 자동차 배기가스 속 일산화질소 등이다. 오존홀은 봄철 남극대륙에서 현저한데, 그 이유는 겨울철 남극대륙을 제트기류가 감싸고 있고, 프레온가스의 연소화합물이 얼음결정 속에 갇혀있다 봄이 되어 방출되면서 오존을 파괴하기 때문이다.

오타와서미트

Otawa Summit

1981년 캐나다 오타와에서 열린 선진국 수뇌회의로, 경제 선언 중에서 처음으로 환경문제가 거론되었다. 또한 1989턴 2월에 캐나다 주최로 오타와에서 개최된 '대기의 보호, 법률적 정책적 전문가 국제회의'에는 각국 정부와 비정부기구(NGO)의 대표가 참가하였고, 기상변동을 억제하기 위한 의정서를 담은 국제조약이 필요하다는 권고가 채택되었다.

옥상녹화

Greenroof

건축물의 단열성이나 경관의 향상 등을 목적으로 지붕이나 옥상에 식물을 심어 녹화하는 것을 말한다. 유출된 빗물을 옥상에서 따로 모아 여과, 증발, 저류함으로써 도시화된 지역의 빗물유출을 저감하는 저영향개발(LID) 기술요소이다. 도심 내 열섬 해소 효과, 휴게 공간 제공 등 부가적인 편익 창출 효과가 있다.

옥탄가

Octane Number

가솔린이 연소할 때 발생할 수 있는 이상점화(노킹, knocking)현상을 억제하는 능력을 수치로 표시한 것이다. 옥탄가가 높은 가솔린일수록 이상폭발을 일으키지 않고 잘 연소하기 때문에 고급 휘발유로 평가된다. 석유 및 석유대체연료 사업법에 따라 일반 휘발유는 옥탄가가 91 이상, 고급 휘발유는 94 이상이어야 한다. 옥탄가가 낮은 가솔린에는 4에틸 납 등의 안티녹제를 첨가하여 사용한다.

온(溫)맵시

Warm Fashion

따뜻한 옷차림으로 겨울철 난방으로 인한 에너지 소비를 줄이자는 캠페인이다. 추운 겨울을 따뜻하게 보내자는 의미의 '온(溫)'과 옷 모양새를 의미하는 순 우리말 '맵시'의 복합어이다. 편안하고 따뜻해 건강과 패션을 두루 고려하는 옷차림을 말한다. 여름철 더위를 피하기 위한 '쿨맵시' 캠페인과 대비된다.

온산병

Onsan Disease

1980년대 초 울산광역시 울주군 온산지역에서 발생한 우리나라의 대표적인 공해병이다. 온산공단의 구리, 아연, 알루미늄 등 비철금속공업에 의한 농작물 및 양식어장 피해로 시작되었으며, 이후 주민들이 전신마비 증상을 보이는 '이타이이타이병의 초기와 유사한 병'을 앓게 되면서 국내에서는 최초로 공해피해에 대한 법원의 인정을 받아 손해배상과 집단이주가 이루어졌다.

온실가스 감축목표 기준년도
Base Year of GHG Emission Reduction Objectives
교토의정서체제에서 온실가스 감축목표 설정 시 기준이 되는 연도를 지칭하며, 선진국의 경우 1990년을 사용한다. 단, 교토의정서가 제안하는 세 가지 산업가스[수소불화탄소(HFCs), 과불화탄소(PFC), 육불화황(SF_6)]는 자연계에 존재하지 않고 인공적으로만 만들어지는 물질로 이들에 대해서는 1995년을 기준년도로 선택할 수 있다.

온실가스 감축목표 기준배출량
Baseline of GHG Emission Reduction Objectives
교토의정서체제에서 온실가스 감축사업을 하지 않았을 경우의 객관적이고 합리적인 배출량을 말한다. 기준배출량은 공동이행(JI)과 청정개발체제(CDM) 프로젝트 수행결과 온실가스감축이 얼마나 이루어졌느냐를 결정하는 기준이 된다.

온실가스 감축목표(QELROs)
Quantified Emission Limitation and Reduction Objectives
기후변화협약 하에서 각 국가들에게 요구하는 온실가스 감축목표를 말한다. 교토의정서는 1차로 5년의 공약기간(2008~2012년) 동안 36개 선진국 전체가 배출량을 1990년 대비 5.2%까지 감축해야 한다고 규정하는 등 선진국들에게만 의무감축목표를 부과했다. 그러나 파리협정에서는 개도국까지 전 세계 모든 국가가 감축의무를 지니며 그 목표는 각국이 스스로 결정한다. 우리나라는 '2030년 BAU 대비 37% 감축'이라는 목표를 설정했다.

온실가스 감축의무 이행기간
Commitment Period of GHG Emission Reduction Responsibility
교토의정서체제에 따른 온실가스 감축목표를 달성하는 기간을 말한다. 현행 교토의정서의 경우 5년 단위로 의무이행기간을 설정하고 있다. 2008~2012년이 1차 의무이행기간이며 2013~2017년이 2차 의무이행기간, 2018~2022년이 3차 의무이행기간이다.

온실가스 저감인증(CERs)
Certificate of Emission Reductions
교토의정서체제 하에서 CDM(청정개발체제)사업을 수행함으로써 감축되는 탄소량을 실적으로 인정받게 되면 인증된 분량만큼을 팔 수 있는 제도이다. * CDM 사업이란 감축의무를 지는 선진국이 개발도상국에서 온실가스 감축사업을 수행하여 달성한 실적을 자국의 온실가스 감축실적으로 인정해주는 제도이다.

온실가스(GHG)
Green House Gas
지구 온난화의 원인이 되는 대기 중 가스형태의 물질로 지표면에서 반사되는 복사에너지를 흡수해 지구온도를 높이는 온실효과를 일으킨다. 교토의정서에서 규제대상으로 규정한 6대 온실가스는 이산화탄소(CO_2), 메탄(CH_4), 아산화질소(N_2O), 수소불화탄소(HFCs), 과불화탄소(PFCs), 육불화황(SF_6)이지만, 이 중 이산화탄소의 양이 가장 많아 온난화에 가장 큰 영향을 미친다. 온실가스는 원래 지구 온도 유지에 꼭 필요한 존재이지만, 산업화 이후 이산화탄소 등 온실가스가 과다 배출되면서 온난화가 급속히 진행되고 있다.

온실가스/에너지 목표관리제
Greenhouse Gas/Energy Target Management
국가 에너지·온실가스 감축 목표(2030년 BAU 대비 37% 감축)를 달성하기 위해 온실가스 다배출 및 에너지 다소비업체를 관리업체로 지정하고, 온실가스 배출량 및 화석 에너지 사용량에 대한 감축·절감목표를 부과하여 이행실적을 검증·관리하는 제도이다.

온실가스배출량 인벤토리

GHG Emission Inventory

기업에 의해 배출되는 온실가스 배출량 데이터의 수집, 기록, 산정, 관리 등 온실가스 배출에 관한 모든 정보를 포괄하는 통계 시스템이다. 기업들이 온실가스를 효과적으로 감축하기 위해서는 인벤토리 구축이 선행되어야 한다.

온실효과

Greenhouse Effect

지구대기의 1%를 구성하는 이산화탄소 등의 온실가스는 지구에 들어오는 짧은 파장의 태양에너지는 통과시키고, 지구로부터 나가려는 긴 파장의 적외복사 에너지는 흡수하여 지구를 덥혀주는데 이렇게 온실가스에 의해 지구가 덥혀지는 현상을 온실효과라고 한다. 원래 온실가스는 지구의 온도 유지를 위해 꼭 필요하지만 과도한 온실가스는 지구 온난화를 일으킨다.

완속여과

Slow Filtration

정수공정 가운데 모래로 여과하는 공정을 말하다. 완속 여과지는 여과용 모래를 깐 넓은 공간에서 1일 5 m 정도의 느린 속도로 여과한다. 여과 모래 표면 생물막에 의해 용존태 물질의 정화도 가능하다.

외래생물

Alien Species

외국으로부터 인위적 또는 자연적으로 유입되어 그 본래의 원산지 또는 서식지를 벗어나 존재하게 된 생물을 말한다.

외부표준법

External Standard Method

표준시약으로 농도별 검정선을 만들고, 분석하고자 하는 물질의 농도 검정선에 대입하여 농도를 산출하는 시험법이다. 절대검정곡선법이라고도 한다. 크로마토그래피 분석을 통해 미리 시료에 대한 농도 또는 양을 측정할 수 있다.

외부효과

Externality

어떤 경제주체의 행위가 다른 경제주체에게 긍정적 혹은 부정적 영향을 미치고 있음에도 이에 대한 금전적 거래가 없이 보상이나 가격 지불이 이루어지지 않는 상황을 말한다. 환경문제를 설명할 때 등장하는 경제용어로, 환경을 오염시키는 행위는 부정적 외부효과의 대표적인 사례이다.

외삽

Extrapolation

관찰할 수 없는 저농도 화학물질의 위해수준을 관찰 가능한 범위로부터 추정하는 것을 말한다. 곡선 상에 있는 유한 구간 내에 몇 개의 값을 이용하여 측정범위 외의 결과를 추정하는데, 신뢰할 수 있는 결과로 사용할 수는 없다.

외코폴리스

Ocopolis

독일에서 생태도시와 유사한 개념으로 사용되고 있는 것으로, 생태계 보호와 인간성 회복의 원리를 바탕으로 하며 Stuttgart의 도시계획에 실제로 반영되기도 하였다. 독일의 외코폴리스 계획이 강조하는 점은 환경배려의 새로운 교류를 위해 지역의 개성 또는 역사성을 살린 설계의 필요성과 공동적인 대인관계, 공동체 형성 등이다. 따라서 도시를 계획할 때 주민들의 참여를 매우 중요하게 생각한다.

요하네스버그 이행계획

Johannesburg Action Plan

2002년 남아프리카공화국 요하네스버그에서 열린 '지속가능발전 세계정상회의(WSSD)'에서 채택되었으며 1992년 리우화의에서 채택된 '의제 21'의 구체적 실천계획이다. 빈곤퇴치, 소비생산패턴 변경, 자연자원기반 보호 및 관리, 세계회, 보건 등 10개 장으로 되어 있다.

용존성 유기탄소(DOC)
Dissolved Organic Carbon

물속에 용해되어 있는 유기성 탄소로 DOC로 표시한다. 물속에 함유되어 있는 유기물질의 농도로서 물속에 포함된 전체 탄소량을 의미하는 총 유기탄소 중 공극 0.45 μm의 막여과지를 통과하는 유기탄소를 말한다.

우라늄
Uranium

자연상태로 존재하는 방사성원소의 하나이다. 원자력 발전이 실용화되면서 세계 에너지 공급량의 6%, 전력생산량의 14% 정도를 담당하고 있다. 우라늄을 잘 사용하면 장기간 안정적인 에너지 공급원이 되지만 잘못 쓰면 방사능 오염과 핵무기에 의한 피해가 발생할 수 있다.

우레탄 폼
Urethane Foam

액체 상태의 폴리올과 이소시아네이트라는 두 화학물질을 섞은 후 발포제를 넣어서 만드는 화학물질이다. 불에 잘 타며, 불이 붙으면 일산화탄소(CO), 시안화수소(HCN) 등 각종 유독가스를 내뿜어 많은 양이 인체에 유입될 경우 생명까지 위협할 수 있다. 주로 열을 차단하는 단열재나 소리를 흡수시키는 방음재 등으로 쓰인다.

우리가 원하는 미래
The Future We Want

리우환경회의(UNCED) 20주년을 맞아 2012년 6월 브라질 리우 데 자네이루에서 열린 '유엔지속가능발전 정상회의(UNCSD/Rio+20 정상회의)'에서 채택된 결과문서로, '녹색경제'가 지속가능발전을 위한 중요한 도구임을 명시하고, 지속가능발전목표(SDGs) 설정, 고위급정치포럼(HLPF) 신설, 유엔환경계획(UNEP) 강화방안 등을 포함하고 있다.

우산효과
Umbrella Effect

대기 중에 떠돌고 있는 에어로졸이 우산이 빗물을 막듯이 지표면에 도달하는 햇빛을 막아 기온을 떨어뜨리는 현상을 말한다. 파라솔 효과 또는 일산효과라고도 하며 지구의 온난화를 덜어주는 작용을 한다. 구름은 지구에서 방출된 적외선 복사를 흡수하여 기온을 상승시키는 효과와 우산효과의 두 가지 효과를 가지고 있으나 우산효과가 더 크다.

우수받이
Rainwater Receiver

빗물을 받기 위해 도로의 측면 배수구에 30~50 m 간격으로 배치한 원형 또는 직 4각형의 콘크리트제 용기를 말한다. 바닥에 토사저장부가 있고 빗물은 여기로부터 하수 부착관을 경유, 하수 본관으로 들어간다. 빗물받이라고도 부른다.

우수실험실운영기준(GLP)
Good Laboratory Practice

의약품 등의 안전성 평가를 위해 실험시설 및 장비, 시험방법, 연구인력 등 시험의 전과정과 관련된 사항을 체계적으로 관리하는 기준을 말한다. OECD에서는 GLP 설정 목적에 대해 "의약품, 농약 및 화학물질의 안전성평가를 위하여 실시하는 독성시험에 대한 준수사항을 규정하여 시험과정 및 결과에 대한 신뢰성을 확보하는 것"이라고 밝히고 있다.

우수재활용인증제도(GR)
Good Recycling Certification

국내에서 개발된 재활용가능자원을 활용하여 녹색기술 개발 및 실용화된 재활용제품 중 환경친화성이 높으며 에너지, 자원절약 등 재활용 파급효과가 큰 제품을 정부가 인증하는 제도이다. GR제품 인증과 제품관련 정보는 'GR제품정보시스템'을 통해 얻을 수 있다.

우수토실
Rainwater Chamber

합류식 하수도에서 유량배분을 목적으로 수로를

횡단하여 설치하는 구조물로, 많은 비가 올 때 일정량의 하수를 따로 모아 하수처리장으로 보내고 나머지 하수를 하천 등의 수역으로 방류하는 역할을 한다. 분류식 하수도에서는 처음부터 빗물과 오수가 분리되므로 우수토실이 필요하지 않다.

우점종

Dominant Species

생물 군집에서 군집 전체의 성격을 결정하고, 그 군집을 대표하는 종을 가리킨다. 우점종은 그곳의 환경조건에 잘 적응한 것이며, 일반적으로 생산량이나 현존량이 최대이다. 우점종은 환경의 기후나 토양조건을 변화시켜 군집에 영향을 끼친다.

우주선 지구호

"The Spaceship Earth"

미국의 경제학자인 케네스 볼딩이 '국경없는 세계'에서 사용한 용어로, 지구를 태양광을 제외하고는 유입되는 자원이 없는 우주선으로 보고 그 속에 살고 있는 인간들이 공동체를 이루어 자원을 절약해야 한다는 생각이 담겨있다. 1972년 스톡홀름에서 열린 『유엔 인간 환경 회의』의 캐치 플레이즈 '단 하나뿐인 지구 Only One Earth' 이후 지구자원의 유한성을 강조하면서 쓰이기 시작했다.

우포늪

Upo Wetland

경남 창녕군 낙동강 유역에 위치한 국내 최대의 자연늪지로 1억 4000만 년 전 한반도가 생성될 시기에 만들어졌다. 1997년 7월 생태계특별보호구역으로 지정되었고 이듬해 3월에 국제습지조약 보존습지(람사르습지)로 지정되었다.

운행경유차 배출가스 저감사업

쾌적한 대기환경 조성을 위해 오염물질을 다량 배출하는 노후경유차, 노후건설기계 등을 대상으로 배출가스 저감장치 부착, 조기폐차 등에 소요되는 비용의 일부를 정부가 보조하는 사업이다. 노후경유차 조기폐차지원제도, PM-NO_x 동시저감장치 부착, 배출가스 저감장치 부착, 건설기계 DPF 부착, 건설기계 엔진교체 등의 제도가 있다.

원 헬스

One Health

사람, 동물, 생태계 모두에게 최적의 건강을 제공하기 위한 여러 학문 분야의 총체적 노력을 말한다. '원헬스'라는 단어는 2003년 4월 7일 워싱턴 포스트의 Rick Weiss기자가 에볼라출혈열에 대한 기사에서 William Karesh의 말 "사람, 동물, 환경의 건강은 더 이상 독립적으로 논의되어선 안 된다! 단지 하나의 건강(One Health)만이 있을 뿐이다. 산재해 있는 공중보건문제의 해결책은 바로 각자 다른 전문성을 지닌 사람들이 함께 협력하는 것이다."을 인용하면서 등장했다.

원자력발전

Nuclear Power Generation

핵분열 연쇄반응을 통해서 발생한 에너지로 터빈 발전기를 돌려 전기를 생산하는 방식이다. 2차 대전 후 원자력의 평화적 이용을 위해 시작되었다. 다른 발전방식에 비해 초기 건설비용이 높은 편이나, 연료비가 월등히 싸기 때문에 발전비용이 가장 저렴하다. 또 화석연료와 달리 연소 시 유해물질이 방출되지 않아 환경에 부담이 없다. 하지만 발전과정에서 필연적으로 발생되는 방사선 및 방사성 폐기물은 지구환경과 인체에 치명적인 독성을 가지고 있어 대형참사의 위험을 안고 있다. 중국 등 신흥개도국들은 원전건설을 늘리고 있으나 많은 선진국들은 탈원전 시책을 추진하고 있다.

원전 하나 줄이기 캠페인

One Less Nuclear Power Plant Campaign

서울시의 지역에너지 정책으로 후쿠시마 원전사고, 전국 순환정전 등 에너지 위기와 지구 온난화 등 기후변화에 대응하기 위해 2012년 4월 시작하였다. 시민과 함께 에너지를 절약하고 신재생에너지를 생산함으로써 2014년까지 원자력발전소 1기에서 생산하는 200만 TOE 만큼의 에너지를 절감하는 것을 목표로 하였으며 계획보다 6개월 앞서 목표를 초과달성하였다. 서울시는 이후 2014년 8월 원전 하나 줄이기 2단계를 시작하였다.

월경 산성비

Transboundary Acid Rain

국경을 넘어 수천 km를 이동하며 내리는 산성비를 말한다. 월경산성비의 문제는 북유럽, 중부유럽 각국, 캐나다와 미국 등 지구의 여러 지역에서 발생하고 있다. 우리나라 경우 중국, 일본과 같은 기단권 내에 있어 공업화의 영향으로 인한 산성비의 월경이 우려된다.

월경성 환경문제

Transboundary Pollution

한 국가의 환경오염이 국경을 넘어 다른 국가에 영향을 미치는 현상으로, 산업화가 진행되면서 점점 더 심각한 문제가 되고 있다. 중국 타클라마칸 사막과 고비 사막에서 발생하여 우리나라에 영향을 미치는 황사와, 중국이 진원지인 동아시아지역의 월경성 산성비가 대표적인 예이다.

월경성 환경영향평가

Transboundary Environmental Impact Assessment

한 국가의 계획 및 사업으로 인해 주변 국가에 심각한 환경적 영향이 예상될 경우, 국가 간의 협약을 통해 이에 대한 환경영향을 미리 검토 분석하고 평가하여 그 부정적 환경영향을 제거 또는 감소시킬 수 있는 방법을 모색하는 제도이다. 영향이 예상되는 국가에 대한 환경적 문제를 검토하여 환경관리 비용분담, 국가주권 제약문제 등에 관해 국가 간의 충돌과 갈등을 사전에 예방할 수 있는 방안을 마련하는 데 그 목적이 있다.

월드워치연구소(WWI)

World Watch Institute

1974년 레스터브라운에 의해 창립된 세계적인 환경연구기관이다. 이 연구소의 목적은 지구적 차원의 환경 위협에 대한 대중의 인식을 높임으로써 환경문제 해결을 위한 새로운 정책과 근본적 변화를 지지하게 만드는 것이다. 1984년부터 매년 지구환경에 관한 종합보고서인 『지구환경보고서』를 발간하고 있다.

위생매립

Sanitary Landfill

쓰레기를 일정한 높이로 쌓아 다진 후 그 위에 흙을 덮어 추가오염을 막는 매립방식이다. 지하수 및 토양오염 방지를 위하여 쓰레기 썩는 물을 모아서 처리하는 시설과, 쓰레기가 썩을 때 생기는 매탄 등 매립가스를 모아서 처리하는 가스처리 시설 등 환경오염 방지 시설을 갖추어 매립 후 토지 활용이 가능하도록 하는 방법이다. 단순매립 시 발생하는 문제점을 개선한 매립방식이다.

위생안전기준인증제도(KC인증)

Hygiene and Safety Standard Certification

수도시설(취수·저수·도수 시설은 제외) 중 물에 접촉하는 수도용 자재나 제품이 「수도법」의 규정(시행령 제24조 별표 1의 2)에 맞는지에 대하여 인증을 받아야 하는 법적의무 인증제도이다. 수도용 자재와 제품의 위생상 안전성을 확보하고 수돗물의 2차 오염을 사전 차단하여, 국민들에게 안전한 수돗물이 공급될 수 있는 기반을 마련하기 위해 도입되었다. 2006년 위생안전기준의 법적 근거 마련을 시작으로 2011년 5월 인증제도가 본격적으로 시행되었다.

위해관리계획

Risk Management Plan

사고대비물질을 지정수량 이상 취급하는 사업장에서 취급물질·시설의 잠재적인 위험성을 평가하고, 화학사고 발생 시 활용 가능한 비상대응체계를 마련하여 화학사고 피해를 최소화하도록 하는 제도이다. 사고대비물질을 환경부령으로 정하는 수량 이상으로 취급하는 자는 「화학물질관리법」 제41조 및 동법 시행규칙 제48조에 따라 위해관리계획서를 작성하여 매 5년마다 환경부장관에게 제출해야 한다.

위해관리계획제도

Risk Management Planning System

사고대비물질을 지정수량 이상 취급하는 사업장에서 취급물질·시설의 잠재적인 위험성을 평가하고, 화학사고 발생 시 활용 가능한 비상대응체계를 마련하여 화학사고 피해를 최소화하도록 하는 제도이다. 사고대비물질을 환경부령으로 정하는 수량 이상으로 취급하는 자는 「화학물질관리법」 제41조 및 동법 시행규칙 제48조에 따라 위해관리계획서를 작성하여 매 5년마다 환경부장관에게 제출해야 한다.

유기화합물

Organic Compounds

탄소를 함유하는 화합물의 총칭으로 기본은 탄화수소로 이루어져 있다. 생물체를 구성하는 중요한 요소로 독일의 화학자 뵐러의 요소 합성 이전에는 생명력에 의해서만 만들어지는 것으로 되어 있었다. 일용품, 공업 제품, 의약품 등의 소재로서 널리 쓰인다.

유네스코 생물권보전지역

UNESCO Biosphere Reserve

생물다양성의 보전과 이의 지속가능한 이용을 조화시킬 수 있는 방안을 모색하기 위해 전 세계적으로 뛰어난 생태계를 대상으로 유네스코가 지정한 육상·연안·해양 생태계를 말한다. 1971년 설립된 '인간과 생물권프로그램(MAB)'을 실행하는 한 방안으로 고안되었다. 2016년 기준 120개국 669곳이 지정되어 있으며, 우리나라는 설악산(1982년), 제주도(2002년), 신안 다도해(2009년), 광릉숲(2010년), 고창(2013년)이 포함되어 있고, 북한은 백두산, 묘향산, 구월산, 칠보산 등 4곳이 생물권보전지역으로 지정되어 있다.

유독물질

Toxic Chemicals

1 mg/L 이하의 농도로 어류독성시험에서 반수를 죽일 수 있는 화학물질을 말한다. 염산·황산 10% 수용액, 페놀·수산화나트륨·수산화칼륨 5% 수용액 등이 있으며 피부나 점막에 대한 자극성이 있다. 2016년 말 기준 페놀, 톨루엔, 과산화나트륨 등 749종이 지정·고시되어 있다.

유동층소각로

Fluidized Incinerator

유동층소각로는 밑에서 가스를 주입하여 불활성층을 띄운 후 이를 가열시키고 상부에서 폐기물을 주입하여 태우는 것이다. 상의 온도는 760~870℃이고 불활성층이 미리 가열된 상태에서 태우기 때문에 폐기물은 순간적으로 연소하고 열효율이 좋다. 다만 폐기물을 주입하기 전에 파쇄하여야 한다. 유동층의 열량은 보유열량이 높아 폐기물연소에 최적연소 조건을 형성한다.

유럽연합 배출권 거래제(EU-ETS)

EU-Emission Trading System

유럽연합(EU)의 배출권거래제로 세계 최대 규모의 배출권거래 시장이자 가장 오래된 배출권거래제이다. 2005년 시작되어 현재 3기(2013~2020년)가 운영 중에 있다. 28개 회원국 및 스위스 등 총 31개 국가가 참여하며 약 1만 2,000개의 온실가스 배출권 할당 대상업체가 포함되어 있다.

유리잔류염소

Free Residual Chlorine

물을 염소로 소독했을 때의 잔류염소 중, 차아염소산과 차아염소산 이온의 형태로 존재하는 염소를 말한다. 수도법 시행규칙에서는 염소 소독 시 급수전 내 물의 유리잔류염소가 0.2 ppm이어야 한다.

유비쿼터스-에코시티

Ubiquitous Eco-City

첨단 IT기술을 도시공간과 접목시킨 유비쿼터스

도시(U-City)와 지속가능한 생태도시(Eco-City)의 개념이 융·복합된 새로운 도시 패러다임이다. 유비쿼터스란 '어디에나 존재한다'는 뜻으로 '유비쿼터스 도시'란 언제 어디서나 어떤 기기로든 자유롭게 네트워크에 접속할 수 있는 정보통신이 구축된 도시환경을 말한다.

유엔고위급정치포럼(HLPF)

UN High Level Political Forum

'2030 지속가능발전 의제'와 지속가능발전목표(SDGs)의 국제적 이행상황을 점검하기 위해 2012년 '유엔지속가능발전회의(Rio+20)'에서 탄생한 연례회의이다. 지속가능발전위원회(CSD)를 대체해 2013년부터 매년 '유엔경제사회이사회(ECOSOC)'의 주관으로 열리고 있다.

유엔인간환경회의(UNCHE)

UN Conference on the Human Environment

1972년 6월 스웨덴 스톡홀름에서 개최된 회의로 지구환경문제가 국제적인 관심사로 부상하는 결정적인 계기가 되었다. 이 회의의 결과 7개의 선언문과 26개의 원칙으로 구성된 '유엔인간환경선언(스톡홀름선언)'이 채택되었다.

유엔지속가능발전회의(UNCSD)

United Nations Conference on Sustainable Development

2012년 6월 브라질 리우 데 자네이로에서 개최된 금세기 최대의 환경개발회의로 1992년의 '지구정상회의(리우회의)'로부터 20년 후에 열렸다는 뜻에서 '리우+20'이란 약칭으로 불린다. 지속가능발전을 위한 국세 사회의 의시를 새확인하고, 리우회의 등 주요 지속가능발전 회의의 합의사항 이행을 점검했다. 또한 지속가능발전을 위한 제도적 틀인 지속가능발전목표(SDGs) 개발을 위한 논의가 시작되었으며 녹색경제의 지침이 채택되었다.

유엔환경개발회의(UNCED)

UN Convention on Environment and Development

유엔이 1972년 개최한 인간환경회의(UNCHE) 20주년을 기념하여 1992년 6월 브라질 리우데자네이루에서 세계 185개국 대표단과 114개국 정상 및 정부 수반들이 참석하여 지구환경문제를 논의한 국제회의로 지구정상회담 또는 리우회의라고도 한다. 이 회의에서는 선언적 의미의 '리우 선언'과 행동강령인 '의제 21'을 채택하고, '기후변화협약', '생물다양성 보존 협약' 등이 각각 별도 서명됨으로써 지구환경보호 활동의 수준이 한 단계 높아지는 성과를 낳았다.

유엔환경계획(UNEP)

United Nations Environment Programme

환경 문제를 전담하는 유엔 산하기구이다. 주요 역할은 지구 환경을 감시하고, 각국 정부를 비롯한 국제 사회가 환경의 변화에 따라 적절한 조치를 취할 수 있도록 돕고, 환경 정책에 대한 국제적 합의를 이끌어내는 것이다. 1972년 스톡홀름의 '유엔인간환경회의(UNCHE)'에서 처음 논의된 직후 유엔총회에서 설립되었다.

유역

Basin, Watershed, Catchment

하천의 물이 모여 흘러드는 주위의 지역을 말하며, 집수구역이라고 하기도 한다. 가령 낙동강 유역이라고 하면, 낙동강의 본류는 물론, 지류도 포함하여 물이 흐르는 주위의 지역을 가리킨다. 사방이 산지로 둘러싸여 있고, 분수령이 뚜렷한 분지에서는 유역 구분이 뚜렷한 반면, 구릉이나 대지, 하류의 평야부에서는 그렇지 못하다.

유역관리

River Basin Management

물과 토지 등을 개개의 하천 아닌 유역적인 관점에서 관리한다는 개념이다. 1970년대 이후 1990년대까지의 유역관리는 대유역 차원의 관리형태로서 하향식 방식이었다. 그러나 이러한 하향식 유역관리는 효과적인 주민 참여를 제한하고 지역의 지식을 활용하는 데 어려움이 많았다. 따라서 최근 2000년대에 들어와 상향식 방식인 소유역(watershed or catchment)차원의 유역관리가 새롭게 조명받고 있다.

유역하수도

River Basin Sewerage

동일 하천 유역 내의 인접하는 지방 자치체가 협력하여 하수 처리를 도모하도록 설치되는 공공하수도를 말한다.

유입부하량

Inflow Load Factor

강, 호수 등 수체에 유입되는 오염물질의 양을 의미하는 것으로서 '오염물질의 농도(mg/L) × 유입량(m^3/L)'으로 구할 수 있다. 연안, 내해, 호소 등의 폐쇄성 수역은 질소나 인 등의 오염물질이 유입되어 축적되기 때문에 부영양화가 진행된다. 총량규제 등의 수질보전 대책은 유입부하량의 파악에서 시작되어야 한다.

유전물질

Genetic Material

"기능적 유전단위를 포함하는 식물·동물 미생물 또는 그 밖의 기원의 물질"을 말한다. 이 중 실질적 또는 잠재적 가치를 가진 유전물질을 유전자원이라고 한다(생물다양성협약 제2조).

유전자변형 생물체(LMOs)

Living Modified Organisms

생명공학 기술을 이용하여 새롭게 조합된 유전물질을 포함하고 있는 동물, 식물, 미생물을 말한다. 전 세계적으로 인체에 대한 유해성 여부로 논란이 일고 있는 유전자변형 콩이나 옥수수 등이 여기에 포함된다. 농산물 종자나 미생물 농약 등 LMOs의 활용 영역이 날로 넓어지고 있는 상황에서 2000년 1월 LMO의 국가 간 교역을 규제하는 국제협약인 '바이오안정성에 대한 카르타헤나의정서'가 채택되었다. LMO는 GMO와 구분없이 사용되기도 하는데, 구분하자면 LMOs는 'living(살아있음)'을 강조한 말로 GMOs 중 번식 또는 증식이 가능한 생물체를 가리킨다.

유전자원

Genetic Resources

유전(遺傳)의 기능적 단위를 포함하는 식물·동물·미생물 또는 그 밖에 유전적 기원이 되는 유전물질 중 실질적 또는 잠재적 가치를 지닌 물질을 말한다(「생물다양성법 2조」). 생물의 유전변이는 지구 역사의 전 기간에 걸쳐 돌연변이와 자연도태로 인해 축적된 것으로, 야생의 생물종은 귀중한 유전자원이다. 세포주의 수집과 보존, 작물종자·미생물 등의 유전자 보존과 관리 등이 국제적으로 이루어지고 있다. 유전자원에 대한 각국의 생물주권을 보호하기 위해 유전자원의 접근 및 이익 공유에 대한 국제적인 강제 이행사항을 규정한 '나고야의정서'가 2010년 '생물다양성협약 총회'에서 채택되었다.

유전자은행

Gene Bank

검색 수집한 유전자원이 정리·보존되고 그 특성이 평가되어서, 처음으로 이용될 수 있도록 시스템화된 생식질의 보존 장소를 말한다. 유전자은행 내에서 유전자원은 종자뿐만 아니라, 개체, 화분, 정자, 조직, 세포, 수정란 등 각종 형태로 보존된다.

유전자조작 표시제

GM Food Labelling System

유전자조작 기술로 기른 농 축 수산물 등을 원료로 한 식품에 이를 표시하도록 의무화한 제도를 말한다. 우리나라에서는 주원료 또는 함량이 많은 순서로 다섯번째 원료까지 유전자 조작 여부를 표시하도록 정해져 있다.

유전자형

Genetic Type

생물개체, 세포, 기관의 특징적인 특징을 결정하는

유전적인 구성요소를 말한다. 이들의 특징을 결정하는 구성요소로 우성형질과 열성형질이 존재한다.

유전적 다양성

Genetic Diversity

생물의 종 내 및 종 사이에 존재하는 다양성 중 유전자작용에 의해 후세대로 전달되는 것을 말한다. 유전적 다양성이 높을수록 질병이나 환경변화에 대한 내성이 강해진다. 다양성의 기원은 돌연변이, 즉 유전적 재조합이나 전이 등이다. 이들의 개체 이주, 자연선택 등의 영향으로 증가와 감소를 반복하여 다양한 생물종을 형성하는 것으로 알려져 있다.

유증기

Oil Mist

입자의 크기가 1～10 μm인 기름방울이 안개형태로 공기 중에 분포되어 있는 상태이다. 유증기는 연료유, 윤활유, 유압기유 등이 고압으로 미세한 틈으로 분사되어 생성되거나, 기기 혹은 배관 등으로부터 유출되어 액체상태로 존재하다가 고열의 장비에 접촉함으로써 기화된 후 보다 낮은 온도의 공기와 만나서 생성된다. 휘발성 유기화합물(VOCs)인 유증기는 주유소에서 주로 발생하며 인체에 위해성이 크고, 오존(O_3) 유발물질로서 발생저감이 필요하다. 정부는 주유소의 유증기회수설비 설치 및 관리를 위해 특별대책지역 및 대기환경규제지역 내 유증기회수설비 설치 의무제도를 시행하고 있다.

유해대기오염물질(HAPs)

Hazardous Air Pollutants

저농도에서 장기적인 섭취나 노출에 의해 사람의 건강이나 동식물의 생육에 직접 또는 간접으로 위해를 끼칠 수 있어 대기배출에 대한 관리가 필요하다고 인정된 물질을 말한다. 『대기오염방지법』에서는 카드뮴 및 그 화합물, 염소 및 염화수소, 플루오르, 플루오르화 수소, 플루오르화 규소, 납 및 그 화합물, 질소 산화물 등 64종이 지정되어 있다. HAPs의 배출원은 일반적으로 화학공장, 발전 소 등과 같은 고정오염원과 자동차 등의 이동오염원으로 구분되며 누출사고 및 산불발생도 주요배출원이 된다.

유해성

Risk

사람의 건강과 환경에 좋지 않은 영향을 미치는 화학물질의 해로운 성질이나 특성을 말한다. 화학물질 자체가 갖고 있는 독성값이다. 예를 들면 벤젠의 발암성은 고유의 성질로 유해성을 갖고 있다고 한다.

유해성 대기감시물질

Air Pollutant Watch List

대기오염물질 중 「대기환경보전법」 제7조에 따른 심사·평가 결과 사람의 건강이나 동식물의 생육에 위해를 끼칠 수 있어 지속적인 측정이나 감시·관찰 등이 필요하다고 인정된 물질로서 카드뮴, 벤젠, 석면, 암모니아 등 43종이 지정되어 있다.

유해지수

Hazard Quotient

오염물질의 노출수준에 대한 특정물질의 위해성 평가를 위해 선택한 독성값의 비율이다. 만일 노출수준이 독성값보다 같거나 높을 경우에는 수용체에 대한 잠재적 위해성이 존재한다고 할 수 있다. 위해성평가에서 위해도를 산출할 때 사용된다.

유해폐기물

Hazardous Waste

방사성 폐기물 및 감염성 폐기물을 제외한 고형물, 슬러지, 액상폐액, 용기에 담긴 폐가스들로, 화학적인 반응성, 독성, 폭발성, 부식성, 그 밖의 특성으로 인해 단독으로 혹은 다른 폐기물과 혼합되었을 때 인간의 건강이나 환경에 위해를 야기시키거나, 야기시킬 수 있는 폐기물을 말한다.

유해화학물질

Hazardous Chemicals

유독물질, 허가물질, 제한물질 또는 금지물질, 사고대비물질, 그 밖에 유해성 또는 위해성이 있거나 그러할 우려가 있는 화학물질을 말한다. 사람의 건강과 환경에 유해한 것으로 급성 독성, 어독성, 변이원성, 발암성 등 일정 기준에 의해 지정되어 있다. 『화학물질관리법』에 정해진 기준에 따라 관리되고 있다.

유화제

Emulsifying Agent

물과 기름을 유화시키는 첨가물이다. 마가린, 드레싱, 초콜릿, 아이스크림 등에 폭 넓게 사용되며 화장품에도 포함되어 있다. 주요 유화제는 자연 원료인 레시틴, 합성화합물안 글리세린지방산, 에스테르가 있다.

유효적산온도

Effective Accumulative Temperature

작물의 생육에 필요한 열량을 나타내기 위한 지표로, 일평균기온에서 생육한계온도(10℃)를 뺀 값을 적산한 값이다. '생육도일'과 함께 농업에 활용되는 기후응용정보이다.

육불화황(SF_6)

Sulphur Hexafluoride

플루오린과 황의 화합물로 상온에서 무색, 무취, 무독의 기체이다. 500℃ 이상의 열에서도 안전하지만 불순물이 들어가면 분해되어 유독하다. 반도체 생산공정과 가스절연개폐기 및 가스 절연변압기에 사용되며, 교토의정서에서 지정된 온실가스의 하나로 인간에 의해서만 만들어지는 산업 기체이다.

은나노

Nano Silver

은을 나노입자로 만든 것으로, 항균 및 살균 효과가 커서 세균 번식을 막아준다. 나노사이즈의 은입자를 폴리프로필렌에 입혀서 항미생물 소재로 만들 수 있으며, 항균효과가 좋아 냅킨, 수술용 마스크 등에 사용하고 있다.

음식물류 폐기물 종량제

Volume-rate Food Waste Disposal System

음식물 쓰레기에 '버린 만큼 비용을 부과하는' 종량제 개념을 적용한 제도이다. 음식물쓰레기 배출로 인한 경제적, 사회적 비용 증가와 에너지·기후변화에의 악영향 저감을 위해 사후처리 위주에서 사전발생 억제정책으로 방향 전환한 것이다.

음식물쓰레기

Food Waste

식품의 판매·유통·조리 전후과정에서 발생하는 음식물과 먹고 남아 버리는 음식물을 말하며 법적 용어는 음식물류 폐기물이다. 2015년 발생량은 1일 15,340톤으로 전체 생활폐기물 발생량(51,247톤/일)의 약 30%를 차지했다. 2008년 29% 이후 감소하다가 다시 증가 추세를 보이고 있다.

음이온 계면활성제

Anionic Surfactant

물에 녹으면 계면활동 부분이 음이온으로 되는 합성세제의 성분이다. 비누나 세제 등 초기 합성세제의 주류를 차지하였다. 분해성이 낮고, 물에서 거품을 생성하여 햇빛과 공기가 물에 침투하는 것을 막아 물오염을 일으킨다.

음폐수

Food Waste Leachates

음식물쓰레기의 폐수란 뜻으로, 음식물류폐기물 처리과정에서 발생되는 액체상태의 물질을 말한다. 런던협약과 런던의정서에 의해 2013년부터 해양배출이 금지됨에 따라 육상처리와 동시에 바이오가스에 의한 에너지화가 진행되고 있다.

음향재료

Acoustic Material

음향효과를 좋게 하거나 소음방지에 사용하는 등 음에 관련된 건축재료에 사용되는 용어이다. 일반적으로 흡음재와 차음재료를 가리킨다. 흡음재료는 흡음메커니즘에 따라 다공질재료(글래스울, 록울, 펠트 등), 공명구조재(석고보드, 하드보드, 구멍 뚫린 판) 등이 있다. 차음재료는 음을 차단에 이용되는 재료로 차음기구에 따라 단일구조체(콘크리트벽류, 슬레이트류, 철팜 등), 이중구조체(사이에 공기층을 넣은 이중구조의 재료) 등이 있다.

응집제

Cohesive Agents

액체 속에 현탁되어 있는 고체입자를 뭉치게 하기 위해 첨가하는 약품이다. 응집 시 액체 속의 입자는 일반적으로 침강속도가 빨라지므로, 이 현상은 침강을 촉진시키는 데 이용된다. 침강촉진제 또는 침강제라고도 한다.

의료폐기물

Medical Waste

보건·의료기관, 동물병원, 시험·검사기관 등에서 배출되는 폐기물 중 인체에 감염 등 위해를 줄 우려가 있는 폐기물과 인체 조직 등 적출물, 실험 동물의 사체 등 보건·환경보호 상 특별한 관리가 필요하다고 인정되는 폐기물로서 「폐기물관리법」 시행령 제4조 및 별표 2에서 정하는 폐기물을 말한다. 의료폐기물은 배출과 수거 단계에서 감염성 및 손상성, 가연성 및 불연성 등으로 적정하게 분리하고, 처리과정에서 전문지식을 갖춘 관리감독자의 지휘 아래 안전하게 처리해서 환경이나 인체에 대한 유해성분의 발생을 최소화해야 한다.

의제 21

Agenda 21

1992년 6월 열린 유엔환경개발회의(UNCED)에서 채택된 '리우선언'의 실천강령으로 21세기를 향한 지구환경 보전 종합계획이라 할 수 있다. 전문과 사회경제·자원의 보존 및 관리·그룹별 역할·이행수단 등 4개 부문의 39개장으로 구성되어 있으며 2,500여개의 권고내용을 담고 있다. 물, 대기, 토양, 해양, 산림, 생물 종 등 자연자원의 보전과 관리를 위한 지침뿐만 아니라 빈곤퇴치, 건강, 인간정주, 소비행태의 변화 등 사회경제적 이슈까지 폭넓게 다루고 있다. '의제 21'의 권고에 따라 각국의 지방정부에서는 지방의 여건을 반영한 '지방의제 21'을 추진하고 있다.

의제 21 국가실천계획

National Action Plan for Agenda 21

'의제 21'의 권고에 따라 수립된 국가계획이다. 의제 21은 각국에 지속가능발전기구(CSD)의 설치와 추진을 권고하는데, 우리나라에서도 1996년 'UNCED 의제 21 국가실천계획'을 발표하고 UN에 제출하였으며, 2000년 대통령자문지속가능발전위원회(PCSD)의 설치, 2004년 6월 '지방의제 21 추진기구 설치 운영 및 지원조례 표준준칙' 제정, 2007년 「지속가능발전기본법」 공포 등의 정책적·제도적 기반을 마련하여 추진하고 있다.

의태

Imitation

동물이 다른 동물이나 주위 환경을 흉내내어 환경에 적응하는 방식이다. 의태는 천적으로부터 자신을 보호하는 방법으로 사용될 수 있으며, 반대로 성공적인 먹이 포획을 위한 적응일 수도 있다.

이동식 배출가스 측정장치(PEMS)

Portable Exhaust Measuring System

운행 중인 차량에 측정 장비를 탑재하여 배출가스 결함을 확인 검사하는 방법이다. 대형차(경유를 주 연료로 사용하고 차량 총중량 3.5 t 이상인 차)의 결함확인검사 시에 엔진 탈부착에 따른 불편을 해소하고 오염물질을 실제 운행상태를 반영해서 관리하고자 활용된다. 미국에서는 2007년부터 이 방법을 도입하였다.

이동형 초소형 IOT 기반 미세먼지 측정기술

미세먼지의 발생원 규명과 과학적 대응을 위한 기술개발 노력의 하나로 버스, 선박, 드론 등에 장착할 수 있는 IoT 기반의 이동식 초소형 미세먼지 측정기술을 말한다.

이동형 충전기

Mobile Charger

충전기 설치 없이 케이블 형태의 충전기(계량기 내재)를 차량에 휴대하여 공동주택, 건물 등에 기 설치된 콘센트를 활용하여 충전하는 장치이다. 전기차 전용 주차장 확보 문제를 해소하고, 실시간 전력 사용량 파악 및 정보통신기술(ICT)을 이용하여 전기요금은 건물주가 아닌 전기차 소유자가 부담하게 된다.

이산화질소(NO_2)

Nitrogen Dioxide

적갈색의 자극성냄새가 나는 유독성 기체로 연소과정에서 공기 중에 배출된 일산화질소가 산화하여 생성되기도 하는 대기오염물질이다. 공장 굴뚝이나 자동차 배기에서 배출되며 태양광에서 일산화질소(NO)와 산소원자(O)로 분리되어 산소원자는 다시 산소분자와 결합해서 오존(O_3)를 생성한다.

이산화탄소 포집과 처리기술(CCS)

Carbon Capture and Sequestration

화석연료를 연소·처리하는 과정에서 발생하는 이산화탄소를 대기 중에 방출하지 않고 모으는 기술이다. CO_2 배출원으로부터 CO_2를 모으는 포집기술과 그것을 땅속이나 바닷속에 저장하는 저장기술로 구분된다. 전체 비용의 약 70~80%가 모으는 데 들어간다.

이산화탄소 포집과 활용 기술(CCU)

Carbon Capture and Utilization

배출되는 온실가스를 포집하여 이를 재활용(자원화 및 고정화)하는 기술로 CCS(온실가스 포집 및 저장) 기술의 문제점들(저장여건, 막대한 비용, 누출가능성 등)을 보완할 수 있다. 감축 잠재력에 따라서 기존 원료의 대체를 통한 CO_2 발생 저감기술과 장기 CO_2 고정을 통해 탄소배출을 제한하는 기술로 분류된다.

이산화탄소 환산(CDE)

Carbon Dioxide Equivalent

다양한 온실가스의 배출량을 비교 가능하도록 만든 측정수단으로 지구 온난화지수(GWP) 1인 이산화탄소 배출량으로 환산하여 나타낸다. 예를 들어 메탄 백만 톤은 메탄의 온난화지수가 24.5이므로 이산화탄소 24.5백만 톤으로 나타내게 된다. 이산화탄소가 아닌 탄소를 기준으로 할 때도 있으며 이 경우는 특별히 탄소환산(CE, Carbon Equivalent)으로 불린다.

이산화탄소(CO_2)

Carbon Dioxide

주요 온실가스로 1990년 부속서 I 국가(기후변화협약 상의 온실가스 의무감축국가/선진국)들의 온실가스 배출량의 약 81%를 차지했다. 교토의정서의 6가지 온실기체 중 하나이며 주로 화석연료의 연소를 통해 대기 중으로 배출되므로 대기 중 농도가 인간활동에 의해 가장 크게 좌우된다. 지구 온난화지수(GWP) 1로 다른 온실가스들의 온난화 효과 비교 시 기준이 된다.

이산화황

Sulfur Dioxide

자극적인 냄새(썩은 달걀냄새)가 있는 무색 기체로, 황이 공기 중에서 연소할 때 발생한다. 금속 제련소, 중유를 사용하는 화력발전소, 빌딩의 냉난방 장치 등 석유, 석탄, 천연가스를 연소시키는 공장 및 사업장의 방출 가스에 포함되어 있다. 황산 제조의 원료, 살충제, 살균제, 표백제, 환원제로 쓰인다.

이온교환 수처리

Ion-exchanger Water Treatment

이온교환의 방법을 써서 행하는 수처리. 이온교환

을 이용하면 입자성 물질이나 용해성 물질 등 이온을 가진 물질을 쉽게 처리할 수 있으므로 연수 또는 순수의 제조, 하폐수의 고도처리에서 이용하며 오염물질의 제거 능력이 높기 때문에 물을 재사용할 때 사용한다. 크롬산, 황산니켈 등을 도금 폐수에서 회수하며, 인조 견사폐수에서 황산아염, 보일러 용수 처리, 합성섬유 종합용수처리 등에 쓰인다.

이차독성
Secondary Poisoning Effect

먹이생물의 섭취를 통해서 화학물질의 독성이 체내에 들어와 포식자에게 나타나는 독성을 말한다. 농약, 의약품 등의 화학물질이 동물의 조직 속에 잔류되어 있다가 인간이나 가축이 오염된 동물의 조직을 섭취할 때 독성영향을 일으킨다.

이차오염
Secondary Pollution

배출된 오염물질이 대기나 물속에서 빛 또는 다른 원인에 의해 다른 유해물질로 변화하는 것을 말한다. 자동차 배기가스가 태양의 직사를 받아서 광화학 반응에 의해 유독한 옥시덴트가 생기거나 배수중의 무기수온이 변화되어 유독한 유기수온이 생기는 경우 등을 예로 들 수 있다.

이취미 물질
Taste and Odor Compounds

물의 맛 또는 냄새를 내는 원인 물질을 말한다. 수돗물에서 맛 또는 냄새가 날 경우 그 원인물질은 종류가 많고 복합적으로 작용하기 때문에 한 가지로 특정하기 어렵다. 부영양화 된 물에서는 지오스민, 2-에틸이소보르네올이 곰팡이냄새를 유발한다. 또한 염소와 반응하여 발생하는 페놀류, 아미노류는 매우 불쾌한 냄새를 유발한다.

이클레이(ICLEI)
International Council for Local Environmental Initiatives

세계 최대 규모의 지속가능발전 지방정부 네트워크로, 1500개 이상의 전 세계 도시, 마을, 지역이 참여하고 있다. 이클레이는 전 세계 도시들이 지속가능발전을 실현하고, 탄소를 적게 배출하며, 기후변화에 회복력 있고, 생물 다양성을 보존하며, 자원을 효율적으로 사용할 수 있도록 지원한다. 이클레이 동아시아 본부는 서울시의 지원으로 2012년 10월 설립되었다.

이타이이타이병
Itai-Itai Disease

카드뮴이 원인이 되어 발생하는 공해병의 일종이다. 1950년대 일본의 도야마 현 진스가와 강 하류 지역에서 발생하였다. 광산폐수에 섞인 카드뮴이 어패류를 통하여 사람에게 섭취되어 심한 통증과 함께 골연화증 등 뼈의 이상을 나타내었다.

인간과 생물권(MAB)계획
Man and the Biosphere Program

생물권에 인간이 미치는 영향에 대해 연구하고 전 세계가 함께 더 이상의 생물권 파괴를 막기 위한 프로그램으로 2017년 기준 150여 개국이 참여하고 있다. 1971년 유네스코 총회를 통해 공식적으로 설립되었고 스톡홀름에서 열린 '유엔인간환경회의(UNCHE, 1972)'에서 확인되어 전 세계적으로 추진하게 되었다.

인간환경선언(스톡홀름선언)
Declaration on the Human Environment

지구환경보전을 위한 국제적 노력을 천명한 최초의 선언으로 1972년 스웨덴의 수도 스톡홀름에서 채택돼 '스톡홀름선언'이라고도 부른다. 환경 부문의 인권선언으로 비유되며 이를 바탕으로 이듬해인 1973년에 환경관련 국제기구인 유엔환경계획(UNEP)이 창설되었다.

인공습지
Constructed Wetlands

자연습지의 형태 및 기능을 모방하여 설계, 시공,

운영되는 인위적인 습지이다. 침전·여과·흡착·미생물 분해, 식생 식물에 의한 정화 등 자연상태 습지가 가지고 있는 정화능력을 인위적으로 향상시켜 비점오염물질을 저감하는 시설로, 도시 및 농업지역, 축산단지 등에 다양하게 적용이 가능하다.

인공지능(AI)

Artificial Intelligence

인간의 학습능력과 추론능력, 지각능력, 자연언어의 이해능력 등을 컴퓨터 프로그램으로 실현한 기술로 4차 산업혁명의 핵심기술이다. 인공지능은 기계학습, 딥러닝 등 첨단컴퓨터공학으로 진화하고 있다. 특히 현대에는 정보기술의 여러 분야에서 인공지능적 요소를 도입하여 문제를 해결하려는 시도가 매우 활발하게 이루어지고 있다.

인공태양

Artificial Sun

태양빛을 반사하는 우산 모양의 대형 반사경을 우주공간에 설치하여 지구의 일부 지역에서 밤을 훤히 밝혀주는 것. 1993년 2월 러시아에서 '노비 스베트(새로운 빛)'라는 계획으로 실험에 들어갔는데, 우주 정거장 미르에서 분리된 무인화물운반우주선 '프로그래스 15'에 붙어 있는 폭 20 m의 태양거울을 이용해 폭 4 km 정도의 지역에 달빛만큼 밝기로 조명에 성공하였다.

일산화질소(NO)

Nitrogen Monoxide

질소와 산소로 이루어진 붉은색 기체로, 자동차 배기가스가 공기 중에서 산화되어 생성된다. 공기보다 조금 무겁고 액화가 어렵다. 고농도의 일산화질소를 흡입하면 경련과 마비를 일으키며, 혈액 속에서 메토헤모글로빈을 생성하여 혈액의 산소 운반능력을 저하시킨다. 식물에 노출되면 잎이 마르고 흰 반점이 생기고 기형화된다.

일산화탄소(CO)

Carbon Monoxide

탄소성분이 불완전 연소 시에 발생하는 무색, 무취의 유독성 가스이다. 주요 배출원은 주로 수송부문이 차지하며, 산업공정과 비수송부문의 연료연소와 산불 같은 자연발생원 및 주방, 담배연기, 지역난방 등의 발생원이 있다. 인체에 노출되면 혈액의 산소 운반기능을 저하시키고, 고농도는 유독성이 있어 치명적인 해를 입힌다.

일차 오염

Primary Pollution

오염 발생원에서 직접 배출된 오염물질로 자동차에서 배출되는 배기가스나 공장 매연 등을 포함한다. 이들 1차 오염물질이 환경계에서 오존 등 새로운 물질로 변화되어 오염현상을 일으킬 때 새로이 생성된 이들 물질을 2차 오염물질이라 한다.

입자상 오염물

Particulate Contaminants

공기 중에 부유하고 있는 먼지, 분진, 에어로졸, 훈연, 미스트, 연기, 안개, 스모그, 검댕 등으로 가스상 물질과 대비된다. 입자상 오염물의 크기는 0.01 ~ 100 μm의 범위이고, 100 μm보다 큰 입자는 매우 빠르게 낙하하므로 대기 중에 배출된 후 수분 이내에 지상에 낙하한다. 2차 오염물질로 자극성 가스를 흡수 또는 흡착하여 에어로졸 상태로 폐심부에까지 침해하는 입자상물질은 침착한 장소에서 자극성 가스의 유해성이 나타난다. 0.5 ~ 5 μm 크기 입자가 폐포에 접착률이 제일 크다.

자동차 공회전 제한제도

Anti-Idling Regulations

특정 장소에서 자동차의 불필요한 공회전(주정차 상태에서 불필요하게 원동기를 가동하는 것)을 규제하는 제도로, 합리적인 공회전 제한을 통해 자동차의 연료낭비와 대기오염물질인 배출가스를 억제하여 환경개선 및 시민건강을 보호하는 데 그 목적이 있다. 2005년 처음 시행되었다. 공회전 10분 중지 시 승용차는 250 cc, 경유차는 284 cc 연료가 절약된다.

자동차 배출가스 등급산정

제작·운행 중인 모든 차량을 대기오염물질 배출량에 따라 5개 등급으로 분류하는 것으로 2018년 4월 새롭게 개정되었다. 개정된 규정에서는 연식과 유종에 따른 배출량의 절대적 차이를 반영해 대기오염물질 배출이 전혀 없는 전기차 및 수소차는 1등급, 하이브리드차는 1~3등급, 휘발유 가스차는 1~5등급, 경유차는 3~5등급을 부여받는다. 해외에서는 저등급차량의 도심 운행을 제한하기도 한다.

자동차 배출가스 원격측정장비(RSD)

Remote Sensing Device

차량이 측정 지점을 통과할 때 도로 양편에서 적외선과 자외선을 발사하여 배출가스를 실시간으로 측정·분석하는 장비이다. 적외선으로는 일산화탄소(CO), 탄화수소(HC), 자외선으로는 일산화질소(NO)를 측정한다. 원격측정의 특징은 차량이 통과하는 순간의 배출가스를 비접촉으로 빠른 시간 내에 계측하므로 교통 흐름을 방해하지 않고 다수의 차량에 대해 계측할 수 있으며 운행상태의 배출가스에 대한 실제측정이 가능하다.

자동차 온실가스 배출량 전과정 평가

연료공급단계(원유추출, 원유수입, 석유정제, 국내분배)에서부터 운행까지 자동차의 전과정을 평가한 것으로, 연료별, 차종별 온실가스 배출량 기초자료 구축을 위해 실시되었다. 그 결과 친환경차의 배출량이 내연차의 절반수준으로 나타났고 소형경유차의 경우 실제주행 시 질소산화물이 인증조건에 비해 최대 9.6배 많이 배출되는 것으로 조사되었다.

자동차 온실가스 배출허용기준

Automobile GHG Emission Standards

자동차에서 배출하는 온실가스의 양을 일정 수준 이하로 규제하기 위한 기준으로 자동차 제작사별로 매년 판매한 차의 평균값으로 산정한다. 자동차제작사가 온실가스 배출허용기준을 초과한 경우 초과 배출분에 대하여 과징금을 부과한다. 자동차 온실가스 과징금은 초과량에 과징금 요율과 해당 판매대수를 곱하여 산정한다.

자동차 촉매제(요소수)

Car Exhaust Catalyst(Urea Solution)

경유자동차 배출가스 중 질소산화물(NO_x)를 저감하기 위해서 사용되는 액상의 화학물질로서 주성분이 요소(Urea)와 물로 되어 있어 주로 요소수라고도 한다. 요소수는 엔진 뒤편에 있는 선택적 환원촉매장치(SCR)에 분사되며 질소산화물 저감효율이 90% 이상으로 높다. 엄격한 배출가스 기준인 유로6의 도입으로 세계 각국은 트럭, 버스 등 대형 상용차에 요소수를 촉매로 사용토록 하고 있다.

자동차 탄소포인트제

Automobile Carbon Points System

비사업용 승용자동차 및 승합자동차의 주행거리 단축 및 친환경 운전실천을 통해 온실가스를 감축하고, 이에 따른 탄소포인트를 부여하고 인센티브를 제공하는 대국민 온실가스 감축실천 프로그램이다.

자동차 평균 온실가스·연비 제도

개별 제작사에서 해당년도에 판매되는 차량의 온실가스 배출량과 연비 실적의 평균치를 정부가 제시한 기준에 맞춰 관리토록 하는 제도로 미국, 유럽연합(EU), 일본, 중국 등 주요 자동차 생산국가에서 시행하고 있다. 자동차 제작사는 온실가스 또는 연비 기준 중 하나를 선택하여 준수해야 하며 기준을 달성하지 못하는 경우 과징금이 부과된다. 정부는 친환경·저탄소차 기술개발 촉진 위해 2016년부터 2020년까지 온실가스 97 g/km, 연비 24.3 km/L의 기준을 마련한 바 있다.

자동차결함 시정제도

Recall system

자동차 부품의 내구성을 향상시켜 자동차에서 배출되는 배출가스를 저감하기 위한 제도이다. 일정

기간 동안은 제작차 배출 허용기준에 적합하게 배출 될 수 있도록 자동차 제작사가 부품을 무료로 수리해 준다.

자동차배출가스 종합전산 시스템(MECAR)

자동차의 제작단계에서부터 폐차까지 배출가스에 관한 정보를 수집·관리하기 위해 구축된 시스템이다. 제작자동차 및 운행자동차의 각종 배출가스 관련 검사 자료를 통합관리하며, 제도별 행정업무를 지원한다. 대기환경 보전 정책관련 자료관리 및 정책 수립 기초자료 제공, 대기질의 실질적인 개선 및 실적관리를 목적으로 도입되었다.

자동차연료 첨가제

Automotive Fuel Additives

자동차의 성능을 향상시키거나 배출가스를 줄이기 위하여 자동차의 연료에 첨가하는 화학물질을 말한다. 자동차의 연료에 부피 또는 무게 기준으로 1퍼센트 미만의 비율로 첨가하며 「석유 및 석유대체연료 사업법」 제2조 제10호에 따른 가짜석유제품 또는 같은 조 제11호에 따른 석유대체연료에 해당하지 아니하는 물질을 말한다. 종류에는 세척제, 청정분산제, 매연억제제, 다목적첨가제, 옥탄가향상제, 세탄가향상제, 유동성향상제 등이 있다.

자동차연료 환경품질등급제

자동차연료 제조·수입·공급사의 자율적인 환경품질 개선과 정보 공개를 통한 소비자의 친환경 제품 선택을 유도하기 위해 수도권지역을 대상으로 자동차 연료의 품질을 분석하여 평가결과를 공개하는 제도이다. 분석 항목은 휘발유의 경우 방향족화합물, 벤젠함량, 올레핀함량, 황함량, 증기압, 90% 유출온도이고, 경유의 경우밀도, 황함량, 다고리방향족, 윤활성, 방향족화합물, 세탄지수(또는 세탄가)이다.

자발적 협약제도

Voluntary Agreement on Plastic Waste Recovery and Recycling

정식명칭은 '플라스틱 폐기물 회수·재활용 자발적 협약'으로, 폐기물부담금 대상이 되는 플라스틱 제품의 제조·수입업자(협약의무이행생산자) 및 협약의무이행단체가 환경부장관과 '플라스틱 폐기물 회수·재활용 자발적 협약'을 체결하고 이를 이행할 경우 폐기물부담금을 면제하는 제도이다.

자생생물

Indigenous Species

지리적으로 한정된 지역에만 분포하여 서식하는 생물 분류군을 통칭한다. 한국의 자생생물종은 한국의 주권이 미치는 영토 내에서 자연적으로 서식하는 모든 생물 분류군으로 정의한다. 2017년 기준 우리나라의 자생생물은 총 47,003종으로 집계되어 있다.

자생식물

Indigenous Plants

자생식물이란 자연상태에서 저절로 나서 자라는 식물로서, 인간이 인위적으로 재배하거나 관리하지 않는 상태에서 자라나는 모든 식물을 통틀어 지칭한다. 한반도에는 4,000여종의 매우 다양한 자생식물이 서식하고 있다. 정부는 자생식물종자은행, 식물추출물은행, 식물유전정보처리시스템을 구축하여 우리 조상들이 남겨준 전통의학지식에 첨단 생명공학기술을 접목하여 우리만의 고유기술 및 제품개발을 이루기 위해 자생식물이용기술개발사업을 진행하고 있다.

자연경관

Natural Landscape

"자연환경적 측면에서 시각적·심미적인 가치를 가지는 지역·지형 및 이에 부속된 자연요소 또는 사물이 복합적으로 어우러진 자연의 경치"라고 법령은 정의하고 있다. 이 자연경관에 인간의 영향력이 결정적으로 작용하여 형성된 것이 문화경관이다.

자연공원
Nature Parks

자연생태계나 자연 및 문화경관을 대표할 만한 지역으로서 「자연공원법」에 의하여 지정된 국립공원, 도립공원, 군립공원 및 지질공원의 네 가지로 구분된다. 2018년 기준 우리나라의 자연공원은 총 88개소로서 국립공원 22개소, 도립공원 29개소, 군립공원 27개소, 지질공원 10개소가 지정되어 있다.

자연발생석면(NOA)
Naturally Occurring Asbestos

암석 또는 토양에서 지질작용 또는 풍화에 의해서 자연적으로 산출되어 토지 등에 붙어있는 석면이다. 광물채취, 건설공사 등으로 인해 비산되는 경우에는 인체에 노출되어 악성중피종이나 폐암 등을 유발할 수 있다. 석면관리 종합정보망을 통해 전국단위 자연발생석면 지질도를 공개하여 지역주민에 대한 예방조치 계획을 수립하고 있다.

자연보전권역
Nature Conservation Zone

수도권 내에서 한강 수계의 수질과 녹지 등 자연환경의 보전이 필요한 지역을 말한다. 과밀억제권역, 성장관리권역과 함께 수도권정비계획에 의해 구분되었다. 이천시, 남양주시, 등 5개의 시와 3개의 군이 포함돼 있으며, 대학 신설과 이전, 산업단지 또는 공장 등의 입지가 사실상 불가능하다.

자연유보지역
Nature Reserve

사람의 접근이 사실상 불가능하여 생태계의 훼손이 방지되고 있는 지역 중 군사적 목적 외의 특별한 용도로 사용되지 않는 무인도와, 관할권이 대한민국에 속하는 날부터 2년간의 비무장지대를 말한다. 환경부는 관계중앙행정기관의 장 및 관할 시·도지사와 협의하여 생태계의 보전과 자연환경의 지속가능한 이용을 위한 종합계획 또는 방침을 수립해야 하며, 필요한 경우에는 자연유보지역의 토지 등을 그 소유자와 협의하여 매수할 수 있다.

자연환경국민신탁
The National Nature Trust

국가적 이익 및 공공의 이익을 지닌 자연환경자산을 민간차원에서 취득하여 보전·관리하기 위해 설립된 특수법인이다. 2006년 제정된 「문화유산과 자연환경자산에 관한 국민신탁법」이 설립근거이며, 보존가치가 있는 문화 및 환경 자산을 국민, 기업, 단체 등으로부터 기부·증여 등의 방법을 통해 취득, 차세대에게 물려주고자 하는 내셔널트러스트운동을 조직화한 것이다.

자연환경보전지역
Nature Preserve

「국토의 계획 및 이용에 관한 법률」에 의한 4개 용도지역 중의 하나로, 자연환경·수자원·해안·생태계·상수원 및 문화재의 보전과 수산자원의 보호·육성 등을 위하여 필요한 지역을 대상으로 지정한다. 지정된 지역에서는 용적률 80% 이하, 건폐율 20% 이하, 규모 5천 제곱미터 미만 등의 개발 제한이 따른다.

자연휴식년제
Nature Rest System

자연의 생태계를 보존하기 위해 훼손 우려가 있는 지역을 지정하여 일정 기간 출입을 통제하는 제도이다. 오염이 심하거나 황폐화가 우려되는 국·공립공원 또는 등산객의 잦은 이용으로 훼손이 심한 등산로·정상부·계곡 또는 보호할 필요성이 있는 희귀 동식물 서식지에 대하여 일정 기간 출입을 통제함으로써 자연환경을 보호하고 파괴된 생태계를 복원하려는 제도이다.

자연휴식지
Nature Rest Zone

기존의 공원이나 관광단지, 자연휴양림으로 지정되지 않은 지역 중 생태적 경관가치가 높은 지역으로 시장 군수가 도지사의 승인을 거쳐 선정한다. 선정 이후 관리계획을 수립하고, 대상지역의 주요 자연자산을 선정, 고시하며, 이용료를 징수, 관리한다. 1997년 「자연환경보전법」에 의해 마련되었다.

자외선지수
Ultraviolet Index
태양 고도가 최대인 남중 시각 때 지표에 도달하는 자외선영역의 복사량을 지수식으로 환산한 것으로, 태양에 대한 과다 노출로 예상되는 위험에 대한 예보를 제공한다. 0부터 9까지 표시되며 7 이상이면 보통 피부의 사람이 30분 이상 노출될 경우 홍반 현상이 일어난다.

자원생산성
Resource Productivity
한 나라 혹은 산업에서 자원이 얼마만큼 효율적으로 이용되고 있는지를 나타내는 지표이다. 투입된 자원을 이용하여 유발된 부가가치[국가의 경우 국내총생산(GDP)]보다 적은 자원으로 보다 많은 부가가치를 창출하게 되면 자원생산성은 높아진다.

자원생산성 목표관리제
Resource Productivity Target Management System
산업활동에서의 자원사용량 및 자원의 효율적인 사용목표를 기업이 자율적으로 설정하고 달성토록 유도함으로써 기업의 자원생산성을 향상시키는 제도이다.

자원순환 사회
Resource-Circulating Society
폐기물 발생을 최대한 억제(reduce)하고, 폐기물에 대해서는 재사용(reuse) 또는 재생이용(recovery)하며, 불가피하게 남은 폐기물은 환경에 미치는 영향을 최소화하여 처리하는 등 자원의 순환과정을 친환경적으로 이용·관리하는 사회를 말한다. 기존 사회가 발생한 폐기물을 어떻게 처리하냐에 초점을 맞추었다면 자원순환사회는 폐기물의 발생 자체를 어떻게 줄이느냐에 초점을 맞추고 있다.

자원순환 시설
Resource-Circulating Facilities
생산공정에서 발생하는 폐기물의 양을 줄이거나 폐기물을 활용하여 순환자원으로 인정받을 수 있는 물질 또는 물건을 생산·가공·조립·정비하는 데에 사용되는 시설·장비·설비 등으로서 환경부령으로 정하는 것을 말한다.

자원순환기본법
Fundamental Law of Resource Circulation
2016년 5월 제정 공포되어 2018년 1월 발효되었다. 자원을 폐기해버리는 매립이나 단순 소각 대신 아이디어와 기술을 최대한 동원해 재사용과 재활용을 극대화하여 지속가능한 자원순환사회를 만드는 것을 목적으로 하고 있다. 주요 내용은 '자원순환성과관리제', '폐기물처분부담금제', '순환자원 인정제', '자원순환기반 구축' 등이다.

자원순환성 평가
Resource Circulation Assessment
「자원순환기본법」에 의거하여 제품의 자원순환성을 평가하는 것이다. 제품 등이 폐기물로 되는 경우 그 순환이용 및 적정 처분의 가능성, 제품 등이 폐기물로 되는 경우 그 중량·부피 및 재질·성분, 제품 등에 포함되어 있는 유해물질의 종류 및 양, 제품 등의 내구성 등을 평가한다.

자원순환성과관리제
Resource Recirculation Performance Management
폐기물을 다량 배출하는 사업장을 중심으로, 사업장별 자원순환 목표를 설정하여 생산단계부터 천연자원의 투입을 효율화함으로써 폐기물의 발생을 원천적으로 줄여나가는 제도로 『자원순환기본법』의 주요내용 중 하나이다. 기존의 사업장폐기물감량화제도와 대상자는 동일하나, 사업자가 자율적으로 감량목표를 설정·이행했던 것과 차이가 있다.

자원순환의 날

Resource Circulation Day

환경부와 '한국폐기물협회' 공동으로 지구환경 보호와 자원 재활용의 중요성을 알리기 위해 제정한 날로, 9월 6일이다.

자원순환정보시스템

Resource Recirculation Information System

국가 자원순환지표 산출로 정부의 자원순환 정책 수립 기초자료를 제공하고, 폐기물통계 입력 관리 시스템을 통해 체계적 폐기물통계정보 생성·제공을 목적으로 구축된 시스템이다. 주요 기능은 폐기물통계입력관리, 환경통계정보, 자원순환평가분석, 재활용 창업 및 기술지도 등이다.

자원순환종합단지(RRC)

Resource Recycling Complex

수집된 폐자원의 선별, 비축, 재활용, 에너지회수, 처분 등 관리 전 과정을 one-stop으로 처리하기 위한 관련시설과 업체를 집적해 놓은 자원순환 인프라이다. 국내에는 2012년 전주시에 건립되었고, 2016년 부산시에는 부산자원순환특화단지라는 이름으로 건립되었다.

자원순환형 폐기물 처리

Resource-Recycling Waste Treatment

쓰레기 종량제, 재활용정책, 폐자원에너지화 정책에 따라 폐기물처리구조가 단순 매립 위주에서 재활용되고, 단순 재활용되던 폐기물이 에너지화되어 자원 선순환이 이루어지는 폐기물처리를 말한다.

자원의 절약과 재활용촉진에 관한 법률

Act on the Promotion of Saving and Recycling of Resources

자원의 효율적인 이용과 폐기물의 발생억제, 자원의 절약 및 재활용 촉진을 통해 환경을 보전하고 지속적인 경제발전과 국민복지 향상에 이바지함을 목적으로 1992년 제정된 법률이다. 재활용중심의 폐기물 정책을 뒷받침하는 법률이나 폐기물정책이 자원순환을 중심으로 전환되면서 2016년 5월 제정된 『자원순환기본법』에 우월적 지위를 내어주게 되었다.

자원화시설

Resource Recovery Facilities

쓰레기를 자원으로 재생시키는 시설을 총칭한다. 톱밥발효시설, 저장액비화시설 등 축산분뇨 자원화시설, 음식물류 폐기물 자원화시설, 매립지 가스 자원화시설 등이 있다.

자원회수시설

Resource Recovery Plant

과거 소각기능만 있던 쓰레기소각장에 자원재활용의 개념을 더한 업그레이드버전이다. 자원회수시설은 단순히 쓰레기를 소각하는 것이 아니라 소각시 발생하는 폐열로 증기를 생산하여 인근지역의 냉, 난방열원으로 공급하거나 증기터빈을 가동하여 전기를 생산하여 대체에너지로 활용한다. 또한, 소각시 발생하는 잔재물을 이용하여 보도블록, 도로보조기층재 원료를 생산하여 버려지는 자원을 재활용한다.

자율환경관리제도

Voluntary Environmental Management System

기업의 자율을 기본으로 적극적인 생산공정의 개선, 제품의 유통 폐기 회수 등 환경관리 전반에 걸친 환경성 개선을 위한 환경관리수단이다. '자율환경관리협약제' 도입 등 기업과 정부 간의 협력적 파트너십을 바탕으로 기업의 자율과 창의, 다양성을 최대한 활용하여 환경관리 전반에 걸친 환경성 개선을 도모하고자 하는 제도이다. 기존의 명령통제 위주의 환경관리에 대한 반성에서 출발했다.

자정작용

Self-purification

자연계 스스로 오염물질을 정화하는 능력으로, 물리적·화학적·생물학적 작용으로 일어난다. 물리적 작용에는 희석, 확산, 침전 등이 있다. 화학적 작용에는 햇빛에 의한 오염물질 분해, 산소와의 결합에 따른 산화작용, 중화 등이 있다. 생물학적 작용은 수중 생물에 의해 오염물질이 분해되는 것으로 자연계의 자정작용 중 오염농도를 낮추는 데 가장 큰 역할을 한다.

잔류농약

Pesticide Residues

병해충방제 또는 제초를 위해 농작물, 목초, 또는 토양에 살포된 농약이 분해되지 않고, 농작물 중에 남아있는 것을 말한다. 농약은 분해되지 않은 채 생물의 체내에 축적되어 장기간에 걸쳐 피해를 주는 특성이 있다. DDT, BHC 등의 유기염소계 농약은 생산이 중지된 후 20여년이 지났음에도 불구하고 분해되지 않고 체내에 축적되어 모유에서도 기준치를 넘는 수치로 검출되기도 한다. 최근 분해성 높은 농약도 생산되고 있으나 수확 바로 전날까지 사용하는 농약이 많아 잔류성에 많은 문제점이 있다.

잔류성유기오염물질(POPs)

Persistent Organic Pollutants

다이옥신, PCB(폴리염화비페닐), DDT 등과 같이 환경 내 잔류성, 장거리 이동성, 생물 축적성이 큰 물질을 통틀어 말한다. 환경에 배출되면 거의 분해가 되지 않는 물질로 생물에 농축되고 먹이사슬을 통해 동식물 체내에 축적되어 면역체계 교란, 중추신경계 손상 등을 초래한다. 12가지 잔류성 유기오염물질의 생산과 사용을 막기 위한 국제협약으로 2004년 '스톡홀름 협약'이 발효되었다.

잠재 증발산량

Potential Evapotranspiration

지면에서 대기로 증발되는 수증기량과 식물의 잎에서 대기로 증산되는 수증기량을 합친 것을 말하며 기온에 따라 크게 좌우된다. 땅 속이 물로 포화상태에 이를 때 최대가 된다. 계산에 의해 산출한 증발산량과 강수량과의 차가 그 토지의 물 부족량 내지는 잉여량이 된다.

장거리이동 대기오염

Long-range Transboundary Air Pollution

다른 국가에서 유입되는 장거리이동 대기오염물질이 원인이 되는 대기오염으로서 월경성 대기오염이라고도 부른다. 우리나라에서는 전용항공기를 통하여 서해안 일원에서 중국발 오염물질(SO_2, NO_x, O_3 등)을 측정하고 있는데, 이는 한·중·일 3국의 공동협력 사업인 '장거리이동 대기오염물질 연구 사업(LTP)'의 일환으로 실시하며, 국제협약 시 근거자료로 활용한다.

장외영향평가제도

The Offsite Consequence Analysis System

화학물질을 취급하는 사업장에서 사업장 밖의 제3자에게 피해를 야기하지 않도록 안전 개념에 따라 시설을 설계·설치하였는지 확인하는 제도이다. 2015년부터 『화학물질관리법』 시행으로 도입되었으며 3중 안전개념을 통해 위험도를 평가하고 장외영향평가서를 제출하여 정기적으로 관리하고 있다.

재사용

Reuse

사용 후 제품이나 부품을 특별한 생산공정 없이 단순한 세척이나 수리를 통해 다시 사용하는 것을 말한다. 특별한 공정을 거치지 않고 그대로 다시 사용한다는 점에서 재활용과 구분된다. 재활용(Recycling), 감량화(Reduction)와 함께 3R로 통한다.

재활용

Recycling

한 번 사용한 제품을 다시 자원으로 만들어, 새로운 제품의 원료로 이용하는 일이다. 폐기물을 일정한 공정을 거친 후 다시 원료로 사용하는 재생(Recovery)과정과 재사용(Reuse)을 포괄하는 개념이다. 우리나라에서는 재활용을 의무화시켜 분리수거를 권장하고 있다. 재활용은 쓰레기 처리량의 감소, 자원절약, 에너지 절약 및 생활환경의 오염방지에도 큰 역할을 한다. 우리나라의 쓰레기 재활용률은 2016년 기준 세계 2위다.

재활용 공제조합

Producer's Cooperatives in EPR System

재활용 의무생산자들이 재활용의무를 이행하기 위해 품목별로 설립한 조직이다. 재활용의무생산자들은 공제조합에 분담금을 납부하는 방법으로 재활용의무를 이행한다. 2016년 기준 (사)한국포장재재활용사업공제조합, (사)한국전자제품자원순환공제조합 든 대상품목 별 7개 조합이 결성되어 환경부로부터 인가를 받은 상태이다.

재활용 목표관리제

Recycling Target Management System

재활용의무생산자가 연도별재활용목표량에 따른 재활용의무량을 달성하지 못했을 때 부과금이 부과되는 반면, 목표량 이상 초과 달성한 경우 초과실적량을 2년간 의무이행실적으로 사용(Banking)할 수 있도록 한제도이다. 경제여건 변동에 따른 생산자의 리스크를 완화할 수 있도록 고려한 제도이며 2014년에 도입되었다.

재활용 의무 생산자

Producers with Extended Recycling Responsibility

'생산자책임재활용제도(EPR)'에 따른 재활용 의무의 주체이다. 재활용의무대상이 되는 제품을 제조하거나 수입하는 모든 제조업자와 수입업자, 대상포장재를 제품 포장에 사용한 제품을 제조·수입한 자 등이 해당된다.

재활용 환경성 평가제도

재활용 이전 단계에서 해당 재활용 방법의 환경과 건강에 미치는 영향, 기술의 적합성 등을 예측·평가한 후 안전한 경우 이를 승인하는 제도이다. 재활용 기술 및 방법의 환경영향을 사전에 예측·평가하여 안전한 폐기물 재활용을 도모하고, 재활용 신기술의 시장진입을 쉽게 유도하기 위한 제도이다.

재활용부과금

Recycling Charge

재활용의무생산자가 재활용의무량을 달성하지 못했을 경우 부과되는 부과금으로, 재활용의무가 있는 생산자에게 재활용되지 않은 폐기물의 재활용에 드는 일정 비용을 부과시키는 제도이다. 종래 '폐기물 예치금제도'로 운영되었으나 2003년 이후부터 '생산자 책임 재활용부과금제도'로 변경되었다.

재활용의무율

Recycling Responsibility Rate

EPR 대상품목별로 생산자에게 부과되는 것으로 매년 산정·고시된다. 의무생산자의 출고량, 분리수거량, 재활용실적 등 재활용 여건을 종합적으로 고려하여 재활용의무율이 산정되면 개별생산자의 재활용의무량은 재활용의무율에 생산자별 출고량을 곱하여 결정된다.

재활용의무이행 인증제도

생산자가 제조·수입하거나 판매한 제품 포장재의 폐기물 전부를 회수하여 재활용하거나 이에 대한 분담금을 내는 경우 재활용 의무를 충실히 이행했다고 인정해주는 제도이다. 대상은 종이팩, 금속캔, 유리병, 페트병, 플라스틱, 발포합성수지 등 재활용 의무대상(EPR) 포장재이다.

저공해자동차

Low-emission Vehicles

전기자동차, 메탄올 차, 에탄올 차, 태양열자동차 등 대기오염물질 배출이 없거나 일반 자동차보다 적게 배출하는 자동차를 말한다. 저공해 자동차는 오염물질 배출 정도에 따라 1종, 2종, 3종으로 구분된다. 정부는 환경을 위하여 국가, 지방자치단체, 공공기관은 저공해자동차를 우선 구매하도록 하고 있으며, 구매 시 세금감면과 일부 지역 혼잡통행료 및 공영주차장 주차요금 감면 등 다양한 혜택을 제공하고 있다. 또한 저공해자동차는 연료비가 적게 드는 장점도 가지고 있다.

저공해자동차 구매(보급)의무제도

저공해자동차 구매의무제도란 수도권 대기관리권역에 자동차를 10대 이상 보유하고 있는 행정·공공기관은 의무적으로 매년 새로 구입하는 자동차 중 50% 이상을 저공해자동차로 구매해야 하는 제도이다. 저공해자동차 보급의무제도란 자동차를 제작(수입 포함)하여 일정한 수량 이상을 대기관리권역에서 판매하는 자는 저공해차 연간 보급기준을 준수해 일정비율 저공해차를 판매해야 하는 제도이다.

저공해조치명령

지자체에서 2005년 이전 제작 노후경유차를 대상으로 배출가스저감장치(DPF) 부착, 엔진개조, 조기폐차 등 저공해조치를 하도록 하는 명령(6개월간 이행기간 부여)이다.

저녹스버너

Low-Nox Burner

연료 및 공기 혼합특성을 조절하여 연소강도를 낮추고 연소초기 영역의 산소농도와 화염온도를 낮추어, 열에 의한 NO_x(Thermal NO_x) 및 연료의 질소 성분에 의한 NO_x(Fuel NO_x)의 생성을 억제 시키는 기능을 갖춘 버너를 말한다. 중소사업장의 경우 환경부로부터 저녹스 버너로 인정받은 제품을 설치 시 설치비의 지원을 받을 수 있다.

저서생물

Benthos

하천이나 호소의 바닥부분에 사는 생물로, 물속을 떠다니는 플랑크톤(부유생물), 물속을 헤엄치는 넥톤(유영동물)에 대응되는 말이다. 담수와 바다에도 있고 동식물도 포함된다. 담수에서는 조개류·파충류 외에 곤충의 유충이 많이 출현하지만, 강과와 호소에서는 서식하는 종류가 다르다.

저서성 대형무척추동물

Benthic Macroinvertebrates

하천이나 호소 등 담수에 서식하는 생물 중에서 바닥을 생활터전으로 삼으며 육안으로 식별 가능한 무척추 동물을 말한다. 편형동물문, 유선형동물문, 연체동물문, 환형동물문, 절지동물문 등이 있다. DO(산소요구량), pH(수소이온농도), BOD(생화학적 산소요구량) 등의 화학적 요인과 생물적 요인 등 여러 요인에 의해 서식처가 달라진다. 다양한 서식처에 대한 적응성, 오염에 대한 넓은 내성범위, 정주성 등 특징을 가지고 있어 수생태계의 생태학적 온전성을 평가하는 데 있어 아주 유용한 분류군으로 여겨진다.

저수조

Water Storage Tank

물을 다량으로 비축해 두는 시설을 말한다. 수도용수 외에 공업용수, 방화용수 등의 용도가 있다. 저수조는 설치 위치에 따라 지하저수조, 지상저수조, 고가저수조로 나누어지며 고층 건물에서는 중간 수조를 설치하기도 한다. 연면적 5천 제곱미터 이상의 대형건축물의 경우 법적으로 저수조청소의 의무가 있다. 최근 수조안의 오염이 심각한 문제가 되고 있다.

저영향개발(LID)

Low Impact Development

도시의 수생태계를 개발 이전의 상태에 최대한 가깝게 만들기 위한 토지이용 계획 및 도시 개발 기법이다. 친환경 분산식 빗물관리 방안으로, 투수면적을 늘려 강우유출수의 침투를 보다 많게 하여 홍수 및 정화기능을 강화하고, 친환경적인 배수환경을 조성하여 건강한 물순환체계를 구축하는 것을 목표로 한다. 이는 도시화에 따른 불투수면 증가로 하천으로 직접 유입되는 강우유출량 증가, 토양침투량 감소, 침수 발생 증가, 갈수기 하천 건천화 등 비점오염원 문제에 대해 발생 후 처리에서 발생원 관리로의 전환을 의미한다.

저유황유

Low-Sulfur Oil

유황성분이 1% 이하인 원유를 말한다. 유황 함유

량이 많은 기름이 연소되면 아황산가스 등이 많이 배출되어 대기오염의 원인이 된다. 우리나라 대도시와 공업단지에서는 저유황유를 사용하도록 의무화하고 있다.

저주파음 공해

Low-Frequency Noise Pollution

저주파 공기진동이 일으키는 소음공해를 말한다. 증상으로는 두통, 구토, 압박감 등 인체에 육체적, 심리적 영향을 미치는데, 개인에 따라 느낌이 달라 피해 실체를 정확히 파악하기는 어렵다.

저준위방사성폐기물

Low Level Radioactive Waste

방사능 세기가 낮은 방사성 폐기물을 말한다. 원자력발전소의 폐필터, 이온교환수지, 작업자들이 사용한 작업복이나 공구 같은 것, 또한 방사성 동위원소를 이용하는 산업체, 병원, 연구기관에서 나오는 방사성 폐기물들이 이에 해당되며 대개는 별도의 보호장비 없이 다룰 수 있다. 그러나 몇몇 방사성이 강한 저준위 폐기물의 경우에는 보호장비가 필요하며, 대부분의 경우 얕은 땅에 묻는다. 보통 저준위 폐기물을 곧바로 매장하지 않고 압축이나 소각 등의 과정을 거친 후 매립한다.

저탄소 녹색성장

Low Carbon Green Growth

청정에너지와 녹색기술을 통하여 온실가스와 환경오염을 줄이고 에너지 자립을 이루고, 신성장 동력과 일자리를 창출한다는 개념으로 2008년 이명박정부의 국가발전전략으로 제시되었다.

저탄소차 협력금 제도(Bonus-Malus제도)

이산화탄소 저배출 자동차 구매 시 보조금을 지급하고, 고배출 차는 부담금을 부과하여 수요이전을 통해 이산화탄소를 저감하는 제도이다. 성공사례로 꼽히는 프랑스의 보너스-맬러스 제도를 벤치마킹해 2009년 추진되기 시작하여 2015년 1월 시행되었다. 2020년 BAU 대비 34.3%인 34.2백만 톤 CO_2 감축이라는 수송부분 감축목표(자동차 부문 17.8만 톤 감축) 달성을 위해 추진되고 있다.

적외선분광법

Infrared Spectroscopy

적외선 영역을 다루는 분광법으로 다양한 화학물질을 분석하는데 쓰인다. 고체, 액체, 기체 등 시료에 적외선을 쬐어 물질이 흡수하는 적외선 영역의 전자기파 스펙트럼을 통해 분자의 움직임과 양을 측정한다.

적정기술

Appropriate Technology

주로 개발도상국 지역의 문화적·정치적·환경적 면들을 고려하여, 삶의 질 향상과 빈곤 퇴치 등을 위해 적용되는 기술로, 첨단기술과 하위기술의 중간 정도 기술이라 해서 중간기술이나, 대안기술 등으로도 불린다. 영국의 경제학자 슈마허는 저서 『작은 것이 아름답다』에서 중간기술을 "사람들이 살고 있는 현지에 존재하며, 일반적인 사용이 가능할 만큼 충분히 싸고, 상대적으로 간단한 기술과 현지 재료를 사용하여 만들고 활용할 수 있으며, 일자리를 창출할 수 있는 기술"로 정의하였다.

적조현상

Red Tide

특정한 조류의 폭발적인 증식으로 인해 해수가 붉은 빛을 띠는 현상이다. 수온 상승이나 대량의 담수 유입으로 인한 영양염류의 급증, 해수의 혼합이 잘 일어나지 않는 경우 등에 발생한다. 적조가 발생하면 해수의 용존산소량이 부족해져 어패류가 폐사한다.

전국자연환경조사

National Natural Environment Survey

「자연환경보전법」 제30조제1항의 규정에 의해 1986년부터 실시하고 있는 전국단위의 자연환경분야 종합조사이다. 지형, 식생, 식물상, 저서성대형무척추동물, 육상곤충, 담수어류, 양서·파충류, 조류, 포유류 등 총 9개 분야에 대해 매년 전국의 일정 지역을 구분·선정하여 조사를 수행하고 있다.

전기·전자제품 재활용목표 관리제

Recycling Target Management for Electrical and Electronic Goods

한정된 품목(종전 10개)에만 개별적으로 재활용의무율을 부과하던 종전의 방식을 바꾸어 전기·전자 제품군 별로 인구 1인당 재활용 목표를 부여하는 방식으로 2014년 도입된 제도이다. 전기·전자제품의 인구 1인당 연도별 재활용목표량은 2016년 4.8 kg/인, 2018년 6.0 kg/인으로 설정·고시되었다. 목표관리제는 재활용 대상품목을 재활용방법 등이 유사한 제품군으로 분류하여 재활용 방법 및 기준을 설정함으로써, 제품군 내 제품간 재활용 실적을 상호 인정하는 등 의무생산자의 효율적 의무이행을 도모하여 재활용률을 획기적으로 제고하고자 입법되었다.

전기·전자제품 및 자동차의 자원순환에 관한 법률

Act on the Reource Circulation of Electrical and Electronic Equipment and Vehicles

전기·전자제품 및 자동차의 유해물질 사용을 억제하고 그 폐기물을 적정 수준으로 재활용하기 위해 실시되는 법률이다. 재활용 가능 폐기물의 일정량 이상을 재활용하도록 생산자에게 의무를 부여하는 제도인 '생산자책임재활용제'의 확장판이다. 이 법은 전기·전자제품(개별 기준) 연간 2만개 또는 자동차 1만대 이상 제조·수입하는 업체에 대해 납·수은·카드뮴 등 6대 유해물질 사용을 엄격히 제한하고 있다.

전기자동차 충전 인프라

Electric Vehicle Charging Infrastructure

전기자동차의 사용을 위해 필요한 충전소와 충전기 등 인프라를 말한다. 전기차에 DC전력을 제공하는 급속충전기와 AC전력을 제공하는 완속충전기, 그리고 이동형 충전기 등이 있다. 정부는 충전인프라의 확대를 위해 전기차 공공급속충전기를 보급하고 공공부문 충전 인프라를 확대 설치하며, 대형마트, 백화점, 주유소, 주차장 등으로 확대를 지원하여 민간부문의 충전 인프라 참여를 유도하고 있다. 또한 신규 건설되는 공동건물에 충전기 설치를 의무화하고, 이동형 충전기 보급도 함께 추진 중이다. 운전자에게 충전소 정보를 실시간으로 제공하는 전기자동차 충전 인프라 정보시스템도 구축하였다. 하지만 전기자동차로 전기사용량이 크게 늘어나는 문제는 해결해야 할 숙제이다.

전기자동차(EV)

Electric Vehicles

석유 연료와 엔진 대신 전기 배터리와 모터로 구동되는 자동차이다. 전기자동차는 크게 배터리로만 가는 순수 전기자동차(EV), 전기모터와 내연기관을 동시에 사용하는 하이브리드카(HEV), 전기차와 하이브리드차의 장점을 살린 플러그인 하이브리드카(PHEV)의 3가지가 있다. 배기가스가 전혀 없으며, 소음이 아주 작은 장점이 있다. 전기자동차는 1873년 가솔린 자동차보다 먼저 제작되었으나, 배터리의 무거운 중량, 충전에 걸리는 시간 등의 문제 때문에 실용화되지 못하다가 공해문제가 최근 심각해지면서 다시 개발이 되고 있다. 기술개발로 내연자동차의 성능에 거의 근접해 있으며 미세먼지 대책으로 정부에서는 구입 시 보조금을 지급하는 등 보급 확대정책을 펴고 있다.

전기차 상용화 종합대책

Comprehensive Plan to Promote Electric Vehicles

2015년 전기차 상용화 시대 기반 조성을 목표로 한 종합대책으로, 국고보조금 지원물량 확대, 세제 경감 연장, 전기차 구매 부담완화, 공공기관의 전기차 구매 의무화 시행 등을 주요 내용으로 한다. 구체적으로 배터리 임대사업과 민간충전사업을 추진하여 충전망을 대폭 확충하여 충전 불편함 해소하고 2020년까지 전기차 20만대, 공공급속충전시설 1,400기, 1회 충전 주행거리 300 km로 확대한다는 목표이다.

전략환경영향평가

Strategic Environmental Impact Assessment

환경에 영향을 미치는 상위계획을 수립할 때 환경보전계획과의 부합 여부 확인 및 대안의 설정·분석 등을 통하여 환경적 측면에서 해당 계획의 적정성 및 입지의 타당성 등을 검토하는 제도이다. 기존의 사전환경성검토가 개편된 것으로, 정책계획 및 개발기본계획을 대상으로 한다.

전력수요반응제도

Smart Grid

전력 공급 시스템의 신뢰성과 최적화를 위하여 부하를 전체적인 수요 변동에 따라 제어하는 기술로, 부하가 집중되는 피크 시간대의 요금을 높게 책정하여 에너지 사용을 줄이는 방향으로 조정하는 등의 방식으로 활용된다.

전력피크(전력 최대치)제도

Peak Power Management System

2011년 '정전 대란' 이후 순간 전력 사용량을 줄이기 위해 도입된 제도이다. 한전과 일정 전력 사용량을 미리 계약한 기업·기관·학교 등 에너지다소비자의 순간 전력 사용량을 15분마다 점검해 월 계약량 초과 시 요금을 2.5배 더 물리고, 의무 절전량을 지정해 전력 피크(전력사용치가 한계점에 도달하는 때)가 잦은 오전 10~11시, 오후 2~5시 사이에 전력 사용량을 3~15%씩 줄이게 했다. 절전 목표치를 채우지 못하면 하루에 50만 원씩 과태료를 물게 된다.

전생애평가/전과정평가(LCA)

Life Cycle Assessment

제품의 생산에서 폐기까지 전생애에 걸쳐 발생가능한 환경영향을 정의하고 평가하는 분석기법이다. 전생애는 사전단계(Upstream: 원료 및 제품 생산의 초기단계)와 사후단계(Downstream: 소비 후 폐기물로 버려지는 단계)까지를 모두 포함한다.

전알파

우라늄, 라듐, 라돈, 플루토늄 등 모든 방사성핵종에서 방출되는 α방사선을 말한다. 전알파는 방사성 물질이 얼마나 있는가에 대한 지표로서 그 자체가 인체에 해로운 것은 아니며, 미국에서는 전알파가 15 pCi/L 이상인 경우 위해성 판단을 위하여 라듐을 측정하도록 하고 있다.

전염소처리

Pre-chlorination Treatment

정수처리 시 침전, 여과에 앞서 소독의 목적 이외에 철, 망간 등 불순물을 제거하기 위해 염소를 주입하는 공정을 말한다. 살균을 목적으로 하는 후염소처리보다 전에 주입되기 때문에 전염소처리라고 불린다. 특히 원수에 유기물이 존재하면 유리잔류염소와 반응하여 트리할로메탄이 생성되므로 전염소 처리를 통해 이를 제거하는 것이다.

전용상수도

Private Waterworks

급수인구 100인 이상 5000인 이내에게 원수 또는 정수를 공급하는 수도를 말한다.

전자파

Electromagnetic Wave

전기장과 자기장이 시간에 따라 변할 때 발생하는 파동이다. 매질이 없어도 공간을 통하여 한 영역에서 다른 영역으로 전파된다. 빛, X선, 적외선, 자외선, 라디오파, 마이크로파 등이 있다. 국제암연구기구(IARC)는 전자파를 '발암가능성이 있는 물질'로 규정하였다. 송배전 선로나 가전제품 등에서의 '극저주파'와 이동통신 시설에 의한 무선 주파수에서의 '고주파'가 문제가 되고 있다.

전자폐기물

Electronic Waste(e-waste)

휴대전화, 컴퓨터, TV, 냉장고 등 전기 전자제품 쓰레기를 말한다. 전자폐기물은 서구 선진국들이 주로 배출하며 처리비용을 절감하기 위해 상당수가 아프리카를 중심으로 한 저개발국에 수출되고 있다. 매년 세계적으로 5000만 톤의 전자폐기물이 쏟아져 나오고 있고, 미국에서만 3000만 개의 컴퓨터와 1억 개의 핸드폰이 버려지고 있다. 그러나 전자폐기물의 재활용률은 10~20%로 상당히 낮다. 휴대폰 등 전자폐기물 속 희소금속을 재활용하는 도시광산산업이 주목받고 있다.

전처리

Pretreatment

하수, 폐기물, 퇴비 등의 처리에 앞서 처리기능이 충분히 발휘되도록 미리 행하는 처리를 말한다. 하수 처리에서는 스크리닝에 의한 대형 고형물의 제거, 수세에 의한 미립자의 제거, 응집제의 첨가 등을 포함한다. 폐기물 처리에서는 선별, 증발, 탈수, 여과, 흡수, 흡착, 분쇄, 압축, 소각 등의 조작을, 퇴비화 처리에서는 유리, 고무, 플라스틱 등의 비퇴비 물질의 제거, 퇴비화 물질의 파쇄 등의 조작을 말한다.

전통지식

Traditional Knowledge

전통적으로 계승되어 온 모든 지식을 총망라하는 개념으로 전통의약, 식품, 농업 및 환경 등에 관한 지식과 전통 미술·음악 등 전통예술에 관한 지식 및 민간 전승물을 포함하는 개념이다. 『생물다양성협약』 부속 '나고야의정서'에서는 생물다양성 보전과 그 구성요소의 지속가능한 이용과 공동체의 생활유지를 위한 전통지식의 중요성에 주목하여, 유전자원 관련 전통지식에 접근하려는 자는 국내법에 따라 관할 당국 및 해당 토착 및 지역공동체에 사전통보해 동의 또는 승인을 받도록 하고 그 이용에 따른 이익을 공정하고 공평하게 공유하도록 규정하였다. 이러한 국제적 흐름에 따라 우리나라도 전통지식의 경제적 활용가치를 재조명하고 DB의 표준화 등 노력을 기울이고 있다.

점오염원

Point Pollution Sources

생활하수·산업폐수·축산폐수처럼 오염물질이 특정 지점에서 발생하는 것으로 특정오염원, 고정오염원, 고정발생원이라고도 한다. 일정한 배출경로를 가지며 도로, 야적장 등 불특정 배출경로를 갖는 비점오염원과 대비된다.

점증 기후 반응

Progressive Climate Response

이산화탄소가 2배가 되는 시간을 중심으로 하여, 전 지구적으로 매 20년 주기로 평균한 지상기온의 증가를 말한다.

정도관리

Quality Management

조사계획, 시료채취, 분석 및 자료처리 등 자료 생산의 모든 과정과 그에 관계된 인력, 장비 및 실험실 환경 등의 체계적인 관리를 통하여 신뢰성 있는 자료를 만드는 모든 노력을 총칭한다. 실험결과의 신뢰성을 확보하기 위하여 수행하는 제반 수단 및 체계이다. 검정, 교정, 교육, 감사, 검증, 유지·보수, 문서, 관리 등을 포함한다. 환경시험 및 검사의 가장 근본이 되는 규정으로 분석결과의 산출과 시험성적서 발급 등 모든 분석업무를 정도관리에 따라 수행하면 신뢰도를 확보할 수 있다.

정수

Treated Water

정수장에서 만들어진 수돗물을 가리키는 말이다. 정수장에 유도된 물을 염소처리하여 철, 망간, 암모니아, 병원균 등을 제거하고 응집 침전시킨 뒤 모래여과 후 염소처리로 염소의 농도를 조정하여 정수로 급수하게 된다.

정지궤도 복합위성

Geostationary Operational Complex Satellite

'한국 항공우주연구원'에서 개발 중인 정지궤도 인공위성으로 기상관측위성인 정지궤도 복합위성 2A와 해양·환경관측위성인 정지궤도복합위성 2B로 구분된다. 한반도가 있는 동경 128.2도, 적도

상공 3만6000 km으로 쏘아 올려져 지구 자전 방향을 따라 같은 속도로 돌기 때문에 한 자리에 멈춘 것처럼 보인다.

정크아트
Junk Art

폐품·쓰레기·잡동사니(junk)를 활용한 미술작품을 가리킨다. 파괴되고 버려진 폐품을 작품에 차용함으로써 현대도시문명을 비판하고, 한편으로는 자원 보존을 강조하는 '녹색' 환경의 의미를 강조한다.

정화조
Septic Tank

분뇨를 정화처리하기 위한 탱크다. 종말처리장을 가진 하수가 있는 구역 외에서는 오수를 정화조로 정화처리한 후 하수도에 방류할 수 있다. 정화조는 건물마다 설치하거나 몇 개의 건물이 공동으로 설치한다. 구조는 부패조·산화조·소독조로 이루어져 있다.

제네바 기후협약
Geneva Convention on Climate Change

1990년 제네바에서 열린 제2차 세계기후회의에서 채택된 협약으로 1992년 6월 리우 유엔 환경개발회의에서 정식 채택된 '유엔기후변화협약(UNFCCC)'의 기본골격을 담고 있다.

제로미터지대
Zero Meter Region

지면이 해면보다 낮은 해발 제로미터 지대로 지반침하에 의해 생성된다. 무리한 지하수 개발이 증가하면서 이에 따른 지반침하가 격심해져 전혀 다른 지역에 제로미터 지대를 형성하는 결과를 낳는다. 제로미터 지대는 호우 때마다 침수 피해가 일어난다.

제로에너지 빌딩
Zero Energy Building

단열성능을 극대화하여 건축물 에너지 부하를 최소화하고(패시브), 태양광 등 신재생 에너지를 활용(액티브)하여 건물 기능을 위한 총 에너지 소요량을 제로에 가깝게 만드는 건축물을 말한다.

제로에너지타운
Zero Energy Town

지역 특성에 적합한 환경친화적인 신재생에너지를 활용하여 특정 지역에서 소비되는 에너지를 공급함과 동시에 기존의 에너지 공급체계와 지역간 네트워크를 구축하여 에너지 자급률 100%가 가능한 블록단위의 에너지자급 타운을 가리킨다.

제올라이트
Zeolite

알루미늄, 나트륨 등의 규산암으로 이루어진 다공성 결정이다. 비석, 불석이라고도 한다. 양이온을 함유하고 다른 양이온과 쉽게 교환되기 때문에 이온교환제로서 이용된다. 다공성의 흡착력이 강해 담배필터, 세제, 탈취제 등 흡착제로서도 이용된다. 천연품으로서 green sand, 인공적으로는 합성 제올라이트가 있다.

제트기류
Jet Stream

북위 30~40°의 대류권계면 부근에서 거의 수평축을 따라 불고 있는 강한 바람대를 말한다. 평균 풍속은 겨울철에는 시속 130 km, 여름철에는 시속 65 km이며 공기밀도의 차이가 가장 큰 겨울철에 풍속도 가장 강하다. 바람의 방향은 서쪽에서 동쪽으로 불어가며, 경로는 대체로 구불구불하다.

제품 물질정보 통합관리시스템(MADAMS)
Material Data Management System

제품 유해물질 대응을 위해 기업간 공급망 물질정보를 효율적 지속적으로 관리하고 기업의 사전예방과 사후대비적 대응체계 구축을 지원하기 위해 개발된 웹기반 시스템이다. 국내기업이 화학물질 관리제도에 적기 대응할 수 있도록 공급망 단위의 체계적인 유해물질 관리, 제품·부품·소재별 화학물질 인벤토리 구축 및 규제/안전관리 등의 기능을 수행한다.

제품부담금

Product Charges

소비과정에서 오염을 유발하는 제품이나 생산과정에 투입되어 오염물질을 배출하는 생산요소에 부과하는 부담금이다. 제품부담금은 세금차별화 효과를 통한 오염저감 유인효과와 재정수입 증대효과를 얻을 수 있어 환경정책에 일반적으로 이용되고 있다.

제한물질

Restricted Chemicals

특정 용도로 사용되는 경우 위해성이 크다고 인정되는 화학물질로서 그 용도로의 제조, 수입, 판매, 보관·저장, 운반 또는 사용을 금지한 물질이다. 화학물질관리 강화를 위해 제정된 『화평법(화학물질의 등록 및 평가 등에 관한 법률)』과 『화관법(화학물질관리법)』에서 크롬(6+) 화합물, 폼알데하이드, 카드뮴, 백석면, 트리클로로에틸렌, 테트라클로로에틸렌 등 12종이 지정·관리되고 있다. 국내외에서 가장 많은 규제를 받는 물질은 폼알데하이드이다.

조간대

Intertidal Zone

만조 때의 해안선과 간조 때의 해안선 사이의 부분을 말한다. 육지와 바다에 있어서 인간의 피부에 해당하는 민감한 곳이라 할 수 있기 때문에 인위적인 간척이나 파괴를 한다면 생태계에 심각한 영향을 미칠 수 있다. 해조류, 패류, 갑각류, 고둥류, 연체류, 식물, 조류 등 여러 생물이 서식한다.

조력발전

Tidal Power Generation

조수 간만의 수위차를 이용하여 위치에너지를 전기에너지로 전환하는 발전방식이다. 조석발전이라고도 한다. 조석간만의 차가 큰 하구나 만을 방조제로 막아 해수를 가두고 수차발전기를 설치하여 썰물 때에 저수지와 해수면의 수위차를 이용하여 발전하여 전기를 생산한다.

조류

Algae

수중에서 서식하며 광합성으로 독립적인 영양생활을 하는 하등 식물을 총칭한다. 남조류, 규조류처럼 식물 플랑크톤이라 불리우는 미소한 단세포성의 것에서 다시마, 미역 같은 다세포성의 대형 조류까지 모두 포함된다. 사는 곳에 따라 해조류와 담수조류로, 서식방법에 따라 부착조류와 부유조류로 분류된다. 담수조류는 규조류(갈색), 녹조류(옅은 녹색), 남조류(남색)로 구분된다.

조류경보제

Algae Alarm System

남조류 상시모니터링을 통해 사전에 조류발생 현황을 파악하고 관계기관에 통보함으로써 조류발생에 따른 피해를 최소화하고, 조류경보제 운영을 위한 관계기관별 추진체계를 구축하여 상수원의 안정성을 확보하고자 시행되고 있는 제도이다. 1998년 주요 상수원 4개 호소에서 시작해, 2018년 현재 전국 28개 하천·호소를 대상으로 연중 주 1회 이상 유해남조류의 세포수를 측정해 유해남조류 세포수가 2회 연속 발령기준 초과 시 관리기관이 발령한다. 발생정도에 따라 관심 - 경계 - 조류대발생의 3단계로 구분된다.

조류연구센터

Bird Research Center

국립공원관리공단 내 우리나라 최초로 설립된 조류전문 연구기관으로, 동북아시아에 걸쳐 활동하는 철새 연구를 시작으로 하여 전남 흑산도, 충남 태안 및 경남 거제도 일대에서 조류 전반에 걸친 체계적인 조사와 연구를 수행하고 있다. 주요업무로 조류모니터링과 가락지부착조사 등이 있다. 2005년 철새연구센터로 출범해 2018년 1월 조류

연구센터로 개편되었다.

조류인플루엔자(AI)

Avian Influenza

닭, 칠면조, 오리 등 가금류와 철새 등 야생조류에 감염되는 바이러스성 감염병이다. 폐사율 등 바이러스의 병원성 정도에 따라 고병원성과 저병원성으로 구분된다. 이중 고병원성 AI는 가금류에서 전염성과 폐사율이 높아 「가축전염병 예방법」에서 제1종 가축전염병으로 분류하고 있다.

종민감도분포(SSD)

Species Sensitivity Distributions

특정 화학물질에 대한 독성반응 및 스트레스에 대한 생물종 간 민감도, 다양성을 나타내는 누적분포를 말한다.

종복원기술원

Species Restoration Technology Institute

사라져가는 야생동물을 보호하고 복원하는 국립공원관리공단 산하의 전문기관이다. 우리나라에서 처음으로 중대형 포유류인 반달가슴곰과 산양 복원 등을 진행하고 있다.

종자은행

Seed Bank

한 마디로 종자를 보관하는 곳으로, 종자를 장기저장, 보존해 종자의 멸종 위기를 막고 각 품종이 가지는 유용한 유전자를 보존하는 일을 한다. 종자은행에서는 멸종위기에 처한 식물의 종자를 우선적으로 수집해 저온저장고에 보관했다가 필요할 때 발아시켜 식물의 멸종을 막을 수 있도록 한다. 또한 새로운 품종 개발과 신약 개발 등 생명 공학의 소재에 이용할 수 있도록 종자를 분양한다.

종풍부도

Species Richness

단위 지역에 존재하는 종의 수를 뜻한다. 종풍부도 지수는 총 개체수와 총 종수만을 가지고 군집의 상태를 표현하는 지수로서 지수값이 높을수록 종의 구성이 풍부하게 되므로 환경의 정도가 양호하다는 것을 의미한다.

주석(Sn)

Tin

은백색의 탄소족 금속원소이다. 전성, 연성, 내식성이 크고 쉽게 녹아 주조하기 유리하여 철, 강철, 구리 표면 도금에 많이 사용된다. 유기화합물 독성이 강한 것이 많다. 최근엔 배 밑바닥 등에 쓰이는 도료 가운데 트리브틸 주석이 문제 되고 있다.

준설

Dredging

하천이나 해안 바닥에 쌓인 흙, 암석을 파헤쳐 바닥을 깊게 하는 일로 수로, 하천, 항만공사에서 수심의 증가 및 수심을 유지하기 위하여 실시한다.

중금속

Heavy Metal

주기율표 상의 아래쪽에 주로 위치하고 있는 비중 4 이상의 무거운 금속원소를 말한다. 아연, 망간, 코발트 같은 중금속은 주로 인간의 생체 내 대사에 관련되는 효소의 성분인 경우가 많다. 비소, 수은, 납, 크롬 등에 노출되면 인체에 유해하며 중독현상이 나타난다.

중금속중독증

Heavy Metal Poisoning

중금속의 독성이 체내에서 배설되지 않고 쌓여 나타나는 증상이다. 중금속은 금 등을 제외하고는 치명적인 독소를 가지고 있다. 중금속을 함유한 도료, 농약, 살충제 등이 환경에 배출되어 먹이연쇄에 따라 사람에게까지 이르게 되어 질병을 나타낸다. 대표적인 질환으로 카드뮴 농축에 의한 이타이이타이병과 수은 농축에 의한 미나마타병 등이 있다.

중수도

Wastewater Reuse System

빌딩, 주택단지 등에서 하수를 처리하여 음료수 이외의 생활용수 등으로 재이용하는 것으로 상수도와 하수도의 중간에 위치한다는 의미로 쓰인다. 중수도는 상수도의 공급력이 한계에 이르렀거나 하수도의 용량이 부족할 때 상수의 소비와 하수의 배출을 억제하는 역할을 한다. 수자원 고갈에 대한 대안으로 중수도 활용이 주목받고 있다.

중앙 환경분쟁 조정위원회

National Environmental Dispute Resolution Commission

환경분쟁의 알선·조정 및 재정을 통해 환경분쟁을 신속·공정하고 효율적으로 해결함을 목적으로 하는 기구로, 『환경분쟁조정법』에 의한 준사법적 기능의 독립 행정위원회이다. 조정위원은 상임위원(위원장) 1인과 비상임위원 8인으로 구성되어 있는데 환경부장관의 제청으로 대통령이 임명 또는 위촉하고 있다. 1991년 5월 18일 설립되었다.

중유

Heavy Oil

석유 중에서 점도 및 황 함유량이 높은 부분을 제품으로 한 것. 중유의 소비량은 석유제품(연료유)의 35%를 차지한다. 연소 배기가스에는 다량의 매연, 질소산화물, 황산화물이 함유돼 있다. A 중유는 비교적 황 함유량이 적어서 보일러용 연료 등으로 주로 사용된다. B, C 중유는 배기가스 규제나 원자력발전에 따른 화력발전용 연료 감소로 인하여 수요가 줄어드는 추세다.

중합체(폴리머)

Polymer

분자가 중합하여 생기는 화합물이다. 실제로 중합하여 생성한 것이 아니라도, 분자가 기본단위의 반복한 구조를 가질 경우에 중합체라고 한다. 기본단위가 되는 분자 또는 중합의 출발물질은 단량체, 단량체의 수에 의해 2양체, 3양체라고 하며, 중합도가 큰 거대분자는 고중합체라고 한다.

지구관측그룹(GEO)

Group on Earth Observations

2005년 2월 발족한 정부간 기구로 지구 온난화, 자연재해 급증 등 전지구적 문제를 해결하기 위한 통합된 전지구관측시스템(GEOSS) 구축을 추진하는 국제기구이다. 2005년 95개국(EC포함)의 참여로 설립되었다. 9개의 사회 편익 분야(농업, 생물다양성, 기후, 재난, 생태계, 에너지, 건강, 물, 기상)를 선정해 통합, 포괄, 지속적인 지구관측 데이터 및 정보를 생산하는 것을 목표로 한다. 우리나라는 GEO 창설회원국 겸 GEO 집행위원회 이사국으로 활동 중에 있으며, 한국 지구관측그룹(KGEO)이 구성되어 활동 중이다.

지구복사

Earth Radiation

지구는 태양으로부터 받은 만큼의 에너지를 우주공간으로 방출하는데 이를 가리키는 말이다. 지구복사는 지구표면과 대기에서 이루어진다. 태양복사는 단파복사로 주로 초록색의 빛이 강한 데 비하여 지구복사는 장파복사로 주로 적외선이다.

지구생물다양성 전망 보고서(GBO)

Global Biodiversity Outlook

생물다양성협약(CBD) 사무국에 의해 4년마다 발간되는 생물다양성 보고서이다. 당사국들이 협약 이행과 보전현황을 보고하기 위해 제출한 국가보고서를 바탕으로 만들어진다. CBD는 제4차 지구생물다양성전망(GBO) 보고서를 통해 「생물다양성전략계획 2011-2020」이행 경과에 대한 중간 점검을 실시하고 중간 평가를 통해 20개 아이치 타겟 및 새천년개발목표(MDGs)에 대한 달성도를 점검하였다.

지구생태용량 초과의 날

Earth Overshoot Day

물, 공기, 토양 등 자원에 대한 인류의 수요가 지

구의 수용능력을 초과하게 되는 시점을 일컫는 말로, 이날로 인류는 한 해에 주어진 생태 자원을 모두 소진하게 된다. 따라서 생태용량 초과의 날을 맞이한 뒤에 사용하는 모든 자원은 미래 세대에게 지우는 생태적 빚이 되는 셈이다. 산출 방법은 인간의 생태발자국을 계산하고 생태계의 자원 재생산 능력인 생태용량과 비교해 예상 수치를 낸다. 참고로 1987년의 생태용량초과의 날은 12월 19일이었는데 2000년에는 11월 1일, 2017년에는 8월 2일로 점점 앞당겨지고 있다.

지구 온난화

Global Warming

인간의 활동으로 인해 배출되는 이산화탄소, 메탄, 아산화질소 등 온실가스들이 대기로 들어가 잔류하면서 그들의 온실효과로 대류권의 기온이 상승하는 현상이다. IPCC 5차 보고서(2013년)는 지구 온난화로 인해 지구 평균기온이 지난 133년간 0.85℃ 상승하고, 지구 평균해수면은 110년간 19 cm 높아졌다고 발표했다.

지구 온난화지수(GWP)

Global Warming Potential

온실가스 별 지구 온난화 기여 정도를 나타내는 수치로 이산화탄소를 기준으로 표시한다. 각 국가에서는 온실가스 배출량을 산정할 때 가스별 지구 온난화 지수를 고려한 CO_2톤 단위로 배출량을 산정하고 있다. GWP는 일정기간(보통 100년) 동안 1 kg의 온실가스가 야기하는 적외선 흡수 능력(가열효과)과 이산화탄소 1 kg의 영향에 대한 비율로 측정된다.

지구의 날

Earth Day

1970년 4월 22일 캘리포니아 산타 바바라 기름유출 사고(1969년)를 계기로 시작된 기념일이다. 1972년 스웨덴 스톡홀름에서는 '하나뿐인 지구'를 주제로 '유엔인간환경회의'가 열렸고 2009년 유엔은 총회에서 같은 날을 '세계 지구의 날'로 제정했다.

지구의 벗

Friends of the Earth

그린피스, 세계자연보호기금와 더불어 세계 3대 환경보호단체 중의 하나로 시에라클럽의 데이비드 블로워가 지속가능한 사회를 지향하고 환경문제에 대응하기 위해 1969년에 설립했다. 세계 77개국 회원 단체와의 네트워크를 보유하고 있으며 2002년에 환경운동연합이 정식으로 가입하여 '지구의 벗 한국지부'로 활동하고 있다.

지구환경 모니터링 시스템(GEMS)

Global Environmental Monitoring System

유엔환경계획(UNEP) 사업의 하나로서 환경의 합리적 관리에 필요한 자료를 국제적으로 수집관리하는 시스템이다. 세계기상기구(WMO), 세계보건기구(WHO) 등의 협력에 의해 열대림 등의 재생가능자원, 기후변화, 오염물질 등의 건강요인, 산성비 등에 관계되는 오염물질의 장거리 이동, 해양환경 등에 관한 감시를 행하고 있다. 1974년에 시작돼 나이로비의 UNEP 본부에 GEMS 활동을 조정하기 위한 조직이 구성되어 있다.

지구환경기금(GEF)

Global Environment Facility

개발도상국의 환경보전대책을 지원하고자 국제부흥개발은행(IBRD)이 1990년에 창설한 국제기금이다. 선진국이 모은 자금을 국제연합환경계획(UNEP), 국제연합개발계획(UNDP)이 공동으로 관리·운영하면서 개발도상국의 환경보전 대책에 싼 이자로 자금을 융자하고 있다. 또한 각국의 여건에 맞는 환경보전계획 수립을 돕는다.

지구환경보고서

Global Environment Report

'월드워치연구소'에서 매년 발간하는 지구환경에 대한 조사보고서이다. 이 보고서는 정책적인 특이사항이나 분쟁사항 등 전 세계에 걸쳐 매년 가장 쟁점이 된 환경 관련 문제를 다룬 조사자료로서 지구환경보전을 위한 폭넓은 대안을 제시하고 있다.

지능형 수요관리(ADR)

Advanced Demand Response

스마트계량기, 에너지저장장치 등 스마트그리드 기술을 이용해, 1시간 이내(30분 전 지시+30분 이내 이행)에 전력 수요감축을 가능케 하는 프로그램을 말한다.

지능형건축물 인증

주거 및 비주거 건물에 37개 항목에 걸쳐 평가 후 인증을 주는 제도로 에너지 절약적 친환경 U-City 실현, 생활의 편리성, 안정성, 쾌적성 및 정보화 접근성을 통한 삶의 질 향상, IT산업의 선 순환 촉발 및 국가 균형발전 선도를 목적으로 한다.

지류총량제

Tributary Total Pollution Load Control

소유역 관리를 위한 지류중심의 맞춤형 총량관리 제도를 말한다. 수질개선이 필요한 대상하천의 수체구간 중 수질악화가 급격히 일어나는 구간(손상수체구간) 또는 수질이 가장 나쁜 지류에 관리대상물질을 지정하고 그 수질을 목표치까지 개선하는 것이다. '지류총량정보시스템'을 통해 지루변 평가수질 등 관련 정보를 얻을 수 있다.

지방생물다양성전략 및 이행계획(LBSAP)

Local Biodiversity Strategy and Action Plan

지방정부가 생물다양성과 생태계서비스를 위한 최적의 현실적인 거버넌스와 관리를 실행하기 위해 채택하는 것. 국가생물다양성전략이 한 국가의 생물다양성협약(CBD) 이행 로드맵을 구성하듯이, LBSAP는 지역에서 동일한 기능을 수행한다. 제10차 생물다양성협약 당사국 총회(2010, 나고야)에서 채택되었으며 주된 이행계획은 생물다양성 평가, 보호구역 설정, 관련법규 및 정책 시행, 역량 구축 및 의식제고 등이다.

지방의제 21

Local Agenda 21

지구차원의 지속가능발전 실천강령인 '의제 21'을 지역차원에서 추진하는 지역행동계획이다. 이는 지구환경보전을 위한 지방정부의 역할을 강조한 '의제 21'의 권고에 따른 것이다. 지방의제 21은 지방정부가 독자적 또는 지배적인 역할을 하는 것이 아니라 지방자치단체, 청년단체, 여성단체, 과학자, 농부, 기업, 노조, 환경단체, 원주민 등 의제 21에서 제시된 9개 주요 참가자 그룹들이 동등한 위치에서 자발적으로 참여하여 자기분야에서 분담된 행동을 하는 파트너십과 거버넌스를 존중하는 21세기형 참여자치운동이다. '지방의제 21 전국협의회'가 구성되어 있다.

지방행동 21

Local Action 21

'지방의제 21'의 추진전략을 실천적으로 모색하도록 제기하는 이니셔티브이다. 리우회의 10년을 기념하는 지속가능발전 세계정상회의(WSSD)에서 그간의 성과를 검토하고 향후 10년간 지방의제 21을 실천적으로 한차원 높이자는 결의가 표출된 것이다. 요하네스버그 회의에서는 지방행동 21을 3M(모토 : Motto, 위임 : Mandate, 운동 : Movement)으로 정의했다.

지속가능 경영

Sustainable Corporate Management

인류의 지속가능한 발전 개념을 기업의 경영활동에 접목시키는 21세기의 새로운 경영 패러다임이다. 환경경영에서 한 걸음 나아가 기업 자신의 지속가능성 뿐 아니라 인류의 지속가능성에 기여하는 기업의 사회적 책임을 강조하는 개념으로 세계환경개발위원회(WCED, 1987년)보고서 『우리 공동의 미래』에서 처음 도입되었다. 지속가능경영의 평가기준과 가이드라인으로는 국제표준화기구(ISO)의 조직의 사회적 책임에 관한 지침인 ISO 26000, 유엔환경계획(UNEP) 산하기관인 GRI의 가이드라인, 다우존스지수의 평가기준인 DJSI 등을 들 수 있다.

지속가능개발을 위한 세계비지니스 협의회(WBCSD)

World Business Council for Sustainability Development

1992년 리우 환경회의에서 산업계의 목소리를 전달하기 위한 목적으로 태동되었으며, 산업계와 사회의 환경적으로 지속가능한 개발 방법을 모색하기 위한 활동을 전개한다.

지속가능공공구매(SPP)

Sustainable Public Purchase

공공기관이 물품·공사·용역을 구매함에 있어 전 과정에 걸쳐 가격에 합당한 가치를 충족시키며, 구매기관 뿐만 아니라 사회 전체에 혜택이 돌아가도록 하며, 환경부하는 감소시키는 일련의 과정을 의미한다. 1996년 세계 최대 규모의 지속가능발전 지방정부 네트워크인 '이클레이(ICLEI)'에 의해 시작되었다.

지속가능발전 세계정상회의(WSSD)

World Summit on Sustainable Development

2002년 남아프리카공화국 요하네스버그에서 열린 환경회의이다. 1992년 리우 회의에서 채택된 '의제 21'의 성과를 평가하고 미래 이행전략을 마련하기 위한 회의로, '리우+10 회의'라고도 부른다. 커뮤니티와 사회의 공정하고 지속적인 개발, 기업의 사회적 책임 강화를 위한 민관협력을 강조한 '요하네스버그 선언문'과 '요하네스버그 이행계획'이 채택되었다.

지속가능발전 위원회(PCSD)

Presidential Commission on Sustainable Development

2002년 지속가능한 국가 발전과 관련된 사회적 갈등을 합리적으로 해결하기 위하여 설치된 대통령 자문기구이다. 1992년 리우회의에서 채택된 '의제 21'의 권고에 따라 설치되었다. 2009년 '녹색성장'을 기치로 내건 이명박 정부가 '녹색성장위원회'를 대통령 직속기구로 신설하면서 환경부 장관 직속기구로서 명맥만 유지하다가 2018년 '지속가능발전위원회'와 '녹색성장위원회'가 통합돼 대통령 직속 '지속가능위원회'로 격상되었다. UN이 채택한 지속가능발전목표(SDGs)를 토대로 '2030년 국가지속가능성 발전 목표'를 설정하고 이행전략을 마련하는 역할을 한다.

지속가능발전 협의회

Local Sustainability Alliance of Korea

지역 지속가능발전을 추진하는 거버넌스 기구의 네트워크 조직으로 유엔 경제사회이사회(UNECO SOC) 특별협의지위 기구이다. 한국의 지속가능발전(지방의제 21) 추진기구들이 자발적으로 연대하여 2000년 창립하였다.

지속가능발전(ESSD)

Environmentally Sound and Sustainable Development

경제발전과 환경보전의 양립을 추구하는 개념으로, 1987년 '환경과 개발에 관한 세계 위원회(WCED)'의 보고서『우리 공동의 미래』에서 새로운 지구촌 발전개념으로 정립되었다. 미래 세대가 이용할 환경과 자연을 손상시키지 않고 현재 세대의 필요를 충족시켜야 한다는 '세대간의 형평성'과, 자연 환경과 자원을 이용할 때는 자연의 정화능력 안에서 오염물질을 배출하여야 한다는 '환경용량 내에서의 개발'을 의미한다. 국제사회는 유엔환경개발회의(UNCED, 일명 Rio회의) 이후 2002년 지속가능발전세계정상회의(WSSD)와 2012년 유엔지속가능발전정상회의(UNCSD)를 개최해 지속가능발전을 위한 국제사회의 이행상황을 평가·점검하고 추진계획을 마련하는 등의 노력을 지속적으로 전개해 나가고 있다. 2015년 유엔총회는 지속가능발전을 위한 구체적인 목표인 지속가능발전목표(SDGs)를 채택하였다.

지속가능발전목표(SDGs)

Sustainable Development Goals

2015년 유엔총회에서 채택된 글로벌 추진 목표로 '2030 지속가능발전 의제'라고도 한다. 2015년 만료된 '새천년개발목표(MDGs)'의 뒤를 이어 2016년부터 2030년까지 이행된다. 슬로건은 '단 한 사람도 소외되지 않는 것'이며 인간, 지구, 번영, 평화, 파트너십이라는 5개 영역에서 인류가 나아가야 할 방향성을 17개 목표와 169개 세부 목표로 제시하였다. MDGs가 추구하던 빈곤퇴치에서 한 걸음 더 나아가 사회적 불평등, 사회발전, 경제발전, 환경, 이행수단 등을 고루 포함하고 있다.

지속가능한 소비와 생산(SCP)

Sustainable Consumption and Production

"서비스와 제품의 사용이 기본적 요구에 부응하고 생활의 질을 높이되 서비스와 제품의 전생애주기에 걸쳐 자연자원과 유해물질의 사용 및 폐기물과 오염물질의 배출을 줄이고 미래세대의 요구 충족이 위협받지 않도록 하는 활동"을 말한다. Rio+20 이후 새로운 환경 패러다임인 녹색경제의 키워드이다.

지역에너지

Local Energy

어느 지역에서나 이용가능한 태양열, 풍력, 지력 등의 에너지를 이용하는 지속가능한 소규모 에너지를 말한다. 전 세계적으로 환경파괴, 자원낭비형의 대규모적인 화력발전, 원자력발전, 수력발전을 지역에너지로 전환하는 움직임이 확대되고 있다. 지역에너지 경제의 성장 및 국가에너지 계획의 효과적인 시행, 그리고 지역주민의 에너지 계획 참여 등 필요성에 따라 우리나라에서도 지역의 특성을 반영한 차별적인 지역에너지계획이 수립되고 있다.

지열 히트 펌프

Geothermal Source Heat Pump

땅 속의 온도가 외부 환경에 관계없이 일정하다는 것을 이용한 새로운 냉난방 시스템이다. 더운 여름철에는 실외온도보다 낮은 온도의 공기가, 추운 겨울철에는 실외온도보다 따뜻한 공기가 실내로 유입되도록 만들었다. 땅속의 안정적인 에너지를 활용하기 때문에 연간 에너지 소비량을 30~50% 절감할 수 있다. 지열히트펌프 시스템의 공공기관 설치 의무화 및 주택지원 사업 등을 통해 지열에너지 이용이 본격적으로 보급되고 있다.

지열발전

Geothermal Power Generation

지구 내부의 지열을 이용하여 전력을 생산하는 방법이다. 지열에너지의 근원은 방사성 물질의 방사성 감쇠와 화산 활동, 지표면에 흡수된 태양 에너지 등이다. 지열발전은 화력이나 원자력에 비해 발전소의 규모는 작지만 경제성을 지니고 있는 점이 강점이며, 소규모 분산형의 지역에너지 자원으로서의 특색도 갖추고 있다. 전 세계적으로 지열발전이 증가하고 있는 추세이며 우리나라에서도 신재생에너지 및 제로에너지 건물 등의 확대로 활용이 늘어나고 있다.

지열에너지

Geothermal Energy

지구 내부에 축적된 열에너지를 말한다. 땅 속에는 마그마의 활동, 방사성 동위원소의 붕괴, 태양에너지의 축적에 의해 매우 많은 에너지가 들어있다. 지열에너지는 오래 전부터 온천의 형태로 이용되어 왔다. 난방이나 급탕용으로 본격적으로 이용된 것은 20세기에 들어와서이고, 전기 생산용으로는 주로 20세기 후반기부터 이용되었다.

지정폐기물

Designated Waste

사업장폐기물중 폐산·폐알칼리 등과 같이 주변환경을 오염시킬 수 있거나, 감염성폐기물 등과 같이 인체에 위해를 줄 수 있는 유해물질로 지정된 폐기물을 말한다. 지정폐기물의 경우 보관, 수집·운반 및 처리 등의 기준이 다른 폐기물에 비해 엄격하며 폐기물의 배출에서부터 처리까지의 전 과정이 투명하게 드러날 수 있도록 하는 처리증명제도의 적용을 받고 있다.

지질유산

Geological Heritage

지질공원을 구성하는 핵심요소로, 지질, 지형, 생태 등과 관련된 자연물 중 보존해야 할 가치가 있는 곳을 말한다. 국내에서는 2014년부터 국립공원관리공단이 한반도 전역에 분포한 지질유산에 대해 순차적으로 기초조사를 하고 있으며, 경관적, 경제적, 기능적, 역사·문화적, 학술·교육적 가치 등 평가 세부 기준에 따라 세계적 보호 유산, 국가적 보호 유산, 국가지정 관리대상, 관리목록 등록대상, 목록작성 대상의 5등급으로 나누어 지질유산의 활용성과 가치를 평가하고 있다.

지표종/지표생물

Indicator Species/Indicator Organisms

특정지역의 환경상태를 가늠하는 척도로 이용하는 생물종을 지표종이라고 하며, 이 종에 속하는 생물을 지표생물이라 한다. 지표생물은 독특한 환경조건에서만 살 수 있기 때문에 이들을 통해 그 지역의 환경 조건이나 오염 정도를 알 수 있다. 예를 들면 그리스우드가 있는 곳은 염기성 토양임을 알 수 있고, 이끼류가 있는 곳은 산성 토양임을 나타낸다. 실지렁이가 사는 고여 있는 물은 산소가 부족하여 마실 수 없음을 나타낸다. 산성비에 민감한 지표식물로는 나팔꽃이 있고, 보라색 양달개비꽃은 방사선에 노출되었을 때 분홍색으로 변하는 것으로 알려져 있다.

지하댐

Underground Dam

땅 속 깊이 흐르는 지하수에 물막이 벽을 설치한 다음 이를 저장하는 시설로서, 지하에 만들어지는 일종의 인공댐이라 할 수 있다. 지하댐은 증발에 의한 손실이 없고 댐 건설 후에도 종전과 같이 토지를 이용할 수 있고 연중 일정한 수량과 수질을 확보할 수 있는 등 장점이 있다. 한편 일단 취수를 위한 비용이 지상 댐 보다 많이 들어가고, 지하수 저장량을 정확히 파악하기 힘들어 관리에 어려움이 있는 것 등은 단점으로 꼽힌다. 2018년 7월 기준 우리나라에는 6개의 지하댐이 있고 더 많은 지하댐이 건설 및 건설 예정 중에 있다.

지하수

Groundwater

지표 아래에서 흐르는 물로서 복류수와 강변여과수를 제외한 물을 말하며 표층지하수와 심층지하수로 구분된다. 표층지하수는 지하의 암반층 위의 토양 속을 흐르는 물이고 심층지하수는 지하의 암반층 아래에서 흐르는 물을 말한다. 병원균, 하수나 농지 침출수의 지하 침투, 산업 폐기물의 누설이나 지하 주수에 의해 지하수가 오염되면 그 지하수가 저장되어 있는 대수층 전체를 오염시키게 된다. 오염된 대수층을 완벽하게 복원하는 것은 불가능하다.

직접 메탄올 연료전지(DMFC)

Direct Methanol Fuel Cell

메탄올과 물의 전기 화학반응에서 생성되는 수소가 산소와 결합하면서 전기를 만드는 연료전지 기술이다. 여타 충전식 전지와는 달리 연료 카트리지를 교체하면 즉각적으로 필요한 전기를 얻을 수 있다. DMFC는 PEMFC(고분자 전해질 연료전지)에 비해 출력밀도는 낮지만, 연료의 공급이 용이하고 2차 전지에 비해 높은 출력밀도를 갖기 때문에 자동차의 동력원으로서 2차 전지를 대체할 수 있는 가능성이 매우 높은 것으로 알려져 있다.

진동

Oscillation

위치나 양이 되풀이되어 변화하는 현상으로 강한 흔들림이 발생한다. 기계나 기구의 사용으로 인해 발생하며, 지반을 통하여 건축물에 전파되어 건물 내에 2차 소음을 발생시킨다. 인간이 느낄 수 있는 진동주파수 0.1～500 kHz 중에서 1～90 Hz 정도의 진동이 불쾌감을 준다.

진폐증

Pneumoconiosis

대기 중 미세먼지 등이 기관지를 거쳐 수년에 걸쳐 폐조직에 쌓여 호흡곤란을 일으키는 질병이다. 규폐정(실리카), 석면폐증(석면), 탄광부진폐증(탄분진) 등으로 구분된다. 기관지염, 객담, 천식, 호흡장애 등 증상이 나타나고 폐결핵, 만성 기관지염, 결핵성 늑막염과 같은 합병증을 일으킨다. 광산, 터널, 지하철, 댐, 채석업, 전기용접, 금속공업, 석면광산 등에서 일하는 노동자들에게 많이 나타난다. 최근에는 미세먼지에 의해 많이 발생하고 있다.

질산성질소

Nitric Nitrogen

유기물 중의 질소 화합물이 산화 분해하여 무기화한 최종 산물이다. 과거의 유기오염 정도를 나타내는 데 쓰이며, 상수도의 수질 기준에서는 10 ppm이 한도치로 정해져 있다.

질산염

Nitrate

금속 또는 그 산화물이나 수산화물 또는 탄산염을 질산에 녹여 만든 화합물을 일컫는다. 모두 물에 녹으며 산화제·화학 비료로 쓰인다. 질산염이 유수나 지하수에 흘러 들어가면 부영양화를 초래할 수 있다. 자연상태에서는 니트로박터 등 질산균에 의해 아질산이 질산염으로 바뀐다. 또한 대기 중 질소산화물이 대기정체로 지면 부근에 축적되고 '2차 생성 미세먼지'인 질산염으로 전환되면서 최근 고농도 미세먼지가 빈번하게 발생하고 있다.

질소산화물(NO_x)

Nitrogen Oxides

질소(N)와 산소(O_2)의 화합물로, 연소과정에서 공기 중의 질소가 고온에서 산화되어 발생한다. 7종류가 알려져 있는데 대기오염과 관련되는 것은 일산화질소(NO), 이산화질소(NO_2)의 혼합물로 주로 NO_x(녹스)로 나타낸다. 인공적으로는 물체가 연소할 때 NO로 발생하고, 대기 중에서 산화되어 NO_2가 된다. 발생원은 주로 산업용보일러, 소각로, 전기로, 공장, 항공기, 선박, 자동차 등 다양하기 때문에 대책, 규제 모두 까다로운 오염물질이다. 질소산화물은 눈과 호흡기를 자극하며 식물을 고사시키는 등 주요 대기오염물질로 규제되고 있다. 또한 태양광선과 반응하여 오존을 생성시키는데, 대기 중 오존의 농도가 높아지면 호흡기와 눈에 자극을 느끼고, 기침을 유발한다.

집진장치

Dust Collecting Equipment

기체 속에 부유하고 있는 고체나 액체의 미립자를 모아서 제거하는 장치이다. 최초에는 보일러의 연소가스 속에 함유된 재의 미립자를 제거하는 데 사용했으나, 현재는 공장의 굴뚝에서 나오는 매연과 그 밖의 미립자를 막기 위해 많은 굴뚝에 장착되어 있다. 집진의 방법은 중력에 의한 것, 여과에 의한 것, 관성·원심력에 의한 것, 음파를 이용한 것, 세정에 의한 것 등 종류가 많은데, 크게 나누어서 기계식과 전기식이 있다. 기계식에는 건식과 습식이 있다.

차집관거

Intercepting Sewer

합류식 하수도에서 우천 시의 빗물을 우수 토출실에서 분류한 다음 우천 시 오수로서 처리장으로 흘려보내는 관거를 말한다.

창원선언문

The Changwon Declaration

2008년 경남 창원에서 열린 제10차 람사르총회에서 우리나라 주도로 채택된 결의문이다. 기후변화와 습지 등 5가지 주제를 통해 인류복지는 건강한 습지에 달려있다는 메시지를 담고 있다.

천연가스(NG)

Natural Gas

기체상태로 매장된 화석연료로서, 인공적인 과정

을 거치는 석유(휘발유, 경유)와는 다르게 지하가스전에서 천연적으로 직접 채취한 상태에서 바로 사용할 수 있다. 천연가스는 산지에 따라 약간씩 차이가 있으나 메탄(CH_4)이 80~90%를 차지하고 있으며 나머지는 에탄(C_2H_6), 프로판(C_3H_8) 등의 불활성 기체를 포함하고 있다. 천연가스는 액화과정에서 분진, 황, 질소 등이 제거되어 연소 시 공해물질을 거의 발생하지 않는 무공해 청정연료이다. LNG(액화천연가스), CNG(압축천연가스), PNG(파이프로 공급받는 천연가스) 등이 있다.

천연가스자동차(NGV)

Natural Gas Vehicles

천연가스를 사용하여 미세먼지 발생이 없는 자동차로, 경유차에 비해 미세먼지는 100%, 질소산화물 등 다른 대기오염물질은 64% 이상 적게 배출한다. 압축천연가스(CNG)자동차와 액화천연가스(LNG)자동차 등이 있으며, 1998년부터 경유시내버스를 천연가스버스로 바꾸는 정책을 추진하여 대기오염물질 저감 및 환경개선의 성과를 얻었다.

천연물

Natural Products

자연에서 얻어지는 식물 및 동물 등의 대사산물 추출을 위한 건조시료와 추출물로, 부가가치가 높은 신약개발, 화장품 및 식품산업 등에 활용될 수 있는 생물산업의 핵심 소재이다. 합성에 의하여 공급되어도 그 구조가 생물에 의하여 만들어진 것과 같으면 천연물이라 부른다. 페니실린과 모르핀, 진통제 지코노타이드 등이 대표적인 천연물이다.

천이

Succession

같은 장소에서 시간의 흐름에 따라 진행되는 식물군집의 변화를 말한다. 자연상태에서 맨땅을 그대로 방치하면 먼저 초본류의 군락이 형성된다. 몇 년 후에는 관목군락이 되고, 다시 양수림으로 바뀌며, 이곳에 음수가 침입하여 최후에는 그 지방의 기후조건과 평형을 이룬 음수림이 된다.

천적곤충

Natural Enemy Insects

병해충을 잡아먹는 곤충을 말한다. 천적곤충은 대부분 비닐하우스에서 사용되는데 이로운 벌레가 외부로 날아갈 염려가 없는 등 방제효과가 뛰어나기 때문이다. 천적곤충을 이용한 천적농법은 농약값과 비슷한 비용을 들이면서도 국제적으로 문제가 되고 있는 잔류농약 문제를 해결하는 환경농법으로 주목받고 있다.

철새

Migratory Birds

계절에 따라 번식지와 월동지 사이를 이동하는 새로 여름새, 겨울새, 여행새 등으로 분류된다. 철새를 보호하는 데는 국제적인 협력이 반드시 필요하여 포획, 수출입 규제나 생식환경 보전 등을 정한 철새 보호조약과 협정이 체결되어 있다. 다국간 조약으로는 물새의 생식지인 습지보전 등을 규정한 람사 조약이 있다. 1년 내내 볼 수 있는 새는 텃새라 부른다.

철새정보시스템

Migratory Bird Information System

우리나라에 도래하는 주요 철새의 현황과 이동경로 정보를 확인할 수 있는 온라인시스템이다. 국립생물자원관이 1999년부터 2017년까지 겨울철 조류 동시센서스를 통해 확보한 철새의 도래 현황 자료 약 200만 건과 2017년까지 위치추적기를 통해 확인한 철새 이동경로 정보 약 20만 건을 지리정보시스템 위에 시각화하여 보여준다. 종별, 지역별, 위치추적기별 검색을 통해 철새의 분포, 도래시기 및 이동경로 정보를 지도에서 확인할 수 있다.

청색기술

Blue Technology

온실가스 등 환경 오염물질 발생을 사전에 막는 기술을 말한다. 생물체에서 영감을 얻어 문제를 해결하려는 '생물 영감'과 생물을 본뜨는 '생물 모방'을 아우르는 개념이다. 사후 대책의 성격이 강한 '녹색 기술'과 차별화되는 '청색 기술'의 목표는 생물의 구조와 기능을 연구해 경제적 효율성이 뛰어나면서도 자연 친화적인 물질을 창조하는 데 있다.

청정개발체제(CDM)

Clean Development Mechanism

교토의정서 12조에 규정된 교토메커니즘의 하나로, 선진국이 개발도상국에 투자하여 발생한 온실가스 배출 감축분을 자국의 감축 실적에 반영할 수 있도록 함으로써 선진국은 비용 효과적으로 온실가스를 저감하는 반면 개도국은 기술적·경제적 지원을 얻는 제도이다. 온실가스 감축사업 시행 전·후를 비교하여 추가적인 온실가스 감축 및 환경적 이익이 발생하면서 개도국의 지속가능발전에 기여할 때 사업으로 승인하고 있다.

청정기술

Clean Technology

생산공정 전반에 걸쳐 자원과 에너지를 절약하고 환경오염을 예방·최소화하는 기술로, 청정생산기술, 저오염기술, 폐기물최소화기술, 폐기물감량화기술 등으로 불린다. 종합하면 '오염사전예방기술'이라고도 할 수 있으며 사후 처리기술과 대비된다. 발생된 오염물질을 처리하는 기존의 사후처리기술로는 오염물질 배출을 더 이상 저감할 수 없다는 측면에서 원천적으로 공정을 개선하여 제조과정에서 오염물질 발생을 줄이거나 발생된 오염물질을 처리한 후 재사용하는 등의 기술을 말한다.

청정수역(빈부수성수역)

Blue Belt

해수의 오염을 막아 바닷물을 자연 그대로 깨끗하게 보존한 수역으로 블루벨트(blue belt)라고도 부른다. 수산 양식업의 보호를 위하여 설정한 수역으로 청정수역 내에서는 공단 설치, 오·폐수 방류, 유조선 통과 등을 법으로 금하고 있다.

청조현상

Blue Tide

바다 밑 무산소 수괴가 조류에 의해 해면 위로 올라오는 현상을 말한다. 인간이 배출한 유기물이 바다 밑에 쌓여 부패될 때 바닷물에 있는 산소를 빼앗는데 이때 해면에서 유화수소가 발생하면서 푸른색을 띤다. 준설 작업으로 깊은 구릉이 형성된 지역에서 자주 발생한다.

청천프로젝트

Clean Sky Project

중국발 미세먼지의 발생과 흐름을 추적하는 한·중 공동연구를 말한다. 양국 대기분야 전문가 10명(한국 5명, 중국 5명)으로 구성된 연구단은 2017년 7월부터 2020년 7월까지 청천 프로젝트를 통해 중국 곳곳의 대규모 현장 조사 및 분석 과정을 거친다. 조사 대상 지역은 베이징을 비롯해 텐진, 다롄 등 북부지역 주요 6개 도시다. 지상관측이나 항공기를 이용한 입체 관측 등으로 주요 대기오염물질 배출원별 기여율과 예보 모델 평가를 진행한다.

체르노빌 원자력발전 사고

Chernobyl Nuclear Disaster

1986년 4월 26일 우크라이나의 키예프 북쪽 104 km에 있는 체르노빌 원자력발전소에서 발생한 사상 최대의 원전 참사이다. 핵 폭주로 순식간에 노심이 격납 건물마다 터져 올라와 엄청난 양의 방사성 물질을 방출하였다. 원자로 주변 30 km 이내 거주 주민 9만 2000명은 모두 강제 이주되었으며, 6년간 발전소 해체작업에 동원된 노동자 및 민간인 7,000여명이 사망하였고, 43만 명이 암, 기형아 출산 등 각종 후유증을 앓고 있는 것으로 추정된다.

초미세먼지

Ultra-Fine Dust

미세먼지 중 입자가 극히 작은 것으로 $PM_{2.5}$(직경 2.5 μm 이하)를 부르는 용어였으나 2017년 3월 이후 $PM_{2.5}$보다 작은 $PM_{1.0}$이나 $PM_{0.1}$ 등에 사용되게 되었다. 이는 학술적 정의를 반영한 국제적 용례를 따른 것인데, 국제적으로는 $PM_{2.5}$보다 큰 입자는 '거대입자'로, $PM_{2.5}$보다 작은 입자는 '미세입자'로 불리고 있다. '먼지'는 수분이 없는 고체상 물질을 뜻하는 용어로 액체상 물질까지 포함하는 입자상 물질에 쓰는 것은 정확하지 않다는 것이 학계의 의견이다.

초분광영상

Hyperspectral Imagery

연속적이고 파장폭이 좁은 수백 개의 분광밴드를 통해 지표 대상물의 분광특성을 표현할 수 있는 영상이다. 환경부는 초분광영상을 활용한 '녹조현상 원격 모니터링 기법'의 낙동강 남조류 모델개발을 완료하고, 영상을 물환경정보시스템(http://water.nier.go.kr)에 공개하고 있다. 초분광 원격 모니터링 기술을 이용하면 지점 별 직접 분석방식의 시간적·공간적 한계를 뛰어넘어 광역 수계에서 동시다발적으로 발생하는 녹조현황을 신속하게 관측할 수 있다.

초저온동결보존

Cryopreservation

미생물주 보전기술법의 일종이다. 동결처리 한 세포부유액을 진공 저온 하에서 직접 탈수 건조시켜 용기의 앰플을 진공 상태에 저장한다. 세균, 바이러스, 효모 외에 일부의 곰팡이, 방선균 등의 포자를 장기보존하는 데 적합한다. 세포의 분산매에는 탈지유, 혈청 등을 사용한다. 2016년 환경부는 담수조류의 초저온 동결보존기술을 개발했다고 발표했는데 이를 통해 담수조류의 배양체 생리활성과 유전형질 변동 없이 담수조류를 최소한의 공간에서 반영구적으로 보존하는 것이 가능해졌다.

총 휘발성 유기화합물(TVOC)

Total Volatile Organic Compounds

여러 가지 종류의 휘발성 유기화합물(VOCs) 농도의 총합을 말한다. 여기에는 벤젠, 톨루엔, 폼알데하이드, 자일렌, 스티렌 등 다양한 VOCs가 모두 포함된다. 대기중에 휘발되어 악취나 오존을 발생시키며, 피부접촉이나 흡입으로 신경계 장애를 일으킨다. 건축자재에서 많이 발생되며 페인트, 본드 등 건축자재에서 많이 발생되며 새집증후군을 일으키는 주요 원인이 된다.

총량규제

Total Emission Control

오염물질 배출량의 총량을 규제하는 방식이다. 오염물질의 배출은 농도로 규제하는 것이 일반적이지만 사업장이 밀집되어 있는 구역에서 각 사업장으로부터 대기나 공공수역에 배출되는 오염물질이 허용기준 이하이더라도 구역 전체의 배출량이 기준을 초과하여 환경에 위해를 가져올 때 시행한다. 대기 및 수질의 특정성분에 대하야 특정지역(수역)에서 실시되고 있다. 총량규제는 배출허용기준을 ppm과 같은 단위당 집중량으로 하지 않고, 시간당 또는 일단위, 연단위 배출총량을 기준으로 규제한다. 농도규제에 비해 훨씬 복잡한 방법이다.

총부유먼지(TSP)

Total Suspended Particles

통상적으로 대기를 떠다니는 50 μm 이하의 입자상 물질의 총량을 말한다. 입자의 크기가 10 μm 이상인 경우에는 도시미관에 영향을 미치긴 하지만 인체의 건강에는 영향이 적기 때문에 90년대 후반 10 μm 이하(PM_{10})로 환경기준을 변경하였다.

총인(T-P)

Total Phosphorus

물속에 포함된 인화합물(입자성 인, 유기성 인, 폴리인산염, 인산염이온 등)의 총 농도로 호소, 하천 등의 부영양화를 나타내는 지표 중 하나이다. 인은 합성세제, 축산폐수, 농업폐수를 통해 주로 흘러들어온다.

총질소(T-N)

Total Nitrogen

물속에 포함된 질소화합물(유기성 질소, 암모니아

성 질소, 아질산성 및 질산성 질소 등)의 총량을 말한다. 총질소(T-N)는 자연계의 질소순환과정에서 자연수에 포함되어 있으나, 생활하수, 공장폐수, 축산폐수 등과 같은 인위적인 유입에 따라 증가한다. 총인(T-P)과 함께 호수나 연안의 부영양화를 나타내는 지표로도 사용된다.

최소 에너지효율기준(MEPs)

Minimum Energy Performance Standards

특정 군의 제품이 판매되기 전에 반드시 충족시켜야 할 최소 수준의 에너지 효율성을 말하며, 개별 제품군의 평균 에너지 효율을 높이기 위한 규제 수단이다.

최적가용기법 기준서(BREF)

BAT Reference Documents

EU가 통합허가에 필요한 기술적 지원을 위해 구축한 33개 분야의 최적가용기법 참고문헌이다. 산업시설을 운영하려는 사업자가 관련 BAT를 효율적으로 선정할 수 있도록 EU는 여러 사업장에 이미 적용되고 있는 산업별 기술과 환경적 배출특성, 기술별 오염방지효율 및 성능 등을 포함한 업종별 BREF를 기술전문가그룹(TWG)의 운영을 통해 평가·수록하고 있다. 33개 분야는 철강산업, 유리산업 등 산업분야별 27권과, 모든 산업이 관련되는 모니터링 방법, 에너지효율화, 저장시설의 배출 등 공통분야별 6권으로 구성된다.

최적가용기법(BAT)

Best Available Techniques

"오염물질 배출을 효과적으로 줄이면서 에너지 절감 등 경제성도 갖춘 산업현장의 적용기술과 운영방식"으로 허가검토 및 사업장 환경관리에 유용하게 채택할 수 있다. 고효율·고비용의 기술과 저효율·저비용의 기술이 아닌 경제적이면 효율이 좋은 합리적인 기술들을 BAT라 할 수 있다. BAT를 오염배출시설에 적용했을 때 배출되는 오염물질의 최대치가 각 업종의 배출 한도 기준이 된다.

최적방지시설

Best Available Control Technology

「대기환경보전법」 제2조제10호에 따른 대기오염방지시설 중 현재 사용되고 있거나 향후 기술발전 가능성을 고려하여 적용가능한 환경오염물질저감 기술 중 저감효율이 우수하다고 인정되는 시설을 말한다.

최적비가용기술(BNAT)

Best Not Available Techniques

환경영향저감을 위해 적용하는 기술 중 향후 5~10년 내에 적용가능한 기술로, 최적가용기술(향후 2~3년 내에 적용가능한 기술)과 대비된다.

최종복토

Final Soil-covering

폐기물 매립시설의 사용이 끝났을 때 최종적으로 매립지의 표면을 흙으로 덮는 작업을 말한다. 경관의 향상, 부지이용, 유출수 감소, 식물의 성장 등을 목적으로 실시하는 복토이다. 최종복토 시에는 기울기가 2% 이상이 되도록 토사 등을 이용하여 매립시설을 덮는다. 가스배제층, 차단층, 배수층, 식생대층의 순서로 설치한다.

추가성

Additionality

어떤 사업이 그 사업이 없었을 경우(baseline)와 비교해서 실제로 온실가스감축을 발생시켰다면 추가성이 있다고 판단한다. CDM(청정개발체제) 사업으로 인정받으려면 경제적 추가성, 기술적 추가성, 환경적 추가성의 세 추가성이 입증되어야 한다. 환경적 추가성은 해당사업의 온실가스 배출량이 베이스라인 배출량보다 적어야한다는 것이다. 경제적 추가성은 낮은 경제성과 이해 부족 등의 장애요인으로 기술의 활용도가 낮아야 한다는 것이다. 기술적 추가성은 유치국에 없거나 개발되었지만 여러 장애요인으로 활용도가 낮은 선진화된 기술이어야 한다는 것이다.

축산폐수
Livestock Wastewater

가축사육으로 인해 발생되는 액체 또는 고체성의 오염된 물을 말하며, 대부분 가축의 분뇨, 그리고 축사의 세척수이다. 유기물, 질소 및 인의 농도가 매우 높으며 생물학적 처리방법으로 처리가 가능하다. 축산 과정 중 강우 시 비점오염원에 의해서도 많은 오염물질이 배출된다.

층간소음
Noise Complaint Issues

공동주택의 한 층에서 발생한 소리가 다른 층 가구에 전달되는 소음을 말한다. 아이들이 뛰는 소리, 문 닫는 소리, 애완견이 짖는 소리, 늦거나 이른 시간에 세탁기 청소기 운동기구 등을 사용하는 소리, 화장실과 부엌에서 물 내리는 소리 등이 있다. 중앙환경분쟁조정위원회는 낮 40 dB, 밤 30 dB 이상으로 층간소음 피해 기준을 정하고 있다.

층간소음 이웃사이센터
Call Center for Noise Complaint Issues

최근 급증하고 있는 공동주택 층간소음 문제가 이웃간의 분쟁에서 사회문제로 확대되고 있어, 이를 예방하고 분쟁을 조기에 합리적으로 조정하기 위해 개설된 제도이다. '층간소음 이웃사이센터'에 접수된 민원에 대하여 전문가 전화상담 및 현장소음측정 서비스를 제공하여 당사자간의 이해와 분쟁해결을 유도한다. 전국의 공동주택 거주자를 대상으로 온라인('국가소음정보시스템' 홈페이지www.noiseinfo.or.kr) 또는 전화 접수를 받는다.

친환경 설계
Eco-friendly Design

제품 기획에서부터 사용 후 단계까지의 전 과정에서 환경적·경제적 영향을 고려, 균형을 추구하는 친환경 제품의 설계 기법을 가리킨다.

친환경 소비
Eco-friendly Consumption

소비자들을 친환경적으로 만들 수 있다고 생각되는 상품 및 서비스 구매를 의미한다. 이를 통해 사람과 동물, 자연환경의 피해를 최소화 할 수 있다. 친환경 상품에 대한 선호나, 개인이나 기업 단위 구매에서의 도덕적 불매운동을 통해 이루어지며 윤리적 소비, 친환경적 구매, 윤리적 구매, 친환경적 자원, 친환경적 쇼핑 또는 녹색 소비주의 등이 있다.

친환경 에너지타운
Environment Friendly Energy Town

기피·혐오시설인 매립장, 소각장, 유기성폐기물(음식물·가축분뇨 등) 에너지화 시설 등의 폐자원과 바이오매스를 이용하여 열·전기 등 에너지를 생산하여 주변지역에 공급함으로써 에너지자립과 생활환경 개선 및 문화관광 등으로 주민소득도 향상시키는 자원순환형 타운을 말한다. 2015년 12월 홍천 친환경에너지타운이 최초로 준공되고 2017년 기준 24곳으로 확대되었으나 부실논란이 일고 있다.

친환경운전
Eco-driving

급발진, 급정지, 급가속 등을 지양하고 관성운전 등 한 템포 느리게 운전함으로써 연료를 적게 쓰고 환경을 보호하는 운전법을 말한다. 친환경운전을 하면 자동차 연료는 적게는 20%에서 40%까지 절감될 뿐 아니라 이산화탄소 배출량도 줄어들고 교통사고도 급감하게 된다.

친환경운전 안내장치(EMS)
Eco-driving Management System

운행차량의 불필요한 급출발, 급제동, 급가속, 고 RPM 등 비환경적 운전 시 운전자에게 알려주어 잘못된 운전습관을 교정하고 운행정보 분석 등 안전운행을 유도하는 장치를 말한다. 자동차 연료절감 및 배출가스 저감을 위해 2009년부터 부착을 추진해 2015년 기준 5,382대가 보급되어있다. 정부에서는 보조금을 지급해 친환경운전 안내장치

부착사업을 지원하고 있다.

친환경자동차

Eco-Friendly Vehicles

하이브리드차, 플러그인하이브리드차, 전기차, 수소차, 태양광차 등 기존 내연기관차보다 대기오염물질이나 이산화탄소 배출이 적고 연비가 우수한 자동차를 말한다.

친환경자재

Environment-friendly Building Materials

환경마크인증 자재와 같이 제조, 사용, 폐기 등 제품의 전과정에서 환경성을 고려한 제품이다. 에너지절약, 물 절약, 유해화학물질 노출 저감 등을 통해 환경·경제적 이익과 인체의 건강과 안전을 지켜주는 자재이다.

친환경차 협력금제도

배출가스가 많은 자동차를 사는 소비자에게 부담금을 걷어 친환경자동차를 사는 소비자에게 지원금을 제공하는 제도이다. 온실가스배출량 외에도 대기오염물질 배출량까지 고려한 제도로, 2013년 도입된 '저탄소차 협력금 제도'를 모태로 한다. 2017년 12월 『자동차 등의 대기오염 저감에 관한 법률안』이 상정되어 있으며 2019년부터 시행될 예정이다.

친환경포장

Eco-friendly Packaging

과대포장 제한, 띠지, 리본 등 부속포장재 사용중단, 재활용가능 포장재 사용, 용기부피를 감소 등의 방법으로 쓰레기를 줄이는 포장방식을 가리킨다.

침묵의 봄

Silent Spring

미국 해양 생물학자이며 작가인 레이첼 카슨(1907~64년)의 대표 저서로 환경운동의 기폭제가 되었다. 유기염소계 농약인 DDT, BHC, 드린계 농약의 위험성을 경고해 자연보호와 환경보전의 중요함을 인류에게 인식시킨 선구적 저작이다.

침사지

Sand Sedimentation Pond

침전법에 의하여 원수로부터 토사를 제거하는 곳으로, 정수장 처리공정의 맨 처음에 있는 수조이다. 하천에서 상수원수를 취수할 경우 토사가 함께 섞여 들어오는데 우선 침사지에 옮겨 가라앉기 쉬운 토사부터 제거하게 된다.

침출수

Leachate

쓰레기가 썩은 물로서 쓰레기 매립장에서 흘러내리는 더러운 물을 말한다. 침출수는 유기물 부하가 매우 높아 적정처리하지 않으면 인근지역의 농작물 등에 피해를 입힌다. 침출수 발생은 강우량, 매립장 면적, 투수계수 등 매립지 특성에 따라 차이가 있으나 보통 강우량의 20~30% 정도 발생된다.

침투수/유입수

Infiltrating Water/Inflow Water

외부로부터 침투 및 유입되는 물로서 토양과 지하수 오염의 주원인이자 모든 수자원 오염의 원인이 되며, 지하수 침투에 의한 하수의 과잉 희석으로 하수처리장의 효율을 저하시킨다. 발생 시기 및 원인에 따라 지하수 침입수(GWI), 강우 침입수(RII), 건기 유입수(DWI), 강우 유입수(SWI) 등으로 나눌 수 있다.

카드뮴

Cadmium

아연을 정련하는 과정에서 부산물로 생성되는 중금속물질이다. 안료, 화학, 전지제조나 도금 등에 다양하게 이용되고 있다. 급성중독으로 나타나는 현상은 흉통, 현기증, 구토, 폐부종을 수반한 심폐기능부전, 만성중독은 신장기능의 자해로 단백뇨가 나타난다.

카르타헤나의정서

Cartagena Protocol on Biosafety

유전자변형생물체(LMOs)의 국가간 이동을 규제하는 최초의 국제협약이다. 정식명칭은 '바이오안전성에 대한 카르타헤나 의정서'이다. 2000년 1월 29일 캐나다 몬트리올에서 개최된 특별당사국총회에서 생물다양성보존협약의 부속의정서로 채택되었다.

카본 트러스트

Carbon Trust

기업과 공공부문의 온실가스 배출량 감축, 에너지 효율성 향상, 저탄소 기술 개발 촉진을 목적으로 2001년 영국에서 설립된 비영리기관으로서, 기후변화정책 자문, 기업 컨설팅, 녹색 기술 투자, 탄소라벨링 및 인증 서비스 등을 제공하고 있다. 2017년 기준 전 세계 약 80개 국가에서 탄소라벨링 및 인증 사업을 진행하고 있다.

카셰어링

Car Sharing

렌터카보다 짧은 시간동안(시간단위) 차량을 빌려 쓰는 시스템으로 인터넷, 스마트폰을 이용한 예약·결재를 통해 무인 차량보관소에서 차를 빌려 쓰고 반납한다.

칼륨

Kalium

연하고 은색 광택이 나는 백색 금속이다. 천연 칼륨 중 0.01%는 반감기 2억 5천만 년의 방사성 칼륨이다. 생물 체내에 존재하는 주요한 원소이지만, 음식물을 통하여 체내에 들어와 베타선을 내는 자연방사능에 의해 피폭될 수 있다. 농업, 폭발물 제조에 사용되며, 염화칼륨은 천연에서 산출되어 비료 및 다른 칼륨화합물 제조의 원료로 쓰인다.

칼슘

Calcium

알칼리 토류 금속의 하나로 탄산염, 황산염 등의 형태로 존재한다. 동식물의 영양분으로서도 필수 불가결하며 뼈, 이는 인산 칼슘으로 이루어져 있다. 물의 경도를 정하는 물질 중의 하나이기도 하다.

캡탄

Captan

채소의 종자 소독이나 병해, 관상용 식물의 병해, 하우스 재배의 훈연에 사용되는 살균제이다. 오소사이드라고도 한다. 물로 씻으면 쉽게 씻겨 나가지만, 국제 농약행동네트워크(PAN)에서는 발암 위험성이 있으므로 종자소독에만 사용할 것을 요구한 바 있다. 국내에서는 잔류농약 허용기준이 인삼분말제품은 2.0 ppm 이하, 농산물은 5.0 ppm 이하로 제한하고 있다.

코크스

Cokes

점결성 석탄을 고온건류하여 얻은 다공질 고체연료이다. 회색을 띤 흑색이며, 금속성 광택을 지니는데 고정탄소가 주성분이다. 무연연소로 점화가 어렵지만 화력이 세다. 반 이상은 제철용으로 사용되며, 가정용 연료로는 값이 비싸고 불이 잘 붙지 않으며 잘 타지 않기 때문에 거의 사용하지 않는다. 야금용 코크스는 강도가 높고 깨어지지 않아 제철이나 주조에 쓰이고, 가스 코크스는 주로 가스회사에서 만든 코크스로서 강도와 화력이 약하다.

코펜하겐 합의

Copenhagen Accord

2009년 덴마크 코펜하겐에서 개최된 제15차 기후변화협약 당사국 총회(COP15)의 합의사항이다. 참가국들은 지구 평균기온 상승을 산업화 이전 대비 섭씨 2℃ 이내로 묶기로 하고 2011년 말까지 법적 구속력 있는 전 세계적 온실가스 감축안을 마련하기로 했다. 이를 위해 선진국들은 2010년 1월 말까지 감축 목표치를 제시하고 개도국들은 감축 계획을 제출하기로 했다.

쿨링포그 시스템
Cooling Fog System

정수된 물을 고압으로 분무시켜 미세 물분자를 형성하고, 미세 물분자가 기화되면서 주변의 온도를 낮춰주는 시설이다. 기후변화로 인한 폭염에 대비하여 공공장소에 설치하여 활용하고 있다. 미세한 물입자를 노출시켜 옷이나 피부가 젖지 않고 건강에 해가 없는 신개념 폭염대비 시설이다.

쿨맵시
Cool Fashion

시원하고 간편한 옷차림으로 시원하고 멋스러운 '쿨(Cool)'과 옷 모양새를 의미하는 순 우리말 '맵시'의 조합어이다. 여름철 냉방기 사용으로 온실가스 배출량이 증가하고 있어, 쿨맵시 캠페인을 통해 체감온도를 낮춰 냉방온도를 26~28℃로 적당하게 유지하는 것을 권장하고 있다.

크로마토그래프법
Chromatography

혼합물에서 목적물질을 분리하여 양을 측정하는 분석방법으로 환경 중 미량물질 분석에 널리 활용된다. 기체 크로마토그래프, 액체 크로마토그래프 등의 방법이 있다. 유기화학 및 무기화학에서 정성·정량 분석에 널리 사용된다.

크롬
Chrome

은백색의 광택이 있는 단단한 금속이다. 상온에서는 안정적이므로 공기 및 수중에서 산화되지 않는다. 그러나 강한 열을 가하면 할로겐, 황, 질소, 탄소 등과 결합하고 염산, 황산으로 용해된다. 내부식성, 내마모성이 뛰어나 스테인리스강, 도금, 가죽 가공, 안료 등으로 쓰인다.

클로로포름
Chloroform

탄소와 염소로 이루어진 화합물이다. 수돗물 중 발암성 물질인 트리할로메탄의 3분의2 정도는 클로로포름이 원인이다. 수돗물 오염과 비례하여 수도구로부터 트리할로메탄이 나오고 있다. 예전에는 의약품(마취제)으로 사용되었지만 요즘엔 용제로 쓰인다.

클로로필-a
Chlorophyl-a

엽록소의 종류 가운데 하나이다. 세균을 제외한 모든 광합성 생물에 존재하며, 특히 수계 환경 내의 식물 플랑크톤 세포에서 가장 보편적이고 많이 분포한다. 따라서 엽록소a의 양을 측정하면 수계 환경 내의 식물 플랑크톤의 분포를 알 수 있기 때문에 부영양화에 대한 지표가 될 수 있다.

클로즈드 시스템
Closed System

생산, 유통, 소비의 과정에서 오염물질을 외부에 전혀 배출하지 않고 재이용 또는 순환사용하는 처리법을 말한다. 이 경우 배수를 반복 사용하고, 중금속은 증발법으로 고형화하여 보관하든가 오니로부터 회수한다. 공업용수를 절약하기 위해 방류시키지 않고 순환해 재이용하는 방식도 있다. 현재의 공해방지 대책은 발생한 오염물질을 제거하는 방법을 취하고 있는데, 이는 오염물질을 완전히 제거하기 어렵고, 제거한 오염물질을 내다 버릴 곳이 없다는 등의 문제가 있다. 그래서 기술체계를 완전히 바꾸어 공해원이 될 원료의 사용을 중지하거나 공해원을 생산체계 내에서 순환 사용함으로써 환경 파괴를 방지하려는 것이다.

클린디젤차
Clean Diesel Vehicles

일반 디젤차보다 배출가스를 현저하게 줄이고 동급 가솔린차 대비 효율이 좋아 온실가스 저감에 크게 기여하는 것으로 알려져 하이브리드차, 전기차, 수소연료전지차와 함께 4대 그린카로 꼽혔으나 폭스바겐 배출가스 조작사건 이후 '클린디젤'을 친환경차 정의에서 배제해야 한다는 요구가 높아지고 클린디젤 차량이 오히려 질소산화물을 내뿜는 미세먼지의 주범이라는 논란이 일면서 2016년 11월 친환경차 기준에서 제외되었다.

클린로드시스템

Clean Road System

도로재비산먼지를 관리하기 위한 고정식 살수방식의 도로 청소방법을 말한다. 청소차량을 이용한 도로청소와 달리 고정식으로 표지병에서 물을 살수하여 청소를 하는 방법이다. 클린로드시스템은 미세먼지 저감효율이 높고 차량의 통행에 방해가 적으며 자동으로 운영이 되므로 유지관리비가 저렴한 장점이 있으나 물청소차량과 같이 겨울에는 운영하기 어렵다.

클린주유소

Clean Gas Station

이중벽탱크, 이중배관, 흘림 및 넘침 방지시설 등 오염물질의 누출과 유출을 방지하는 시설을 갖추어 토양오염을 사전에 예방하고 만일의 유출 시에도 감지장치에 의한 신속한 확인으로 오염의 확산을 방지할 수 있는 체계를 갖춘 주유소를 말한다.

타르계 색소

Tar-type Coloring

식품에 착색을 위한 합성 식용색소의 한 종류이다. 노란색 타트라진과 빨간색 아마란스가 가장 많이 이용된다. 안정된 착색 효과를 보이지만, 일부는 발암성이 증명되어 사용이 금지되었다. 천식, 습진, 두통을 일으키기도 한다.

타이어 소음 자율 표시제

Voluntary Tire Noise Labelling System

교통소음 관리수요의 증가에 따라 자동차 소음에서 큰 비중을 차지하는 타이어 소음의 관리를 위해 도입된 제도이다. 정부는 유럽연합(EU)의 '타이어 소음성능 표시제도'를 차용하여 2019년부터 저소음 타이어를 본격 보급하기로 하고 제도 도입에 앞서 환경부와 제조·수입사간 자발적 협약을 체결하여 2017년 9월 1일부터 제조사 자율로 '타이어 소음성능 표시제'를 시행하고 있다. 등급표시는 소비자가 쉽게 알아볼 수 있도록 타이어의 트레드에 부착하고, 제품설명서 및 제작사 홈페이지 등을 통해 관련정보를 제공한다.

탁도

Turbidity

수중의 부유물질의 정도에 따라 물의 맑고 탁한 정도를 측정한 값이다. 수질 지표로서 탁도는 보통 빛을 입사시켜 부유물질에 의해 산란된 정도를 광학적으로 측정하여 나타낸다. 탁도를 나타내는 단위에는 NTU를 사용하는데 이는 우윳빛의 표준입자 폴리머를 사용하여 얻어지는 것을 기준으로 한 값이다.

탄산칼슘

Calcium Carbonate

탄산과 칼슘이 만나 생성되는 흰색 결정의 화합물이다. 물에 잘 녹지 않아 수용액 상에서 침전한다. 석탄암, 대리석, 방해석, 조개껍질, 달걀껍질에서 산출된다. 시멘트, 생석회 원료, 산의 중화제, 충진제 등으로 사용되며, 수도관의 코팅 물질로도 중요하다.

탄소고정

Carbon Sequestration

식물의 광합성 등에 의해 대기 중 탄소가 유기물질로 전환되는 과정을 말한다. 예를 들어, 나무나 식물은 이산화탄소를 흡수하고 산소를 내뿜으면서 탄소를 생물체의 몸속에 저장한다. 화석연료의 연소로 발생한 온실가스는 이렇게 바이오매스에 일시적으로 저장되었다가 연소되면서 다시 대기 중으로 방출되게 된다.

탄소공개 프로젝트(CDP)

Carbon Disclosure Project

2000년 세계 금융투자기관들이 기후변화가 기업에 심각한 위기와 중대한 기회가 될 수 있다는 인식을 공유하고, 기후변화가 기업에 미치는 영향에 관한 정보 수집을 위해 자발적으로 설립한 비영리 기구이자 프로젝트이다. CDP는 전 세계 금융기관을 대신해 전 세계 주요 기업에 기후변화 이슈와 관련해 그 기업이 가지는 기회와 위험, 온실가스 배출, 감축계획 등의 성과, 거버넌스 등에 관한 질문서를 보내고 이에 대한 응답을 분석, 투자자들에게 정보를 제공한다. 탄소공개리더십지수(CDLI)는 기업들의 응답 내용을 분석해 기업의 탄소정보 공개 수준을 수치화시키기 위한 방법론이다.

탄소기금

Carbon Fund

온실가스 감축을 위한 프로젝트에 투자하여 탄소 배출권 획득을 목표로 운용되는 펀드다. 국제적으로 운영되는 탄소펀드는 크게 공적기금 형태와 민간기금 형태로 나뉜다. 네덜란드, 독일 등은 정부가 주체가 돼서 운용하고 있으며, 아시아 탄소펀드(ACF)는 민간이 운영하고 있다. 세계은행이 운영하는 표준카본펀드(PCF)와 일본탄소펀드는 민관 혼합펀드의 대표적인 형태이다.

탄소나노튜브

Carbon Nanotube

원기둥 모양의 나노구조를 지니는 탄소의 동소체이다. 길이와 지름의 비가 132,000,000 : 1에 이르는 나노튜브도 만들어졌는데, 이는 지금까지 알려진 물질 중 가장 높은 값이다. 탄소 나노튜브는 여러 특이한 성질을 가지고 있어서 나노기술, 전기공학, 광학 및 재료공학 등 다양한 분야에서 유용하게 쓰일 수 있다. 특히 열전도율 및 기계적, 전기적 특성이 매우 특이하여 다양한 구조 물질의 첨가제로도 응용되고 있다.

탄소나무 계산기

Carbon Tree Calculator

개인이 평생 배출하는 이산화탄소의 총량을 계산한 뒤 이를 흡수하거나 상쇄하는 데 필요한 산소를 만들어 낼 나무의 숫자로 환산해주는 계산기다. 주거형태와 평형, 가족 수, 월평균 난방요금, 주로 이용하는 교통수단, 자동차 운행거리 등을 입력하면 자신이 평생 내뿜는 이산화탄소의 양이 표시되고, 이에 따라 심어야 할 나무의 개수가 계산된다.

탄소누출

Carbon Leakage

탄소배출량 감축규제가 강한 국가에서 상대적으로 규제가 덜한 국가로 탄소 배출이 이전되는 현상을 말한다. 규제비용 부담으로 인해 기업활동이 규제강도가 낮은 국가로 옮겨지게 되는 것인데, 결과적으로 지구 온난화를 막기 위해 시행되는 규제가 지구 전체적으로는 탄소 조절에 도움이 되지 않는다는 점에서 문제가 된다.

탄소발자국

Carbon Footprints

개인 또는 단체가 직·간접적으로 발생시키는 온실가스, 특히 이산화탄소(CO_2)의 총량을 의미한다. 탄소발자국은 지구 온난화의 원인인 이산화탄소의 발생을 줄이자는 취지에서 사용되기 시작하였으며, 온실가스 발생량을 이산화탄소 배출량으로 환산하여 표시한다.

탄소발자국 인증/저탄소제품 인증

Carbon footprint Certification /Low-carbon Product Certification

탄소발자국 인증은 인증신청 제품의 전 과정에서 발생한 온실가스 배출량을 정량적으로 산정하여 인증을 부여하는 제도이다. 해당 제품에 대한 배출 기준치(baseline)라고 할 수 있다. 저탄소제품 인증은 탄소발자국 인증을 받은 제품 중 탄소배출량을 줄이고, 탄소배출량이 동종제품의 평균배출량보다 적은 제품에 인증을 부여한다.

탄소발자국제도

Carbon Footprint Labeling

제품의 생산에서 사용 및 폐기까지 생애 전 과정에서 배출되는 이산화탄소의 총량(탄소발자국)을 산정·평가해 이를 인증하고 그 결과를 상품에 표시해 소비자가 구매할 때 참고할 수 있도록 정보를 제공해 주는 제도다. 2007년 영국이 최초로 도입해 제도화했으며 우리나라는 2009년 2월에 본격 시행되었다. 이에 따라 2011년 '저탄소제품 인증', 2012년 '제품군 검증체계 인증', 2014년 '탄소중립제품 인증' 제도가 도입되었다. 2016년 '환경성적표지제도'로 통합되었으며, 탄소중립제품 인증은 '탄소중립제품 프로그램'으로 운영하고 있다.

탄소배출권(CERs)

Carbon Emission Rights

일정기간 동안 이산화탄소, 메탄 등 6대 온실가스의 일정량을 배출할 수 있는 권리를 말한다. 유엔기후변화협약(UNFCCC)에서 발급하며, 주식이나 채권처럼 거래소나 장외에서 매매할 수 있다. 탄소배출권의 개념은 1997년 기후변화협약의 구체적 이행 방안으로 채택된 교토의정서에서 처음 등장했다. 탄소배출권은 국가별로 부여되지만 각국이 대부분의 배출권을 기업에 할당하기 때문에 거래는 대개 기업들 사이에서 이뤄진다. 한국의 배출권 시장에는 세 종류의 상품이 상장돼 있다. 정부가 기업에 할당한 '할당배출권(KAU)', 할당업체가 외부 배출시설 등에서 온실가스를 감축해 얻는 '상쇄배출권(KCU)', 비할당업체가 외부 배출시설 등에서 온실가스를 감축해 얻는 '외부사업감축량(KOC)'이 그것이다.

탄소배출권거래소

CERs Exchange

교토의정서에 의한 청정개발체제 사업으로 획득하게 된 탄소배출권을 사고 팔기 위한 거래소로 온실가스 중에서도 이산화탄소가 80% 정도를 자지하기 때문에 탄소시장이라고도 부른다. 기후변화협약의 구체적인 이행방안인 교토의정서가 2005년 발효되면서 설치되기 시작해 2017년까지 15개국 이상에서 설립되었고 이중 유럽의 거래소(EU-ETS)가 가장 발전했다. 국내에서는 2015년 1월 개설되었으나 거래가 부진한 상황이다.

탄소세

Carbon Tax

대표적인 온실기체인 탄산가스의 방출을 줄여 지구 온난화를 막자는 뜻에서 석유, 석탄 등 각종 화석에너지에 함유된 탄소량에 기초하여 부과하는 일종의 환경세이다. 탄소세의 목적은 화석연료의 소비억제 내지는 효율적 사용을 유도하고, 거두어진 세금을 대체에너지 개발에 투자함으로써 온실가스 배출량을 감축함과 동시에 경제적 효율을 증진하는 것이다. 핀란드가 1990년 1월 처음 도입한 데 이어 북유럽 국가를 중심으로 시행되고 있다. 미국은 전 세계 이산화탄소 배출량의 약 20%를 배출하고 있으나 아직 탄소세를 실시하지 못하고 있다.

탄소순환

Carbon Cycle

탄소가 형태를 바꾸면서 지구기후시스템 내의 지권, 대기권, 수권, 생물권 사이를 이동하며 순환하는 현상을 의미한다. 즉 광합성으로 식물에 의해 흡수된 이산화탄소가 동식물에 의해 이용된 후 땅이나 물, 대기로 방출되어 다시 사용되는 과정이다.

탄소시장

Carbon Market

교토의정서에서 도입된 배출권 거래제에 따라 탄소 배출권 및 크레딧을 거래소나 장외시장 등을 통해 거래하는 특수한 시장이다. 2016년 기준 국제 탄소시장의 대부분은 교토의정서 메커니즘에 따른 상쇄배출권 시장과 및 EU-ETS(유럽 거래소)가 차지하고 있다. 특히 EU-ETS는 개도국에서 추진되는 사업에서 발생하는 상쇄배출권의 주요 수요자로서 국제 탄소시장을 주도하고 있다. 세계 탄소배출권 거래 시장은 2005년 유럽연합(EU)이 처음 개설한 이후 계속 확대되고 있다. 세계은행은 2020년에는 세계 배출권 시장이 약 4000조원(3조5000억 달러)에 달해 석유 시장을 추월할 것으로 보고 있다.

탄소은행

Carbon Bank

탄소포인트 제도와 배출권 거래시장을 연계하기 위해 소규모 감축실적을 적립해 거래하는 기관이다. 탄소은행에 적립된 감축실적은 자발적 참여기업이 구매해 감축 목표를 달성하는 데 활용한다.

탄소중립

Carbon Neutral

개인이나 기업, 단체가 배출한 만큼의 온실가스(탄소)를 다시 흡수해 실질 배출량을 '0'으로 만드는 것으로 '탄소 제로'라고도 한다. 온실가스 배출량을 계산한 후, 배출량만큼을 상쇄하기 위해 나무를 심거나 석탄·석유 발전소를 대체할 에너지 시설에 투자하거나 자발적 감축실적을 구매함으로써 상쇄하는 방식을 취한다.

탄소집약도(CI)

Carbon Intensity

소비한 에너지에서 발생된 CO_2량을 총에너지소비량으로 나눈 값을 말한다. 탄소집약도가 높다는 것은 상대적으로 탄소함유량이 높은 에너지 사용 비율이 높다는 뜻이다. 중국과 인도 등 일부 국가에서 온실가스 배출 제한에 대한 국가 간 합의에 참여하되 자국 산업에의 영향을 최소화하기 위해 온실가스 배출 감축에 대한 국가목표 기준으로 활용하지만 절대적인 량을 감축하는 것이 아닌 배출량 증가 속도를 늦추는 것으로 경제성장에 따라 탄소배출 총량은 지속적으로 늘어날 수밖에 없다.

탄소추적시스템

Carbon Tracking System

이산화탄소가 언제, 어디에서, 얼마나 배출되고 흡수되는 지 산출할 수 있는 컴퓨터모델을 의미한다. 이 시스템은 미국해양대기청(NOAA)에 의해 개발되었으며, 우리나라는 세계 세 번째로 보다 개선된 '탄소추적시스템-아시아'를 개발하여 온실가스배출 저감과 관련하여 독자적인 정보 수집 및 분석능력을 갖추게 되었다.

탄소포인트제도

Carbon Point System

가정과 상업시설 등에서 전기·수도·도시가스의 사용량 절감에 따른 온실가스 감축 실적에 따라 탄소포인트를 부여하고, 이에 상응하는 인센티브를 제공하는 전 국민 온실가스 감축 실천프로그램이다.

탄소흡수원

Carbon Sink

탄소를 흡수하고 저장하는 입목(나무), 고사유기물, 토양, 목제품 및 산림바이오매스 에너지를 말한다. 온실가스 감축이 중요한 과제로 떠오른 요즘 나무는 가장 중요한 탄소 흡수원으로 각광받고 있다. 「탄소흡수원 유지 및 증진에 관한 법률」 제5조 및 제6조에 따라 정부는 5년마다 탄소흡수원 증진 종합계획을 수립하고 연차별로 실행계획을 수립하도록 하고 있다.

탄화수소

Hydrocarbon

탄소와 수소만으로 된 화합물로 정유시설, 자동차 및 페인트 도장시설 등에서 주로 발생되는 대기오염물질이다. 자동차 배출가스 중의 탄화수소는 자체로는 크게 해롭지 않으나, 질소화합물과 혼합되는 경우 태양광선에 의하여 광화학 스모그를 생성하므로 이러한 상태에서는 적은 양일지라도 유해하다.

탈질

Denitrification

질산염의 환원에 의해 질소를 분해하는 생물산화의 현상이다. 하수 중에 포함된 유기질소 화합물이 수중의 용존산소가 부족하면, 환원균으로 있는 혐기성의 작용을 받아서 질소가스로 되며, 수중으로부터 방출되어서 탈질이 행해진다. 석유정제에 있어 원유에서 나오는 유출유로부터 질소를 제거하는 경우를 말한다.

태양광 발전
Solar Power Generation
발전기의 도움 없이 태양전지를 이용하여 태양의 빛에너지를 직접 전기에너지로 변환시키는 환경친화적 발전방식이다. 태양광발전은 태양전지와 축전지, 전력변환장치로 구성되어 있다. 태양빛이 P형 반도체와 N형 반도체를 접합시킨 태양전지에 쪼여지면 두 반도체 사이에 전위차가 발생하여 전류가 흐르게 된다. 국내 태양광발전 시장 규모는 협소하나, 글로벌 태양광발전 수요 확대와 정부의 정책적 지원에 힘입어 빠른 속도로 시장이 확대되고 있다.

태양전지
Solar Battery
태양광을 직접 전기에너지로 변환하는 반도체로서, 건전지와 같은 기능을 가진 전지는 아니며, 태양광을 받는 동안만 전기를 발생하는 일종의 발전 장치이다.

테트라에틸납
Tetraethyllead
무색, 유상 특유의 방향선을 가진 액체로서 독성이 강하다. 여기서 발생하는 가스를 흡입하거나 피부에 접촉하면 두통, 뇌신경증 등 급성 또는 만성 중독증상을 일으킨다. 자동차나 항공기용 가솔린의 안티노킹제로 사용된다. 정부는 남해의 방지를 위하여 자동차용 가솔린에 대한 가연성의 감량을 결정한 바 있다.

테트라클로로메탄
Carbon Tetrachloride
클로로포름과 비슷한 특유의 냄새를 가진 무색 기체다. 플루오르카본의 원료, 소화제, 훈증제, 살충제 등으로 쓰인다. 독성이 강하여 저농도 만성노출에서도 간장·신장 장애를 일으키며 오존층 파괴물질로 알려져 있다.

테트라클로로에틸렌
Tetrachloroethylene
무색의 투명하며 비가연성 액체인 유기할로겐 화합물이다. 드라이클리닝 용매로 널리 쓰였으며, 금속세척제, 도료의 용제 등으로 사용된다. 발암성을 갖고 있어 「화평법」에 따른 유독물질로 지정된 화학물질이다.

토론토회의
Toronto Convention
1988년 6월에 열린 토론토 서미트에 이어 같은 달에 캐나다 정부 주최로 열린 대기변동에 관한 국제회의이다. 선진국의 화석연료 소비에 대한 부과금을 재원으로 하는 '세계 대기기금'의 설립이 제안되었으며, 탄산가스 방출을 2005년까지 1986년 수준의 20%로 삭감하자는 목표가 제시되었다.

토양 침식
Soil Erosion
비나 바람에 의해서 토양이 이동하여 유실되는 현상이다. 자연 상태에서도 침식작용은 일어나지만, 최근에는 인위적으로 삼림을 포함한 지표 식생을 남벌하여 경지를 개발하는 과정에서 표토가 유실되는 현상이 많아지고 있다. 삼림 벌채, 과다 경작, 과다 방목이 주요 원인이다.

토양오염
Soil Pollution
인간의 활동에 의해 만들어지는 여러 물질이 토양에 들어감으로써 토양이 환경구성 요소로서의 기능을 상실하는 것. 토양오염은 대체로 지하자원의 이용으로 암석 중의 무기성분이 지표에 쌓이게 되거나, 농약에 의해 합성유기염소계 화합물 또는 알킬수은화합물 등이 축적되어 발생하며, 공업단지와 도시 매연가스에 의한 산성비, 식품포장 폐기물, 시설축산의 폐기물 등에 의해서도 이루어진다.

토양오염 위해성평가제도

Environmental Risk Assessment for Soil Pollution

토양오염부지의 특성에 기반하여 토양오염물질이 인체와 환경에 미치는 위해정도를 평가해 오염토양을 합리적으로 정화하고 관리하기 위한 제도이다. 2005년 7월에 도입되었다. 위해성평가 대상물질은 카드뮴, 구리, 비소, 수은, 납, 6가크롬, 아연, 니켈, 벤젠, 톨루엔, 에틸벤젠, 크실렌, 불소와 석유계총탄화수소(TPH)까지 총 13종이다.

토양오염도검사

Soil Pollution Test

「토양환경보전법」에 의해 설치 신고 된 석유류 제조 및 저장시설 등 "특정토양오염관리대상시설"을 대상으로 정기적으로 주변지역에 대해 토양오염여부를 확인하여 토양오염 관리대상시설의 적정관리를 유도하기 위한 법정검사 제도이다. 1996년부터 환경공단이 시행해오고 있다.

토양의 산성화

Soil Acidification

기후나 공해에 의해 토양의 pH가 낮아지는 현상. 토양의 산성화는 강우량이 증발량보다 클 때 산염의 분해로 유리된 염기가 유실되어 산성토양이 되는 기후에 의한 토양 반응이 있고, 규산염 광물과 가수분해 산물의 분해, 부식이나 비료에 의한 산성화, 산성비와 공해물질 유입으로 인한 산성화 등이 있다.

토지지하수정보시스템(SGIS)

Soil Groundwater Information System

지하수 및 토양 측정망 자료 및 오염현황, 토양실태조사 및 토양정밀조사, 토양·지하수 오염원 정보 등을 제공하는 토양 지하수 관련 종합 정보시스템이다. 토양·지하수 분야 간 정보공유 및 대국민 서비스를 강화하여, 전국 지하수 및 토양의 오염상태 파악 및 복원계획 등에 활용하고 토양·지하수 관리의 선진화 및 체계적인 정보관리를 위해 구축되었다.

토양환경평가제도

Soil Environment Assessment System

부동산 거래 시, 부지의 토양오염 여부를 사전에 확인하여 오염책임을 명확히 하고, 재산상의 손해를 방지하기 위해 2002년부터 시행되고 있는 제도이다.

토지 매수제도

Land Purchase System

수변구역 지정 등 행위제한으로 불이익을 받는 주민들의 재산권 회복과 수질개선을 위해서 수계관리기금을 이용하여 수변구역 등 상수원 수질영향이 큰 지역과 수변생태계 복원에 필요한 지역의 토지나 건축물을 매수하는 제도이다.

토지 피복지도

Land Cover Map

국토의 표면 현황을 환경적, 과학적 기준에 따라 분류하여, 동질의 특성을 지닌 구역을 색깔로 쉽게 구분이 가능토록 한 전자지도이다. 위성자료를 이용하여 지표면의 자연 상태를 분류하는 것으로 유럽 등 선진국에서는 이미 1980년대부터 국토의 환경관리를 위한 기본도로 활용하고 있다.

톨루엔

Toluene

무색이고 물에 잘 녹지 않으며, 유기용제에만 녹는 액체인 방향족 탄화수소이다. 신나, 접착제, 도료 등 유기용제에 사용되거나 염료, 화약, 합성섬유 등의 원료가 된다. 저농도에서는 두통, 현기증이 일어나고 고농도에서는 강한 마취 작용을 한다. 새집증후군의 대표적인 원인 물질이며, 오존 전구물질로 가장 큰 영향을 나타낸다.

통합대기환경지수(CAI)

Comprehensive Air-Quality Index

대기오염도 측정치를 국민이 쉽게 알도록 하고 대

기오염으로부터의 피해를 예방하기 위한 행동지침을 국민에게 제시하기 위해 대기오염도에 따른 인체 영향 및 체감오염도를 고려하여 개발된 대기오염도 표현방식이다. 6개 대기오염물질(SO_2, CO, NO_2, O_3, PM_{10}, $PM_{2.5}$)에 대하여 인체 영향과 체감 오염도를 반영하여 4개 등급(좋음, 보통, 나쁨, 매우 나쁨)으로 구분하여 알기 쉽게 색깔과 함께 표시하고 있다.

통합물관리(IWRM)

Integrated Water Resource Management

수량·수질·생태·문화 등 모든 요소를 고려하여 효율을 극대화하고 공평하고 지속가능하도록 유역 단위로 물을 관리하는 것을 말한다. 통합 및 연계 대상은 기능적으로는 수량-수질, 공간적으로는 상·하류 및 유역, 운영적으로는 관련시설·주체간의 계획 - 자료 - 기술, 기반적으로는 법률 - 제도 - 거버넌스 등이 고려된다. 물위기 및 물안보 측면에서 물 문제 극복을 위한 새로운 물관리 패러다임으로 등장한 통합물관리시스템은 전 세계 약 70%의 국가와 지역이 도입하고 있다.

통합제품환경정책(IPP)

Integrated Product Policy

EU의 환경정책 패러다임으로, 모든 제품은 어떤 형태로든 환경에 피해를 준다는 전제 하에 제품의 생산·사용 및 폐기에 이르는 전 생애주기에 걸쳐 제품에 의한 환경영향을 최소화할 수 있도록 관련 정책을 수립하고 이행한다. 사후처리 중심 아닌 생산부터 폐기·회수까지 제품 전과정에서 환경영향을 동시에 고려하는 통합 위해성 관리로의 전환을 의미한다.

통합환경관리 지침(IPPCD)

Integrated Pollution Prevention and Control Directive

통합환경관리를 위해 1996년 제정한 EU 지침으로, 배출시설 운영자 관리원칙, 신규 및 기존시설 허가요건, 최적가용기법(BAT)과 환경기준, 허가조건 준수여부, 정보제공과 공공의 참여 등 통합환경관리 실행을 위한 포괄적인 내용을 포함하고 있다.

통합환경관리제도

Integrated Environmental Management System

대기, 수질, 토양, 폐기물 등 환경 매체별 관리를 통합한 제도이다. 폐수 처리 시 폐기물이 발생하고, 폐기물 처리 시 대기, 토양이 오염되는 매체 간 오염떠돌이 현상을 차단하고, 오염물질 배출을 최소화, 최적화하는 환경관리방식이다. 오염물질이 대기, 물 등 환경과 건강에 미치는 영향을 종합적으로 고려하고, 기술·경제적으로 가능한 수단(최적가용기법)을 사업장에 적용하여 오염물질 배출을 최소화하고자 하는 것이다.

통합환경허가시스템(IEPS)

Integrated Environmental Permit System

오염 매체별로 개별적으로 허가·관리하던 배출시설 관리를 사업장 단위에서 하나로 종합하여 관리하는 선진 환경관리방식이다. 허가 또는 변경허가 신청 등의 업무를 전자적으로 처리하기 위한 시스템으로서 통합환경허가의 전과정을 지원하는 One-Stop 서비스를 제공한다.

퇴비화

Composting

볏짚, 가축분뇨 등 유기폐기물을 호기성 미생물에 의해 분해하여 비료로 사용하는 방식으로 전통적인 생물학적 처리방식이다. 하수슬러지, 축산 폐기물, 도시 쓰레기 등을 이용해 각종 미생물을 증식시켜서 급속하게 퇴비를 만드는 퇴비화기술이 개발되어 환경 보전과 자원 재이용의 측면에서 주목되고 있다.

투수성 포장

Porous Pavement

투수성 포장재를 통해 빗물을 노상에 침투시켜 흙속으로 환원시키는 포장을 의미한다. 콘크리트, 아스팔트 등 과도한 불투수성 토양포장 증가로 인한 도시홍수 및 지하수고갈 등 도시 물문제를 완화해 주는 역할을 한다.

투시도

Transparency

유입하수, 처리수 등 물의 맑음 정도를 나타내는 지표다. 투시도계 바닥에 그려져 있는 5호 활자 또는 정자가 명확히 보이는 수심을 cm단위로 읽어 도수로 한 것이며 값이 클수록 투명도가 높다. 동일 종류의 하수에서는 SS(부유물질), BOD(생화학적 산소요구량)와 상관될 경우가 많고, 하수의 개략적인 오염 정도를 알 수도 있다. 간단히 측정할 수 있기 때문에 정화조의 수질검사 같은 곳에 사용한다.

트리클로로에틸렌

Trichloroethylene

클로로포름 냄새가 나는 무색의 액체로 삼염화에틸렌, 트리클렌이라고도 한다. 불연성이며 증기는 유해하다. 빛이나 수분에 의해 서서히 분해된다. 고무, 유지 플라스틱 등의 용제, 드라이클리닝용제, 유지추출, 소화제 등에 쓰인다. 흡입하면 현기증, 구역질, 경련 등의 중독증상을 일으킨다.

트리페닐주석화합물

Triphenyltin Compounds

주석과 탄소가 결합한 유기주석 화합물이다. 목재, 섬유, 농약, 곰팡이 방지제로 사용되어 생물이 장기간 부착하지 못하도록 한다. 발암성이 있으며 신경장애, 성장저해, 백혈구 감소를 일으키는 강한 독성물질이다.

트리할로메탄(THM)

Trihalomethane

메탄에 염소, 브롬 등 할론계 원소가 3개 치환된 화합물을 통칭한다. 염소 소독과정에서 염소가 잔류된 유기물로 반응하여 생성되는 발암물질이다. 수돗물에서 주로 문제가 되며 과다한 염소 소독, 원수 불량 등이 원인이다. 미국, 일본 등에서는 0.1 ppm으로 기준치를 정하고 있다.

특별대책지역

Specified Environmental Protection Area

환경오염, 환경훼손 또는 자연생태계의 변화가 현저하거나 현저하게 될 우려가 있는 지역과 환경기준을 자주 초과하는 지역의 환경보전을 위하여 환경부장관이 「환경정책기본법」에 따라 지정·고시한 지역을 말한다. 특별대책지역으로 지정되면, 필요하다고 인정될 때에는 그 지역 내의 토지이용과 시설설치를 제한하거나 보다 엄격한 배출허용기준을 정할 수 있게 된다. 전국에 대기보전 특별대책지역 3곳(울산미포, 온산, 여천 국가산업단지)과 수질보전특별대책지역 2곳(팔당호, 대청호)이 지정되어 있다.

특정경유자동차

Specific Diesel Vehicles

자동차 배출가스 보증기간(3.5 t 미만은 5년, 3.5 t 이상은 2년)이 지난 경유자동차를 말한다. 이들 자동차들은 강화된 기준에 의한 배출가스 검사를 실시하고 검사에서 불합격한 차량은 배출가스 저감장치 등을 의무적으로 부착하게 된다.

특정대기유해물질

Specific Air Pollutants

유해성대기감시물질 중 「대기환경보전법」 제7조에 따른 심사·평가 결과 저농도에서도 장기적인 섭취나 노출에 의해 사람의 건강이나 동식물의 생육에 직접 또는 간접으로 위해를 끼칠 수 있어 대기 배출에 대한 관리가 필요하다고 인정된 물질로서 카드뮴, 납, 크롬, 비소, 수은 등 35종이 지정되어 있다.

특정도서

Designated Islands

사람이 거주하지 않거나 극히 제한된 지역에만 거주하는 섬으로서 자연생태계, 지형·지질, 자연환경이 우수하거나 특이하여 연구가 필요한 독도 등 환경부장관이 지정하여 고시하는 도서를 말한다.

특정수질유해물질

Specified Substance Harmful to the Quality of Water

사람의 건강, 재산이나 동식물의 생육에 직·간접적으로 위해를 줄 우려가 있는 수질오염물질로, 법에 의해 엄격하게 규제되는 물질들을 의미한다. 「물환경보전법」에 의해 구리, 납, 비소, 수은, 6가크롬화합물, 카드뮴, 페놀류, 벤젠, 사염화탄소 등 28개 물질이 지정되어 있다.

특정유해물질

Specified Hazardous Chemicals

유해 화학물질 중 특히 사람의 건강, 재산이나 농수산물의 생육에 중대한 위해를 준다고 판명된 물질이다. 특정대기 유해물질과 특정수질 유해물질로 나뉜다. 슬러지, 폐유, 폐산, 폐알칼리, 폐고무, 폐합성수지 등 28종의 물질로 대통령령으로 정해져 있으며 일반유해물질에 비해 엄격하게 관리된다.

특정플론대책

Special Flon Measure

오존층을 파괴하는 플론을 대체하는 냉매를 개발하는 대책이다. 플론은 자동차 에어컨의 냉매나 부품인 발포제, 세정제에 사용되었는데, 오존층 파괴물질로 지정되어 사용이 금지되면서 대체냉매를 이용하는 에어컨이 개발되고 있다. 세정제로 사용되는 플론 113의 대체품으로는 초순수 석유계 용제, 계면활성제 등이 사용된다.

티어링제도

Tiering System

전략환경영향 평가 시 다른 계획에서 실시한 전략환경영향평가와 동일한 평가가 시행된 것으로 볼 수 있는 경우, 해당 계획의 평가를 생략할 수 있는 제도이다.

파리협정(신기후체제)

Paris Agreement

제21차 파리기후변화협약 당사국총회(COP21)에서 채택된 신기후체제(post-2020) 합의문이다. 선진국에만 온실가스 감축 의무를 지운 '교토 의정서'와는 달리 195개 당사국 모두에게 감축의무를 규정한 첫 세계적 기후합의로서, 2020년 완료되는 교토 의정서 체제를 대체한다. 지구 평균기온을 산업혁명 이전 대비 2℃ 상승 이내로 억제, 온실가스 감축이행 점검, 선진국의 개도국에 대한 기후대처기금 지원 등의 내용을 담고 있다.

패시브하우스

Passive House

첨단 단열공법을 이용하여 에너지의 낭비를 최소화한 건축물을 가리킨다. 에너지 사용에 '수동적인 집'이라는 뜻으로 태양열 흡수 장치 등을 이용하여 외부로부터 에너지를 끌어 쓰는 액티브하우스에 반해 집안의 열이 밖으로 새나가지 않도록 최대한 차단함으로써 화석연료를 사용하지 않고도 실내온도를 적정수준으로 유지한다.

퍼클로레이트

Perchlorate

과염소산으로부터 생성된 염으로, 과염소산염이라고도 한다. 군사용 폭발물, 로켓 추진제, 불꽃놀이용 폭발물, 기폭제, 성냥, 윤활유, 에어백 등에 사용되었다. 전자관련 생산공정에서 부산물로 나오기도 한다. 발암성이 있어 갑상선암 등을 유발하는 독성물질로 알려져 있다. 낙동강에서 검출되어 먹는물 수질 감시항목으로 지정하여 지속적으로 모니터링하고 있다.

페놀

Phenol

무색으로 특유의 냄새를 가진 방향족 화합물로 모노히드록시벤젠 또는 페놀류를 말한다. 합성수지, 합성섬유, 염료, 살충제, 방부제, 소독제 등 화학제품의 원료로 사용된다. 물속에서 1주일 정도 지나야 99% 분해 가능하며 활성탄으로 완전히 제거할 수 있다. 소화기와 신경계통 장애 및 암을 유발하므로 특정 유해물질로 분류된다.

폐기물

Wastes

사람의 생활이나 사업활동에 더 이상 필요하지 않게 된 물질을 말한다. 1차적으로 발생원과 폐기물 발생량에 따라 생활폐기물과 사업장폐기물로 구분되며, 2차적으로는 유해성에 따라 사업장일반폐기물과 지정폐기물로, 3차적으로는 발생특성에 따라 사업장생활계폐기물, 사업장배출시설계폐기물, 건설폐기물, 의료폐기물 등으로 분류된다. 폐기물은 매립, 소각, 또는 재활용을 통해 처리된다.

폐기물 가공연료(RDF)

Refuse Derived Fuel

도시쓰레기 중에서 가연성 물질만을 고른 뒤 가공하여 만든 연료로, 쓰레기고형화연료·쓰레기재생연료·폐기물연료라고도 하고 줄여서 RDF라고도 한다. 도시폐기물에서 재활용물질을 골라내고 금속이나 유리 같은 불에 타지 않는 물질을 제거한 뒤 종이·목재·플라스틱 같은 가연성 물질을 잘게 부수고 압축하여 적당한 크기로 만든다.

폐기물 감량화

Waste Reduction

폐기물 처리를 고심하기 앞서 애초부터 발생량을 줄이자는 것으로 생산, 유통, 소비 단계별로 각각 감량화 정책이 시행되고 있다. 1회용품 사용억제와 쓰레기종량제는 소비단계의 감량화 정책이고, 폐기물부담금제도와 사업장폐기물 감량화 방침은 생산단계의 정책이며, 과대포장 줄이기 등은 유통단계의 정책이다.

폐기물 고형연료(SRF)

Solid Refuse Fuel

고체폐기물 중 발열량이 4,000 kcal/kg 이상인 폐합성수지류, 폐지류, 폐목재류 등 가연성 물질을 선별하여 파쇄, 건조 등의 처리과정을 거쳐 연료화시킨 고체연료를 통칭한다. 폐기물 발생을 최소화할 수 있고 폐기물 중 가용자원의 재활용을 극대화할 수 있어, 국내에서는 신재생에너지로 간주되고 있다. 생산된 SRF는 주로 발전소, 지역난방, 산업용보일러의 보조연료로 사용된다.

폐기물 부담금제

Waste Charge System

유해물질을 함유하고 있거나, 재활용이 어렵고 폐기물관리상 문제를 일으킬 수 있는 제품/재료/용기의 제조업자 또는 수입업자에게 그 폐기물 처리에 드는 비용을 부담하도록 하는 제도로 입니다. 살충제/유독물제품, 부동액, 껌, 1회용 기저귀, 담배, 플라스틱제품의 6개 품목을 대상으로 실시되고 있다.

폐기물 수집운반차량 밀폐화제도

폐기물 수집 운반 시 적재물의 낙하 및 누출 등에 따른 사고 발생과 폐기물의 유출 및 악취의 누출 등을 방지하기 수집·운반차량 적재함에 밀폐형 덮개 및 포장 덮개 등을 설치하는 제도로 2017년 1월부터 전면 의무화되었다.

폐기물 에너지

Waste-derived Energy

폐기물을 변환시켜 연료 및 에너지를 생산하는 기술로 사업장 또는 가정에서 발생되는 가연성 폐기물 중 에너지 함량이 높은 폐기물을 다양한 가공처리 방법을 통해 고체 연료, 액체 연료, 가스 연료, 폐열 등을 생산하고, 이를 산업 생산 활동에 필요한 에너지로 이용될 수 있도록 하는 것을 말한다. 폐기물 처리 방법에 따라 물리적, 열적, 생물학적 기술로 분류된다. 폐기물 에너지화 기술로 생산된 연료 중 고형 폐기물 연료, 열분해유, 폐기물 가스, 매립가스 등은 발전 에너지원으로 사용되며 바이오 에탄올은 친환경 수송 연료로 각광받고 있다.

폐기물 예치금제도

Deposit Refund System in Waste Management

재활용 가능한 물품을 생산업자가 다시 회수하게 하기 위해 물건을 생산할 때 일정 금액을 예치하게 하고 업체가 회수한 만큼 예치금을 되돌려주는 제도이다. 1992부터 시행되었으나 2003년부터 '생산자책임 재활용제도'로 전환되었다.

폐기물 전자정보처리시스템(Allbaro시스템)

IT-based Comprehensive Waste Management System

온라인 폐기물 처리정보 시스템으로 종전에 수작업으로 이루어지던 '폐기물 처리증명제'를 대체한 것이다. 배출자, 운반자, 처리자 및 행정기관 사이에 유통되는 폐기물인계서를 인터넷상에서 전자정보 형태로 처리하여, 사용자는 자신의 폐기물 인계정보와 처리상황, 처리결과를 수시로 조회할 수 있으며, 행정기관은 폐기물의 이동과정을 실시간 확인함으로써 폐기물 처리의 투명성과 효율성을 높이는 시스템이다.

폐기물의 화학적 처리시설

Chemical Treatment Facilities of Wastes

고형화·안정화·고화 시설, 반응시설(중화·산화·환원·중합·축합·치환 등의 화학반응을 이용하여 폐기물을 처리하는 단위시설 포함), 응집·침전 시설을 포함하는 폐기물 중간처리시설을 말한다.

폐기물처리

Waste Treatment

폐기물 파쇄, 압축, 소화, 여과, 흡수, 흡착, 소각 등의 물리적·화학적 조작에 의하여 감량화, 무해화, 혹은 재생 이용을 도모하는 일련의 공정을 말한다. 공업화가 급속히 진전되면서 인공환경이 자연환경을 압도하고, 배출된 폐기물은 자연의 흡수능력을 넘어 쌓이게 되어 폐기물 공해를 초래하게 되는데 이를 적절히 처리하는 것은 환경보전을 위해 매우 중요하다.

폐기물처리시설

Waste Treatment Facilities

폐기물을 소각, 기계적·화학적·생물학적 처리 또는 매립 등을 통해 처리하는 시설을 말한다. 「폐기물관리법」에서는 '쓰레기, 연소재, 오니, 폐유, 폐산, 폐알칼리 및 동물의 사체 등으로서 사람의 생활이나 사업활동에 필요하지 아니하게 된 물질(폐기물)의 중간처리시설과 최종처리시설'로 정의한다.

폐기물처분

Waste Disposal

폐기물 처분에는 매립처분과 해양투입처분, 소각 등이 있다. 매립처분은 육상이나 수면에 설치된 매립지에 투기하는 것으로 『폐기물 처리법』에 그 기준이 정해져 있다. 폐기물을 최종적으로 투기·투입 처리하는 것을 '처분'이라고 하며, 태울 수 있는 쓰레기의 소각, 대형쓰레기의 분쇄, 플라스틱의 융해, 고체화, 분별 등을 '처리'라 하여 구분하고 있다.

폐기물처분부담금제도

Waste Disposal Charge System

폐기물을 여러 처리 방법 중에서 소각 또는 매립의 방법으로 처리할 때 부담금을 부과·징수하는 제도이다. 이 제도는 매립 또는 소각에 대한 부담금 부과로 폐기물의 처리방법을 재활용으로 결정하도록 경제적으로 유인하는 제도이다. 2016년 5월 제정되고 2018년 1월부터 시행된 『자원순환기본법』에서 도입되었다.

폐산

Waste Acid

산업 활동에 따라 생기는 산성폐액을 말한다. 폐산에는 무기계폐산(황산, 염산, 질산, 인산 등), 알코올 발효폐액, 아미노산 발효폐액, 염색폐액, 유기합성폐액 등이 있다. 산업폐기물로 중화처리하여 처분된다.

폐섬유화

Pulmonary Fibrosis

폐조직이 굳어서 호흡장애를 일으키는 호흡기 질환이다. 폐의 섬유질이 과다하게 누적되어 폐벽이 두꺼워져 혈액에 공급되는 산소량이 줄어든다. 살균제에 든 독성 화학물질, 석면 등 분진, 방사선치료 등이 원인이며, 가습기살균제 피해자에게 나타난 증상이기도 하다.

폐쇄수역

Closed Water Area

호수나 만 등 물의 교체가 적고, 오염물질의 움직임이 물의 흐름보다 늦음으로써 정체되기 쉬운 수역을 말한다. 폐쇄수역에서는 오염물질이 물 바닥에 침전되어 오래도록 남아 있기 때문에 한번 오염되면 회복에 많은 시간이 걸린다.

폐수오니

Wastewater Sludge

폐수 배출공정이나 수질오염방지시설에서 발생된 찌꺼기(오니)를 탈수하는 과정에서 배출되는 것을 말한다. 고형물 중 유기성물질의 함량이 40% 이상인 것은 유기성 오니, 그 외는 무기성오니로 구분된다.

폐수처리업 등록제도

폐수배출량이 1일 50 m^3 미만인 사업장이나 수질오염방지시설 설치를 면제받은 사업장은 발생된 폐수를 전문업체에 위탁처리할 수 있도록 하는 제도. 소규모 사업장의 폐수처리에 대한 경제적 부담 완화와 폐수의 효과적 관리를 위해 필요한 제도라 할 수 있다.

폐알칼리

Waste Alkali

산업시설에서 배출되는 알칼리성 폐액, 구체적으로는 알칼리성 도금폐액, 탈지폐액, 암모니아 폐액, 실케트 가공폐액, 사진현상폐액, 황산나트륨폐액 등이 있다. 알칼리성 폐액은 산업폐기물로서 중화처리 후 처분된다.

폐유

Waste Oil

『폐기물처리법』에서는 산업활동으로 발생하는 폐유를 산업폐기물로 규정하고 있다. 한편 해양오염방지법에서는 선박 내에서 발생한 기름을 폐유로 정의하고, 이를 선박에서 배출하는 행위를 규제하고 있다.

폐전기·전자제품 재활용목표관리제

E-waste Recycling Target Management System

일정기준 이상의 전기·전자제품을 제조하거나 판매하는 업체를 대상으로 인구 1인당 재활용목표를 부여하고 그 이행을 체계적으로 관리하는 제도이다. 2014년 1월 도입되었으며 '생산자책임재활용제도(2003～2013)'의 10개 품목에서 5대 제품군 총 27개 제품으로 대상이 확대되었다.

포스트 교토체제

Post-Kyoto System

1997년 합의되어 2012년 만료되는 교토의정서의 뒤를 잇는 새로운 기후변화 대응체제를 가리킨다. 포스트 교토체제에 대한 논의는 2009년 코펜하겐 합의, 2010년 칸쿤합의, 2011년 더반플렛폼을 거쳐 2015년 파리협정으로 마무리되었다. 이에 따라 2020년까지 현 교토의정서 체제가 연장되고, 2020년 이후에는 전 세계가 파리협정에 의한 신기후체제에 돌입하게 된다.

포스트하비스트

Post-harvest

수확 후 농약처리하는 것을 말한다. 농산물을 장기간 보관할 때 발생할 수 있는 변질문제를 방지하기 위해 국제적으로 공인된 방법이다. 재배과정에서 뿌린 농약은 시간이 지나면서 비에 씻기거나 자외선에 의해 분해되지만, 수확 후 뿌린 농약은 그대로 소비자의 입으로 들어갈 가능성이 높아 더 큰 문제가 될 수 있다.

포장폐기물
Packaging Waste
제품의 포장에 사용된 후 버려지는 물질을 말한다. 생활폐기물 중 중량기준으로 32%, 부피기준으로 50% 이상을 차지하며 제품의 수명 사이클 단축, 경제규모의 확대와 생활양식의 변화에 따라 증가추세에 있다. 포장폐기물의 규제는 친환경 재질 대체를 위한 포장 재질 규제와 감량화를 위한 포장방법(포장공간비율, 포장횟수) 규제로 구분된다.

폭기
Aeration
하수 또는 폐수의 처리장에서 활성오니에 공기를 공급하는 수처리법이다. 폭기의 방법에는 물속에 공기를 불어넣거나 또는 공중에 물을 살포하여 물과 공기를 충분히 접촉시키는 방법이 쓰인다. 활성오니 속 미생물은 산소를 소비하면서 유기물을 분해하는데 폭기는 산화작용과 호기성 미생물에 의한 소화작용을 촉진하고, 탄산가스, 황화수소, 메탄가스 등을 제거하여 물을 정화하는 역할을 한다. 하수 처리장에서는 보통 5~6시간에 처리할 수 있는 기준인 BOD 20 ppm 정도를 정화하는데, 폭기 시간 연장으로 처리율을 높일 수 있다.

폭염
Heat Wave
일정 기준 이상의 기온상승으로 인해 인명 및 재산 피해를 유발하는 재해를 말한다. 일최고기온이 33℃ 이상인 상태가 2일 이상 지속될 것으로 예상될 때 '폭염주의보'를, 일최고기온이 35℃ 이상인 상태가 2일 이상 지속될 것으로 예상될 때 '폭염경보'를 발표한다. 극한기후지수의 하나이다.

폴리머 유기발광 다이오드(P-OLED)
Polymer Organic Light Emitting Diode
유기화합물을 사용해 자체 발광시키는 차세대 디스플레이로, 화질의 반응속도가 LCD에 비해 1000배 이상 빠른 차세대 평판디스플레이이다. 에너지 효율이 월등히 높고 밝아 소형 가전 제품의 디스플레이용으로 적합하다.

폴리메틸메타아크릴레이트
Poly Methyl Methacrylate
빛을 85% 투과하는 투명성, 내후성 및 심오한 색조합이 가능한 강성이 있는 재료이다. 넓은 범위의 착색이 가능하고, 성형품은 광범위한 테크닉에 의해 용이하게 장식되며 샹들리에, 형광등 커버, 각종 창유리, 램프커버 렌즈, 계기판, 볼펜, 문구류, 피아노 건반 등에 사용된다.

폴리스틸렌
Polystyrene
무색투명한 단독중합체로서 스티렌계 수지의 기본이 되는 폴리머(중합체)이다. 전기적인 성질은 플라스틱 중 최고이며, 가시광선 투과율과 탄성률이 크고 충격강도는 작다. 주로 싱크대용품으로 투명한 곳에 사용되며, TV 캐비닛, 자동차부품 등에 사용된다.

폴리실리콘
Polysilicon
작은 실리콘 결정체로 이뤄진 딱딱한 물질로 태양전지의 원재료이다. 원통형 덩어리로 전환시킨 뒤 그것을 잘라 둥근 원판형 웨이퍼를 만들어 가공한 것이 태양전지 셀이고, 셀을 여러 개 결합한 것이 태양광 모듈이다.

폴리에틸렌
Polyethylene
열가소성 플라스틱의 하나이다. 가볍고 유연하며, 왁스와 같은 느낌이 난다. 공업 재료부터 일용 잡화까지, 생활의 구석구석에서 사용되고 있는 범용 플라스틱으로, 병·포장재·전기절연체로 많이 사용된다. 석유화학공업의 인기품으로, 범용 플라스틱의 대표적인 존재로 각광을 받게 되었다.

폴리염화 비페닐(PCBs)

Polychlorinated Biphenyl

벤젠 구조식이 두 개 직결된 비페닐 1개에 10개의 염소가 붙은 인공 유기화합물로 잔류성 유기화합물(POPs)이다. 불연성, 가열이나 냉각시 성질불변, 전기 절연성, 산과 알칼리에 불침식, 물에 녹지 않음, 유기 용매에 잘 녹아 플라스틱과 잘 섞임 등이 특징이다. 다방면에서 사용되고 있으나 강한 독성과 잔류성, 축적성이 있어 사용이 금지되고 있다. PCBs의 관리를 위해 PCBs 함유 관리대상기기 통합 DB시스템(http://pcbs.me.go.kr)의 구축이 추진되고 있다.

폴리염화비닐(PVC)

Polyvinyl Chloride

염화비닐을 주성분으로 하는 플라스틱으로 염화비닐의 단독중합체와 50% 이상 함유한 혼성중합체가 있다. 필름, 시트, 성형품, 캡 등 광범위한 제품으로 가공되며, 염화비닐수지 또는 PVC로 불린다. 원래 딱딱한 물질이며 프탈산계나 아디핀산계 가소제를 사용해 유연성과 탄력성을 높인 뒤 제품화된다. 그러나 프탈산계 가소제의 인체유해성이 밝혀져 현재 전 세계적으로 사용이 제한되는 추세이다.

폴리프로필렌

Polypropylene

프로필렌의 첨가 중합에 의해 얻게 되는 고분자 화합물이다. 매우 질겨 필름이나 성형 제품으로서, 또는 용융 방사하여 섬유 제품으로서 사용된다. 쌀, 비료포대, 테이프, 이불솜, 돗자리, 보온병 등 다양한 용도로 쓰인다.

폼알데하이드

Formaldehyde

탄소 1개, 수소 2개, 산소 1개로 구성된 화합물로, 실온에서 자극성이 강한 냄새를 띤 무색의 기체이다. 합판, 합성수지 및 화학제품 제조, 소각로, 석유정제, 유류 및 천연가스 연소시설 등에서 발생하며, 물에 녹이면 살균 방부제인 포르말린이 만들어진다. 최근에는 건축물의 단열재와 실내가구의 칠, 접착제 등에 사용되어 실내공기오염의 주범이 되고 있다. 인체에 대한 독성이 매우 강하여 폐기 시 반드시 고온소각 또는 고온 용융·고형화 처리하도록 법률로 규정하고 있다.

표준처리

Standard Water Treatment

상하수 처리 시 1차처리(침전, 여과) 다음 단계로 행해지는 보편적인 처리공정이다. 1차처리로 제거할 수 없었던 비침전성의 부유물이나 용해성 유기물을 미생물의 대사작용을 이용하여 제거하는 생물 처리를 말한다. 활성오니법, 살수여상법 등이 이용된다. 여기서 처리되지 않은 오염물질은 고도처리를 거친다.

표토

Topsoil

지표의 원재료 물질에 가용성, 부식 물질이 부가되어 변질된 표층으로 상부를 표토, 하부를 하층토라 한다. 1 cm의 표토 형성에는 1백 년 이상의 세월이 필요하다. 토지약탈형 농업, 대규모 삼림 벌채가 표토 유실, 사막화를 야기하고 있다.

푸드 마일리지

Food Mileage

푸드 마일(Food Miles)은 먹거리가 생산지에서 식탁에 오르기까지의 이동 거리를 뜻하며, 푸드 마일리지는 곡물과 축산물, 수산물 등 아홉 개 품목을 대상으로 생산지에서 소비지까지 식품 수송량(톤)에 수송 거리(km)를 곱해 계산한다. 푸드 마일리지는 식재료가 생산, 운송, 소비되는 과정에서 발생하는 환경 부담의 정도를 나타내는 지표로 사용된다. 푸드 마일리지를 줄이는 방법은 지역에서 생산되는 로컬푸드를 이용하는 것이다.

풍력발전

Wind Power Generation

바람의 힘을 이용해서 전기를 만드는 기술이다.

전력생산단가가 싸고 연료와 폐기물이 없는 청정 에너지로 신재생에너지 분야 중에서도 경제성과 기술성숙도면에서 세계적으로 가장 빠른 성장속도를 보이고 있다. 단점은 바람이 일정하지 않기 때문에 전력량이 고르지 못하고, 전기 사용지에서 멀리 떨어져 있어 송전 비용이 많이 든다는 것이다. 우리나라는 해안선이 길어 풍력발전에 유리한 조건을 가지고 있다. 우리나라는 1993년 제주도에 최초로 풍력발전기를 설치하였다.

퓸
Fume

고체의 승화, 액체의 증발, 화학 반응 등에 의해서 발생한 증기가 공기나 가스 속에 부유하여 응결하게 된 지름 1마이크로미터 이하의 고체 입자를 말한다. 담배 연기나 황산의 흰 연기 등을 예로 들 수 있다.

프탈레이트
Phthalate

플라스틱, 특히 폴리염화비닐(PVC)을 부드럽게 하기 위해 사용하는 화학첨가제이다. 다이에틸헥실프탈레이트(DEHP)가 대표적인 예로서, 화장품·장난감·세제 등 각종 PVC 제품이나 가정용 바닥재 등에 이르기까지 광범위하게 쓰였지만, 현재는 환경호르몬 추정물질로 구분돼 사용이 금지되고 있다.

플라스틱
Plastic

열이나 압력을 가해 성형이 가능한 재료, 또는 이런 재료를 사용한 수지제품으로 일반적으로 천연수지 아닌 합성수지를 가리킨다. 석유를 증류·가열하여 에틸렌, 프로필렌 등의 분해가스를 만든 뒤 화학반응을 일으켜 만든다. 플라스틱은 두 그룹으로 크게 구별된다. 하나는 고분자로서 가열에 의해서 유동성을 가지게 되어 성형이 되는 열가소성 플라스틱(열가소성수지)이고, 또 하나는 저분자이지만 틀 속에서 가열·가압되는 동안에 유동성을 가지고 화학반응에 의해서 고분자화되어 그 후 가열해도 변형되지 않는 열경화성 플라스틱(열경화성수지)이다. 플라스틱은 폐기처리될 때 유해 물질이 대량으로 발생되며 소각공장에서는 타지 않은 채 끈끈하게 벽에 달라붙어 소각로에 손상을 입히기도 한다.

플라스틱공해
Plastic Pollution

플라스틱 폐기물의 증가로 생겨난 인위적인 공해로, 대기오염 ·수질오염과 함께 제3의 산업공해로 불린다. 플라스틱 폐기물은 묻어도 부패하거나 분해하지 않고 박테리아의 작용도 받지 않으며 소각하면 고열을 발하여 소각로를 손상시킬 뿐만 아니라 유해 가스를 발생하고 재이용 방법도 불충분하여 처리에 어려움이 많다. 태평양을 떠다니는 거대 플라스틱섬들이 발견되고 수돗물에서 미세플라스틱이 발견되는 등 충격을 주고 있는 한편 최근에는 생분해성 플라스틱과 플라스틱을 분해하는 효소가 개발되는 등 플라스틱의 처리를 위한 기술이 개발되고 있다.

플라이 애시
Fly Ash

석탄이나 중유를 보일러 연료로 사용하는 화력발전소에서 연료의 연소과정에서 발생되는 회분을 굴뚝에서 전기 집진기로 포집한 연소재로서, 입자크기는 시멘트와 같은 정도이며 알루미나(Al_2O_3)와 실리카(SiO_2)가 주성분이고 주로 콘크리트의 혼화재로서 사용된다. 재의 성분에 이산화규소의 함유율이 높다. 형태는 대부분 구형이고 높은 열 때문에 유리질로 되어 있다.

플라즈마
Plasma

물질의 세 가지 형태인 고체, 액체, 기체 아닌 '제4의 물질상태'로, 기체 상태의 물질에 계속 열을 가하여 온도를 올려주면 이온핵과 자유전자로 이루어진 입자들의 집합체가 만들어지는데 이러한 상태의 물질을 말한다. PDP TV 등 산업계에서 폭넓게 사용되고 있으며 대체에너지원 개발 등의 목적으로 활발히 연구되고 있다.

플랑크톤
Plankton

수중생물을 생태적으로 구분한 한 무리로서 부유생물이라고도 한다. 스스로 운동능력이 전혀 없거나 또는 아주 약하고 수동적으로 행동하는 생물을 가리킨다. 식물플랑크톤과 동물플랑크톤으로 크게 나뉘는데, 보통 식물플랑크톤 쪽이 양이 많다. 어류 등의 먹이가 되며 생태계 식물 연쇄에서 맨 아래 부분을 형성하는 중요한 존재다.

플랑크톤 조절
Plankton Control

저수지등에서 수도원수를 취수할 때, 플랑크톤 조류의 번식이 과다하면 물 에서 냄새가 나거나 정수공정이 곤란하게 된다. 이런 경우 저수지를 폭기시켜 수질을 향상시키거나, 긴급한 경우 유산동을 살포하거나, 취수 심도를 변경하여 플랑크톤을 조절하는데 이를 가리키는 말이다.

플러그인 하이브리드카(PHEV)
Plug-in Hybrid Electric Vehicles

가정이나 건물 등의 전기를 이용하여 외부에서 충전한 배터리의 전기동력으로 주행하다가 배터리 방전 시 일반 하이브리드차처럼 내연기관 엔진과 배터리의 전기동력을 동시에 사용하여 운행하는 자동차이다. 일반 하이브리드차보다 진일보한 방식이다. 하이브리드자동차는 내연기관을 기반으로 전기모터가 보조하는 방식인 반면, 플러그인 하이브리드 자동차는 전기모터가 기반이며 내연기관이 보조하는 시스템이다.

플루토늄
Plutonium

'지옥의 왕'이라는 뜻 그대로 세상에서 독성이 가장 강한 방사성 물질이다. 원자로 안의 연료를 구성하는 천연원소 우라늄 235에 중성자가 흡수되어 생기는 플루토늄 239가 중심이며, 그 밖에 많은 동위체도 있다. 플루토늄은 반감되려면 긴 세월이 걸리기 때문에 독성이 오래도록 지속된다. 또한 플루토늄은 원자폭탄의 재료이기도 하다. 원자폭탄은 사용을 마친 핵 연료를 재처리하여 플루토늄을 추출해 만든다.

피렌
Pyren

벤젠 고리가 여러 개인 다환 방향족 탄화수소의 하나이다. 벤젠 고리가 십자형으로 붙어 있는 형태로, 타르에 들어 있는 유독성 물질이다. 여기서 벤젠 고리가 하나 더 붙으면 벤조피렌이 된다. 염료 등을 합성하는 원료로 사용되며 흡입하면 간장, 폐에 장애가 발생한다.

피에이이엔
Peroxyacetyl Nitrate

스모그의 광화학반응에서 발생하는 산화물의 일종이다. 연소 배기가스, 자동차 배기가스로부터의 산화질소, 탄화수소, 오존이 특수한 기상조건에서 광화학반응을 일으킨다. 산화능력이 강하고 눈을 자극하거나 식물에 피해를 준다.

피톤치드
Phytoncide

식물이 해충, 곰팡이 등에 저항하려고 내뿜거나 분비하는 물질이다. 산림욕을 통해 피톤치드를 마시면 심폐기능이 좋아지며, 스트레스가 해소되는 효과가 있다. 방향제에 피톤치드 성분을 넣거나 식품에 이용하게도 한다.

핌피현상(PIMPY)
PIMFY Syndrome

'Please in my front yard'의 이니셜을 딴 것으로 수익성 있는 사업을 내 지방에 유치하겠다는 지역이기주의의 일종이다. 핵시설이나 쓰레기 매립장 등 혐오시설은 절대로 내고장에 둘 수 없다는 이른바 님비 현상과 대조되는 개념이다.

하구

Estuary

하천이 바다나 호수 등 다른 수역으로 흘러드는 부분이다. 하천으로부터 공급되는 암석이나 모래, 진흙이 퇴적해 삼각주나 갯벌, 모래톱이 형성되거나 해안에 퇴적한 토사나 사주로 인해 석호나 만이 형성되기도 한다. 갯벌이나 만은 폐쇄적인 수역으로 담수와 해수가 섞이는 기수역이 되는 경우가 많다.

하구언

Estuary Weir

바닷물의 침입을 막기 위해 강과 바다의 접경에 쌓은 댐이다. 하천의 정상적인 기능유지와 강물 이용에 기여한다. 하지만 어패류의 이동을 막아 생태환경을 파괴하며, 하류쪽 물을 마르게 해 하구가 폐쇄되고, 상류 하천의 수위가 상승함으로써 지하수위가 상승하는 등 피해가 발생할 수 있다.

하수

Raw Sewage

오수나 빗물 및 공장의 폐수 등의 총칭이다. 가정 오수는 수세식 변소의 배설물 등을 포함하며 위생적인 배려를 필요로 하지만 처리는 쉽다. 공장에서 나오는 폐수는 수량도 많고 수질적으로도 처리장에서의 처리가 어려워 발생원에서의 처리가필요하다. 빗물은 부정기적이며 대량적인 것이 특징이다.

하수도

Drainage System

하수를 빨리 배제하기 위한 배수관, 배수도랑, 배수펌프 등의 배수시설과 이것에 연결되어 하수를 처리하는 하수처리장 등의 처리시설을 포함하는 용어이다. 우수와 오수를 따로 흐르게 하는 분류식과, 함께 흐르게 하는 합류식이 있다. 법제상의 분류로 공공하수도, 유역하수도, 도시하수도가 있다.

하수종말처리장

Sewage Treatment Plant

하수를 최종적으로 처리하여 하천과 그 외의 해역에 방류하기 위해 설치된 하수처리시설 및 이를 보완하는 시설이다. 일반적으로 전처리, 1차처리, 2차처리, 3차처리 및 오염처리시설로 구분되며, 처리방법은 물리학적 처리, 화학적 처리, 생물학적 처리가 있다. 스크린, 침사지, 침전지, 폭기조, 살수여상, 염소처리 등 하수처리를 위한 각종 시설이 설치되어 있다. 종말처리장에서 배출되는 하수 또는 폐수의 농도 및 종말 처리장의 유지, 관리에 대해서는 법으로 규정하고 있다.

하수처리법

Sewage Treatment Method

하수를 정화시키는 방법으로, 일반적인 처리법으로는 하수에 들어있는 부유물질을 여과나 침전 등 물리적 방법으로 제거하고(1차처리), 용해성의 불순물을 미생물의 힘을 빌려 침전 분리시키고(2차처리), 윗물은 염소소독 후에 하천이나 바다로 방류하며, 침전물인 오니는 따로 처리한다. 2차처리 후 수질을 더 높일 필요가 있을 때는 고도처리과정인 3차처리를 실시한다.

하이브리드카(HEV)

Hybrid Electric Vehicles

내연 엔진과 전기 자동차의 배터리 엔진을 동시에 장착하여 일반 차량에 비해 유해가스 배출량을 줄이고, 연비를 획기적으로 늘린 친환경 자동차이다. 전기 모터는 차량 내부에 장착된 고전압 배터리로부터 전원을 공급받고 배터리는 자동차가 감속할 때 다시 충전한다.

하이테크공해

High-tech Pollution

첨단기술산업에서 나오는 유해화학물질에 의한 오염을 총칭한다. 하이테크 산업은 본래 소비 에너지가 적어 공해와 무관한 산업으로 알려졌으나, 반도체 제조공정에서 세정제로 쓰이는 트리클로로에틸렌 등 유기염소계 용제의 유독성이 밝혀지면서 심각성이 문제가 되고 있다. 유전자 조작을 통해 만들어진 변형 생물체들도 하이테크 공해에 포함된다.

하천유역관리

River Basin Management

이수, 치수뿐만 아니라 친수기능을 포함한 건강한 하천을 유지하기 위해 침식, 유사, 유량, 퇴적 등의 제어나 개량을 통하여 관리하는 것을 의미한다.

한-EU 나노안전 국제협력사업(NANoREG)

Korea-EU Joint Research on Nano Safety

'나노물질 규제시험법 마련을 위한 공통접근법 연구'라는 공식명칭을 가진 사업으로, 나노 규제를 위해 필수적인 정책수단 및 과학적 근거 확보를 목적으로 한다. 2013.3～2016.8까지 약 750억 원 규모로 EU(ECHA), 미국 등 15개국 59개 기관이 참여하여 나노물질 특성 확인방법, 인체·환경 독성평가방법, 작업장·소비자 노출평가 방법, 위해성관리방법 등을 연구하였다.

한·일 환경협정

Korea-Japan Environmental Agreement

1992년 6월 일본 도쿄에서 열린 한일 무역산업기술협력위원회 이후 양국 정상에게 보고된 '한일 무역 불균형 시정을 위한 행동계획'에 포함된 중요내용이다. 협정에는 ① 양국 환경당국의 정보교환 ② 양국간 공동사업 실시 ③ 환경분야의 기술협력 촉진 등이 명기되어 있다. 구체적인 협력분야로 대기 및 수질 오염 방지, 산업폐기물 및 쓰레기 처리 문제 등이 거론된다. 협정은 정부간 협력뿐만 아니라 양국 지방자치단체 간 환경협력을 촉진하는 역할을 한다.

한·중 환경협정

Korea-China Environmental Agreement

일본에 이어 우리나라가 체결한 두 번째 국가간 환경협정으로 1993년 10월 28일 북경에서 체결되었다. 협정은 특히 황사 및 산성비와 황해오염 등 두 나라 간 환경현안을 해결하기 위한 공동연구 등 협력기반을 구축했다는 점에서 의의가 있다.

한·중·일 3국 환경장관회의(TEMM)

Tripartite Environment Ministers Meeting

황사·대기오염, 유해폐기물 관리 등 동북아 지역의 환경 문제에 대한 협력방안을 도출하고, 동북아 핵심국가인 한국, 중국, 일본 3국간 환경공동체 의식 제고를 위해 1998년 우리나라의 제안으로 만들어진 회의이다. 1999년부터 매년 3국이 교대로 개최해오고 있다. 이 회의는 동북아지역의 유일한 환경분야 각료급 회의이며 3국간 환경협력에 대한 최고 위급 조정기구로서, 2017년까지 총 19차례 개최되었다.

한·중·일 환경교육네트워크 사업(TEEN)

Tripartite Environmental Education Network

2000년 2월 베이징에서 개최된 제2회 한중일 3개국 환경장관회의(TEMM)에서 삼국간의 환경공동체 의식제고를 위해 환경교육프로그램을 공동으로 개발하기로 합의한 데서 출발하였고, 2000년부터 일본, 중국, 한국의 순서로 매년 워크숍과 심포지엄을 개최해오고 있다.

한계치사농도(TLM)

Tolerance Limit Median

어류에 대한 급성 독물질의 해로운 정도를 나타내는 수치의 하나이다. 어류를 급성독성물질이 포함된 배수의 희석액 중에 일정기간 사육하여 그곳의 물고기의 50%가 살아남을 수 있는 배수의 농도를 나타낸다. 보통 24, 48 또는 96시간의 한계치사농도가가 구해지며, 각각 24TLM, 48TLM, 96TLM 등으로 나타낸다. 물고기의 종류에 따라 차이가 있으므로 그 종류도 명백히 할 필요가 있다. 48시간 TLM의 1/10의 농도면 물고기는 안전하다고 간주된다.

한국 순환자원유통지원센터(KORA)

Korea Resource Circulation Service Agency

제품 포장재의 회수와 재활용의무를 대행하여 재활용가능자원의 안정적인 수요와 공급을 도모하고, 빈 용기의 회수 및 재사용을 촉진하여 자원을 절약하고 환경을 보존하는 것을 목적으로 하는 공익법인이다. 2013년 『자원의 절약과 재활용촉진에 관한 법률』에 의거하여 설립되었다.

한국생물지

Flora and Fauna of Korea

한반도의 자생생물을 형태, 생태, 유전적 형질 등을 분석하는 국립생물관의 종합정보지이다. 2009년 처음 펴낸 이래 2016년까지 총 327권(2016년 국영문 23권)이 발간되었으며 우리나라 자생생물 약 8430종의 정보가 수록되어 있다.

한국형 생물종목록 연번체계(KTSN)

Korean Taxonomic Serial Number

우리나라의 생물 종을 종합적으로 분류, 체계화한 시스템이다. 이 시스템을 이용하면 생물종 목록 작성 시 분산되어 있는 생물자원 데이터베이스들을 통합하여 국가 차원에서의 효율적인 생물자원 관리가 가능하고, 시스템간 비교 분석이 가능해져서 데이터 호환성을 높이고, 다양한 연구를 위한 기초자료로 활용할 수 있다.

한국환경공단(KECO)

Korea Environment Corporation

2010년 1월 1일 한국환경자원공사와 환경관리공단을 통합하여 설립된 환경부 산하의 준정부기관이다. 환경오염방지·환경개선 및 자원순환을 촉진하는 사업을 효율적으로 추진함으로써 환경보전과 순환형 자원관리체계를 마련하는 등 환경친화적 국가발전에 이바지하는 것을 목적으로 하며, 인천광역시 서구 종합환경연구단지 내에 위치한다.

한국환경산업기술원(KEITI)

Korea Environmental Industry Technology Institute

환경 기술 개발과 보급을 주력 사업으로 하는 준정부기관으로 2009년 설립되었다. 주요업무는 환경기술개발사업에 대한 기획·평가·관리, 환경산업의 해외시장 진출 지원, 녹색제품 생산·판매 및 유통 촉진을 위한 지원 등이다.

한국환경정책·평가연구원(KEI)

Korea Environment Institute

환경정책을 연구하고 환경영향평가 검토 업무를 수행하는 국무총리 산하 공공기관이다. 1992년에 '한국환경기술개발원'이라는 이름으로 설립되었으며, 1997년에 '한국환경정책·평가연구원'으로 개편되었다. 주요 업무는 환경정책과 관리 기법의 연구개발, 환경관리계획의 수립 및 환경정책 운영성과의 평가, 환경기술개발 및 청정 생산체제 확산을 위한 연구개발 등이다. 기후변화 관련, 내부에 기후변화적응센터를 운영하고 있다.

한대림

Boreal Forest

한대에 생성되는 삼림의 총칭. 보통 상록 침엽수림대와 같은 의미로 쓰인다. 현재는 온대에서 자라지만 원래 한대에서 자라다가 빙하기 때 남하해 온 것으로 추정되는 삼림도 한대림이라고 한다. 내한성이 강하고 광합성 및 생육의 최적온도가 낮다.

한파

Cold Wave

차가운 공기가 저위도로 하강하여 급격한 기온하강을 일으키는 현상으로 이를 대비하기 위해 특보가 발령된다. 한파주의보는 ① 아침 최저기온이 전날보다 10℃ 이상 하강하여 3℃ 이하이고 평년값보다 3℃가 낮을 것으로 예상될 때, ② 아침 최저기온이 −12℃ 이하가 2일 이상 지속될 것이 예상될 때 발령된다. 이보다 정도가 더 심할 때(15℃ 이상 하강, 최저기온 −15℃ 이하)에는 한파경보가 발령된다.

할로겐

Halogen

주기율표의 17족에 속하는 원소들로, 플루오르, 염소, 브롬, 요오드 등이 있다. 이 원소들은 알칼리 금속과 화합하여 물에 녹기 쉽고, 소금과 비슷한 모양을 가진 전형적인 염을 만들기 때문에 그리스어 halos genes('소금을 만든다'는 뜻)에서 유래하여 할로겐이라고 불렸다. 할로겐 원소는 각 주기에서 비금속성이 가장 크고, 반응성이 크기 때문에 주로 다른 원소와 화합물의 상태로 존재한다. 반응성은 불소가 특히 크고 염소, 브롬 순서로 감소한다. 산화력도 이 순서에 따르며, 특히 불소와 염소는 금속이나 비금속에 미치는 영향이 크기 때문에 「대기오염방지법」에 유해물질로 지정되어 있다.

할로카본

Halocarbon

메탄의 수소원자 전부를 할로겐 원자로 치환한 화합물을 총칭한다. 사염화 탄소, 사브롬화 탄소, 사플루오르화 탄소, 디클로로디플루오르메탄, 트리클로로플루오르메탄 등이 있다. 또 메탄보다 탄소원자수가 많은 탄화수소의 과할로겐 치환체의 총칭으로도 사용된다. 주요 오존층파괴물질이다.

할론

Halon

염화불화탄소 중 할로젠족 원소인 브롬이 함유되어 있는 화합물이다. 오존층파괴 원인물질로 알려진 프레온가스와 비슷한 물질이며, 프레온가스보다 오존파괴지수가 커서 몬트리올 의정서에 의해 사용을 규제하고 있다. 소화 성능이 뛰어나 컴퓨터실이나 위험물저장소의 소화제로 많이 사용되며 미사일의 마찰방지제로도 쓰인다.

합류식 관로

Combined Sewer

빗물과 오수를 같은 하수관을 통해 배출시키는 방법을 말한다. 한국의 관로는 주로 합류식으로 되어 있었으나, 2008년부터 분류식 관로가 주를 이루었다. 합류식 관로는 처리장까지의 도중에 빗물 배출실을 설치하여, 빗물에 의한 유량이 오수유량의 2~3배가 될 때 하수를 하천이나 바다로 방류하도록 되어 있다.

합류식 하수관로의 월류수

Combined Sewer Overflows

강우시 배수 구역에 모인 우수와 하수가 배수구역 말단의 우수토실에서 차집되어 하수처리시설로 이송되고 차집되지 못한 우수와 하수는 방류수역으로 넘쳐흐르게 되는데 이를 합류식 하수관로의 월류수라고 한다.

해수담수화

Seawater Desalination

생활용수나 공업용수로 직접 사용하기 힘든 바닷물로부터 염분을 포함한 용해물질을 제거하여 순도 높은 음용수 및 생활용수, 공업용수 등을 얻어내는 수처리 과정을 말한다. 해수탈염이라고도 하며, 해수를 담수로 생산하는 데 사용되는 설비를 해수담수화 설비 또는 해수담수화 플랜트라고 한다.

해안사구

Coastal Sand-dune

바다에서 육지 쪽으로 강풍이 불 때 해안의 모래가 육지 쪽으로 이동되다가 식물과 같은 장애물에 걸려 퇴적되어 형성된 것으로 바다와 육지의 점이지대이며 두 생태계 간의 완충지대 역할을 한다. 육지에서 볼 수 없는 독특한 경관과 희소성, 그리고 특색 있는 식물로 인해 생태적 중요성이 크다.

해양 산성화

Ocean Acidification

대기 중 이산화탄소 양이 많아지면 바다가 흡수하는 이산화탄소 양 또한 증가하게 된다. 바다로 흡수된 이산화탄소는 물과 만나 탄산을 발생시키고 이는 해양산성화를 촉진한다. 지구에서 배출되는 이산화탄소의 약 4분의 1이 바다에서 녹아 탄산을 생성하는데 최근 이산화탄소 배출량이 급증하면서 바다의 산성화가 심화되고 있다.

해양 에너지

Ocean Energy

바닷물을 이용해 얻을 수 있는 에너지로 네 종류가 있다. 파도를 이용하는 파력발전, 달과 태양의 인력 차를 이용하는 조석발전, 밀물과 썰물로 생기는 조류를 이용하는 조력발전, 좁은 해협의 해류를 이용한 해류발전, 표층과 심층의 해수 온도차를 이용하는 해양 온도차발전이 그것이다.

해양대순환

General Circulation of the Ocean

대양에서 생기는 바닷물의 대규모 순환을 말한다. 수심이 낮은 표층에서 해류는 바람의 영향을 받아, 적도를 경계로 북반구에서는 시계방향으로 순환하고 남반구에서는 반대로 순환한다. 표층해류는 북상해서 차가운 고위도에 이르러 무거워지면서 심층 순환으로 이어지고 해수 전체가 순환하게 된다. 해수는 순환하면서 저위도에서 고위도로 에너지를 운반해 지구가 적당한 기온을 유지할 수 있게 도와준다.

해양보호구역

Oceanic Protected Area

해양생물다양성이 풍부하여 생태적으로 중요하거나 해양경관 등 해양자산이 우수하여 특별히 보전할 가치가 큰 구역으로서 국토해양부장관이 지정·고시한다. 해양생물보호구역, 해양생태계보호구역, 해양경관보호구역으로 구분된다.

해양심층수

Deep Ocean Water

햇빛이 도달하지 않는 수심 200 m 이하 깊은 곳의 바닷물이다. 2℃ 이하의 차가운 온도와 깊은 수심 덕분에 유기물이나 오염물질의 유입이 없어 청정성이 뛰어나며 미네랄과 영양염류가 풍부하다고 알려져 있다. 해수면 가까이에서 강수, 풍랑, 증발 등의 영향을 많이 받는 표층수와 뚜렷이 구분된 상태로 깊은 바다 속에서 순환한다.

해양쓰레기

Ocean Waste

사람이 살면서 생긴 모든 부산물로서 바다로 들어가 못쓰게 된 것을 말한다. 해양쓰레기는 하천과 강을 통해 유입되거나 해안이나 배를 통해 직접 들어온다. 해양쓰레기가 어디에 분포하고 있느냐에 따라 해변 또는 해안쓰레기, 부유쓰레기(해수표면 가까이에 떠다니는 쓰레기), 해저 또는 침적쓰레기(바다 밑바닥에 가라앉은 쓰레기) 등으로 분류한다. 정부는 '해양쓰레기 관리기본계획'을 수립해 해양쓰레기의 예방, 수거, 관리기반 구축, 교육홍보 등 종합적 전략을 시행하고 있다.

해양오염

Ocean Pollution

해양에 배출·투기된 물질이 바닷물을 오염시키는 것을 말한다. 대기오염이 호흡을 통하여 인체에 직접 피해를 주는 것과 달리 해양오염은 여러 형태의 간접적 피해로서 결과가 나타난다. 그 피해는 배출되는 물질의 종류와 양, 배출되는 해역의 특성에 따라서 다르지만 주된 피해 형태로는 해양생물과 서식환경을 직접적으로 파괴하는 경우와, 오염생물을 사람이 섭취함으로써 피해를 입는 경우로 크게 구분할 수 있다.

해양의 탄산가스 흡수

Oceanic Absorption of Carbon Dioxide

이산화탄소를 흡수하는 바다의 능력을 말한다. 지구표면의 70%를 덮고 있는 바다는 인간활동으로 배출된 이산화탄소의 25% 이상을 흡수함으로써 지구 온난화를 억제하는 역할을 한다. 그런데 바다의 이산화탄소에 대한 저장 금고로서의 역할에 부하가 걸려 이산화탄소 흡수 능력이 저하되고 있다. 그 원인으로 지구 온난화로 인한 바다의 온도 상승과 이산화탄소 흡수량 증가로 인한 바다의 산성화가 지목되고 있다.

해양투기

Ocean Dumping

육상에서 처분이 곤란한 일반 고체폐기물, 특정 산업폐기물 및 방사성 폐기물 등을 선박 또는 항공기에 적재하여 해양에 인위적으로 투기하는 행위를 말한다. 1970년대 이후 급속한 인구증가와 산업화로 쓰레기가 폭증하면서 해양투기가 국제적인 이슈로 떠오르고 이를 제한하는 런던협약(1972년)이 체결되었다. 우리나라는 1988년 폐기물 해양배출이 시작된 이래 육지폐기물의 해양투기가 지속적으로 증가하였으나 2006년부터 단계적 감축에 들어가 2016년부터는 국제협약(런던협약/의정서)에서 해양투기를 금지한 산업폐기물 등 폐기물의 해양배출을 전면 금지하고 있다.

해저유전

Submarine Oil Field

육상의 유전은 거의 모두 발견되거나 채굴되고 있는 상태다. 그러나 멕시코 만, 북극과 남극, 그 밖의 대륙붕 주변에는 광대한 유전이 그대로 남아 있다고 한다. 해저 유전의 채굴에는 기술적으로 어려운 점이 많으며, 안일한 개발은 돌이킬 수 없는 오염을 일으킬 가능성이 있다. 대표적인 해저 유전의 하나로 북해 유전을 들 수 있는데 1988년과 1989년에 사고가 일어나는 바람에 큰 문제가 되었다.

핵융합

Nuclear Fusion

1억℃ 이상의 고온에서 가벼운 원자핵이 융합하여 더 무거운 원자핵이 되는 과정에서 에너지를 창출해 내는 방법으로 태양과 같은 별은 그 빛에너지가 핵융합에서 생긴다. 이 과정을 이용하여 수소폭탄이 만들어졌다. 이 핵연료는 무한하며, 방사성 낙진도 생기지 않고 유해한 방사능도 적다. 핵융합발전은 수소와 같은 가벼운 원소들의 핵이 서로 결합해 헬륨처럼 좀 더 무거운 원소를 형성하게 되며, 이때 생긴 질량 결손에 의해 방출되는 에너지를 이용한 발전방식이다.

핵폐기물

Nuclear Waste

원자력 발전소 및 각종 연구소 등에서 나오는 원자력 부산물로서, 방사능오염 정도에 따라 고준위 폐기물과 저준위 폐기물로 나뉜다. 고준위 폐기물은 사용 후 핵연료를 말하는 것으로, 원전 연료를 핵분열시키고 난 후 재활용이 가능한 우라늄과 플루토늄을 제외한 나머지 찌꺼기를 말한다. 우라늄과 플루토늄의 재활용을 위하여 주로 물속에 넣어 보관한다. 중저준위 폐기물은 원자로 내의 방사능을 흡착하는 이온 교환 수지, 방사능을 걸러 낸 필터, 액체 폐기물 처리 후 남은 찌꺼기, 방사능 처리 과정에 사용된 각종 도구 등을 태우고 남은 재 등을 말한다.

허가물질

Chemicals for Authorization

2015년부터 위해성이 우려되어 허가를 받아 제조, 수입, 사용하도록 하고 있는 화학물질이다. 유해성 심사 및 위해성평가 결과 위해성이 우려되거나, 발암성, 돌연변이성, 생식독성, 내분비계 장애, 축적성, 잔류성이 있는 물질 등에 대해 지정하여 고시하도록 규정되어 있다.

허베이스피리트호 유류오염사고

Hebei Spirit' Oil Spill

2007년 12월 7일 충남 태안군 만리포 해수욕장 북서쪽 8 km 해상에서 홍콩 선적의 유조선 '허베이스피리트호'와 삼성중공업의 해상기중기 부선 '삼성1호'가 충돌, 총 1만 2547 kL의 원유가 유출되었던 국내 최대의 해양오염사고다. 수산업, 관광산업 등에 총 7,361억 원의 경제적 피해가 발생한 것으로 집계된 바 있다.

헥사클로로벤젠

Hexachlorobenzene

벤젠의 여섯 개의 수소를 모두 염소로 치환한 화합물이다. 물에 녹지 않는 백색 결정체로 자연적으로는 발생하지 않는다. 양파나 곡류의 살충제,

폭죽, 합성고무 등에 사용되었으나 미국에서는 사용을 금하고 있다. 오염된 음식 섭취로 중독되며 다량 섭취하면 간질환을 일으킨다.

혐기성세균

Anaerobic Bacteria

산소가 없는 상태에서 생육하는 세균을 말한다. 산소가 있는 곳에서 생존이 곤란한 것과 산소가 있어도 생육할 수 있는 것이 있다. 전자에는 메탄세균, 황산염 환원 세균, 파상풍균 등이 있으며, 후자에는 젖산균, 대장균 등이 있다. 수처리 시 소화조에서는 산소가 없는 상태에서 혐기성 세균에 의해 하수슬러지와 같은 고농도의 유기물을 분해하고 감량화한다.

혐오시설

Unpleasant Facilities

지역 주민에게 공포감을 주거나 주변 지역의 쾌적성이 훼손됨으로써 집값이나 땅값이 내려가는 등 부정적인 외부효과를 유발해 기피되는 시설을 의미한다. 대표적인 혐오시설로는 쓰레기 매립장 및 소각장, 원자력발전소, 소각장, 유류저장소, 교도소, 도살장, 고압변전소, 화장장, 하수처리장, 축사 및 돈사, 양계장, 묘지 등이 있다.

호기성세균

Aerobic Bacteria

산소가 있는 환경에서만 살 수 있는 세균을 말한다. 혐기성세균에 대응되는 용어로 산소성세균이라고도 한다. 호기성세균은 공기 중의 유리 산소를 이용하여 영양소를 산화·분해하고, 이 때 발생되는 에너지를 생활에 쓴다. 이와 같은 에너지 획득 과정을 산소호흡이라고 한다. 활성슬러지법·살수여상법·회전생물원판 등 호기성 폐수처리법에서는 폐수 중의 유기물질들이 효소(호기성세균)에 의하여 분해된다.

호소

Lake and Marsh

내륙에 있는 호수와 늪을 부르는 말이다. 사방이 육지로 둘러싸여 있고 바다와는 격리되어 있다. '호'는 연안식물이 침입할 수 없을 정도로 수심이 깊은 것을 가리키며, '소'는 수심이 얕으면서 수생식물이 생육하는 곳을 말한다. 자연호(Lake)와 인공호(Reservior)로 구분된다.

화석연료

Fossil Fuel

지각에 파묻힌 동식물의 유해가 오랜 세월에 걸쳐 화석화하여 만들어진 연료로 석탄·석유·천연가스 등 현재 인류가 이용하는 에너지의 대부분을 제공한다. 19세기 이후 석탄을 사용하기 시작하면서 산업혁명이 일어났고, 그 뒤 석유와 천연가스가 현대문명의 동력이 되었다. 화석연료는 지역별로 자원의 편중이 심하기 때문에 가격과 공급 면에서 항상 불안정한 요소를 지닌다. 또한 재생이 불가능하고 매장량이 한정되어 있으며 환경오염과 지구 온난화의 주범으로 꼽히고 있다.

화학물질 등록 및 평가법(화평법)

Chemicals Registration and Assessment Law

신규화학물질 또는 연간 1 t 이상 제조·수입되는 기존 화학물질에 대해 유해성 심사를 의무화하는 것을 골자로 하는 법률로 2013년 5월 22일 제정돼 2015년 시행되었다. 화학물질의 등록, 화학물질 및 유해화학물질 함유 제품의 유해성·위해성에 관한 심사·평가, 유해화학물질 지정에 관한 사항을 규정하고, 화학물질에 대한 정보를 생산·활용하도록 함으로써 국민건강 및 환경을 보호하는 것을 목적으로 한다. 화평법은 구미 불산 유출사고, 가습기 살균제 피해 등 대표적인 화학물질 안전사고 이후 사전에 화학물질을 관리해 피해를 방지하기 위해 만들어졌으나 산업계의 강한 반발을 샀다.

화학물질 배출이동량 정보시스템

Pollutant Release and Transfer Register

사업장의 제조 또는 사용과정에서 환경(대기, 수

계, 토양)으로 배출되는 화학물질의 양을 사업자 스스로 파악토록 하고, 배출저감 노력으로 제품이나 원료물질의 배출 손실을 줄여 기업의 생산성을 향상시키고, 환경오염을 최소화하기 위해 만든 제도이다. 「화학물질관리법」 제11조에 의거, 대상화학물질이 기준 이상의 농도로 함유되어 있고, 제조·사용 총량이 연간 1톤(Ⅰ그룹) 또는 10톤(Ⅱ그룹) 이상인 물질을 대상으로 한다.

화학물질 정보시스템

Chemicals Information System

국립환경과학원에서 운영하는 온라인 시스템으로 2015년 1월 1일부터 시행중인 「화학물질의 등록 및 평가 등에 관한 법률」 및 「화학물질관리법」에 대한 산업체 이행을 지원하기 위해, 화학물질 기본정보, 유해화학물질 분류표시 및 시험자료 등의 정보를 통합하여 제공함으로써, 국민에게 일원화된 정보를 전달하기 위해 구축되었다.

화학물질관리법(화관법)

Chemicals Management Law

화학물질의 체계적인 관리를 목적으로 유해화학물질의 취급 기준을 강화하는 개정 법률로 2015년 1월 1일부터 시행되고 있다. 「화관법」은 유독물질, 허가제한 금지물질, 사고대비물질 등을 유해화학물질로 규정·관리한다. 내용은 화학물질에 대한 통계조사 및 정보체계구축, 유해화학물질 취급 및 설치 운영기준 구체화 등의 안전관리 강화, 화학사고 장외영향평가제도, 사고대비물질 관리 강화, 화학사고 발생 시 즉시 신고의무 부여 등 화학사고 대비 대응 등으로 이루어져 있다.

화학물질의 유해성심사

Harmfulness Examination of Chemical Substances

신규화학물질에 의해 야기될 수 있는 국민의 건강과 환경상의 위해를 예방하기 위해 실시하는 심사이다. 국내에 처음 수입 및 제조되는 물질이 유통되기 전에 화학물질 고유의 물리 화학적 특성, 독성 등 유해성 노출 및 사용 정보 등의 자료를 제조 또는 수입자로부터 제출받아 정부의 책임하에 평가하여 위해가 우려되는 경우 적정한 규제 방안을 마련하는 등 조치를 취하게 된다.

화학작용제

Chemical Agent

사람, 동·식물에게 직접적인 독성 효과를 나타나게 하는 액체, 기체 또는 고체 상태의 화학물질을 말한다. 이러한 화학 작용제에는 무능화 작용제, 폭동 진압 작용제, 살초제 등이 있으며 작용제 지속 시간에 따라 지속성 작용제와 비지속성 작용제로 구분하기도 한다.

화학작용제탐지기

Chemical Agent Detector

신경작용제, 혈액작용제, 수포작용제 등 화학작용제 12종 및 가스상 독성화학물질 14종의 존재 여부를 이온분광방식(가스상 화학물질이 흡입되면 방사성 물질에 의해 이온화되고, 생성된 이온을 검출기를 통해 탐지하는 방식)으로 확인할 수 있는 탐지장비이다.

확증표본

Voucher Specimens

생물의 형태적 연구뿐만 아니라 연구 활동에 사용되어 증거자료로 인용한 표본을 말하며 연구결과의 증거나 검증을 위한 재료가 된다. 한편 생물의 이름을 처음 지을 때 사용한 것을 기준표본 또는 모식표본이라고 하며 매우 중요한 표본이다.

환경 아틀라스

Environmental Atlas

지구촌 환경문제와 관련된 모든 것을 '지도'로 나타내 한 눈에 파악할 수 있도록 구성한 책이다. 프랑스 국제시사 전문지 '르몽드 디플로마티크'가 펴낸 책으로 환경문제 전문가와 지도제작 전문가 42명이 모여 총 42개의 주제를 100개가 넘는 지도와 도표 속에 담아냈다.

환경 연구개발(R:D) 국민배심원제도

National Jury System for Environmental R:D

일반국민 수십 명으로 구성된 평가단으로, 환경기술개발사업의 연구과제 발굴 단계에서 국민이 실생활에서 체감하는 환경문제에 대해 의견을 제시하고 평가 및 선정과정에서 공정성과 투명성을 점검하는 감시 활동을 한다.

환경 연구개발(R:D) 연구정보시스템(DICER)

Digital Information Center for Environment Research

환경과학 및 환경공학과 관련된 다양한 연구정보를 수집, 가공하여 체계적이고 종합적으로 관리하여 관련분야 연구자 및 종사자에게 필요한 정보를 제공하고 있는 환경공학연구전문정보 포털사이트이다.

환경가치 종합정보시스템(EVIS)

Environmental Valuation Information System

한국환경정책·평가연구원(KEI)에서 개발 중인 온라인 환경가치 선행연구 요약 DB이다. EVIS는 정부부처 및 민간기업의 의사결정자를 비롯하여 학계, 환경컨설팅, 환경NGO 등에게 환경질 변화에 따른 환경가치 추정치에 대한 기초정보를 제공함으로써, 비용편익분석, 환경영향평가, 사업타당성 평가를 포함한 다양한 정책분석 지원을 일차적인 목표로 한다.

환경감사(EA)

Environmental Auditing

환경경영체제를 감사할 때, 적용하는 감사절차, 감사자의 자격 등에 관한 질차와 기준을 징의한 규정이다. 기업의 활동이 환경방침 또는 법적 기준에 부합하는지 그 여부와 환경에 미치는 영향을 객관적·체계적·정기적으로 조사하는 일련의 과정이라고 할 수 있다. 기업 환경성과의 평가, 환경관련법규의 준수여부를 조사하여 대외적으로 공표한다는 점에서 기업의 재무제표를 위주로 하는 회계감사와는 다르다.

환경감시

Environmental Monitoring

환경단체 등이 기업이나 지방자치단체가 환경을 오염시키는지를 감시하고 잘못된 점이 있으면 국가에 신고하는 행위를 뜻한다. 환경정책 상의 감시는 크게 '환경감시(ambient monitoring)'와 '오염원 감시(source monitoring)'로 나눠진다. 환경감시는 환경질의 변화를 관측 조사하는 것을 말하고 오염원감시는 배출원의 각종 오염배출행위를 조사하는 것이다.

환경개선부담금

Environmental Improvement Charges

유통 및 소비 과정에서 오염물질을 다량 배출하는 시설물과 자동차에 '환경개선'이라는 명분의 세금을 부과해 환경개선을 위한 투자재원을 조달하는 제도이다. 1991년 이후 정부는 원인자부담원칙에 의거해서 오염원인자에게 처리비용을 부담시키고 있으며, 소유세 개념인 '경유차 환경개선부담금'은 2014년 폐기되고 이산화탄소 배출량에 따라 매겨지는 '저탄소차협력금'과 폐기물 소각 매립 때 부과하는 '폐기물처분부담금'이 신설되었다.

환경거버넌스

Environmental Governance

시민, 민간단체, 기업, 지방자치단체, 학자, 중앙정부, 국제기관 등 다양한 주체가 협동해 복잡한 환경 문제에 효과적으로 대응하는 것을 말한다. 환경문제의 경우 인과관계의 복잡성, 오염피해의 외부효과 등으로 정부의 일방적인 규제와 강제에 한계를 보이고 있어 민관협력체제인 거버넌스를 통한 환경보호가 세계적인 추세로 자리 잡아 가고 있다.

환경건전성그룹(EIG)

Environment Integrity Group

한국, 스위스, 멕시코, 모나코, 리히텐슈타인 5개국으로 이루어진 기후변화 협상그룹이다. 기후변화협약 하의 부속서 I 국가(온실가스 의무감축 국가)

와 비부속서 I 국가가 함께 참여하고 있는 유일한 그룹으로서 중재적 역할을 수행한다.

환경경영

Environmental Management

기업이 경영활동에서 자원과 에너지를 절약하고 효율적으로 이용하여 온실가스 배출 및 환경오염의 발생을 최소화하면서 사회적/윤리적 책임을 다하는 경영을 말한다. 80년대부터 선진기업을 중심으로 도입된 개념으로 1992년 유엔환경개발회의(UNCED)에서 환경경영 결의문이 상정되었다. 환경경영시스템, 환경감사, 환경라벨링, 환경성과평가 공개 등을 주요내용으로 한다.

환경경영지표

Environmental Management Index

환경경영에 대한 정부차원 최초의 상세기준으로서 5개 대 분류(전략, 시스템, 자원·에너지, 온실가스·환경오염, 사회·윤리적 책임), 15개 상세분류, 39개 세부지표로 구성되어 있다. ISO 14001(환경경영체제 인증), GR(지속가능보고서) 등 국제기준과의 조화를 도모함으로써, 우리 기업이 관련 국제기준을 획득하는 데 도움이 될 수 있도록 설계되었다.

환경경영체제(EMS)

Environmental Management System

환경경영의 구체적인 목표와 프로그램을 정해 이의 달성을 위한 조직, 책임, 절차 등을 규정하고 인적·물적인 경영자원을 효율적으로 배분해 조직적으로 관리하는 체제를 의미한다. 환경규격에 대한 국제 표준인 ISO 14000 시리즈에서 규정하고 있는 분야이다.

환경경영체제인증(ISO14000)

Environmental Management System Certification

ISO에서 발행한 품질경영시스템 규격이다. 기업이 환경경영시스템(EMS)을 실행, 유지, 개선, 보증함으로써 기업활동으로 파생될 수 있는 환경 악영향을 최소화하고 에너지와 자원의 소비와 재생이 효율적으로 이루어지고 있음을 객관적으로 증명해주는 인증이다.

환경경제학

Environmental Economics

자연환경 혹은 환경자원을 어떤 방식으로 개발하고 관리할지를 경제학적인 원리를 적용하여 분석하는 학문이다. 환경오염과 환경파괴의 제1차적 원인은 경제활동이고, 경제활동은 경제법칙의 지배를 받기 때문에 환경문제를 효과적으로 해결하기 위해서는 환경오염 및 환경파괴 현상을 지배하는 경제법칙을 규명하고 이를 잘 응용하여야 한다는 관점에 서 있다.

환경계정

Environmental Account

자연 및 환경자원도 경제자산과 마찬가지로 재화와 서비스의 생산에 이용되는 자산으로 인정해 환경자산의 재무상황을 기록하는 체계를 말한다. 지난 1993년 유엔이 경제활동과 환경 사이의 상호관계를 체계적으로 분석하기 위해 도입했다.

환경공간정보서비스(EGIS)

Environmental Geographic Information Service

기존의 환경공간정보서비스와 환경주제도를 통합하여 환경부에서 보유한 다양한 환경공간정보를 쉽게 활용할 수 있도록 통합지도서비스 및 환경지도집을 서비스하는 시스템이다. 통합지도서비스에서 제공하는 환경공간정보는 크게 토지피복지도, 환경주제도, 토지이용규제지역·지구도, 개별 공간정보시스템이며, 사용자는 원하는 레이어를 선택하고 색상 및 투영도를 조절하여 중첩을 할 수 있다. 환경지도집에서는 환경분야 데이터를 주제별로 지도화한 공간정보와 주제에 대한 설명을 추가하여 "주제도+콘텐츠" 형태의 지도집을 제공한다.

환경공학

Environmental Engineering

자연과학의 기초 이론을 토대로 환경문제를 연구하는 공학의 한 분야이다. 구체적으로 환경 속에 있는 다양한 오염물질을 줄이기 위한 기술을 설계, 시공, 운전, 연구하는 학문이라고 할 수 있다.

환경과 개발에 관한 세계 위원회(WCED)

World Commission on Environment and Development

환경과 개발의 조화를 모색하기 위해 1983년 유엔총회에서 노르웨이의 브룬트란트 수상을 위원장으로 하여 발족한 UN 산하의 특별위원회다. 의장인 전 노르웨이 총리 그로 할렘 브룬트란트의 이름을 따서 '브룬트란트 위원회'라고도 한다. 1987년 '지속가능한 발전'을 환경보전과 개발을 동시에 추구하는 새로운 개발 개념으로 정립한 『우리 공동의 미래』라는 보고서를 발표했다. 1992년 '유엔환경개발회의(리우정상회담)'의 배경이 되었다.

환경관리해역

Environmental Management Sea Area

「해양오염방지법(1999년 개정)」에 의해 특별히 관리되는 해역으로, 보호가치가 높은 4개 해역을 '환경보전해역', 오염이 심하게 진행되어 집중투자를 통한 해양환경개선이 필요한 5개 해역이 지정 관리되고 있다. 환경관리해역의 과학적·체계적 해양환경 개선과 보전을 위해 환경관리해역 기본계획(1, 2차), 환경관리해역 해역별 관리계획('14～'18)을 수립하여 시행중이다.

환경교육

Environmental Education

자연상태에서 환경이 어떤 기능을 하는 지와, 인간의 지속적인 삶을 위해 환경과 생태계를 어떻게 관리해야 하는지에 대한 체계적인 교육과정을 의미한다. 주로 학교 시스템에서의 교육을 의미하지만, 넓게는 공공 또는 기타 학습자에 대한 모든 교육적 노력(인쇄물, 웹사이트, 방송 캠페인 등)을 포함한다.

환경교육프로그램 인증제

Environmental Education Program Certification System

「환경교육진흥법」 제13조에 의해 환경교육프로그램의 친환경성, 우수성, 안전성을 엄격하게 심사하여 환경부에서 인증을 부여하는 국가 인증제도이다. 환경교육프로그램 운영의 질적 관리를 담보하고 교육수혜자의 신뢰도와 만족도를 높이는 데 기여한다.

환경권

Environmental Rights

인간이 건강하고 쾌적한 환경 속에서 생존할 수 있는 권리를 말한다. 환경에의 침해를 배제할 수 있는 배타적 권리이며, 생존권적 기본권의 하나로 헌법에 규정되어 있다. 1970년대에 들어와서 급속한 경제개발로 자연환경의 파괴가 현저해짐에 따라 인간의 기본권으로서 환경권이 제정되었다. 이를 근거로 「환경보전법」이 만들어졌다.

환경기술

Environmental Technology

환경오염의 사후정화, 사전예방 및 오염된 환경의 복원, 자원의 효율적 이용 및 관리와 관련되는 기술을 지칭한다. 환경기술은 정보기술(IT)·생물기술(BT)과 함께 21세기 유망산업으로 부상하고 있다. 환경산업의 지원을 위해 만들어진 기관으로 한국환경산업기술원이 있다.

환경기준

Environmental Standards

사람의 건강을 보호하고 생활환경을 보존하기 위해 국가가 정한 기준이다. 우리나라는 「환경정책기본법」에 근거해 대기, 수질, 소음, 진동에 대한 기준을 두고 있다. 환경기준은 규제기준이라기보다 정부가 지향하는 일종의 목표기준이다.

환경기초시설

Environmental Infrastructure

환경보전과 쾌적한 생활을 도와주는 시설들로, 공해 방지와 환경 보전을 위한 쓰레기 매립장과 소각장, 물 재생 센터, 폐수 처리장, 취수 및 정수시설, 그리고 산업 발전과 에너지 부족 해결을 위한 원자력 발전소와 원전 수거물 관리 시설 등이 있다.

환경난민

Environmental Refugees

눈에 띄는 환경적 변화로 삶의 질이 심각하게 훼손됐을 뿐 아니라, 존재 자체가 위협해지면서 전통적으로 살아온 장소를 강제로 떠나게 된 이들을 말한다(UNEP). '기후변화에 관한 정부간 패널(IPCC)'에 따르면 2050년에는 지구 온난화로 인해 그 수가 1억5000만 명에 이를 것으로 여겨진다.

환경마크제도

Eco-labelling

같은 용도의 다른 제품에 비해 제품의 환경성을 개선한 경우 그 제품에 로고(환경마크)를 표시함으로써 소비자(구매자)에게 환경성 개선 정보를 제공하고, 기업이 친환경제품을 개발·생산하도록 유도해 자발적 환경개선을 유도하는 자발적 인증제도이다. '환경성적표지제도'와 함께 환경라벨링의 한 종류이다. 독일의 '푸른 천사' 이후 많은 나라에서 시행되고 있으며 캐나다의 '환경적 선택', 일본의 '환경마크', 미국의 '그린실' 등이 있다.

환경백서

White Paper of the Environment

환경부 및 환경 관련 부처가 전년도에 추진한 주요 환경정책 내용과 중장기 발전방향 등을 전체적으로 조망하고 당해 연도의 주요 환경정책을 국민에게 소개함으로써 환경문제에 대한 국민들의 폭넓은 이해와 참여를 유도하기 위해 매년 발간하는 백서로, 1990년에 처음 발간되었다.

환경보건

Environmental Health

환경오염과 유해화학물질(환경유해인자)이 사람의 건강과 생태계에 미치는 영향을 조사·평가하고 이를 예방·관리하는 것을 말한다. 우리나라에서 환경보건 문제가 본격적으로 등장한 것은 2000년대 이후로 환경호르몬, 아토피, 새집증후군 등 신종 환경성질환이 사회적 이슈가 되면서이다. 관련 정책으로는 2006년 '환경보건 10개년 종합계획(2006~2015)'의 수립, 2006년 2월 환경성질환 연구를 주도하는 '국가환경보건센터' 발족, 2007년 6월부터 국공립연구기관, 대학교, 종합병원 등을 '환경보건센터'로 지정, 2008년 3월 「환경보건법」 제정, 2011년 '환경보건종합계획' 수립 등을 들 수 있다.

환경분쟁 조정제도

Environmental Dispute Adjustment System

국민들이 생활 속에서 부딪히는 크고 작은 환경분쟁을 복잡한 소송절차를 통하지 않고 전문성을 가진 행정기관에서 신속히 해결하도록 하기 위해 마련한 제도이다. 환경부에 '중앙환경분쟁조정위원회'가, 특별시·광역시 또는 도에는 '지방환경분쟁조정위원회'가 설치되어 있다.

환경비용의 내부화

Internalization of Environmental Costs

천연자원의 활용, 오염, 쓰레기 발생, 소비, 폐기 등을 고려하여, 제품생산 및 사용의 환경비용이 시장가격에 반영되어야 한다는 원칙이다. 환경정책의 주요 목표중 하나이며, 환경경제학의 초점으로 자원의 가격결정, 환경정책에 있어서의 경제적 수단 사용, 환경비용과 이익계산, 환경회계방법 등의 개념적이고 분석적인 작업의 토대가 된다.

환경비전 21

Environmental Vision 21

1995년 「환경정책기본법」 제12조의 규정에 의거하여 수립된 환경보전장기종합계획이다. 1996년부터 2005년까지의 '제2차 환경보전장기종합계획'으로 국가의 환경정책방향을 제시하고 환경의 청사진을 담고 있다. 비전은 환경친화적 산업구조의 마련, 국제환경규제 대응, 환경산업의 해외진출전략 등 환경친화적 국가경쟁력 확보방안 수립을 촉구하고 있다.

환경산업
Environmental Industry
오염물질의 측정, 사전 · 사후 처리 등에 투입되는 모든 제품, 설비, 서비스를 통칭하며 공해방지산업이라고도 한다. 크게 환경오염방지대책형 산업, 환경보전형 산업, 환경정보형 산업, 환경창조·유지관리형 산업으로 나눌 수 있다.

환경산업연구단지
ETechHive
인천광역시 종합환경연구단지 내에 위치한 한국환경산업기술원(KEITI) 산하 '환경기술혁신 연구단지'로, 유망 환경기술의 상용화 및 해외진출 촉진을 위한 기술혁신을 목적으로 국내 환경기업에게 기술개발에서 사업화까지의 원스탑 솔루션(One-stop Solution)을 제공한다.

환경상계관세
Environmental Countervailing Duty
각 나라마다 상이한 환경기준으로 인해 발생하는 국가경쟁력의 차이를 상계함으로써 공정한 경쟁을 이루려는 목적의 상계관세제도이다. 하지만 여러 연구에 의하면 높은 환경기준이 경쟁력의 저하로 연결된다는 증거가 없으며 적정 상계관세율 산정의 어려움, 환경주권의 침해 위험성 등으로 동 제도의 실효성에 대한 비판이 높은 실정이다.

환경상품
Environmental Goods
OECD에서는 환경피해를 측정, 예방, 제한하고 최소화하거나 이를 교정하기 위한 상품으로 정의하며, 우리나라는 "에너지 자원의 투입과 온실가스 및 오염물질의 발생을 최소화하는 제품인 녹색제품"으로 정의하고 있다.

환경상품협정(EGA)
Environmental Goods Agreement
미국, 유렵연합(EU), 일본, 중국 등 WTO의 17개 회원국이 참여하여 환경상품에 대한 관세 철폐 및 감축을 논의하는 협상이다. EGA는 기후변화 대응 및 환경 보호를 위해 2014년 7월 출범했으며 2015년 파리기후변화협약의 기반이 된다. 환경상품은 대기오염관리, 폐기물처리, 청정재생에너지(스마트그리드 포함), 환경모니터링·분석·측정 장비에서 청정 및 자원 효율적 기술·제품까지 다양한 제품을 포함한다.

환경성 자기주장제도
Self Environmental Labelling
독립적인 제3자의 인증 없이 제조업자, 수입업자, 유통업자, 소매업자 등이 스스로 주장하는 환경성을 제품에 표기하여 환경적 우월성을 나타내는 환경라벨링제도이다. 이 때 환경주장을 하는 주체는 투명하고, 과학적이며, 문서화된 평가방법을 활용해야 하고, 환경주장제품의 소비자가 그 주장의 타당성을 확신할 수 있어야 한다. 이에 따라 각 국가에서는 기만적인 정보를 규제하는 법규를 제정하여 그 주장에 대한 책임을 묻는 접근법을 취하고 있다.

환경성과지수(EPI)
Environmental Performance Index
미국 예일대 환경법·정책센터 및 컬럼비아대 국제지구과학정보센터가 공동으로 환경, 기후변화, 보건, 농업, 어업, 해양 분야 20여개 평가지표를 활용하여 국가별 지속가능성을 평가, 2년마다 WEF(세계경제포럼)를 통해 발표하는 지수이다. 비교적 단순하고 명확한 체계로 구성되어 있고, 국가별 환경정책 노력을 평가해 순위를 발표함으로써 각국의 노력을 독려하는 긍정적 역할을 한다.

환경성과평가(EPR)

Environmental Performance Review

OECD가 각 회원국에 대해 약 10년 주기로 회원국의 환경정책 수립·이행과 성과를 종합적으로 검토하고 정책권고 사항을 포함해 발표하는 국가별 검토 보고서이다. 2017년 3월의 보고서에서 OECD는 2016년까지 10년간 우리나라의 ① 주요 환경 지표 ② 환경 거버넌스와 관리 체계 ③ 녹색성장 ④ 폐기물과 물질관리 ⑤ 환경정의에 대해 검토하였다.

환경성보장제도(전기전자제품 친 자동차재활용시스템EcoAS)

Eco-Assurance System of Electrical and Electronic Equipment and Vehicles

전기·전자제품 및 자동차의 재활용을 촉진하기 위해 「전기·전자제품 및 자동차의 자원순환에 관한 법률」에 의거 2008년부터 시행된 제도이다. 제품 생산 시 유해물질의 사용을 억제하고 재활용이 쉽도록 제조함으로써 폐기물의 적정한 재활용을 통한 자원의 효율적 이용을 가능하게 하는 것을 목적으로 한다. 27개의 전지 전자제품과 3종의 자동차를 대상으로 한다.

환경성적표지제도(EPD)

Environmental Product Declaration

제품 및 서비스의 환경성 제고를 위해 제품 및 서비스의 원료채취, 생산, 수송·유통, 사용, 폐기 등 전과정에 대한 환경영향을 계량적으로 표시하는 제도이다. 환경성적표지 제도는 소비자의 환경을 고려하는 구매활동을 지원하기 위하여 제품에 대한 정확한 환경영향을 쉽고 투명하게 공개함으로써 잠재적으로 시장주도의 지속적인 환경개선을 유도하는데 그 목적이 있다.

환경성질환

Environmental Diseases

역학적 조사를 통하여 환경유해인자와 질환 사이에 상관성이 있다고 인정되는 질환으로 환경보건위원회 심의 및 보건복지부장관과의 협의를 거쳐 환경부령으로 정하는 질환을 말한다. 아토피, 천식, 비염 이외에도 석면에 의한 폐질환이나 중금속 중독증, 환경오염사고로 인한 건강피해 등을 포함한다.

환경세

Environmental Tax

어떤 행위로 인해 직접적으로 발생된 환경오염 피해를 근거로 징수하는 조세를 뜻한다. 환경오염 문제에 대하여 정부가 대처할 수 있는 정책수단의 유형으로는 직접개입, 간접개입, 직접규제, 시장에 맡기는 방법, 환경교육 및 홍보 등을 들 수 있는데, 이 가운데 간접개입에 해당한다.

환경소음

Environmental Noise

교통기관의 소음을 비롯하여 어느 지역, 지점에서 발생하고 있는 여러 종류의 소음을 통칭한다. 정부는 국가소음도의 체계적인 관리와 통계 확보를 위해 지역소음도를 대표할 수 있는 지점을 선정하고 자동측정기를 설치하여 환경소음을 상시 측정하는 동시에 가장 영향이 큰 지점은 별도로 선정하여 분기별 1회 수동 측정하고 있다.

환경스와프(DNS)

Debt for Nature Swap

오염물질배출물이 많은 개발도상국의 대외채무와 그 나라의 환경 보전을 교환(스와프)하는 것으로 '환경교환' 또는 '자연보호 - 채무스와프'라고도 부른다. 개도국의 채무를 선진국 민간단체 등이 매입하여 이를 탕감해 주는 대신 그 국가의 정부로 하여금 자체 재정으로 자연보호대책을 실시토록 하는 방식으로, 개도국의 외채 및 환경보전자금 조달문제 해결방법으로 주목받고 있다. 미국의 민간단체가 1987년 볼리비아에 대해 처음 실시한 후 전 세계적으로 확대되는 추세다.

환경신기술
New Environmental Technology

「환경기술 및 환경산업 지원법」 제2조 제1호에 해당하는 환경기술로 국내에서 최초 개발되었거나, 외국에서 도입한 기술의 개량에 따른 새로운 환경분야 공법기술과 그에 관련된 기술로서 「환경기술 및 환경산업 지원법 시행령」 제18조의3 각 호에 따른 기술성능의 우수성과 현장적용의 우수성을 모두 갖춘 기술을 말한다. 정부에서는 환경기술을 평가하여 우수한 기술에 대해서는 신기술로 인증하여 주는 '환경신기술 인증제도'를 시행하고 있다. 인증제도에 대한 정보는 '환경신기술정보시스템'에서 확인할 수 있다.

환경신문고
Environmental Pollution Report System

누구나 환경오염 행위를 목격하였을 경우 간단하게 신고할 수 있는 제도로서 환경부 환경조사과, 환경관리청 환경지도과, 시·도(시·군·구) 종합민원실 또는 환경지도과에 설치되어 있다.

환경영향평가 사후관리
Post Management of Environmental Impact Assessment

환경영향평가 이후 사업자가 협의내용에 필요한 조치(이행조치, 공사중지명령 등)를 취하도록 하여 사업시행으로 인한 주변환경영향을 최소화하는 작업을 말한다. 협의내용이행 관리와 착공 후에 발생할 수 있는 환경영향으로부터 주변환경의 오염피해를 방지하기 위한 사후환경영향조사의 두 가지로 나뉜다.

환경영향평가 정보지원시스템(EIASS)
Environmental Impact Assessment Support System

KEI(한국환경정책·평가연구원)의 주요 기능인 환경영향평가의 효율적 수행을 위한 온라인 정보지원 시스템이다. 환경영향평가 정보 조회, 평가진행현황, 평가행정정보, 평가지리정보 등 환경영향평가 관련 정보를 One-Stop으로 제공하고 있다. 사업자의 환경영향평가서 작성기간을 단축시키고 비용을 절감케 하여 개별부담을 완화하고 평가진행과정을 공개함으로써 국민의 알권리를 충족시키는 역할을 하고 있다.

환경영향평가 지리정보시스템(EIAGIS)
Environmental Impact Assessment Geographical Information System

환경영향평가정보의 체계적 관리 및 효율적인 평가업무수행을 지원하고, 환경평가정보 공개를 통한 행정투명성 제고 및 대국민서비스를 제공하며, 환경평가 기초자료의 DB화를 통한 개발사업의 입지제약인자의 공간적 검토지원을 위해 구축된 종합정보포털이다. 환경영향평가 DB, 수생태계건강조사 DB, 조류동시센서스 DB, 산지이용구분도 DB, 문화재보호구역 DB, 관련지리정보 DB로 구성되어 있다.

환경영향평가(EIA)
Environmental Impact Assessment

구체적 사업계획을 담는 개발사업에 대한 환경평가로, 특정 사업이 환경에 영향을 미치게 될 각종 요인들에 대해 그 부정적 영향을 제거하거나 최소화하기 위해 사전에 그 환경영향을 분석하여 검토하는 것을 말한다. 우리나라에서는 1977년 「환경보전법」이 제정되면서 환경영향평가가 최초로 도입되었으며, 처음 시행된 것은 중앙정부를 중심으로 1981년 3월이다. 유사한 제도로 사전환경성검토제도가 있다. 환경영향평가제도에 대한 정보는 환경영향평가정보지원시스템을 통해 확인할 수 있다.

환경용량
Environmental Capacity

자연환경이 스스로 정화할 수 있는 능력을 뜻하는 말이다. 생태계의 자정능력에는 일정한 한계가 있으며 이 한계를 초과할 정도로 공해가 발생할 경우 생태계가 파괴된다. 환경보호문제의 심각성을 설명해 주는 개념이다.

환경윤리학

Environmental Ethics

인간의 존재와 인간이 속한 자연환경 사이의 도덕적 규범을 설정하고, 그 가능성과 타당성을 탐구하는 학문이다. 환경 파괴의 원인이 무엇이며, 자연환경의 중요성에 대한 인식의 확대에도 구체적 실천 미흡한 이유는 무엇인지 등 철학적 질문이 주로 다루어진다. 동서양을 막론하고 생태계 위기의 근본 원인으로 인간중심주의적 사고가 가장 자주 지적된다.

환경재난

Environmental Disasters

인명 및 재산피해를 동반하는 사회재난 규모의 환경오염과 환경사고를 뜻한다. 원자력 유출사고나 유해화학물질 사고뿐만 아니라, 오존층파괴나 기후변화도 포함된다.

환경정보 공간화 사업

Environmental Information Spatialization Project

환경정보를 도시개발이나 토지이용 정보와 융합하여 지도에 표출하는 사업이다. 청주시의 시범사업(2016년)의 경우 각 환경정보를 지리 공간에 표시한 주제도와 매체별 종합도면을 작성하고 다양한 공간분석기법을 활용하여 환경정보가 개발정책 수립에 어떻게 반영될 수 있는지 정책방향을 제시하였다. 지자체별 도시생태현황지도(Biotope)나 국토환경성평가지도와 연계되었을 때 정책 시너지효과가 기대된다.

환경정보공개제도

Environmental Information Disclosure System

공공기관과 기업 등을 대상으로 환경오염물질 배출 및 사용량, 환경경영 현황, 자원 및 에너지 절약 등 환경정보를 일반에 공개하는 제도이다. 사회 전반의 환경경영 기반 조성 및 자율적 환경관리체계 구축을 목적으로 한다. 2011년부터 시행되었으며 공개대상 기관은 「환경기술 및 환경산업 지원법」에 따라 지정된 녹색기업, 대통령이 정한 공공기관, 일정량 이상의 온실가스 배출 또는 에너지 사용업체들이다. 공개 내용은 온실가스 등 환경오염물질 배출 및 사용량, 환경법규 위반 현황 등이다.

환경정의

Environmental Justice

환경오염의 영향이 가난하고 힘없는 사회적 약자나 환경적 약자에게 집중되어서는 안 된다는 생각을 바탕으로 '공평한 환경'을 추구하는 개념이다.

환경제국주의

Environmental Imperialism

선진 환경 기술을 소유한 선진국을 중심으로 자국의 환경 법규 또는 환경 윤리에 적합하지 않은 제품의 수·출입을 통제하는 국제적 움직임을 일컫는 말이다. 선진국들은 자신들의 환경 문제를 해결하기 위해 공해 산업을 후진국으로 이전하고 있는데 이는 제국주의의 한 단면으로 이해할 수 있다. 세계 무역에 있어서 그린라운드의 등장도 선진국들이 선진 환경 기술에 기초하여 개발도상국들보다 환경적 우위를 점거하기 위한 환경 제국주의로 보는 견해도 있다.

환경주제도

Environmental Thematic Map

주제별로 환경분야 데이터를 지도화하여 시각화된 공간정보를 제공하고 설명을 추가하여 "주제도 + 콘텐츠" 형태로 제작된 지도이다. 주제도는 토지피복, 자연환경, 물환경, 기후대기, 생활환경 의 다섯 개 분야로 구성되어있다. 일례로 자연환경분야에는 겨울철새 도래현황, 생태계교란 생물 발견빈도, 습지보호지역 등의 주제도가 있다. 콘텐츠는 제작 근거, 배경, 사용 데이터베이스, 통계 등으로 구성되어 업무 담당자, 전문가, 연구자, 일반인 등 다양한 사용자들이 쉽게 이해할 수 있도록 환경공간정보서비스 사이트에서 제공된다.

환경책임보험

Environmental Liability Insurance

사업자와 보험자가 환경오염피해가 발생한 경우 피해구제법에 따른 환경오염피해 배상책임을 보장하는 내용을 약정하는 보험을 말한다. 「환경오염피해 배상책임 및 구제에 관한 법률」에 따라 사업장 내에 대기, 수질, 폐기물, 토양, 유해화학물질, 해양시설 중 1개 이상 보험가입 대상시설을 설치 운영하는 사업자에게 의무화되어 있다.

환경측정

Environmental Measurement

넓은 뜻으로는 일반 생활환경 속에서의 물리량 또는 화학량의 측정을 말하지만, 좁은 뜻으로는 공해대책 기본법에 입각하여 환경기준이 정해져 있는 물질을 측정하는 것을 말한다. 대기에 관한 것은 이산화유황, 일산화탄소, 부유입자상 물질, 광화학 옥시던트, 이산화질소 등이 있다. 수질에 관한 것은 카드뮴, 시안, 유기인, 납, 6가크롬, 비소, 총수은, 알킬 수은, PCB, 수소이온 농도, BOD, 부유물질, 용존산소, 대장균수 등이 있다.

환경친화형도료

Environment-Friendly Paints

제품 자체의 VOCs(휘발성 유기화합물) 함유량을 근본적으로 줄인 도료제품을 말한다. 정부는 2007년부터 '도료에 대한 휘발성 유기화합물 함유기준'에 따라 도료에 대한 환경규제를 단계적으로 강화해 2013년 5월부터는 도료의 VOCs 함유기준을 전국으로 확대 시행하고 있다. 이에 따르면 도료의 제조·수입·판매자는 VOCs 함유기준에 적합한 환경친화형도료만을 공급·판매하여야 하고, 이를 위반 시 1년 이하의 징역 또는 1천만 원 이하의 벌금이 부과된다.

환경쿠츠네츠곡선

Environmental Kuznets Curve

경제성장이 진행됨에 따라 환경오염도가 어떻게 되는지를 보여주는 곡선이다. 일반적으로 쿠즈네츠 곡선은 역 U자형으로 흔히 소득불평등과 경제발전간의 관계를 나타내는데 공해와 경제성장의 관계에도 나타난다는 것이다. 즉 낮은 경제발전단계에서는 생산활동을 하기 위해 많은 공해물질을 배출할 수밖에 없고 소득이 증가함에 따라 공해도 증가하나 소득이 일정 수준을 넘어서면 국가는 공해를 줄이고자 노력하게 되기 때문이다.

환경특별사법경찰제도

Environmental Judicial Police

환경범죄수사의 효율성 확보 방안으로 1990년에 도입된 제도로, 환경분야에 전문성을 갖추고 있는 환경공무원을 사법경찰관리로 지명하여 수사권을 부여함으로써 환경사범의 단속과 수사의 효율성, 그리고 이를 통한 환경보호의 개선을 도모하고 있다. 현재 환경범죄에 대한 중요한 수사기관의 하나로 자리 잡았으며, 환경보호영역에서 매우 중요한 역할을 담당하고 있다. 이 제도의 개선방안으로 '환경감시관제도'가 도입되었다.

환경피해의 역진성

Reversibility of Environmental Damage

환경피해가 경제적, 사회적 약자에게 집중되는 경향을 뜻하는 말로 환경오염을 악화시키는 요인으로 작용한다.

활력검정

Vitality Certification

살아 있는 종자와 죽은 종자를 구분할 수 있는 방법으로 생화학적 검사와 물리적 검사 등 다양한 방법이 있다. 특히 야생식물 종자는 종류에 따라 그 수명이 다르기 때문에 종자은행에 저장한 뒤, 발아 연구 및 식물증식 시행 전에 활력 검정 단계가 꼭 필요하다.

활성오니

Activated Sludge

오수에 폭기를 통해 충분히 산소를 공급하면, 호기성 미생물이 번식해 갈색의 덩어리 플록을 만드는 데 이것을 활성오니라고 한다. 활성오니는 활력이 강한 미생물 덩어리로 흡착력이 강해서 물속에 용해되어있는 오염물질을 흡착해 깨끗한 물을 만든다. 이러한 성질을 이용해 하수처리에 사용된다. 활성슬러지라고도 한다.

활성오니법

Activated Sludge Process

하수의 생물학적 산화법으로 활성슬러지법이라고도 한다. 하수에 활성오니를 첨가해 폭기를 통해 충분한 산소를 공급해주면 물속에 용해되어있는 오염물질이 침전하거나 활성오니에 흡착되어 깨끗한 물이 된다. 정화에 사용된 활성오니는 침전에 의하여 분리된다. 이 방법은 살수여상법 등 다른 하수정화법에 비해 효율이 좋고 악취나 파리가 발생하지 않는 장점이 있다.

활성탄

Activated Carbon

다공질이며 흡착성이 강하고, 대부분의 구성물질이 탄소질로 된 물질로 탈취, 탈색 외에 오염물질의 흡착 제거에도 쓰인다. 목재나 석탄, 야자나무껍질 등을 활성화제(염화아연, 인산 등)로 처리, 건류하여 만든다. 목탄을 수증기로 활성화하는 방법도 있다. 입자상태와 분말상태가 있다.

황사특보제

Yellow Sand Warning System

황사로부터 국민의 건강과 산업 등을 보호하기 위해 2002년 4월 도입된 제도로, 대기 중 미세먼지 오염도의 단계에 따라 기상청이 황사주의보 및 경보를 발령하는 것을 말한다. 황사주의보는 황사로 인해 1시간 평균 미세먼지 농도 400 $\mu g/m^3$ 이상, 황사경보는 1시간 평균 미세먼지 800 $\mu g/m^3$ 이상을 기준으로 하여 각각 2시간 이상 지속될 것으로 예상될 때 발령된다.

황사현상

Yellow Sand Phenomenon

바람에 의해 하늘 높이 불려 올라간 미세한 모래먼지가 대기 중에 퍼져서 하늘을 덮었다가 서서히 떨어지는 현상을 말한다. 황사에는 마그네슘·규소·알루미늄·철·칼륨·칼슘 같은 산화물이 포함되어 있다. 우리나라에 불어오는 황사의 주요 발원지는 중국과 몽골의 사막지대(타클라마칸, 고비사막 등)와 황하중류의 황토지대로 편서풍을 타고 주로 봄철에 발생한다. 중국 서북지대의 사막화의 확대로 황사의 규모와 횟수가 급격히 증가 추세에 있다. 황사에 노출되면 기관지염, 천식 등 호흡기 질환, 눈병, 심혈관 질환을 앓을 수 있다.

황산화물(SO_x)

Sulfur Oxides

황(S)과 산소와의 화합물을 총칭하는 것으로 이산화황, 황산 그리고 황산구리와 같은 황산염 등이 속한다. 대기오염물질로서 산성비의 원인이 되거나 기체 자체로 사람의 몸속의 점막에 작용해 호흡기 질환을 일으킨다. 산성비는 엽록소를 파괴해 식물의 잎을 누렇게 변하게 하거나 말라죽게 하며 건물의 부식을 일으킨다. 황산화물은 화석연료가 연소되면서 발생하므로 황산화물의 배출을 줄이려면 황을 포함하지 않은 고품질의 연료를 사용하거나, 황이 적게 들어 있는 저유황연료를 사용해야 한다.

회전원판접촉법(RBC)

Rotating Biological Contactors

생물막을 이용하여 하수를 처리하는 방식으로 회전원판이 폐수면 아래 40% 정도가 수면에 잠기도록 설치하여, 원판을 회전시키면서 회전판 위에 발생하는 호기성생물을 이용하여 하수를 처리하는 방법이다.

후 염소처리

Post-chlorination

정수처리의 마지막 단계로 급수 직전에 수도꼭지에서 물이 나올 때까지 소독제인 염소를 잔류시킬 목적으로 소독하는 것. 하수 처리장에서는 방류전에 후 염소처리를 하고, 상하수 처리장의 유기물제거 및 염소 소독, 분뇨정화조의 살균, 침전조의 조류제거 등을 위해서도 후 염소처리한다.

후쿠다 비전

Fukuda Vision

2008년 6월 일본 정부가 발표한 계획으로 2050년까지 일본이 온실가스 배출량을 당시보다 60~80% 삭감하고 태양광 발전을 2020년까지 10배로 늘리며 당해 내 배출량 거래 제도를 시험적으로 도입하는 것 등을 주요 골자로 한다. 일본 정부는 그 전 해에 이미 세계 전체의 온실가스 배출량을 2050년까지 당시의 절반으로 줄이자는 장기 목표를 제안한 바 있다.

후쿠시마 원전사고

Fukushima Daiichi Nuclear Disaster

2011년 일본 동북부 지방을 강타한 대지진과 지진해일로 인하여 후쿠시마 제1원자력발전소에서 발생한 사고이다. 쓰나미로 전원이 중단되면서 원자로를 식혀 주는 긴급 노심냉각장치가 작동을 멈췄고, 수소폭발이 연속해 일어나면서 대량의 방사성물질이 누출되었다.

휘발성 유기화합물(VOCs)

Volatile Organic Compounds

끓는 점이 낮아서 대기 중으로 쉽게 증발되는 액체 또는 기체상 유기화합물을 총칭한다. 산업체에서 많이 사용하는 용매에서 화학 및 제약공장이나 플라스틱 건조공정에서 배출되는 유기가스에 이르기까지 매우 다양하며 끓는점이 낮은 액체연료, 파라핀, 올레핀, 방향족화합물 등 생활주변에서 흔히 사용하는 탄화수소류가 거의 해당된다. VOCs는 대기 중에서 질소산화물(NO_x)과 함께 광화학반응으로 오존 등 광화학산화제를 생성하여 광화학스모그를 유발한다. 벤젠과 같은 물질은 발암성물질로서 인체에 매우 유해하며, 스티렌을 포함하여 대부분의 VOCs는 악취물질로 분류할 수 있다.

휴먼게놈

Human Genom

우리 몸의 세포핵에 들어있는 23쌍의 염색체 중 한 조를 부르는 말이다. 게놈은 유전형질을 나타내는 이중나선 모양의 DNA로 구성되어 있다. DNA는 아데닌(A), 구아닌(G), 시토신(C), 티민(T)이라는 4가지 염기와 당의 일종인 디옥시리보즈(Deoxyribose), 산의 일종인 인산(Phosphate)이 두 가닥의 사슬로 이루어져 있으며 이 4가지 염기들의 서열에 의해 유전정보가 결정된다. 2003년 4월 인간게놈 유전자지도가 완성됨에 따라 이를 활용한 질병의 조기진단 및 예측, 개인별 맞춤형 질병 치료 등이 가능해질 전망이다.

휴면포자

Hypnosperm

적조현상의 주범인 와편모조류가 주위환경이 나빠지거나 특정 시기 중에 운동성을 잃어버리고 세포막의 표면에 강한 막을 형성하여 휴면상태로 되는데, 이들을 휴면포자라고 한다. 휴면포자는 일정기간을 휴면상태로 보낸 후 수온 등 환경요인이 변하면 발아하여 움직인다.

휴양림

Recreational Forest

국민의 건강·오락·휴식을 위해 지정 조성된 산림을 말한다. 수목·야생동물·계곡 등 산림이 가지고 있는 아름다운 자연풍경을 파괴시키지 않고 국민의 정신순화, 오락 및 휴식처로 제공하기 위하여 지정한 일정 지역의 산림이다.

흡광광도법

Absorption Photometry

용액에 흡수되는 빛의 양은 그 용액의 농도와 관계가 있는데 이를 이용하여 용액 중 물질의 양을 측정하는 방법이다. 폐수 속 유해 성분의 계량 등에 널리 이용되며, 분석 정도가 높고 신속한 정량이 가능하다. 또 가스의 분석에도 잘 사용된다.

희귀종

Rare Species

개체군의 크기나 상대적인 생체량이 작으면서 생태계 내에서 영향력이 크지 않은 생물종을 말한다. 희귀성은 광역적, 지방적, 국지적, 국가적 등 공간 수준에 따라 판정된다. 희귀종은 환경조건이 악화되면 멸종 위기에 직면할 수 있다. 희귀식물의 경우 2017년 기준 총 571종이 지정되어 있다.

희소금속

Rare Metals

희소금속은 ① 지각 내에 존재량 자체가 적거나 경제성 있는 추출이 어려운 금속자원 중 현재 산업적 수요가 있고 향후 수요 신장이 예상되는 금속원소, ② 극소수의 국가에 매장과 생산이 편재되어 있거나 특정국에서 전량을 수입해 공급에 위험성이 있는 금속원소를 가리킨다. 우리나라는 현재 수요가 있는 것과 향후 기술혁신 등으로 새로운 공업용 수요가 예측되는 것으로 35종, 56개의 금속원소로 정의하고 있다. 한국희소금속산업기술센터에서 자원현황 등 자세한 정보를 제공하고 있다.

찾아보기

ㄱ

가공육 18
가스상 물질 22
가습기 살균제 18
가연분 64
감량화(感量化, Reduce) 64
감소성장단계 53
감소증식기(stationary phase) 53
거품현상 52
고도처리 47
고액 분리 49
고형물 체류시간 52
공기 정화 29
공장 72
관성력 집진 시설 32
광합성 26
광화학 스모그 15
광화학 옥시단트 27
교통기관 72
구제역 19, 20
국제 연합 인간환경회의 12
균류(Fungi) 11
금지물질 80

ㄴ

내생성장단계 53
냉·온수기 57
냉·온수기 설치·관리자 57
노(no)케미족 18
녹조 36

ㄷ

단기적 위해 77
단세포 42
단위 공정 47
단위 조작 47
담배모자이크병 19
대류권 24
대수성장단계 53
대수증식기(logarithmic growth phase, log phase) 53
대장균 군 59
독성 76

ㅁ

먹는물 56
먹는물공동시설 57
먹는샘물 57
먹는염지하수 57
먹는해양심층수 57
메탄발효반응 54
메테인(CH_4) 28
면오염원 22
멸균 50
멸균법 51
명반(Alum) 49
물놀이형 수경시설 46
물리적 처리 47
물질대사율 53
물질안전보건자료 79
물질의 순환(Metal Cycle) 10
미나마타병 17
미세먼지 32

ㅂ

바이러스(Virus) 11
박테리아(Bacteria) 11
반응성 76, 77
발생 제어 29
발효반응 54
방음시설(防音施設) 72
방진시설 72
백만분율 25
베이크 아웃(bake out) 29
벤젠(C_6H_6) 28
병원성 미생물 11, 42
부상 48
부식성 76
부영양화 38, 42
부유물질 40, 41
부유성 50
부유증식 52
분산 16
분원성 오염 59
분자의 확산 16
분해가능한 유기물 50
분해자 10
분해자(Decomposer) 11
블루베이비병(메타헤모글로비아) 17
비점오염원 23

비중 48

ㅅ

사고대비물질 80
사멸기(death phase) 53
사업장폐기물 63
산성도 40
산성비 9, 15
산화(酸化) 52
살균 50
살수여상법 53
살아 있는 독성 물질 19
살충제 18
상수 소비량, 쓰레기 배출량이 증가 9
샘물 57
생물적 구성요소 11
생산자 10, 11
생태계 10
생태계의 유지에 관한 법칙 12
생화학적 산소요구량 36
생활폐기물 63
석회 49
선오염원 22
성장의 한계 14
성층권 24
세목(fine) 48
세정 집진 시설 32
소비자 10, 11
소음(騷音) 72
소음·진동방지시설 72
소음·진동배출시설 72
소음발생건설기계 72
수리학적 체류시간 52
수면적 40
수분 64
수온약층 42
수인성전염병 37
수질공정시험 59
수처리제(水處理劑) 57
스크린 48
슬러지 부상 52
슬러지 팽화 52
슬러지(오니(汚泥), Sludge) 55
식물의 광합성 33
실내 공기 오염 29
심수층 42
십억분율 25

ㅇ

아질산아민 18
아프리카돼지열병 20
아황산가스 28
안전화(安全化, Safety) 64
안정화(安定化, Stabilization) 64
약산성 36
약알칼리성 36
에너지 소비의 증가 9
에너지의 흐름(Energy Flow) 11
엘니뇨현상 14
여과 49
여과 집진 시설 32
여성 생리대 안전성 18
여재 53
열권 24
염기도 40
염지하수 57
영양염류 36
오염수출과 자원수탈 9
오존 홀 13
오존층 13
온실가스 14
온실효과 14
온혈동물 59
완전혼합 16
용매 37
용액 37
용존물질(溶存物質) 41
용존산소(DO, dissolved oxygen) 39
용존성 50
용질 37
용해도 37
용혈성 요독 증후군 19
원생동물(Protozoa) 11
원심력 집진 시설 32
위해성 81
유독물질 80
유해성 81
유해화학물질 81
음용수 검사 항목의 문제 17
음파 집진 시설 32
응축에 의한 시설 32
의료폐기물 63
이산화질소 26
이산화탄소 26
이타이이타이병 17
인간환경선언 12
인구의 증가와 도시의 집중 8
인수공통감염병 20
인위적 발생원 22
인화성 76
일산화탄소 26
일억분율 25
일조분율 25
임의성(任意性) 51
입자상 물질 22

ㅈ

자동차 72
자연계의 자정작용 37
자연의 자정 능력(항상성) 8
자연적 발생원 22
장기적 위해 77
재활용 63
저온살균법 51
적조 36

전구물질 27
전기 집진 시설 32
전단속도 54
점오염원 22
접촉여과상 53
정수기 57
제1종 가축전염병 19
제한물질 80
조류(Algae) 11
조류독감 20
조목(coarse) 48
중간권 24
중력 집진 시설 32
중목(medium) 48
증산 작용 33
지정폐기물 63
지체기(lag phase) 53
지표생물 59
직접 연소에 의한 시설 32
진동(振動) 72
질량보존의 법칙 11
질소산화물 28
질소와 인의 제거 47

ㅊ

처리 63
처분 63
청색증 18
촉매 반응을 이용하는 시설 32
총 유기탄소(TOC) 39
총먼지 32
총유기탄소량 46
최종BOD 41

ㅋ

콜로이드성 50
클로로페놀 16

ㅌ

토양 미생물을 이용한 처리 시설 32

ㅍ

폐기물 62
폐기물감량화시설 63
표수층 42

ㅎ

합성 유기화합물 36
해수면 상승 14
햄버거 병 18
허가물질 80
현탁물질 40
혐기성 소화 54
혐기성(嫌氣性) 51
호기성(aerobic) 미생물 39
호기성(好氣性) 51
혼합 16
혼합부유물 52
화학물질 80
화학사고 81
화학적 산소요구량 39, 46
화학적 처리 47
환경문제의 국제화현상 9
환경오염 8
환경오염의 발생 원인 8
환기 29
활성슬러지 52
황사현상 9
황산철(Ⅱ) 49
회분 64
휘발성 유기화합물 27
휴대용음향기기 73
흡수에 의한 시설 32
흡착 49, 52
흡착에 의한 시설 32

영문

BOD_5 41
BOD_μ 41
Brownian motion 41
CAS 79
Chemical 18
Chemifobia 18
Colloid물질 41
Colloid성 물질 41
DDT 18
DO(Dissolved Oxygen) 40
EP 독성 76
F/M 52
F/M비 53
flog 형성 52
Fobia 18
ILM(Mean Inhibitory Limit) 78
LA Smog 15
LC(Lethal Concentration) 78
LD 50(Lethal Dose)
실험용 쥐의 50% 치사량 78
Liebig 최소량 법칙 12
London Smog 15
MERS 20
NO_x 23
Odum의 결합 법칙 12
pH(Potential Hydrogen) 40
RCRA(resource conservation and recovery act) 76
SARS 20
Shelford의 내성의 법칙 12
SO_x 23
SS(Suspended Solid) 41
THM(trihalomethane) 38
TLM(Mean Toxic Limit) 78
Tyndall 현상 41
Virus 19
Virus성 출혈성 돼지 전염병 20

기타

1군 발암물질 18
1차처리 47
1차침전(독립입자침전) 48
2차처리 47
2차침전(응집침전) 48
3성분 64
3차(고도)처리 47
3차처리 47
3차침전(계면 또는 간섭침전) 48
4차침전(압축침전) 48
5일 BOD 41

저 자

오태선 군장대학교 신재생에너지화공계열 교수

환경관리 정가 18,000원

발 행 2020년 3월 10일 초판 1쇄
저 자 오태선
발행인 정우용
발행처 도서출판 동화기술
경기도 파주시 광인사길 201(문발동, 파주출판도시)
Tel (031)955-4211~6 donghwapub@nate.com
Fax (031)955-4217 www.donghwapub.co.kr
(등록) 1977년 12월 19일/9-16호

ISBN 978-89-425-9258-6